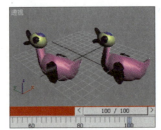

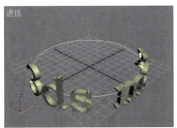
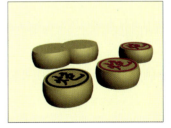

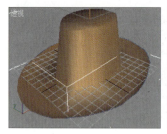

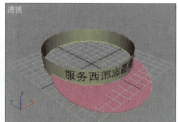

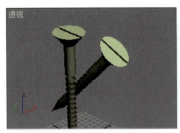 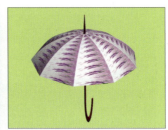 
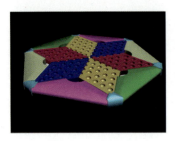  

计算机系列教材

（第二版）
3ds max9 教程

主　　编：彭国安　葛　辉
副主编：郝　梅　彭　龙　阳西述　张传学
参　　编：彭丽桐　白　翔　刘　霜　龙慧夏　朱　慧
　　　　　董其君　何　浪　崔怀亚　郑　聪

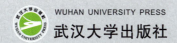

武汉大学出版社

图书在版编目(CIP)数据

3ds max9 教程/彭国安,葛辉主编. —2 版. —武汉:武汉大学出版社,2009.8(2013.7 重印)
计算机系列教材
ISBN 978-7-307-07076-9

Ⅰ.3… Ⅱ.①彭… ②葛… Ⅲ.三维—动画—图形软件,3DS MAX9—高等学校—教材 Ⅳ.TP391.41

中国版本图书馆 CIP 数据核字(2009)第 087764 号

责任编辑:支 笛　　责任校对:王 建　　版式设计:支 笛

出版发行:武汉大学出版社　(430072　武昌　珞珈山)
　　　　　(电子邮件:wdp4@whu.edu.cn 网址:www.wdp.com.cn)
印刷:湖北睿智印务有限公司
开本:787×1092　1/16　印张:33.25　字数:842 千字　插页:4
版次:2007 年 10 月第 1 版　　2009 年 8 月第 2 版
　　 2013 年 7 月第 2 版第 2 次印刷
ISBN 978-7-307-07076-9/TP·336　　　　定价:55.00 元

版权所有,不得翻印;凡购买我社的图书,如有质量问题,请与当地图书销售部门联系调换。

计算机系列教材编委会

主　　任：王化文，武汉科技大学中南分校信息工程学院院长，教授
编　　委：（以姓氏笔画为序）
　　　　　万世明，武汉工交职业学院计算机系主任，副教授
　　　　　王代萍，湖北大学知行学院计算机系主任，副教授
　　　　　龙　翔，湖北生物科技职业学院计算机系主任
　　　　　张传学，湖北开放职业学院理工系主任
　　　　　陈　晴，武汉职业技术学院计算机技术与软件工程学院院长，副教授
　　　　　何友鸣，中南财经政法大学武汉学院信息管理系教授
　　　　　杨宏亮，武汉工程职业技术学院计算中心
　　　　　李守明，中国地质大学（武汉）江城学院电信学院院长，教授
　　　　　李晓燕，武汉生物工程学院计算机系主任，教授
　　　　　吴保荣，湖北经济学院管理技术学院信息技术系主任
　　　　　明志新，湖北水利水电职业学院计算机系主任
　　　　　郝　梅，武汉商业服务学院信息工程系主任，副教授
　　　　　黄水松，武汉大学东湖分校计算机学院，教授
　　　　　曹加恒，武汉大学珞珈学院计算机科学系，教授
　　　　　章启俊，武汉商贸学院信息工程学院院长，教授
　　　　　郭盛刚，湖北工业大学工程技术学院，主任助理
　　　　　谭琼香，武汉信息传播职业技术学院网络系
　　　　　戴远泉，湖北轻工职业技术学院信息工程系副主任，副教授
执行编委：林　莉，武汉大学出版社计算机图书事业部主任
　　　　　支　笛，武汉大学出版社计算机图书事业部编辑

内 容 简 介

本书共分三篇 15 章：第一篇 3ds max9 建模，第二篇 3ds max9 动画，第三篇 3ds max9 实训。第一篇介绍了 3ds max9 界面、常用操作、曲线的创建与修改、曲面的创建与修改、基本几何体的创建与修改、复杂几何体与效果图的创建、各种修改器、材质与贴图、灯光与摄影机、后期处理等内容。第二篇介绍了动画的基本制作技术、reactor 对象与动画、粒子系统与动画、空间扭曲与动画、二足角色与动画以及目前的最新版本 Autodesk 3ds max2009 等内容。第三篇介绍了几个比较大的实例，这些实例适合在实训或课程设计中参考。

序

近五年来，我国的教育事业快速发展，特别是民办高校、二级分校和高职高专发展之快、规模之大是前所未有的。在这种形势下，针对这类学校的专业培养目标和特点，探索新的教学方法，编写合适的教材成了当前刻不容缓的任务。

民办高校、二级分校和高职高专的目标是面向企业和社会培养多层次的应用型、实用型和技能型的人才，对于计算机专业来说，就要使培养的学生掌握实用技能，具有很强的动手能力以及从事开发和应用的能力。

为了满足这种需要，我们组织多所高校有丰富教学经验的教师联合编写了面向民办高校、二级分校和高职高专学生的计算机系列教材，分本科和专科两个层次。本系列教材的特点是：

1．兼顾系统性和先进性。教材既注重了知识的系统性，以便学生能够较系统地掌握一门课程，同时对于专业课，瞄准当前技术发展的动向，力求介绍当前最新的技术，以提高学生所学知识的可用性，在毕业后能够适应最新的开发环境。

2．理论与实践结合。在阐明基本理论的基础上，注重了训练和实践，使学生学而能用。大部分教材编写了配套的上机和实训教程，阐述了实训方法、步骤，给出了大量的实例和习题，以保证实训和教学的效果，提高学生综合利用所学知识解决实际问题的能力和开发应用的能力。

3．大部分教材制作了配套的多媒体课件，为教师教学提供了方便。

4．教材结构合理，内容翔实，力求通俗易懂，重点突出，便于讲解和学习。

诚恳希望读者对本系列教材缺点和不足提出宝贵的意见。

编委会

2005 年 8 月 8 日

前 言

3ds max9是Autodesk公司旗下的Discreet公司开发出来的三维对象和三维动画制作软件。3ds max9具有强大的建模功能,用户可以用来模拟出生活中纷繁复杂的物体。制作动画的方法多种多样,只要见得到,甚至只要想得到的运动都可以通过3ds max9实现。提供的灯光可以模拟出自然界中的各种光照效果。丰富的材质与贴图、有效的渲染使得制作的场景和动画更加栩栩如生。

3ds max9的奇特功能,使得它在建筑效果图与室内装饰效果图设计、机械产品造型设计、动画片制作、游戏开发、网页制作、影视特技和影视片头制作、三维广告制作以及其他很多领域都得到了应用。

本书的主要特点包括:第一,本书共分三篇,从头到尾均采用理论与实例相结合的方法,全面、系统地介绍了3ds max9的建模和动画制作。本书内容特别丰富,如果想了解3ds max9的某个内容而找不到资料时,不妨看看本书。第二,语言精练,通俗易懂,大量有趣的、与生活贴近、难度适中的实例对于掌握全书内容和破解难点极有帮助。第三,从头到尾采用中英文对照,是中、英文界面的有益桥梁。本书特别适合做本、专科教材,对于自学的人也是不错的选择。

2008年发布了新版本Autodesk 3ds max2009,这是3ds max目前的最高版本。与3ds max9相比,Autodesk 3ds max2009界面元素的布局有较大的调整。由于软件价格昂贵,一般学校和个人现在依然使用3ds max9以前的版本。考虑到这些因素,编者没有按照Autodesk 3ds max2009编写新的教材,而是采取了修订再版3ds max9教程。为了让读者对Autodesk 3ds max2009有所了解,在第二篇末尾增加了第15章,用以简略介绍Autodesk 3ds max2009。

全书由武汉科技大学彭国安和葛辉主持编写。何浪和龙慧夏提供了全部背景和贴图图像文件,审编了全部3ds max文件。刘霜和白翔审编了全书的中文文本内容。彭丽桐审编了全书的英译汉。彭龙编写了第一篇第1~3章,阳西述编写了第一篇第4~5章,董其君编写了第一篇第6~7章,朱慧编写了第一篇第8~9章,郝梅编写了第二篇第10~12章,张传学编写了第二篇第13~15章,崔怀亚、郑聪编写了第三篇,制作了部分效果图。

感谢各位专家、学者对编写本书的支持,欢迎对书中的谬误和不足之处予以指正。

彭国安

E-mail: pgagh@163.com

2009年6月

目 录

第一篇 3ds max9 建模

第1章 3ds max9 基础 3
1.1 3ds max9 的界面 3
1.2 界面的设置 6
1.2.1 重置界面 6
1.2.2 界面设置文件与文件类型 6
1.2.3 如何恢复系统默认的界面设置 7
1.2.4 如何自定义界面 7
1.3 3ds max9 的视口配置 8
1.3.1 重新布局视口 8
1.3.2 视图的选择 8
1.3.3 视图中对象的显示 9
1.3.4 显示栅格选择 9
1.3.5 安全框 9
1.4 3ds max9 视图的控制 11
1.4.1 正视图与透视图的视图控制按钮 11
1.4.2 摄像机视图控制按钮 12
1.4.3 灯光视图控制按钮 14
思考与练习 15

第2章 3ds max9 的常用操作 17
2.1 选择对象 17
2.1.1 Selection Filter（选择过滤器）... 17
2.1.2 Select Object（选择对象）按钮的使用 18
2.1.3 Selection Region（选择区域）按钮 18
2.1.4 Window/ Crossing（窗口/交叉）按钮 19
2.1.5 Select By Name（按名称选择）按钮 19
2.1.6 编辑命名选择集 20
2.1.7 锁定选择 20
2.1.8 Isolate Selection（孤立当前选择）... 21
2.1.9 Hide Selection（隐藏当前选择）与 Unhide All（全部取消隐藏）............... 21

2.1.10　Freeze（冻结当前选择）与 Unfreeze All（全部解冻） ········· 21
2.2　变换对象 ········· 21
　　2.2.1　变换对象 ········· 22
　　2.2.2　准确定量变换 ········· 24
　　2.2.3　轴约束工具栏 ········· 27
　　2.2.4　3ds max9 的坐标系统 ········· 27
　　2.2.5　变换中心 ········· 32
　　2.2.6　轴心点的移动 ········· 35
2.3　复制对象 ········· 36
　　2.3.1　变换复制 ········· 36
　　2.3.2　使用 Edit（编辑）菜单的 Clone（克隆）命令复制 ········· 39
　　2.3.3　Mirror（镜像）复制 ········· 39
　　2.3.4　Array（阵列）复制 ········· 40
　　2.3.5　Snapshot（快照）复制 ········· 43
　　2.3.6　Spacing Tool（间隔工具）复制 ········· 45
　　2.3.7　Clone and Align（克隆并对齐） ········· 46
2.4　对齐对象 ········· 48
　　2.4.1　Align（对齐） ········· 48
　　2.4.2　Quick Align（快速对齐） ········· 50
　　2.4.3　Normal Align（法线对齐） ········· 50
　　2.4.4　Align Camera（对齐摄影机） ········· 51
　　2.4.5　Align to View（对齐到视图） ········· 52
　　2.4.6　Place Highlight（放置高光） ········· 52
2.5　对象的链接 ········· 53
　　2.5.1　Select and link（选择并链接） ········· 53
　　2.5.2　Unlink Selection（取消选择的链接） ········· 54
2.6　对 Group（组）的操作 ········· 54
　　2.6.1　Group（组合） ········· 54
　　2.6.2　Ungroup（撤销组） ········· 56
　　2.6.3　Open（打开）组 ········· 56
　　2.6.4　Close（关闭）组 ········· 56
　　2.6.5　Detach（分离） ········· 57
　　2.6.6　Attach（添加） ········· 57
　　2.6.7　Explode（炸开） ········· 57
　　2.6.8　Assembly（集合）子菜单 ········· 57
2.7　显示命令面板 ········· 58
　　2.7.1　Display Color（显示颜色）卷展栏 ········· 58
　　2.7.2　Hide by Category（按类别隐藏）和 Hide（隐藏）卷展栏 ········· 58
　　2.7.3　Freeze（冻结）卷展栏 ········· 58
　　2.7.4　Display Properties（显示属性）卷展栏 ········· 58

2.7.5　Link Display（链接显示）卷展栏 ··· 59
2.8　Views（视图）菜单 ·· 60
　　2.8.1　Viewport Background（视口背景） ····································· 60
　　2.8.2　Show Transform Gizmo（显示变换 Gizmo） ························ 62
　　2.8.3　Create Camera From View（从视图创建摄影机） ··················· 62
　　2.8.4　Expert Mode（专家模式） ··· 62
思考与练习 ·· 62

第3章　创建简单几何体

3.1　创建对象与修改对象参数 ··· 64
　　3.1.1　Create（创建）命令面板与 Create（创建）菜单 ···················· 64
　　3.1.2　修改已创建对象的参数和选项 ·· 65
3.2　标准基本体与扩展基本体的创建 ··· 65
　　3.2.1　Object Type（对象类型）卷展栏 ······································· 65
　　3.2.2　Name and Color（名称和颜色）卷展栏 ······························ 67
　　3.2.3　Creation Method（创建方法）卷展栏 ································ 67
　　3.2.4　Keyboard Entry（键盘输入）卷展栏 ································· 68
　　3.2.5　Parameters（参数）卷展栏 ··· 70
3.3　几个基本体的创建 ·· 70
　　3.3.1　创建 Sphere（球体） ··· 70
　　3.3.2　创建 Hedra（多面体） ··· 72
　　3.3.3　创建 Tube（管状体） ·· 72
　　3.3.4　创建 Hose（软管） ··· 73
3.4　创建 AEC Extended（AEC 扩展对象） ····································· 75
　　3.4.1　Foliage（植物） ·· 75
　　3.4.2　Railing（栏杆） ·· 76
　　3.4.3　Wall（墙） ·· 78
3.5　创建门窗与楼梯 ··· 79
　　3.5.1　Doors（门） ··· 79
　　3.5.2　Windows（窗） ·· 81
　　3.5.3　在墙上创建门和窗 ·· 81
　　3.5.4　Stairs（楼梯） ·· 82
3.6　创建 Patch Grids（面片栅格） ·· 84
思考与练习 ·· 85

第4章　曲线和曲面的创建与修改

4.1　创建 Splines（样条线） ··· 87
　　4.1.1　对象类型卷展栏 ··· 87
　　4.1.2　Rendering（渲染）卷展栏 ·· 88
　　4.1.3　Interpolation（插值）卷展栏 ··· 90

        4.1.4 Creation Method（创建方法）卷展栏 ································ 90
        4.1.5 Keyboard Entry（键盘输入）卷展栏 ································ 91
    4.2 创建样条线实例 ·· 92
        4.2.1 创建 Helix（螺旋线）·· 92
        4.2.2 创建 Section（截面）·· 93
        4.2.3 创建 Text（文本）··· 94
        4.2.4 创建 Circle（圆）和 Donut（圆环）································ 94
    4.3 Extended Splines（扩展样条线）·· 95
    4.4 修改 Splines（样条线）·· 96
        4.4.1 Selection（选择）卷展栏 ·· 97
        4.4.2 Soft Selection（软选择）卷展栏 ···································· 99
        4.4.3 Geometry（几何图形）卷展栏 ····································· 100
    4.5 创建和修改 NURBS Curves（NURBS 曲线）····························· 113
        4.5.1 创建 NURBS 曲线 ·· 114
        4.5.2 修改 NURBS 曲线 ·· 116
        4.5.3 NURBS Creation Toolbox（NURBS 创建工具箱）····················· 118
    思考与练习 ··· 134

第 5 章 修改器 ··· 137
    5.1 修改器堆栈及其管理 ··· 137
    5.2 对曲线的修改器 ··· 139
        5.2.1 Extrude（挤出）··· 139
        5.2.2 Lathe（车削）·· 141
        5.2.3 Bevel（倒角）·· 141
        5.2.4 Bevel Profile（倒角剖面）·· 144
        5.2.5 CrossSection（横截面）与 Surface（曲面）·························· 144
        5.2.6 SplineSelect（样条线选择）··· 145
        5.2.7 Delete Spline（删除样条线）·· 145
        5.2.8 Edit Spline（编辑样条线）·· 145
        5.2.9 Normalize Spline（规格化样条线）··································· 145
        5.2.10 Path Deform（路径变形）（WSM）································· 146
    5.3 对曲面的修改器 ··· 147
        5.3.1 Surface Deform（曲面变形）（WSM）································ 147
        5.3.2 Surface Deform（曲面变形）·· 150
        5.3.3 Patch Deform(面片变形)与 Patch Deform(面片变形)（WSM）·········· 151
        5.3.4 Turn To Patch（转换为面片）······································· 151
        5.3.5 Mesh Select（网格选择）··· 152
        5.3.6 Delete Mesh（删除网格）··· 152
        5.3.7 Symmetry（对称）··· 153
        5.3.8 Edit Mesh（编辑网格）··· 154

5.3.9 Edit Poly（编辑多边形）······161
5.3.10 Face Extrude（面挤出）······168
5.4 对几何体的修改器······169
5.4.1 FFD（自由变形）······169
5.4.2 Lattice（晶格）······169
5.4.3 Linked Xform（链接变换）······171
5.4.4 Melt（融化）······171
5.4.5 Mesh Smooth（网格平滑）······171
5.4.6 Mirror（镜像）······173
5.4.7 Noise（噪波）······174
5.4.8 Push（推力）······174
5.4.9 Wave（波浪）和 Ripple（涟漪）······175
5.4.10 Skew（倾斜）······176
5.4.11 Slice（切片）······177
5.4.12 Spherify（球形化）······177
5.4.13 Squeeze（挤压）······177
5.4.14 Stretch（拉伸）······178
5.4.15 Taper (锥化)······179
5.4.16 Twist（扭曲）······179
5.4.17 Shell（壳）······180
5.4.18 Bend（弯曲）······181
5.4.19 Taper（细分）······182
5.4.20 Tessellate（细化）······184
5.4.21 Morpher（变形器）······184
5.5 其他修改器······186
5.5.1 Displace Mesh-WSM（贴图缩放器：WSM）······186
5.5.2 Skin（蒙皮）······186
5.5.3 Skin Wrap Patch（蒙皮包裹面片）······190
5.5.4 Skin Morph（蒙皮变形）······190
5.5.5 Hair and Fur（WSM）（毛发和毛皮（WSM））······192
5.5.6 Reactor Cloth（Reactor 布料）······194
5.5.7 Reactor Soft Body（Reactor 柔体）······195
思考与练习······195

第6章 复合对象······198
6.1 Morph（变形）······198
6.1.1 功能与参数······198
6.1.2 创建变形动画操作步骤······199
6.1.3 实例——鸭蛋变小鸭······199
6.2 Scatter（离散）······200

6.2.1 功能与参数 ………………………………………………………………………………200
 6.2.2 创建离散复合对象的操作步骤 …………………………………………………………201
 6.2.3 实例——创建一棵小树 …………………………………………………………………201
6.3 Conform（一致） ……………………………………………………………………………202
 6.3.1 功能与参数 ………………………………………………………………………………202
 6.3.2 对两个具有不同节点数的对象创建变形动画的操作步骤 ……………………………202
 6.3.3 实例——使用一致复合对象创建具有不同节点数的变形动画 ………………………202
6.4 Connect（连接） ……………………………………………………………………………203
 6.4.1 功能与参数 ………………………………………………………………………………203
 6.4.2 连接两个对象的操作步骤 ………………………………………………………………203
 6.4.3 实例——用连接复合操作连接两个球体和一个圆环 …………………………………203
6.5 BlobMesh（液滴网格） ………………………………………………………………………204
 6.5.1 功能与参数 ………………………………………………………………………………204
 6.5.2 将液滴分布到目标对象上的操作步骤 …………………………………………………205
 6.5.3 实例——将液滴网格用于粒子系统中的喷射对象 ……………………………………205
6.6 ShapeMerge（形体合并） ……………………………………………………………………206
 6.6.1 功能与参数 ………………………………………………………………………………206
 6.6.2 使用形体合并将图形和网格对象合并的操作步骤 ……………………………………207
 6.6.3 实例——使用形体合并创建浮雕等效果 ………………………………………………207
6.7 Boolean（布尔运算） …………………………………………………………………………208
 6.7.1 功能与参数 ………………………………………………………………………………208
 6.7.2 布尔运算的操作步骤 ……………………………………………………………………209
 6.7.3 实例——创建一个跳子棋盘 ……………………………………………………………209
6.8 Terrain（地形） ………………………………………………………………………………211
 6.8.1 功能与参数 ………………………………………………………………………………211
 6.8.2 创建地形的操作步骤 ……………………………………………………………………211
 6.8.3 实例——利用地形复合操作制作礼帽 …………………………………………………211
6.9 Loft（放样） …………………………………………………………………………………212
 6.9.1 功能与参数 ………………………………………………………………………………212
 6.9.2 用放样创建相同截面复合对象的操作步骤 ……………………………………………213
 6.9.3 用放样创建多截面复合对象的操作步骤 ………………………………………………214
 6.9.4 修改放样复合对象 ………………………………………………………………………215
6.10 Mesher（网格化） ……………………………………………………………………………220
 6.10.1 功能与参数 ………………………………………………………………………………220
 6.10.2 网格化粒子系统的操作步骤 ……………………………………………………………220
 6.10.3 为网格化粒子系统指定自定义边界盒 …………………………………………………220
 6.10.4 实例——将喷射粒子系统网格化 ………………………………………………………220
思考与练习 ……………………………………………………………………………………………221

第 7 章 灯光与摄影机 223
7.1 灯光概述 223
7.1.1 在场景中创建灯光的原则 223
7.1.2 灯光类型 223
7.2 Standard（标准）灯光 224
7.2.1 Target Spot（目标聚光灯） 224
7.2.2 Free Spot（自由聚光灯） 235
7.2.3 Target Direct（目标平行光） 236
7.2.4 Free Direct（自由平行光） 236
7.2.5 Omni（泛光灯） 236
7.2.6 Skylight（天光） 236
7.2.7 Area Omni Light（区域泛光灯） 237
7.2.8 Area Spotlight（区域聚光灯） 238
7.3 Photometric（光度学）灯光 238
7.3.1 IES Sun（IES 太阳光） 238
7.3.2 IES Sky（IES 天光） 239
7.3.3 Free Linear（自由线光源） 239
7.4 Advanced Lighting（高级照明） 240
7.4.1 Light Tracer（光跟踪器） 240
7.4.2 Radiosity（光能传递） 242
7.5 摄影机 244
7.5.1 TargetCamera（目标摄影机） 244
7.5.2 FreeCamera（自由摄影机） 245
7.5.3 摄影机参数 245
7.5.4 将摄影机与对象对齐 245
思考与练习 246

第 8 章 材质与贴图 248
8.1 材质与贴图概述 248
8.2 Material Editor（材质编辑器） 248
8.2.1 示例窗口 249
8.2.2 材质编辑工具栏 249
8.2.3 示例窗口控制工具栏 251
8.2.4 Material/Map Browser（材质/贴图浏览器） 251
8.3 材质 254
8.3.1 标准材质 255
8.3.2 Blend（混合）材质 268
8.3.3 Composite（合成）材质 269
8.3.4 Double-Sided（双面）材质 271
8.3.5 Multi/Sub-Object（多维/子对象）材质 272

8.3.6　Shellac（胶合）材质 273
8.3.7　Top/Bottom（顶/底）材质 274
8.3.8　Architectural（建筑）材质 275
8.3.9　Raytrace（光线跟踪）材质 276
8.3.10　Matte/Shadow（不可见/投影）材质 277
8.3.11　Ink'n Paint（墨水手绘）材质 279
8.4　贴图 280
8.4.1　贴图概述 280
8.4.2　二维贴图 280
8.4.3　三维贴图 288
8.4.4　Compositor（合成器）贴图 288
8.4.5　（其他）贴图 290
思考与练习 292

第9章　后期制作

9.1　渲染 293
9.1.1　渲染输出的一般操作步骤 293
9.1.2　快速渲染 293
9.2　Render Scene（渲染场景）对话框 294
9.2.1　Common（公用）选项卡 295
9.2.2　Renderer（渲染器）选项卡 299
9.3　Mental Ray 渲染器 302
9.4　Environment and Effects（环境和效果） 303
9.4.1　Environment（环境）选项卡 303
9.4.2　创建火焰 308
9.4.3　创建 Fog（雾） 308
9.4.4　创建 Volume Fog（体积雾） 311
9.4.5　创建 Volume Light（体积光） 311
9.5　场景特效 313
9.5.1　Effects（效果）选项卡 313
9.5.2　Lens Effects（镜头效果） 313
9.5.3　Depth of Field（景深）效果 317
9.6　Video Post（视频合成） 318
9.7　预演动画 321
9.8　Merge（合并）文件 322
9.9　Merge Animation（合并动画） 323
9.10　Import（导入）文件 327
9.11　使用其他多媒体软件进行后期处理 332
9.11.1　Photoshop 在 3ds max 后期处理中的应用 332
9.11.2　Authorware 在 3ds max 后期处理中的应用 333

9.11.3	在 3ds max9 中导入 Poser 人物和动画	335
9.11.4	将 3ds max9 动画导入到 Flash 中	335

思考与练习 ··· 336

第二篇 3ds max9 动画

第 10 章 动画技术 ··· 341

10.1 使用轨迹栏和动画控制区创建动画 ··· 341
- 10.1.1 轨迹栏与动画控制区 ··· 341
- 10.1.2 创建动画 ··· 344
- 10.1.3 删除动画 ··· 345

10.2 Motion（运动）命令面板 ··· 345
- 10.2.1 Parameters（参数） ·· 345
- 10.2.2 Trajectories（轨迹） ··· 346

10.3 Track View-Curve Editor（轨迹视图-曲线编辑器） ·· 348
- 10.3.1 编辑曲线工具栏 ··· 348
- 10.3.2 视图控制工具栏 ··· 348
- 10.3.3 如何编辑轨迹曲线 ··· 349

10.4 约束动画 ·· 352
- 10.4.1 Path Constraint（路径约束）动画 ·· 352
- 10.4.2 Surface Constraint（曲面约束）动画 ·· 354
- 10.4.3 Look-At Constraint（注视约束）动画 ·· 355
- 10.4.4 Orientation Constraint（方向约束）动画 ·· 358
- 10.4.5 Position Constraint（位置约束）动画 ··· 358
- 10.4.6 Attachment Constraint（附着约束）动画 ·· 359
- 10.4.7 Link Constraint（链接约束）动画 ··· 360

10.5 动画控制器 ··· 361
- 10.5.1 Spring Controller（弹力控制器） ·· 361
- 10.5.2 Noise Controller（噪波控制器） ·· 363

10.6 修改参数创建动画 ··· 364
- 10.6.1 变形放样对象创建动画 ··· 364
- 10.6.2 修改布尔运算创建动画 ··· 365
- 10.6.3 修改门的参数创建动画 ··· 365
- 10.6.4 修改雾参数创建动画 ·· 366
- 10.6.5 修改曲线变形（WSM）修改器参数创建动画 ·· 367

10.7 使用摄影机创建动画 ·· 368

思考与练习 ··· 371

第 11 章 reactor 动力学对象与动画 ··· 373

11.1 Create Rigid Body Collection（创建刚体类对象） ··· 373

11.1.1 刚体类对象概述 ·· 373
11.1.2 刚体类对象属性 ·· 373
11.1.3 Create Rigid Body Collection（创建刚体类对象） ···················· 376
11.2 Create Cloth Collection（创建布料类对象） ······························ 377
11.2.1 Cloth Modifier（布料修改器） ······································ 378
11.2.2 创建布料类对象 ·· 379
11.3 Create Soft Body Collection（创建柔体类对象） ························ 379
11.3.1 创建柔体类对象 ·· 380
11.3.2 Soft Body Modifier（柔体修改器） ·································· 381
11.4 Create Rope Collection（创建绳索类对象） ······························ 383
11.5 Create Deforming Mesh Collection（创建变形网格类对象） ············ 385
11.6 Create Plane（创建平面） ··· 385
11.7 Create Spring（创建弹簧） ·· 386
11.8 Create Linear Dashpot（创建直线缓冲器） ································ 389
11.9 Create Angular Dashpot（创建角度缓冲器） ······························ 391
11.10 Create Motor（创建发动机） ··· 392
11.11 Create Wind（创建风） ··· 394
11.12 Create Toy Car（创建玩具汽车） ··· 395
11.13 Create Water（创建水） ·· 397
11.14 Create Constraint Solver（创建约束解算） ······························ 399
11.15 Create Rag Doll Constraint（创建 Rag Doll 约束器） ·················· 399
11.16 Create Hinge Constraint（创建枢轴约束器） ···························· 401
思考与练习 ·· 402

第 12 章 粒子系统与动画 ·· 403

12.1 Spray（喷射） ··· 403
12.2 Snow（雪） ··· 407
12.3 Blizzard（暴风雪） ··· 408
12.4 PCloud（粒子云） ·· 413
12.5 PArray（粒子阵列） ·· 416
12.6 Super Spray（超级喷射） ·· 420
12.7 PF Source（粒子流源） ·· 422
思考与练习 ·· 425

第 13 章 空间扭曲与动画 ·· 426

13.1 概述 ··· 426
13.2 Forces（力）空间扭曲 ··· 427
13.2.1 Push（推力） ·· 427
13.2.2 Motor（马达） ·· 427
13.2.3 Vortex（漩涡） ··· 430

13.2.4　Drag（阻力） ··· 431
　　13.2.5　PBomb（粒子爆炸） ··· 431
　　13.2.6　Path Follow（路径跟随） ·· 432
　　13.2.7　Displace（置换） ·· 433
　　13.2.8　Gravity（重力） ·· 434
　　13.2.9　Wind（风） ·· 435
　13.3　Deflectors（导向器）空间扭曲 ··· 436
　　13.3.1　导向板导向器 ·· 437
　　13.3.2　导向球导向器 ·· 440
　　13.3.3　通用导向器 ··· 440
　13.4　Geometric/Deformable（几何/可变形）空间扭曲 ·· 442
　　13.4.1　FFD（长方体）和FFD（圆柱体） ·· 442
　　13.4.2　Wave（波浪） ·· 443
　　13.4.3　Ripple（涟漪） ··· 444
　　13.4.4　Bomb（爆炸） ·· 445
　13.5　Modifier-Based（基于修改器）空间扭曲 ··· 445
　　13.5.1　Skew（倾斜） ··· 446
　　13.5.2　Noise（噪波） ·· 446
　　13.5.3　Bend（弯曲） ··· 447
　　13.5.4　Twist（扭曲） ·· 447
　　13.5.5　Taper（锥化） ·· 448
　　13.5.6　Stretch（拉伸） ··· 448
　思考与练习 ·· 449

第14章　二足角色与动画 ·· 450
　14.1　创建二足角色 ·· 450
　14.2　足迹动画 ·· 453
　　14.2.1　Footstep Mode（足迹模式） ··· 453
　　14.2.2　创建足迹 ··· 455
　　14.2.3　创建足迹动画 ··· 455
　　14.2.4　体型模式 ··· 457
　14.3　创建二足角色复杂动画 ··· 458
　　14.3.1　二足角色动画的关键帧 ·· 458
　　14.3.2　修改足迹动画 ··· 458
　14.4　Bones（骨骼） ·· 459
　　14.4.1　创建Bones（骨骼） ·· 460
　　14.4.2　创建骨骼分支 ··· 461
　　14.4.3　正向运动学和反向运动学 ··· 461
　　14.4.4　使用IK解算器创建反向运动学系统 ··· 461
　　14.4.5　渲染骨骼 ··· 463

14.4.6 制作角色动画 463
思考与练习 466

第15章 3ds max2009 简介 467
15.1 3ds max2009 的安装 467
15.2 3ds max2009 与 3ds max9 的比较 471
15.2.1 3ds max2009 的界面 471
15.2.2 Edit（编辑）菜单 471
15.2.3 Tools（工具）菜单 473
15.2.4 Views（视图）菜单 474
15.2.5 Create（创建）菜单 475
15.2.6 Modifiers（修改器）菜单 475
15.2.7 Animation（动画）菜单 476
15.2.8 Graph Editors（图表编辑）菜单 477
15.2.9 Rendering（渲染）菜单 478
15.2.10 Customize（自定义）菜单 479
15.2.11 MAX Script（MAX 脚本）菜单 479

第三篇　3ds max9 实训

实训一　象棋残局博弈——在露天体育场下棋 483
实训二　飞机表演动画 487
实训三　楼房室外效果图制作 488
实训四　室内效果图制作 495
实训五　掷骰子 501
实训六　魔术表演 503
实训七　创建轧制钢轨的效果图和动画 506

主要参考文献 510

第一篇 3ds max9 建模

3ds max9 的功能概括起来，可以分为创建模型和创建动画两个方面。创建模型也可简单地说成建模。建模是最基本的，也是最重要、最复杂的。自然界中的物体，无论是有生命的和无生命的，都千差万别，要在形状、神态、材质、纹理、颜色、光泽等方面模拟出来，是非常费时、费事的。对于创建动画，建模也非常关键。模型创建得不得体，即使动画创建出来了，也不会有好的效果。

本篇将介绍 3ds max9 的入门和常用知识、曲线的创建和修改、曲面的创建和修改、基本几何体和简单几何体的创建、复杂几何体和场景的创建、几何体的修改、各种修改器、灯光与摄影机、材质与贴图、后期制作等内容。

本篇有的实例已经涉及动画。这样的实例可以在学了动画后再回头练习。

第1章 3ds max9 基础

本章将介绍 3ds max9 主界面的组成及如何设置和控制主界面。3ds max9 的建模和创建动画都是在主界面内完成的。熟悉 3ds max9 界面内各元素的位置和主要功能，掌握设置和控制界面的常用操作是非常有必要的。初学者由于刚接触 3ds max9，对于那些前后有关联的内容接受起来会感觉困难。建议在深入学习的过程中，根据需要逐步掌握这些知识。

1.1 3ds max9 的界面

3ds max9 的界面如图 1.1 所示。它由标题栏、菜单栏、主工具栏、命令面板、视图控制区、动画控制区、时间标尺和时间滑动块、MAX 脚本信息栏、状态栏与提示栏、reactor 工具栏和视图区组成。

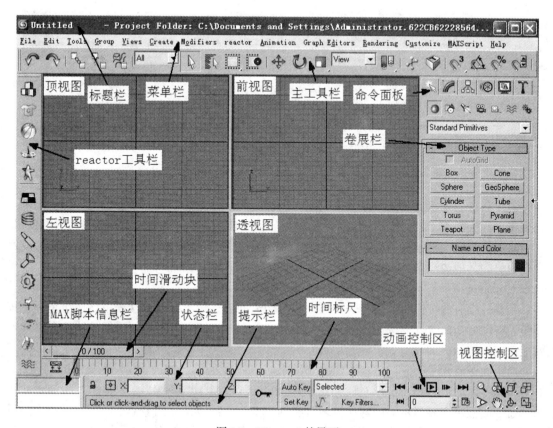

图 1.1　3ds max9 的界面

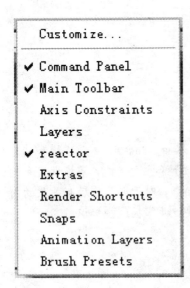

图1.2 选择工具栏的快捷菜单

标题栏和菜单栏完全采用 Windows 风格。3ds max9 的菜单包括主菜单和快捷菜单。主菜单中的菜单有：File（文件）、Edit（编辑）、Tools（工具）、Group（组）、Views（视图）、Create（创建）、Modifiers（修改器）、Character（角色）、Reactor（反应器）、Animation（动画）、Graph Editors（图形编辑）、Rendering（渲染）、Customize（自定义）、MAX Script（脚本语言）和 Help（帮助）。

工具栏包括：Main Toolbar（主工具栏）、reactor 工具栏、Layers（层）工具栏、Extras（附加）工具栏、Render Shortcuts（渲染快捷方式）工具栏、Axis Constraints（轴约束）工具栏和 Snaps（捕捉）工具栏。

前两个工具栏已显示在默认界面中。若要显示其他隐藏的工具栏，将鼠标指向任何一个工具栏的空白处，待变成手形后，右单击会弹出一个快捷菜单。如图 1.2 所示。

通过勾选快捷菜单中选项，可以显示图 1.3 中的各个工具栏。

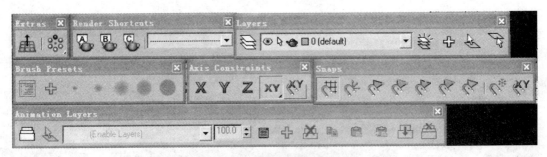

图1.3 未显示在默认界面中的工具栏

主工具栏主要包含一些操作频率较大的按钮。因按钮太多，有一部分按钮未显示出来。只要将鼠标指向主工具栏空白处，待变成手形后，左右拖动，就能显示出不在界面内的按钮。

将鼠标指向主工具栏的最左端，待变成形后拖动，能使主工具栏变成浮动工具栏或停靠在窗口的其他边缘旁。

对 reactor 工具栏也可进行和主工具栏相应的操作。

工具栏中有的按钮右下角有一个黑白两色构成的小三角形标记，这表示该按钮是一个按钮组。将鼠标指向这样的按钮，按住左键不放就能展开按钮组，滑到要选择的按钮上再放开就能选定该按钮。

命令面板有六个，它们是：Create（创建）、Modify（修改）、Hierarchy（层次）、Motion（运动）、Display（显示）与 Utilities（工具）。

命令面板由于要显示的内容比较多，有的一个命令面板又分成多个子面板。一个子面板按照功能分类，还可能包含多个卷展栏。对准卷展栏标题框左端的+或 – 号单击，可以展开或卷起卷展栏。将鼠标指向命令面板空白处，待变成手形后，可以按住左键上下拖动命令面板。将鼠标指向命令面板标题上边缘或下边缘处，待变成形后，按住左键拖动，可以使其浮动或停放在窗口别的边缘处。

有时可能因为误操作，使得命令面板被隐藏而无法使用，这是初学者常会碰到的问题。这时只要在快捷菜单中重新勾选命令面板命令项，就会显示出命令面板。

状态栏显示当前视图和鼠标的状态，如图 1.4 所示。在未选定视图中对象时，坐标显示区显示视图中鼠标所在位置的坐标值；选定了对象但未做对象变换时，显示选定对象当前的坐标值；在进行对象变换的过程中，显示当前的变换值；在选择一种变换后，若输入新的坐标值，按回车，能得到给定值的变换。

图 1.4　状态栏

状态栏中还有两个按钮：Selection Lock Toggle（锁定选择对象）按钮，选定该按钮后，不能再选定其他对象，也不能取消已有的选择。变换输入模式按钮有两种选择：Absolute Mode Transform Type-In（绝对模式变换输入）按钮，在这种模式下，输入的值是变换的绝对值。Offset Mode Transform Type-In（偏移模式变换输入）按钮，在这种模式下，输入的值是变换的相对偏移量。

状态栏的下方是提示栏，在用户操作过程中，提示栏中会显示下一步的操作提示。

MAX 脚本信息栏显示当前操作的脚本信息。如图 1.5（a）所示。MAX 脚本信息栏的上下两行对应于 MAXScript Listener（MAXScript 侦听器）的上下两个区域中的最后一行。如图 1.5（b）所示。要打开 MAXScript Listener（MAXScript 侦听器），可以右单击 MAX 脚本信息栏，选择 Open Listener Window（打开侦听器窗口）。或者选择 MAX Script（脚本语言）菜单，选择 MAXScript Listener（MAXScript 侦听器）命令。选择 MacroRecorder（宏录制器）菜单，单击 Enable（启用）命令，就能将操作对应的 MAX 脚本信息录制下来。录制的宏可以保存为文件。运行录制的宏文件，可以重复宏中全部操作。

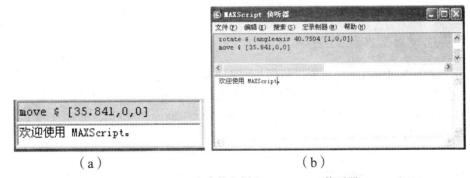

图 1.5　MAX 脚本信息栏和 MAXScript 侦听器

关于菜单栏、工具栏、命令面板和其他界面元素的详细功能和操作，将在后续各章节中介绍。

1.2 界面的设置

1.2.1 重置界面

当界面发生了改变而想要恢复到打开时的设置时,可进行以下操作:

选择 File(文件)菜单,选择 Reset(重置)命令,这时会弹出是否保存文件对话框,如图1.6所示。

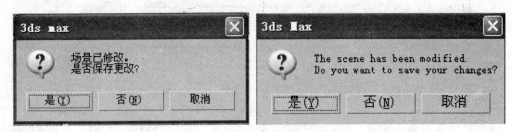

图1.6 是否保存文件对话框

若选择是,就会弹出保存对话框。保存后或选择否(不保存)会弹出如图1.7所示的确认重置对话框,选择 Yes(是)就能恢复打开时的界面。

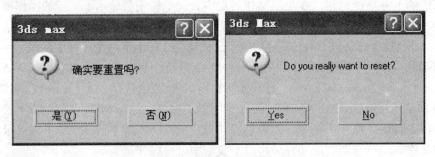

图1.7 确认重置对话框

1.2.2 界面设置文件与文件类型

系统默认的界面设置文件是 UI 子目录下的 DefaultUI 文件。除此之外,还有三个界面设置文件:discreet-dark、discreet-light 和 ModularToolbarsUI。对于 *.clr 类型,没有 ModularToolbarsUI 文件,而对于*.cui 类型,还有 MaxBackupUI 和 MaxStartUI 两个文件。这些文件有以下文件类型:

*.ui   保存图标设置;
*.clr   保存色彩设置信息;
*.cui   保存界面元素布局、工具栏、按钮信息;
*.mun   保存菜单栏和快捷菜单设置;
*.kbd   保存快捷键设置;

*.qop   保存快捷菜单布局、色彩、动作的布局。

1.2.3 如何恢复系统默认的界面设置

要想恢复系统默认的界面设置，其操作步骤如下：

选择 Customize（自定义）菜单，单击 Load Custom UI Scheme（加载自定义 UI 方案）命令，这时会弹出如图 1.8 所示的对话框，选择 DefaultUI.ui 文件，单击打开按钮就会恢复界面的默认设置。

图 1.8　加载自定义 UI 方案对话框

1.2.4 如何自定义界面

用户也可根据自己的喜好和习惯，重新设置界面方案，其操作如下：

选择 Customize（自定义）菜单，选择 Load Custom UI Scheme（加载自定义 UI 方案）命令，这时会弹出加载自定义 UI 方案对话框。根据需要，将界面设置文件和文件类型进行组合，就能得到自定义的界面设置方案。

自定义的界面设置方案也可以保存下来，其操作如下：

选择 Customize（自定义）菜单，单击 Save Custom UI Scheme（保存自定义 UI 方案）命令，这时会弹出如图 1.9 所示的对话框，输入新的文件名就能将自定义的界面设置方案保存下来。

图 1.9　保存自定义 UI 方案对话框

1.3 3ds max9 的视口配置

3ds max9 视图区可以由用户重新配置。对准视口左上角的视图标题右单击，会弹出一个快捷菜单，如图 1.10 所示。使用该快捷菜单，可以选择视图类型，配置视口。

1.3.1 重新布局视口

图 1.10 视图快捷菜单

视图区的默认布局是将视图区等分成四个 Viewport（视口），每个视口选择一种视图。默认的四个视口中分别显示顶视图、左视图、前视图和透视图。重新布局视图区的操作如下：

选择视图快捷菜单中的 Configure（配置）命令或右单击视图控制区中的任意一个按钮，会弹出 Viewport Configuration（视口配置）对话框，选择 Layout（布局）选项卡，如图 1.11 所示，重新选择一种布局，就能改变视口的个数和排列位置。拖动视口的分界线或边框线可以改变视口的大小。

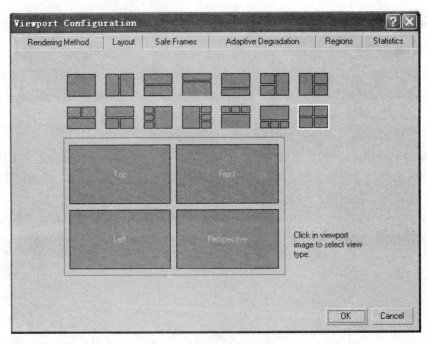

图 1.11 视口配置布局选项卡

1.3.2 视图的选择

指向视图快捷菜单的 View（视图）命令后会弹出一个视图名列表，如图 1.12 所示。列表上方是创建的灯光和摄像机名称列表。选择了的视图在视图名前会出现 ✔。若勾选灯光或摄像机名就能选择灯光视图或摄像机视图。

1.3.3 视图中对象的显示

视图中的对象可以按不同的渲染级别显示。

对准视图左上角的视图名,右单击会弹出一个快捷菜单,通过快捷菜单可以选择对象的显示级别。

在弹出的快捷菜单中,单击设置命令,会弹出视口配置对话框。图1.13所显示的是视口配置对话框中的渲染方法选项卡。通过该对话框的渲染级别选区,可以选择对象显示的级别。

创建一个茶壶,选择Smooth(平滑)显示级别时的显示效果如图1.14(a)所示。选择Wireframe(线框)显示级别时的显示效果如图1.14(b)所示。选择Lit Wireframes(亮线框)显示级别时的显示效果如图1.14(c)所示。选择Facets(面)显示级别时的显示效果如图1.14(d)所示。

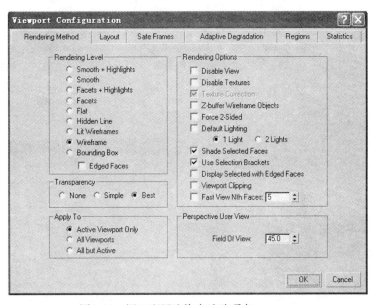

图1.12 视图名列表　　　　图1.13 视口配置渲染方法选项卡

1.3.4 显示栅格选择

要在视口中显示网格线,需要勾选视图快捷菜单中的Show Grid(显示栅格)选项,否则就不会显示网格线。

1.3.5 安全框

安全框是保证制作的动画在输出到广播媒介时,周边不至于被屏幕剪切掉,而在视图中设置的标识操作范围的线框,如图1.15所示。使用Viewport Configuration(视口配置)对话框中的Safe Frames(安全框)选项卡设置安全框。

视口配置安全框选项卡如图1.16所示。

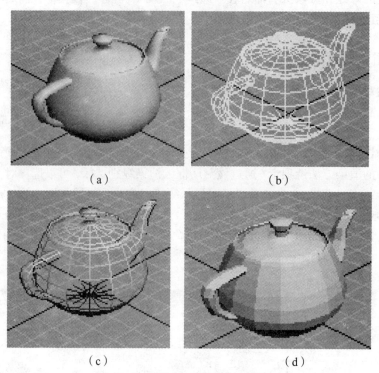

图 1.14 不同显示级别效果图

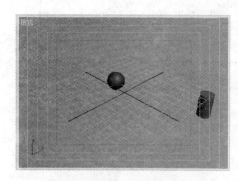

图 1.15 设置了安全框的视图

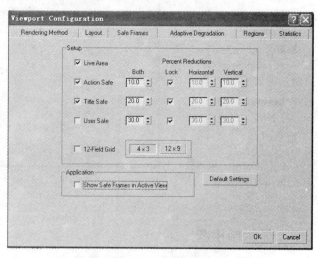

图 1.16 视口设置安全框选项卡

Live Area（活动区域）：完整的屏幕，黄线框。
Action（动作）安全区：保证该区域内的对象在最终渲染文件里可见，蓝线框。
Title（标题）安全区：标题能不失真显示，橘黄线框。
User（用户）安全区：由用户定义的区域，品红线框。
以上安全框的大小都可以由用户重新设定。

1.4 3ds max9 视图的控制

3ds max9 的视图由视图控制区中的按钮控制。根据视图的不同，视图控制区中的按钮有三种不同的组合。

1.4.1 正视图与透视图的视图控制按钮

正视图与透视图的视图控制按钮组合如图 1.17 所示。

图 1.17 正视图与透视图的控制按钮

正视图与透视图的视图控制按钮可以用来移动、旋转、缩放视图。对视图的移动、旋转、缩放不能创建成动画。

各按钮的功能如下：

Zoom（缩放）按钮：在任意一个激活视图中按住左键拖动鼠标，能缩放该视图。

Zoom All（缩放全部）：在任意视图中按住左键拖动鼠标，能缩放全部视图。

Zoom Extents（最大化显示）：该按钮和下一个按钮构成按钮组，单击该按钮能将当前已激活视图恢复最大化（大于最大化的变小，小于最大化的变大），同时移动视图使对象居中显示。

Zoom Extents Selected（最大化显示选定对象）：若未选定对象，则该按钮作用与上一个按钮相同。若使用该按钮之前，选定了至少一个对象，单击该按钮后，会最大化已激活视图中的选定对象，并且会移动视图，使选定对象定位到视图正中间。

Zoom Extents All（所有视图最大化显示）：该按钮和下一个按钮构成按钮组，单击该按钮能将所有视图恢复最大化，并移动视图使对象居中显示。

Zoom Extents All Selected（所有视图最大化显示选定对象）：若不选定任何对象，该按钮与上一个按钮作用相同。若先选定了至少一个对象，单击该按钮后，会最大化全部视图中的选定对象，并移动视图，使选定对象居中显示。

Field -of -View（视阈）：该按钮和下一个按钮为一个按钮组。这个按钮只对透视图起作用。选择该按钮，在透视图中按住左键拖动鼠标或转动滚动轮，能缩放该视图。

Region Zoom（缩放区域）：选择该按钮，在激活视图中拖动鼠标会产生一个虚线框（选定区域），放开鼠标后会最大化选定区域，并使选定区域居中显示。

Pan View（移动视图）：该按钮和下一个按钮构成一个按钮组。选择该按钮，在任意一个激活的视图中拖动鼠标，能平移激活的视图。按住 Ctrl 键拖动鼠标，能快速移动视图。

Walk Through（摇动）：该按钮只有在激活了透视图时才会出现。在透视图中拖动鼠标，透视图会朝相反方向移动，就像摇动摄像机一样。

Arc Rotate（弧形旋转）：该按钮和下面两个按钮为一个按钮组。选择该按钮，拖动鼠标时，激活的透视图绕视图中心旋转，在正交视图中绕鼠标单击处旋转。旋转方向视鼠标指针的形状不同而不同，鼠标指针形状与鼠标在视图中的位置有关，   是对应四种不同位置的鼠标指针。

　　Arc Rotate SubObject（弧形旋转选定对象）：选定该按钮，拖动鼠标，当前视图会绕着选定对象轴心点旋转。鼠标指针形状视其位置不同也有 四种。

　　Arc Rotate Selected（弧形旋转子对象）：在对象中选定子对象。选定该按钮，拖动鼠标，当前视图会绕着选定子对象旋转。鼠标指针形状视其位置不同也有 四种。

　　Maximize Viewport Toggle（最大化当前视图）：这是一个开关按钮，单击一次，当前视图最大化，视图区仅显示当前视图。再单击一次，视图还原。

　　注意：要取消激活了的视图控制按钮，只需对准视图空白处右单击。视图的移动也可以按住鼠标中键不放拖动。旋转鼠标滚动轮可以缩放视图。

1.4.2　摄像机视图控制按钮

　　如果视图中已经创建了摄像机，对准视图左上角的视图名称右单击，在快捷菜单中选择 Camera，该视图就会切换到摄像机视图。

　　摄像机视图的视图控制按钮组合如图 1.18 所示。

图 1.18　摄像机视图控制按钮

　　摄像机视图的视图控制按钮，可以用来对摄像机进行平移、旋转、推拉等操作。将对摄像机的这些操作记录下来，可以创建成对象运动的动画。摄像机视图各视图控制按钮的作用如下：

　　Dolly Camera（推拉摄像机）：该按钮和以下紧接其后的两个按钮构成一个按钮组。拖动鼠标，只移动摄像机，不移动摄像机默认目标点。

　　Dolly Target（推拉目标）：拖动鼠标，只移动摄像机默认目标点，不移动摄像机。

　　Dolly Camera +Target（推拉摄像机和目标）：同时移动摄像机和目标点。

　　Perspective（透视）：向上拖动鼠标，缩小摄像机与目标点的距离。向下拖动，则相反。

　　Roll Camera（侧滚摄像机）：拖动鼠标，摄像机会绕摄像机到目标点的轴线旋转。

　　Zoom Extents All（所有视图最大化显示）：该按钮和下一个按钮构成按钮组，单击该按钮能将所有非摄像机视图最大化显示。

　　Zoom Extents All Selected（所有视图最大化显示选定对象）：若不选定任何对象，则该按钮与上一个按钮作用相同。若先选定至少一个对象，单击该按钮后，能将所有非摄像机视图中的选定对象最大化，并居中显示选定对象。

　　Field-of-View（视野）：在摄像机视图中拖动鼠标，可以改变摄像机视野。

　　Walk Through（摇动）：该按钮和下一个按钮为一个按钮组。这个按钮只对摄像机视图起作用，拖动鼠标，可以朝拖动方向摇动摄像机。

　　Truck Camera（平移摄像机）：选择该按钮，在摄像机视图中拖动鼠标能平移摄像机。

　　Orbit Camera（环游摄像机）：该按钮和下一个按钮构成一个按钮组。拖动鼠标时，目标点固定，摄像机环绕目标点移动。

　　Pan Camera（摇动摄像机）：选择该按钮，拖动鼠标时，摄像机位置不变，摄像机拍摄方向随鼠标拖动方向摇动。

Maximize Viewport Toggle（最大化视图）：这是一个开关按钮，单击一次，当前视图最大化，视图区仅显示当前视图。再单击一次，视图还原。

【实例】 使用摄像机视图的视图控制按钮创建动画

创建一条文本，将其挤出成立体字。如图 1.19（a）所示。

将文本绕 X 轴旋转 90°，使文本竖起来。如图 1.19（b）所示。

创建一台自由摄像机。使用工具菜单中的对齐摄像机命令，将摄像机对准文本。如图 1.19（c）所示。

将透视图切换成摄像机视图。在顶视图中沿 Y 轴移动摄像机，使摄像机与文本的距离适当拉开。如图 1.19（d）所示。

时间滑动块置于 0 帧，将摄像机对准文本开头。

打开自动关键帧按钮，将时间滑动块移到 100 帧，选择平移摄像机按钮，平移摄像机到文本末尾。播放动画，就能看到文本从头到尾移过窗口。

渲染输出动画。图 1.19（e）是播放时截取的一幅画面。

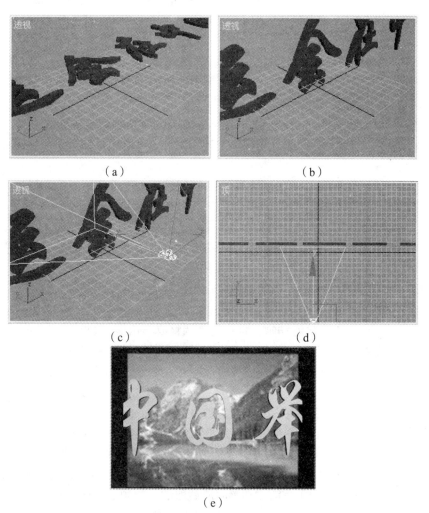

图 1.19　使用摄像机视图的视图控制按钮创建动画

1.4.3 灯光视图控制按钮

灯光视图控制按钮如图 1.20 所示。

图 1.20 灯光视图控制按钮

Dolly Light（推拉光源）：该按钮和以下紧接其后的两个按钮构成一个按钮组。拖动鼠标，只移动灯光对象，不移动灯光目标点。

Dolly Target（推拉目标点）：拖动鼠标，只移动灯光目标点，不移动灯光对象。

Dolly Spotlight+ Target（推拉灯光和目标点）：同时移动灯光和目标点。

Light Hotspot（灯光聚光区）：调整灯光聚光区的大小。

Roll Light（旋转灯光）：拖动鼠标，灯光会绕光源到目标点的轴线旋转。

Zoom Extents All（放大全部视图）：该按钮和下一个按钮构成按钮组，单击该按钮能将所有正视图进行一次性放大。

Zoom Extents All Selected（选择放大全部视图）：若不选定任何对象，则该按钮与上一个按钮作用相同。若先选定至少一个对象，单击该按钮后，会放大所有正视图，并将选定的对象定位到每个正视图的正中间。

Light Falloff（灯光衰减区）：拖动鼠标可以调整灯光衰减区的大小。

Truck Light（平移灯光）：在灯光视图中拖动鼠标，可以使目标对象在不同灯光区域平移。

Orbit Light（环绕灯光）：该按钮和下一个按钮构成一个按钮组。拖动鼠标，目标点固定，灯光环绕目标点照射。

Pan Light（摇动灯光）：固定灯光位置，摇动灯光照射方向。

Maximize Viewport Toggle（最大化视图）：这是一个开关按钮，单击一次，当前视图最大化，视图区仅显示当前视图。再单击一次，视图还原。

【实例】分别在透视图和灯光视图中创建灯光紧随演员的光照效果

创建一个平面做地面。给平面赋标准材质。如图 1.21（a）所示。

创建一个人。创建 10 步足迹动画，且将足迹调整成三角形。如图 1.21（b）所示。

在左视图中创建一盏泛光灯。不勾选启用阴影复选框，强度倍增设置为 0.5。

在左视图中创建一个目标聚光灯，勾选启用阴影复选框，适当减小聚光灯的照射范围。如图 1.21（c）所示。

将目标聚光灯的目标点链接到人的头部，且目标点与人的头部对齐。

重设右手的动作，使右手始终手握话筒对准人的嘴部。如图 1.21（d）所示。

对透视图渲染输出动画。图 1.21（e）是播放动画时所截取的一幅画面。

对准透视图名称右单击，指向快捷菜单视图下的 Spot01 后单击，就会切换到灯光视图。重新渲染输出动画。图 1.21（f）是播放动画时所截取的一幅画面。从画面中可以看出，这相当于处在目标聚光灯位置的目标摄影机，锁定人以后拍摄到的画面。

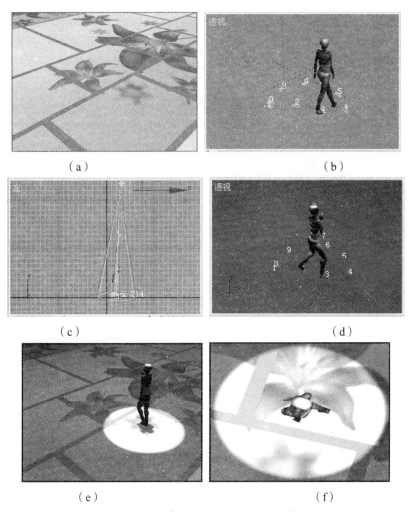

图 1.21 创建灯光紧随演员的光照效果

思考与练习

1. 说出菜单栏、主工具栏、命令面板、时间标尺、视图控制区、动画控制区的位置和作用。
2. 说出透视图、顶视图、左视图、前视图所在的位置。
3. 如何才能让窗口中显示出主工具栏？
4. 文件菜单中的重置命令有何作用？
5. 如何能使主工具栏左右移动？
6. 如何能使命令面板上下移动？
7. 如何能让顶视图变成透视图？
8. 前视图中的对象能呈光滑显示吗？应怎么办？
9. 如何改变透视图的大小？
10. 如何移动透视图？
11. 各视图之间的分界可以调整吗？如何调整？

12. 要使窗口中同时显示三个视图，该怎么操作？
13. 3ds max9 有几个命令面板？它们的名称是什么？如何打开这些命令面板？
14. 创建命令面板下有哪些子面板？如何打开这些子面板？
15. 如何才能展开卷展栏？
16. 一个按钮的右下角有一个小三角形，它有何意义？
17. 默认界面的文件名是什么？如何才能恢复默认的界面？
18. 如何控制命令面板的显示和不显示？

第 2 章　3ds max9 的常用操作

选择对象、变换对象、复制对象、对齐对象、链接对象和组合对象等，这都是在建模和动画制作中经常用到的一些操作。熟练掌握和灵活运用这些操作是非常必要的。本章将详细介绍这些内容。

2.1　选择对象

要对对象进行变换、修改、删除等操作时，首先都必须选择对象。因此，选择对象是最基本、最常用的一种操作。3ds max9 提供了使用菜单选择和使用主工具栏工具按钮选择两种方法。这两种方法功能相同。下面通过工具按钮来介绍各种选择操作。

在 Edit（编辑）菜单中，用于选择的命令有：Select All（全选）、Select None（全不选）、Select Invert（反选）、Select By（选择方式）和 Region（区域）。如图 2.1 所示。

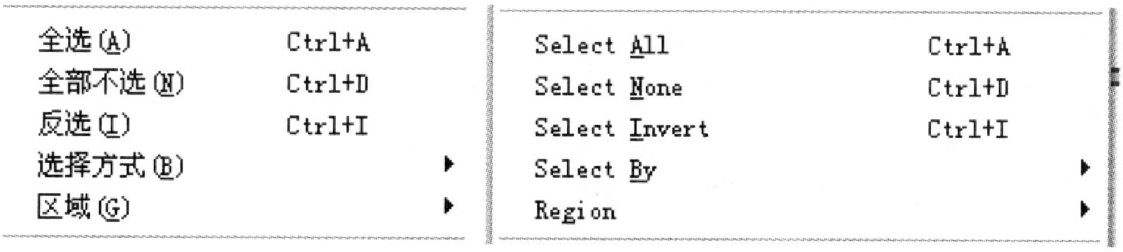

图 2.1　编辑菜单中用于选择对象的命令

在主工具栏中，用于选择的按钮有：Selection Filter（选择过滤器）、 Object（选择对象）、Select by Name（按名称选择）、Selection Region（选择区域）和 Window/Crossing（窗口/交叉）。如图 2.2 所示。除此之外，三个变换按钮也具有选择功能。

图 2.2　主工具栏中专用于选择的按钮

2.1.1　Selection Filter（选择过滤器）

Selection Filter（选择过滤器）及其下拉列表如图 2.3 所示。用选择过滤器能筛选出允许选择的对象类型。当选定了如图 2.3 所示列表中的一种类型时，只有这种类型的对象才能被选择。这样，在选择对象时，就能避开其他类型对象的干扰。

自定义组合：选定选择过滤器列表中的 Combos（组合）选项，弹出如图 2.4 所示的 Filter Combinations（过滤器组合）对话框。在 Create Combination（创建组合）列表框中选定需要的类型，单击添加按钮，系统会自动给出该组合命名，并将该组合名称添加到 Current Combination（当前组合）列表框中去，单击确定，该组合名称会添加到选择过滤器列表中。加入选择过滤器列表中的组合，具有和其他选项相同的功能。

删除组合：选定选择过滤器列表中的 Combos（组合）选项，弹出如图 2.4 所示的 Filter Combinations（过滤器组合）对话框。在 Current Combination（当前组合）列表框中，选择要删除的组合，单击删除按钮。

图 2.3　选择过滤器及其下拉列表

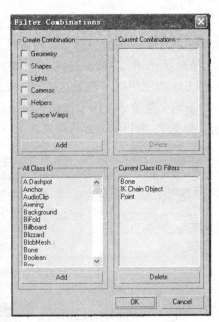

图 2.4　过滤器组合对话框

2.1.2　Select Object（选择对象）按钮的使用

要选择场景中对象，首先要选定 Select Object（选择对象）按钮。对准原未选定的对象单击会选定该对象，对准原已选定的对象单击会撤销选定。按住 Ctrl 键不放单击，可以选择多个对象。按住左键不放，在视图中拖动，可以拉出一个虚线框，框线区域内的对象都被选定。框线的类型由 Selection Region（选择区域）按钮决定。

2.1.3　Selection Region（选择区域）按钮

Selection Region（选择区域）按钮是一个按钮组，它由以下按钮组成：

Rectangular Selection Region（矩形选择区域）：在视图中拖动鼠标时，可选择一个矩形区域。

◎Circular Selection Region（圆形选择区域）：在视图中拖动鼠标时，可选择一个圆形区域。

◎Fence Selection Region（围栏选择区域）：在视图中拖动鼠标，在拐弯处单击，当折线首尾相接时，就选择了一个折线围成的区域。

◎Lasso Selection Region（套索选择区域）：在视图中拖动鼠标，可以选择一个任意形状的封闭区域。

◎Paint Selection Region（绘制选择区域）：在视图中拖动鼠标时会出现一个白色圆环，继续拖动鼠标，圆环扫过的区域就是选择对象的区域。

2.1.4 Window/Crossing（窗口/交叉）按钮

这是个乒乓按钮，对准 ◎Window（窗口）按钮单击变成 ◎Crossing（交叉），对准 Crossing（交叉）按钮单击变成 Window（窗口）。这个按钮只有在使用选择区域进行选择时才起作用。当它为窗口时，只有完全在选择区域内的对象才被选定。当它为交叉时，与选择区域相交的对象也能被选定。

2.1.5 Select By Name（按名称选择）按钮

单击 ◎Select By Name（按名称选择）按钮，会弹出 Select Objects（选择对象）对话框，如图 2.5 所示。

图 2.5　选择对象对话框

选择对象对话框的左边列表框中，显示有视图中对象名称列表。对准对象名称单击，能选定一个对象。按住 Ctrl 键单击对象名称，能选定不连续的多个对象。单击第一个要选的对象名称，再按住 Shift 键单击要选的最后一个对象名称，能选定从第一个到最后一个之间的所有对象。

对话框中 Sort（排序）选区给出了名称列表框中名称的四种排序方式。

List Types（列出类型）选区有九个对象类型复选框，只有勾选了的对象类型，属于这一类型的对象名称才会显示在列表框中。

All（全部）：选择全部对象。

None（全不）：全部对象都不选择。

Invert（反转）：选择了的和没选择的都反过来。

选择好对象名称后，单击 Select（选择）按钮确定。

选择对象的方法多种多样，在复杂场景中选择对象或次级对象时，若使用的选择方法得当，往往能达到事半功倍的效果。

2.1.6 编辑命名选择集

选择 Edit（编辑）菜单，单击 Edit Named Selection Sets（编辑命名选择集）命令，会弹出 Named Selection Sets（命名选择集）对话框，如图 2.6 所示。定义的选择集会自动添加到 Select Object（选择对象）对话框的 Selection Sets（选择集）中。见图 2.5 右下角。若在选择对象对话框中选择了某个选择集，则该选择集的对象同时被选定。

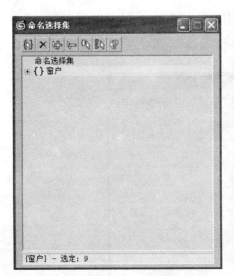 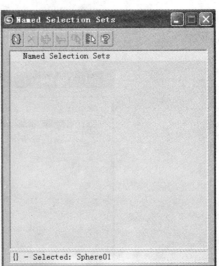

图 2.6 命名选择集对话框

2.1.7 锁定选择

要取消全部选择，只需在视图中空白处单击一下。若只取消部分选择的对象，可按住 Ctrl 键不放单击要取消的对象。

如果要确保选择和未选择的对象在操作过程中不发生翻转，可选取状态栏中的 Selection Lock Toggle（选择锁定切换）按钮。该按钮是一个开关按钮，背景呈黄色时，起锁定作用。锁定后，已选定的对象不能被取消选定，未选定的对象不能被选定。

2.1.8 Isolate Selection（孤立当前选择）

孤立当前选择能使选择了的对象呈最大显示，并且隐藏所有未选择的对象。这样能方便地对选择对象进行操作而不影响其他对象。

选定要孤立的对象，选择 Tools（工具）菜单或对准视图右单击弹出快捷菜单，单击 Isolate Selection（孤立当前选择）命令，这时会最大显示当前选择，隐藏未选择对象，并显示一个警告提示。

单击警告提示的关闭按钮，能解除孤立当前选择。

2.1.9 Hide Selection（隐藏当前选择）与 Unhide All（全部取消隐藏）

对准视图右单击，会弹出一个快捷菜单。在快捷菜单中用于隐藏对象和取消隐藏的命令选区，如图 2.7 所示。选择 Hide Selection（隐藏当前选择）命令可以隐藏选定的对象。选择 Hide Unselected（隐藏未选定对象）可以隐藏未选定的对象。对象隐藏后将不再显示在视图中，也不能对这些对象进行任何操作和渲染输出。在编辑复杂场景时，为了方便选取和不因误操作影响邻近对象，往往会使用隐藏操作。在场景中起一定作用而又不需要渲染输出的对象，也会采用隐藏操作。

隐藏了的对象可以使用全部取消隐藏或按名称取消隐藏命令取消隐藏。

图 2.7　隐藏对象和取消隐藏的命令选区

2.1.10 Freeze（冻结当前选择）与 Unfreeze All（全部解冻）

冻结对象也能起到方便编辑和避免误操作的作用。对象被冻结后在视图中呈灰色显示，渲染输出不受冻结的影响，这是与隐藏对象不同的地方。冻结当前选择和全部解冻在快捷菜单中的选区如图 2.8 所示。

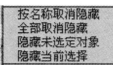

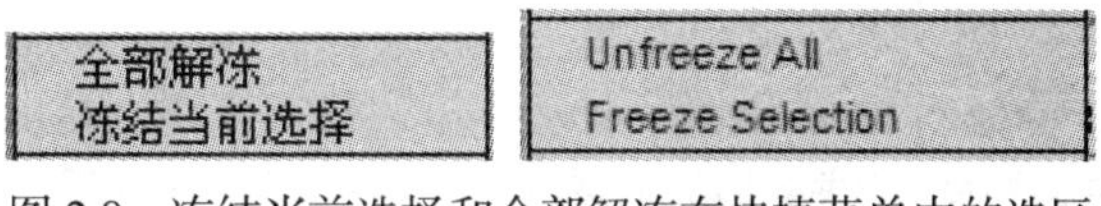

图 2.8　冻结当前选择和全部解冻在快捷菜单中的选区

2.2 变换对象

变换对象是指变换对象在坐标中的位置、方向和尺寸大小。变换包括移动、旋转和缩放。图 2.9 是主工具栏中进行变换操作的三个按钮。

图 2.9　变换操作按钮

2.2.1 变换对象

1. 移动对象

要移动对象，需要先选定对象。单击 Select and Move（选择并移动）按钮，这时在被选择对象的变换中心会出现一个直角坐标，如果未显示坐标，可以按一下 X 字母键或单击 Views（显示）菜单，单击 Show Transform Gizmo（显示变换 Gizmo）命令。X 轴为红色，Y 轴为绿色，Z 轴为蓝色。将鼠标指向选定了的对象后，一个或两个坐标轴会被激活。激活了的坐标轴呈黄色，坐标轴箭头依然保持原有颜色。如图 2.10 所示。按住左键不放拖动鼠标，对象就能沿黄色轴向移动。

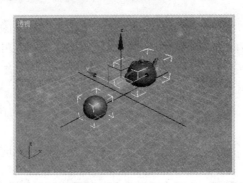

图 2.10 移动对象

【实例】移动人体手和腿创建大步行走动画

创建一个人。使用运动命令面板，为人创建 5 步行走足迹动画（这方面的内容将在第二篇中介绍）。移动足迹，使足迹之间的距离增大一些。如图 2.11（a）所示。

打开自动关键帧按钮，移动时间滑动块，使人迈出第一步。移动两手的上臂和下臂（注意是移动，不是旋转），使手臂出现大幅摆动。移动两腿的大腿和小腿，使膝盖出现一定的弯曲，变成大步行走的姿势。如图 2.11（b）所示。

对每一步重复上述操作。

导入一幅位图文件为背景。从 0~100 帧渲染输出行走动画。图 2.11（c）是播放动画时截取的一幅画面。

2. 旋转对象

选定对象后，单击 Select and Rotate（选择并旋转）按钮，这时会出现红、绿、蓝三个操作轴（圆环）包围的虚拟轨迹球。另外还有一个黑环和一个白环。如图 2.12 所示。若未显示轨迹球，只需按一下 X 字母键或单击 Views（显示）菜单，单击 Show Transform Gizmo（显示变换 Gizmo）命令。

当鼠标移到某个圆环上时，该圆环被激活，圆环变成黄色。按住左键，拖动鼠标就能绕变换中心旋转对象。激活红环绕 X 轴旋转，激活绿环绕 Y 轴旋转，激活蓝环绕 Z 轴旋转。旋转时，虚拟球上方会显示旋转的角度。白环与各视图平面平行，激活一种视图，并激活白环，拖动鼠标，对象绕变换中心的旋转受白环约束。鼠标移入黑环内，但不激活任何环，拖动鼠标，对象可以绕变换中心任意方向旋转。

第2章 3ds max9 的常用操作

（a）

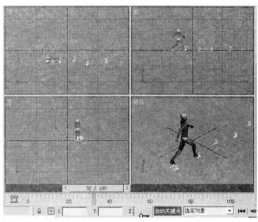
（b）

（c）

图 2.11　移动人体手和腿创建大步行走动画

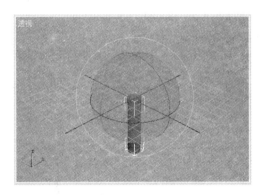

图 2.12　旋转对象

3. 缩放对象

缩放对象要选择缩放按钮。缩放按钮是一个按钮组。它由 Select and Uniform Scale（选择并均匀缩放）、 Select and Non-uniform Scale（选择并非均匀缩放）和 Select and Squash（选择并挤压）按钮组成。

在三个轴向同时进行的缩放称为均匀缩放，只在一个或两个轴向进行的缩放称为非均匀缩放。

若选择 Select and Uniform Scale（选择并均匀缩放）或 Select and Non-uniform Scale（选择并非均匀缩放）按钮，在一个或两个轴向缩放时，另外的轴向保持不变。

若选择 Select and Squash（选择并挤压）按钮，则只能在一个或两个轴向上放大或缩小，与之垂直的方向则会缩小或放大，以保持体积不变。

图 2.13 中的两个椭球是由两个同样大小的球体在 Z 轴方向放大一倍以后得来的。左侧椭球采用的非均匀缩放，右侧椭球采用的是选择并挤压，显然左边椭球在 XY 方向要比右边椭球大，两个结果明显不同。

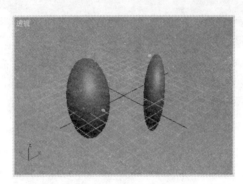

图 2.13　缩放对象

【实例】创建缩放动画

创建大小相等，颜色不同的五个球体。如图 2.14（a）所示。

创建一个人。使用运动命令面板创建 14 步跳跃动画。将每次跳跃的足迹移到球体上，足迹处于球体中心的上方。如图 2.14（b）所示。

选择缩放按钮组中的第三个按钮，打开自动关键帧按钮记录动画。移动时间滑动块，当人站在球体上时，在 Z 轴方向缩小球体，这时在 XY 方向会放大。当人离开时，还原球体。重复同样操作，为每个球体创建动画。如图 2.14（c）所示。

为动画指定一个背景贴图。渲染输出 120 帧。图 2.14（d）是在播放动画时截取的一幅画面。

2.2.2　准确定量变换

使用拖动鼠标变换对象，很难达到准确定量的结果。若要准确定量变换，可使用以下两种工具。

1. 变换输入对话框

单击 Tools（工具）菜单，单击 Transform Type-In（变换输入）命令就会弹出 Transform Type-In（变换输入）对话框。如图 2.15 所示。进行何种变换，它就自动变成何种变换输入对话框。该对话框有两个功能：在拖动鼠标变换时，它会显示变换的绝对值；若向对话框中输入绝对值或偏移值，按回车键就能进行指定数值的变换。

Absolute World（世界绝对）：指世界坐标系的绝对坐标值。

Absolute（绝对）：绝对显示区的坐标值为变换的绝对值。

Offset World（世界偏移）：指世界坐标系的相对偏移量（相对值）。

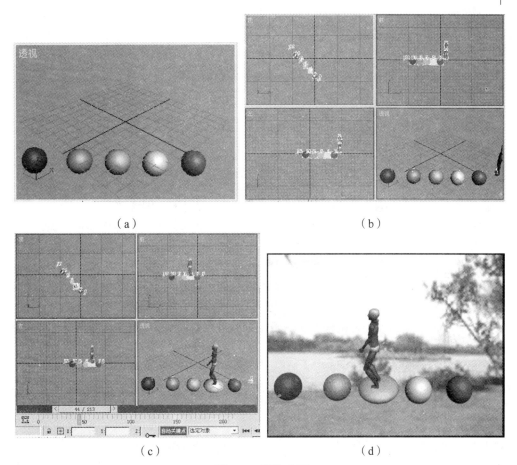

(a)   (b)

(c)   (d)

图 2.14　缩放动画

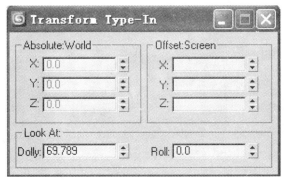

图 2.15　变换输入对话框

2. 状态栏的坐标区

状态栏的坐标区如图 2.16 所示。它也具有和变换输入对话框相似的功能。使用左端模式按钮能在绝对和偏移两种模式下进行切换。图 2.16（a）为绝对模式，图 2.16（b）为偏移模式。只要改变坐标数码框中的值，对象位置就会发生相应的改变。

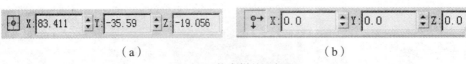

（a） （b）

图 2.16 状态栏的坐标区

【实例】创建转环杂技

打开创建命令面板，选择几何体子面板，在对象类型卷展栏中选择圆环按钮，在键盘输入卷展栏中，设置主半径为15，次半径为1。单击创建按钮，创建三个相同的圆环。

选择圆柱体按钮，在键盘输入卷展栏中，设置半径为2，高度为15。单击创建按钮创建一个圆柱体。

选择系统子面板，创建一个 Biped 对象。创建的全部对象如图 2.17（a）所示。

选定三个圆环，在主工具栏中选择旋转按钮，单击工具菜单，选择变换输入命令，就会打开变换输入对话框。在旋转变换输入对话框的 X 偏移中输入90，按回车后或单击任意处，圆环就会旋转90°，如图 2.17（b）所示。

选定三个圆，单击工具菜单，选择对齐命令，将三个圆的轴心点与圆柱体的轴心点对齐。

选定第一个圆环，选定移动按钮，在变换输入对话框中，设置 Z 偏移为30，这个圆环就会沿 Z 轴上移30个单位。分别设置 Z 偏移为60、90移动另外两个圆环。所得结果如图 2.17（c）所示。

单击自动关键帧按钮，将时间滑动块拖到100帧处。

选定最上一个圆环和最下一个圆环，在旋转变换输入对话框的 Z 偏移中输入5000，按回车或单击任意处，就为这两个圆环创建了旋转动画。选定中间一个圆环，设置 Z 偏移为 -1000，单击播放按钮，就会看到圆环绕 Z 轴旋转。

给 Biped 创建行走动画。

打开自动关键帧按钮，在每个关键帧将手臂抬起，同步移动三个圆环和圆柱体。

播放动画，可以看到人一边走，三个圆环以不同速度并朝相反方向旋转。如图 2.17（d）所示。

渲染输出动画。图 2.17（e）是在播放器中截取的一幅画面。

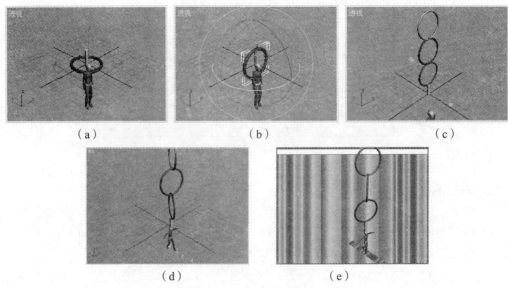

图 2.17 创建转环杂技

2.2.3 轴约束工具栏

对准主工具栏空白处右单击，会弹出一个快捷菜单，选择 Axis Constraints（轴约束）选项，窗口中就会弹出 Axis Constraints（轴约束）工具栏。如图 2.18 所示。在变换操作中，视图中激活了的坐标轴在对话框中呈黄色显示。反过来，移动和旋转时，在对话框中选定哪个坐标轴，视图中的相应坐标轴就被激活。

图 2.18　轴约束工具栏

2.2.4 3ds max9 的坐标系统

单击主工具栏中 Reference Coordinate System（参考坐标系）列表框中的展开按钮会弹出一个坐标系列表。如图 2.19 所示。

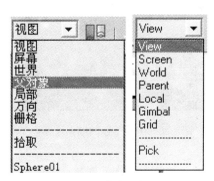

图 2.19　参考坐标系

3ds max9 的坐标系有：World（世界）坐标系（又称世界空间）、Screen（屏幕）坐标系、View（视图）坐标系、Local（局部）坐标系、Parent（父）坐标系、Grid（栅格）坐标系、Gimbal（万向节）坐标系和 Pick（拾取）坐标系。

1. World（世界）坐标系（又称世界空间）

位于各视图左下角的坐标显示了世界坐标系的方向，其坐标原点位于视口中心，该坐标系的方向不因选择了其他坐标系而变化。对象上的坐标可以选择世界坐标系，也可选择其他坐标系，当选择了世界坐标系后，对象上的坐标与视口左下角的坐标就保持一致。

注意：选择坐标系只是选择固定在对象上的坐标系。

2. Screen（屏幕）坐标系

屏幕坐标系在激活的视图中对坐标轴重新进行定向。在活动视图中，X 轴将永远在视图的水平方向并且正向向右，Y 轴在视图的竖直方向并且正向向上，Z 轴垂直于屏幕并且正向指向用户。屏幕坐标系最好用于正交视图。

3. View（视图）坐标系

视图坐标系是默认的坐标系。它混合了世界坐标系与屏幕坐标系。其中正交视图（前视图、俯视图、左视图、右视图等都属正交视图）中使用屏幕坐标系，而在透视图等非正交视图中使用世界坐标系。

4. Local（局部）坐标系

局部坐标系是使用所选物体本身的坐标系，又称物体空间。局部坐标系的原点就是物体的轴心点，Z轴总是与物体主轴方向保持一致。变换对象时坐标系也一起变换。当需要物体沿着自身的轴向进行变换时使用局部坐标系是最佳的选择。

5. Parent（父）坐标系

若某对象选择父坐标系，则该对象使用父对象的局部坐标系。若某对象没有父对象，则该对象选择父坐标系后，实际使用世界坐标系。

【实例】观察父坐标系

创建三个茶壶。将中号茶壶旋转一个角度，选择局部坐标系，各坐标方向如图2.20所示。

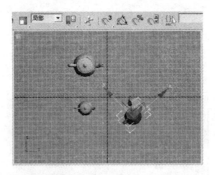

图 2.20　中号茶壶的局部坐标系

在大号与中号之间建立链接，并使中号为父对象。对大号选择父坐标系，虽然大号并未旋转，这时可看到坐标方向与中号的局部坐标系一致。如图2.21所示。

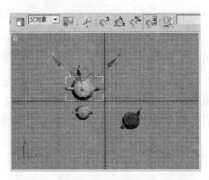

图 2.21　大号茶壶的父坐标系

小号没有父物体，也没有旋转，对它选择父坐标系，可以看到它实际的坐标系为世界坐标系。如图2.22所示。

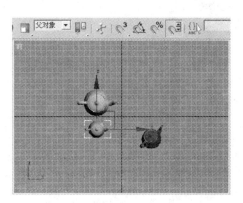

图 2.22 小号茶壶的父坐标系

6. Grid（栅格）坐标系

栅格坐标系是指栅格物体的局部坐标系。其他物体，包括其他栅格物体可以选择栅格坐标系作为自己的坐标系。栅格坐标系要由用户创建：在视图中创建一个栅格对象，激活该栅格对象。激活了的栅格会取代视图中的主栅格。当另外的物体选择了栅格坐标系时，它们的坐标系就和激活栅格对象的局部坐标系保持一致。

创建栅格对象：单击 Create（创建）命令面板，单击 Helpers（辅助对象）子面板，单击 Grid（栅格）按钮，在视图中拖动鼠标产生栅格对象。

激活栅格对象：对准栅格对象右单击，在快捷菜单中选择 Activate Grid（激活栅格），这时主栅格被激活栅格取代。

恢复主栅格：对准已激活栅格右单击，在快捷菜单中选择 Activate HomeGrid（激活主栅格），这时主栅格就会还原。

【实例】观察栅格坐标系

创建一个栅格对象和一个圆柱体。选定栅格对象，对它右单击弹出快捷菜单，选择激活栅格。将栅格旋转一定角度，选择局部坐标系。这时栅格对象的坐标系如图 2.23 所示。

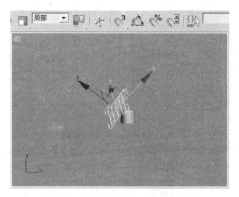

图 2.23 栅格的局部坐标系

选择圆柱体，再选择栅格坐标系。圆柱体并未旋转，可以看到它的坐标系和栅格对象的局部坐标系保持一致。如图 2.24 所示。

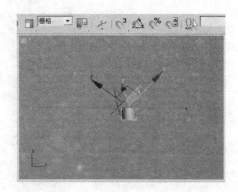

图 2.24 圆柱体的栅格坐标系

7. Gimbal（万向节）坐标系

万向节坐标系用来配合 Euler XYZ Rotation（离合 XYZ 旋转控制器）使用，与局部坐标系相似，万向节坐标系的三个旋转坐标轴不一定互相垂直。

当对物体沿着单个坐标轴进行 Euler XYZ 旋转时，只影响该坐标轴轨迹，这样可以方便地对功能曲线进行编辑。Euler XYZ Rotation（离合 XYZ 旋转控制器）是唯一允许编辑旋转功能曲线的旋转控制类型。

8. Pick（拾取）坐标系

Pick（拾取）坐标系是指通过"拾取"操作，拾取一个对象的局部坐标系作为其他对象的坐标系。拾取来的坐标系以该对象的名称作为坐标系名，并显示在坐标系列表中。其他对象可以像选择列表中别的坐标系一样选择拾取的坐标系，以使两个对象保持同样的坐标系。

拾取坐标系：建立一个对象，在坐标系选择列表中单击 Pick（拾取），单击建立的对象，这时就拾取了该对象的局部坐标系，并以这个对象的名称命名坐标系，且自动添加进坐标系选择列表中。

删除拾取坐标系的对象，拾取的坐标系也一同被删除。

【实例】观察拾取坐标系

创建一个长方体和一个圆柱体。拾取长方体的坐标系，在坐标系列表中增加了 Box01 坐标系。如图 2.25 所示。

图 2.25 拾取的坐标系：Box01

给旋转过的长方体选择局部坐标系。如图 2.26 所示。

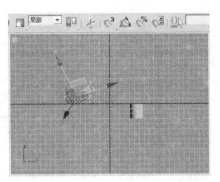

图 2.26　长方体的局部坐标系

给未旋转的圆柱体选择 Box01 坐标系。如图 2.27 所示。可以看到两个对象的坐标系一致。

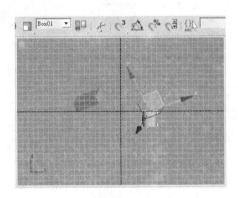

图 2.27　圆柱体的 Box01 坐标系

【实例】观察不同坐标系对相同变换的影响

创建一个圆柱体和一个球体。将圆柱体旋转一定角度。如图 2.28 所示。

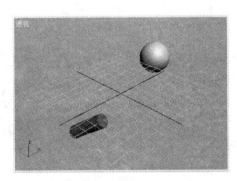

图 2.28　创建的圆柱体和球体

拾取球体的坐标系，得到 Sphere01 坐标系。图 2.29（a）选择世界坐标系、图 2.29（b）选择圆柱体的局部坐标系、图 2.29（c）选择 Sphere01 坐标系，对圆柱体进行相同数量的旋转。其结果各不相同。

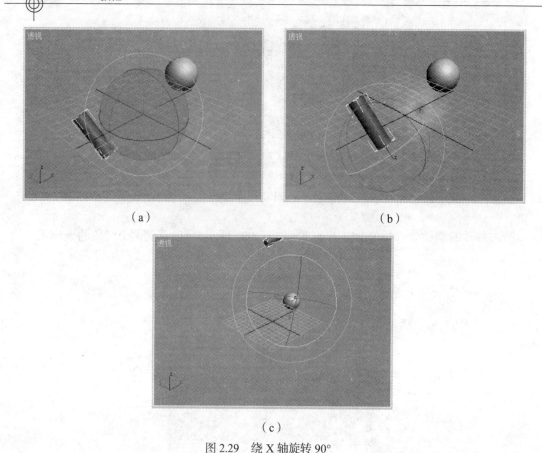

(a)　　　　　　　　　　　　(b)

(c)

图 2.29　绕 X 轴旋转 90°

2.2.5　变换中心

3ds max9 中的变换中心有三种：Pivot Point Center（对象轴心点）、Selection Center（选择集中心）和 Transform Coordinate Center（变换坐标系中心）。选择的变换中心不同，所产生的结果也可能不同。

这三种变换中心的选择可使用主工具栏中的变换中心选择按钮。这是个按钮组，它由三个按钮组成：Use Pivot Point Center（使用轴心点）按钮、Use Selection Center（使用选择集中心）按钮和 Use Transform Coordinate Center（使用变换坐标系中心）按钮。Use Pivot Point Center（使用轴心点）按钮：对象的轴心点是该对象局部坐标系的坐标原点。对于单个对象，这时变换中心为对象的轴心点。对于多个对象构成的选择集，变换中心为各对象自身的轴心点。旋转时，各对象按各自的轴心点旋转。

图 2.30（a）创建了三个几何体。

图 2.30（b）使用轴心点旋转选择集一定角度。

图 2.30（c）使用轴心点旋转单个对象一定角度。

轴心点是可以移动和旋转的：选择 Hierarchy（层级）命令面板，单击 Pivot（轴）按钮。展开 Adjust Pivot（调整轴）卷展栏，单击 Affect Pivot Only（仅影响轴）按钮。选择主工具栏中移动按钮，就能移动轴心点。选择旋转按钮就能旋转轴心点。

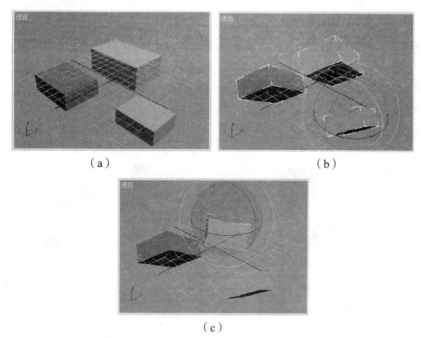

图 2.30 使用轴心点旋转

Use Selection Center（使用选择集中心）按钮：对于选择集，选择集中心就是边界盒（选定对象后出现的白色矩形线框）的几何中心。对于单个对象，选择集中心就是它自身的几何中心。

图 2.31（a）中创建了三个几何体。

图 2.31（b）使用选择集中心旋转选择集。

图 2.31（c）使用选择集中心旋转单个对象。

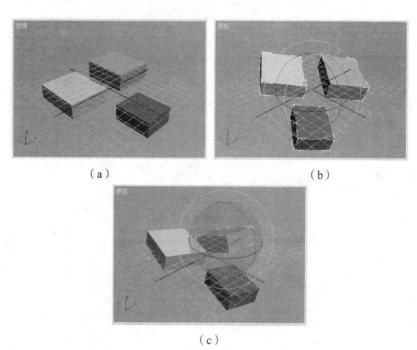

图 2.31 使用选择集中心旋转

📌Use Transform Coordinate Center（使用变换坐标系中心）按钮：这时的变换中心为所选坐标系的原点。当选择父坐标系时，变换中心为所选父对象的局部坐标系原点。若选择拾取坐标系，变换中心为拾取对象的局部坐标系原点。

图 2.32（a）使用变换坐标系中心，在世界坐标系中移动球体。

图 2.32（b）使用变换坐标系中心，在球体的局部坐标系中移动球体。

图 2.32（c）使用变换坐标系中心，在 Box01 坐标系（拾取坐标系）中移动球体。

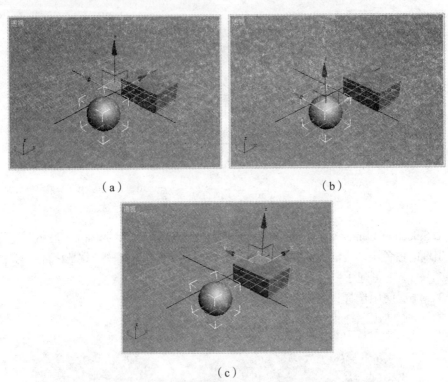

图 2.32 使用变换坐标系中心移动球体

【实例】观察不同变换中心对于变换的影响

创建一个复合对象，如图 2.33 所示。

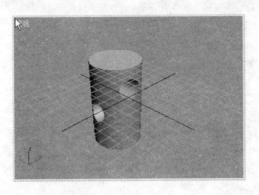

图 2.33 复合对象

图 2.34（a）使用轴心点、图 2.34（b）使用选择集中心、图 2.34（c）使用变换坐标系中心，对其进行相同数量的旋转所产生的结果各不相同。

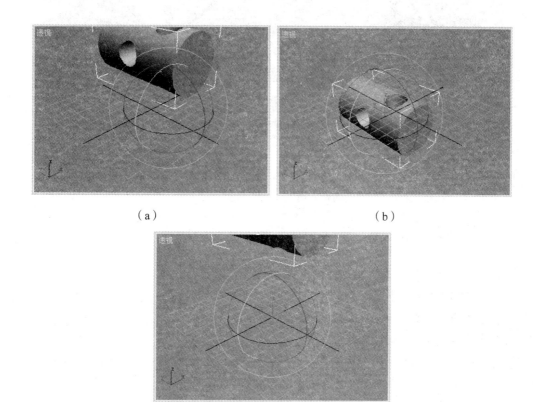

（a）　　　　　　　　　　　　　（b）

（c）

图 2.34　绕 X 轴旋转 90°

2.2.6　轴心点的移动

一个对象的轴心点是可以移动的，可以将轴心点移到对象的任何部位，甚至还可以将轴心点移到对象以外的任何位置。

移动轴心点的操作步骤是：选定要移动轴心点的对象，单击层次命令面板，单击调整轴卷展栏中的仅影响轴按钮，使用移动按钮就可以将轴心点移到任意位置。

【实例】荡秋千

用三个长方体创建一个秋千架。创建两个细长的圆柱体作秋千绳。创建一个长方体作秋千板。创建一个人坐在秋千板上。如图 2.35（a）所示。

将秋千绳和秋千板组合成组。

将组的轴心点移到秋千架的横梁上。

将人链接到秋千板上。

打开自动关键帧按钮，在垂直于秋千架的方向旋转秋千做成荡秋千动画。

指定一幅背景贴图。

渲染后截取的一帧画面如图 2.35（b）所示。

（a） （b）

图 2.35　荡秋千

2.3　复制对象

生活中所见到的许多物体都具有相同的形状和大小。例如电扇的三片叶片，阳台的各根栏杆。就是人和大多数动物，也可看做是由左右对称的两半构成。创建这样一些对象，从事电脑工作的人自然会想到复制。3ds max9 提供了多种复制操作。灵活使用这些复制操作，不仅能节省很多建模和制作动画的时间，而且效果也更好。

在 Tools（工具）菜单中，给出了各种复制操作命令。相应菜单部分如图 2.36 所示。

```
镜像(M)...                Mirror...
阵列(A)...                Array...
对齐(G)...      Alt+A     Align...          Alt+A
快速对齐        Shift+A   Quick Align       Shift+A
快照(P)...                Snapshot...
间隔工具(I)...  Shift+I   Spacing Tool...   Shift+I
克隆并对齐...             Clone and Align...
```

图 2.36　复制菜单部分

此外还有变换复制，使用 Edit（编辑）菜单的 Clone（克隆）命令复制。

2.3.1　变换复制

按住 Shift 键不放移动、旋转或缩放对象，对象除发生相应变换外，还会弹出如图 2.37 所示的 Clone Options（克隆选项）对话框。选择需要的参数，单击确定就能复制出指定数量的对象。

Object（对象）选项区中有三个单选项：

Copy（复制）：选择该选项，复制出的对象和源对象各自独立。

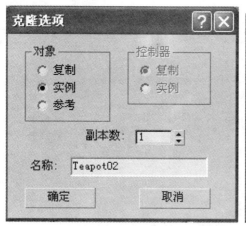 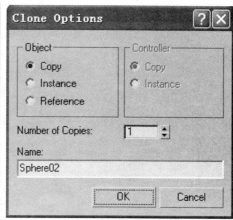

图 2.37　Clone Options（克隆选项）对话框

　　Instance（实例）：实例也译成关联。选择该选项，复制出的对象和源对象相互之间存在着内部链接。即修改（注意：不是变换）源对象会影响复制对象，修改复制对象也会影响源对象。

　　Reference（参考）：这种方式复制出的对象与源对象之间存在着单向链接关系。即修改源对象会影响复制对象，反过来，修改复制对象不会影响源对象。

　　在其他复制操作中，也存在对上述复制方式的选择。

　　Number of Copies（副本数）：生成复制对象的个数。

　　Name（名称）：在这个文本框中，用户可以重命名复制对象的名称。若复制的对象超过一个，则在名称后自动添加数字序号加以区别。

　　【实例】使用变换复制制作一个算盘

　　在左视图中创建一个圆柱体和一个圆环，圆环的分段数设置为 50，边数设置为 30。在透视图中的效果如图 2.38（a）所示。

　　选定圆环，将圆环的轴心点与圆柱体的轴心点对齐。如图 2.38（b）所示。

　　选定圆环，按住 Shift 键不放，沿 X 轴移动，放开后就会显示克隆选项对话框，设置副本数为 6，单击确定，就会复制 6 个圆环，将其中 2 个沿 X 轴向移开，得图 2.38（c）所示的结果。

　　将圆柱体和所有圆环创建成组。选定创建的组，按住 Shift 键不放，沿 Y 轴移动，放开后就会显示克隆选项对话框，设置副本数为 12，单击确定，就会复制 12 个组。如图 2.38（d）所示。

　　选择创建面板中的图形子面板，创建一个矩形，在渲染卷展栏中曲线横截面选择矩形选项，长度设为 8，宽度设为 2。勾选在视图中显示复选框。所得结果如图 2.38（e）所示。

　　创建一条直线，在渲染卷展栏中曲线横截面选择矩形选项，长度设为 6，宽度设为 2。勾选在视图中显示复选框。创建的算盘如图 2.38（f）所示。

　　指定一幅有桌子的背景贴图，渲染输出的结果如图 2.38（g）所示。

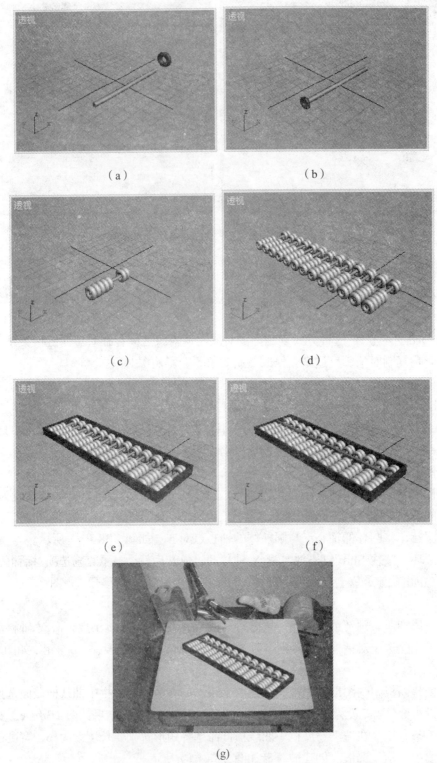

图 2.38 创建算盘

2.3.2 使用Edit（编辑）菜单的Clone（克隆）命令复制

选定要复制的对象，选择 Edit（编辑）菜单，单击 Clone（克隆）命令，弹出如图 2.39 所示的 Clone Options（克隆选项）对话框，选择需要的参数，单击确定，就能复制出一个对象。

用这种方法一次只能复制出一个对象，而且复制出的对象和源对象重叠在一起。

Name（名称）：在这个文本框中，用户可以重命名复制对象的名称。

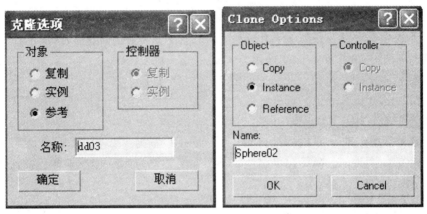

图 2.39　克隆选项对话框

2.3.3 Mirror（镜像）复制

Mirror（镜像）可以复制出一个镜像对象。这种复制方法往往用在制作对称物体上，制作好物体的一半，再复制出对称的另一半。

选定要复制的对象，选择 Tools（工具）菜单，单击 Mirror（镜像）命令或者单击主工具栏中的 Mirror（镜像）按钮，弹出 Mirror（镜像）对话框，如图 2.40 所示。指定需要的参数，单击确定，就能复制出一个镜像对象。

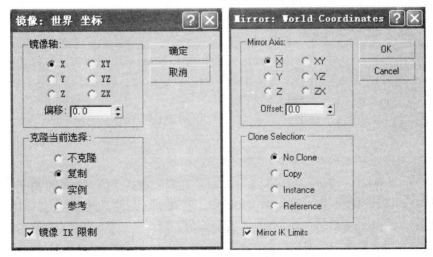

图 2.40　镜像对话框

在 Mirror Axis（镜像轴）选区，可以指定的参数有：

Offset（偏移）：在数码框中输入的值是复制对象偏移源对象的距离。若选择单个轴，则只在该轴方向偏移指定的值，若选择的是一个平面，则同时沿两个轴向偏移指定的值。用户可以选择不同的坐标系。选择的坐标系不同，在偏移量和偏移轴向相同的情况下，产生的结果也可能不同。

Clone Selection（克隆当前选择）选区，可以指定的参数有：

No Clone（不克隆）：若选择该选项，则不会复制对象，只是将源对象按照指定偏移量和轴向变换到镜像位置。

【实例】使用镜像复制创建倒影

创建一个圆锥体，颜色设置为黄色。创建一个圆柱体，颜色设置为深灰色。将两个物体组成一个独柱凉亭。如图 2.41（a）所示。

指定一幅背景贴图，渲染后的结果如图 2.41（b）所示。

选定凉亭。选择工具菜单，选择镜像命令。在镜像对话框中选择 Z 轴为镜像轴，选择复制选项，偏移量设置为 –100。单击确定。就得到了一个凉亭倒影。

选择倒影中的圆柱体，赋给标准材质，不透明度设置为 50，漫反射颜色设置为深灰色。

选择倒影中的圆锥体，赋给标准材质，不透明度设置为 70，漫反射颜色设置为浅黄色。

渲染后的结果如图 2.41（c）所示。

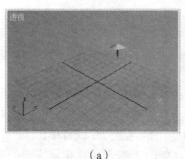
（a）

（b）

（c）

图 2.41 使用镜像复制创建凉亭倒影

2.3.4 Array（阵列）复制

选定要复制的对象，选择 Tools（工具）菜单，单击 Array（阵列）命令，弹出如图 2.42 所示的 Array（阵列）复制对话框。输入参数，单击确定按钮，就能复制出指定数量的对象。

Array Transformation（阵列变换）选区：

World Coordinates（Use Pivot Point Center）（世界坐标-使用轴点中心）：是默认的坐标系和变换中心。用户在打开阵列对话框之前，可以另选坐标系和变换中心。在输入相同选项值的情况下，选择的坐标系和变换中心不同，其结果可能会不同。

Incremental（增量）：增量是指每两个复制对象之间的变换差值。阵列复制可以是移动复制、旋转复制和缩放复制。在对话框中的 Move（移动）一行输入的坐标值，是沿该坐标方向移动的距离。在 Rotate（旋转）一行输入的坐标值，当勾选了 Re-Orle（重新定向）复选框时，为绕该轴旋转的角度。否则只复制，不旋转。在 Scale（缩放）一行输入的坐标值，在未勾选 Unitor（均匀）复选框时，是该轴向缩放的比例，其他轴向不缩放。若勾选了均匀复选框，则进行均匀缩放。

Totals（总计）：总计下面的坐标值是两个复制对象之间的增量乘上复制的个数所得的总变换值。在输入了增量和复制的个数后，单击 Σ 按钮，对应坐标中会自动显示出总计值来。

Array Dimensions（阵列维数）：阵列复制可以在一维中复制，也可同时在二维或三维中复制。

Count（数量）：在一维中复制的对象个数。

Incremental Row Offsets（增量行偏移）：指行与行之间的偏移量。

Totals in Array（阵列中的总数）：指一维的个数乘行数。

Reset All Parameters（重置所有参数）按钮：单击它，会清除对话框中的所有参数。以便重新使用对话框。

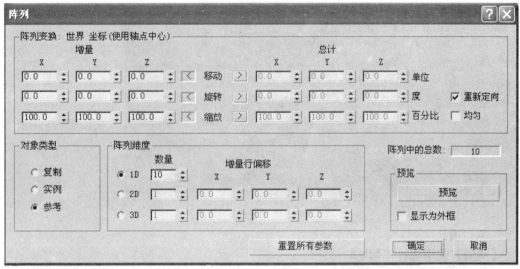

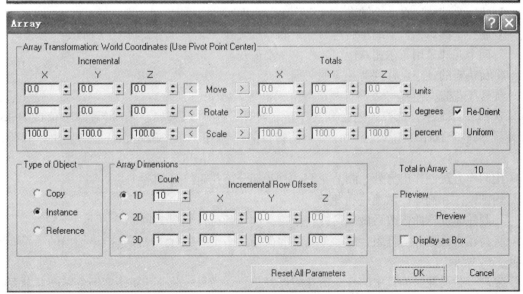

图 2.42　阵列复制对话框

【实例】移动阵列复制彩色地板

创建一块地板砖：

在创建命令面板的对象类型中，选择长方体。展开键盘输入卷展栏。输入参数：长 20，宽 20，高 0.1，X 为 -60，Y 为 -60，Z 为 0。单击创建按钮。

使用编辑菜单中的克隆命令复制一块并移开。给每块贴上一幅图。

阵列复制：

选定一块地板砖，选择工具菜单，选择阵列命令，打开阵列对话框。增量的 X 值设为 40，阵列维数选 2D，数量设为 10，单击移动行的 按钮，增量行偏移的 Y 值设为 40，单击确定，这样在 X 和 Y 两个轴向，就会每隔一块复制出一块地板砖。

将两种不同贴图的地板砖在 X 轴和 Y 轴方向均错开 20，重复上述操作，就能得到如图 2.43 所示的地板。

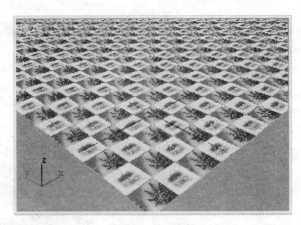

图 2.43　阵列复制

【实例】使用旋转阵列复制制作荷花

创建一个球体，在一个轴向放大后得到一个椭球。

复制一个椭球，适当缩小后与另一个椭球重叠在一起。如图 2.44（a）所示。

对两个椭球采用布尔相减运算制作出一瓣荷花。

将荷花瓣的轴心点移到荷花瓣的一端。

旋转荷花瓣，使其与 Z 轴有一定夹角。如图 2.44（b）所示。

选择工具菜单，选择阵列命令，打开阵列对话框。在旋转行中，增量的 Z 值设为 36，阵列维数选择 1D，数量设为 10，单击旋转行的 按钮，单击确定，就能制作出一圈荷花瓣。

用同样方法制作出另外一圈荷花瓣。改变部分荷花瓣与 Z 轴的夹角。

用圆锥体和椭球体做连蓬和莲子。

用圆柱体加弯曲修改后做成荷杆。荷花、莲蓬和荷杆如图 2.44（c）所示。

将荷花、莲蓬和荷杆组合成一朵完整的荷花。指定一幅背景贴图。渲染输出的结果如图 2.44（d）所示。

复制一朵荷花。为其中的一朵荷花瓣设置单色，为另一朵荷花瓣指定渐变贴图。渐变贴图的参数设置如图 2.44（e）所示。渲染输出的结果如图 2.44（f）所示。

图 2.44 用阵列复制制作荷花

2.3.5 Snapshot（快照）复制

快照复制只能复制已设置动画的对象。选定已设置动画的对象，选择 Tools（工具）菜单，单击 Snapshot（快照）命令，弹出如图 2.45 所示的 Snapshot（快照）对话框。选择参数，单击确定就能复制出指定数量的对象，并沿动画轨迹曲线分布。

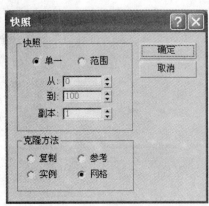 

图 2.45　快照对话框

Singl（单一）：只复制一帧。
Range（范围）：通过设置 From（从）哪一帧 To（到）哪一帧来指定范围。
Copies（副本）数目：复制出的对象个数。

【实例】快照复制飞机

制作一架飞机，如图 2.46（a）所示。设置动画（图中显示运动轨迹），如图 2.46（b）所示。

进行快照复制：选定要复制的飞机。选择工具菜单，单击快照命令。范围指定为 0~100 帧，副本设置为 5。单击确定。将每架飞机的边界盒删除，得图 2.46（c）。

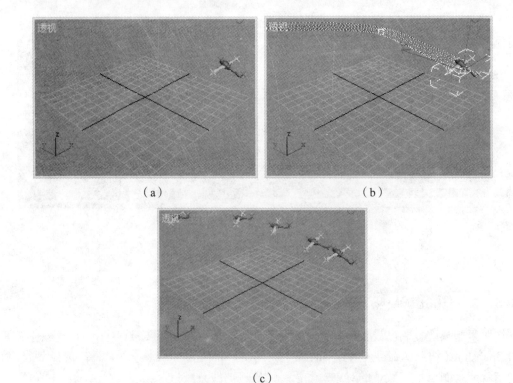

图 2.46　快照复制飞机

2.3.6 Spacing Tool（间隔工具）复制

选定要复制的对象，选择 Tools（工具）菜单，单击 Spacing Tool（间隔工具）命令，就会弹出如图 2.47 所示的 Spacing Tool（间隔工具）对话框。

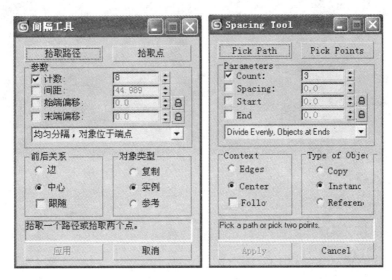

图 2.47 间隔工具对话框

间隔工具复制对象有两种方法：Pick Path（拾取路径）和 Pick Points（拾取点）。

Pick Path（拾取路径）：用这种方法复制对象，先要建立一条作为复制路径的曲线（也可以是复合二维图形）。选择了 Pick Path（拾取路径）后，单击作为路径的曲线，单击 Apply（应用）按钮。复制的对象就会按照指定的路径排列。用这种方法制作有拐角的栏杆、马路两边的路灯等特别方便。

Pick Points（拾取点）：用这种方法复制对象不需要建立作为路径的曲线。选择了 Pick Points（拾取点）后，单击视图中的任意一点，放开后拖动鼠标，这时在点击处和鼠标之间会出现一条连线，单击视图中另一点，在两点之间就会复制出沿直线分布的指定数量的对象，而且连线会自动消失。

Parameters（参数）：

Count（数量）：指定要复制的对象个数。

Spacing（间距）：指定复制出的相邻两对象间的距离。

Start（始端偏移）：复制出的第一个对象偏离作为路径的曲线始端的距离。

End（末端偏移）：复制出的最后一个对象偏离作为路径的曲线末端的距离。

Distribution（分布）下拉列表：单击分布下拉列表的展开按钮，展开下拉列表。根据需要选择一种分布方式。

Context（前后关系）：

Edges（边）：复制对象之间的距离按边界盒的边缘计算。

Center（中心）：复制对象之间的距离按边界盒的中心计算。

Follow（跟随）：勾选该复选项，复制对象的轴心点坐标方向随轨迹曲线方向的改变而改变。

图 2.48（a）选择 Follow（跟随）复选框、图 2.48（b）不选择 Follow（跟随）复选框，复制茶壶所得的结果各不相同。选择了跟随时，茶壶的方向随曲线方向的改变而改变。未选择跟随，茶壶的方向并未随曲线方向的改变而改变。

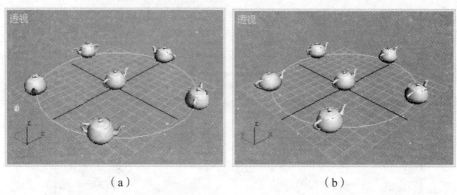

（a） （b）

图 2.48 用间隔工具复制茶壶

【实例】用间隔工具制作阳台栏杆

1. 通过拾取路径制作栏杆

制作一根栏杆和一条栏杆分布的轨迹曲线。如图 2.49（a）。

参数中指定数量为 18，前后关系选择中心，不勾选跟随复选框。单击拾取路径按钮，单击复制对象分布的轨迹曲线，单击应用，就能得到图 2.49（b）的结果。

2. 通过拾取点制作直线分布的栏杆

制作一根栏杆，参数中指定数量为 16，前后关系选择中心，不勾选跟随复选框。单击拾取点按钮，在视图中单击复制栏杆的起始处，拖动鼠标，单击复制栏杆的结束处，就能得到图 2.49（c）的结果。

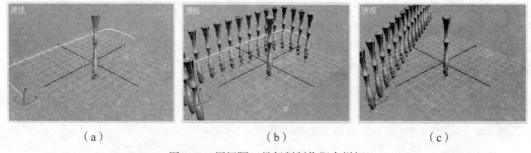

（a） （b） （c）

图 2.49 用间隔工具复制制作阳台栏杆

2.3.7 Clone and Align（克隆并对齐）

使用克隆并对齐复制对象时，不仅会复制一个源对象，而且复制的对象会和目标对象对齐。因此，在复制对象之前，先要创建一个源对象和一个或多个目标对象。选定源对象，单击工具菜单，单击克隆并对齐命令，这时会弹出克隆并对齐对话框。如图 2.50 所示。设置需要的参数，单击拾取按钮或拾取列表按钮，单击目标对象，单击应用按钮，就会给每个目标对象复制出一个源对象，并和目标对象对齐。

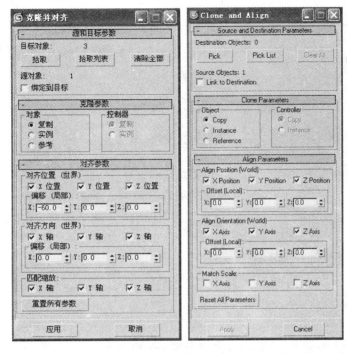

图 2.50　克隆并对齐对话框

Pick（拾取）：若选择拾取按钮，则只能给一个目标对象复制一个源对象。

Pick List（拾取列表）：若选择拾取列表按钮，会弹出一个拾取目标对象对话框。通过该对话框可以拾取一个或多个目标对象，这时会给每个目标对象复制出一个源对象，并分别和各目标对象对齐。

Clear All（清除全部）：在还未单击应用按钮之前，单击该按钮，会清除已复制的全部对象。

Lind to（绑定到目标）：若勾选该复选框，则复制对象被捆绑到目标对象上。目标对象变换（移动、旋转、缩放）时，复制对象也会跟着一起变换。

Apply（应用）：只有单击了该按钮，复制结果才有效。否则，在退出或进行别的操作时，复制结果会自动取消。

对齐参数选项区可以设置对齐位置、对齐方向和匹配缩放的参数。

Align Position（对齐位置）：在这个选项区，可以指定对齐的坐标轴。偏移值决定了复制对象轴心点在该轴方向偏移目标对象轴心点的值。

Align Orientation（对齐方向）：在这个选项区，可以指定复制对象与目标对象对齐的轴向，未勾选的坐标方向，复制对象与源对象对齐。偏移值决定了复制对象局部坐标与目标对象局部坐标偏移的角度。

Match Scale（匹配缩放）：如果目标对象进行了缩放操作，则在勾选了的坐标方向，克隆并对齐后，复制对象也会保持与目标对象相同的缩放比例（注意：不是保持同样大小）。

Reset All Parameters（重置所有参数）：单击该按钮，则清除原来已设置的所有参数。

【实例】制作如图 2.51 所示的折扇骨架

选择创建命令面板，选择几何体子面板，单击长方体按钮，展开键盘输入卷展栏，长设为 80，宽设为 4，高设为 0.01，Y 轴设为 40，单击创建按钮，在视图中就创建了一块长方体。

将轴心点移到接近 Y 轴原点。

复制一块长方体作为源对象，原来的一块作为目标对象。

选择工具菜单，单击复制并对齐命令，打开复制并对齐对话框。对齐位置的 Z 偏移设为 0.01，对齐方向的 Z 偏移设为 10。单击拾取按钮，单击目标对象，

图 2.51 折扇骨架

单击应用按钮。重复这些操作六次，复制出左边六根扇骨。将 Z 偏移设为同样大小的负值，在目标对象右边重复六次，得到右边六根扇骨。

该折扇骨架用阵列等方法复制更快捷。

2.4 对齐对象

在 Tools（工具）菜单中，有对齐、快速对齐、法线对齐、对齐摄像机、对齐到视图和放置高光命令等，可用来对齐不同的对象，对齐菜单如图 2.52（a）所示。

在主工具栏有一个对齐按钮，这是个按钮组，如图 2.52（b）所示。其中的每个按钮都有对应的菜单命令。当选定了工具菜单中的某一对齐命令时，主工具栏中的对齐按钮会自动地切换成对应按钮。

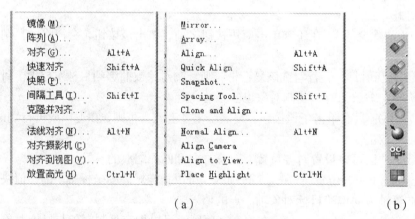

（a）　　　　　　　　　　　　　　　　（b）

图 2.52 对齐菜单和工具按钮

2.4.1 Align（对齐）

选定要对齐的一个对象，选择 Tools（工具）菜单，单击 Align（对齐）命令，单击目标对象，这时会弹出 Align Selection（对齐选择）对话框，如图 2.53 所示。选择需要的参数，

单击确定就能将 Current Object（当前对象）与 Target Object（目标对象）对齐。

在对齐位置选区，用户可以选择对齐的坐标轴，还可以选择 Current Object（当前对象）的哪个点与 Target Object（目标对象）的哪个点对齐。

Minimum（最小）：指边界盒最近的一点。
Center（中心）：指边界盒的几何中心。
Pivot（轴心点）：指对象的轴心点。
Maximum（最大）：指边界盒最远的一点。
Align Orientation（对齐方向）：勾选了的坐标方向就对齐，未勾选的就不对齐。
Match Scale（匹配比例）：如果目标对象进行了缩放操作，则在勾选了的坐标方向，对齐后，当前对象也会保持与目标对象相同的缩放比例（注意：不是保持同样大小）。

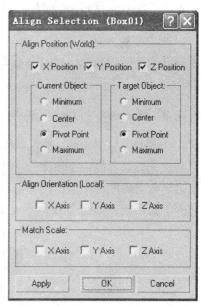

图 2.53　对齐当前选择对话框

【实例】制作铅垂仪

在透视图中创建一个圆锥体和一个圆柱体，在前视图创建一个圆环。如图 2.54（a）。

选定圆柱体，单击工具菜单，选择对齐命令，单击圆锥体，在对齐当前选择对话框中，选择轴心点和轴心点对齐，勾选 X、Y、Z 位置复选框，就会将圆柱体与圆锥体的轴心点对齐（圆锥体和圆柱体的轴心点都在顶部中点）。如图 2.54（b）所示。

选定圆环，通过类似操作与圆柱体的中心点对齐。结果如图 2.54（c）所示。

将圆环沿 Z 轴适当上移，就做成了一个铅垂仪。如图 2.54（d）所示。

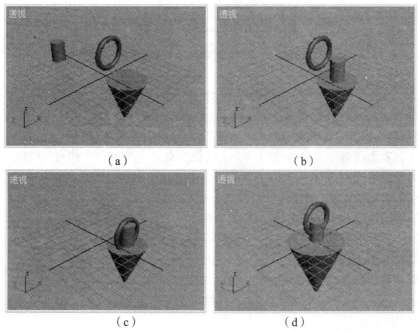

图 2.54　制作铅垂仪

2.4.2 Quick Align（快速对齐）

选定要对齐的一个对象，选择 Tools（工具）菜单，单击 Quick Align（快速对齐）命令，单击目标对象。快速对齐仅是当前对象与目标对象的位置对齐，且是轴心点与轴心点对齐。

2.4.3 Normal Align（法线对齐）

法线对齐是将当前对象的一个面（法线）与目标对象的一个面（法线）对齐。

选定要对齐的一个物体，选择 Tools（工具）菜单，单击 Normal Align（法线对齐）命令，单击当前对象的一个面，再单击目标对象要对齐的一个面，这时会弹出 Normal Align（法线对齐）对话框。如图 2.55 所示。设置位置偏移、旋转偏移和是否镜像，单击确定。

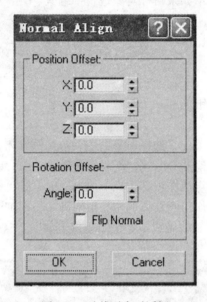

图 2.55　法线对齐对话框

Position Offset（位置偏移）：指在对齐以后，在选择轴向位置偏移的值。
Rotation Offset（旋转偏移）：指对齐以后，绕法线旋转的角度。
Flip（翻转）法线：当前对象法线的反方向与目标对象的法线对齐。
对于没有表面的对象，如辅助对象、空间扭曲对象、粒子系统和大气线框等，法线对齐是与这些对象的 Z 轴对齐。

【实例】将四棱锥的一个面与长方体的一个面对齐
创建一个四棱锥和一个长方体，将长方体旋转一个角度，如图 2.56（a）所示。
完全对齐后的效果如图 2.56（b）所示。
偏移旋转 90° 后对齐的结果如图 2.56（c）所示。
未设置偏移，但选择了翻转的对齐结果如图 2.56（d）所示。

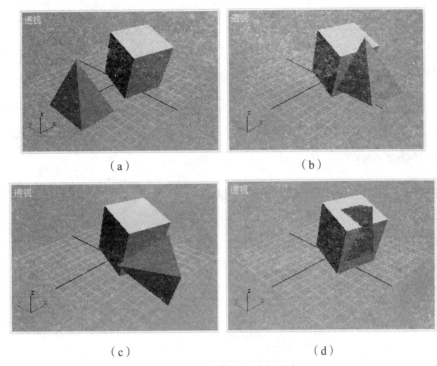

图 2.56 长方体与四棱锥对齐

2.4.4 Align Camera（对齐摄影机）

对齐摄影机是将当前选定的摄影机与目标对象指定面的法线对齐。

选定摄影机，选择 Tools（工具）菜单，单击 Align Camera（对齐摄影机）命令，单击目标对象要对齐的点，就能将摄影机与该点对齐。在摄影机视图中，目标对象居中且正面向外显示。

【实例】将摄影机与茶壶顶盖对齐

创建一个茶壶和一个目标摄影机，摄影机未与茶壶对齐，如图 2.57（a）所示。

选定摄影机，单击工具菜单，单击对齐摄影机，单击茶壶顶盖，摄影机正好对齐茶壶顶盖，如图 2.57（b）所示。

右单击透视图左上角的视图名称弹出快捷菜单，指向 Views（视图）下的 Camera01 后单击，就将透视图切换成了摄影机视图，这时茶壶处于视图中间，顶盖向外，如图 2.57（c）所示。

图 2.57 将摄影机与茶壶顶盖对齐

2.4.5 Align to View（对齐到视图）

Align to View（对齐到视图）是在激活正视图的情况下，对象局部坐标系的选定轴总是与视图中 Z 轴对齐。

激活一个正视图，选定要对齐的对象，选择 Tools（工具）菜单，单击 Align to View（对齐到视图）命令，这时会弹出 Align to View（对齐到视图）对话框。如图 2.58 所示。选择要对齐的轴向，单击确定，这时可看到选定对象的该轴在各视图中均与视图的 Z 轴对齐。

Flip（翻转）：选定轴向的反方向与视图对齐。

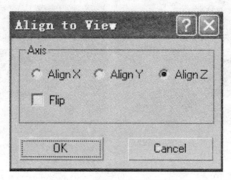

图 2.58 对齐到视图对话框

【实例】对齐到视图

用拖动的方法创建一个茶壶。

选择前视图，选定茶壶，选择工具菜单，单击对齐到视图命令，选择对齐 Z 轴选项，这时可以看到茶壶局部坐标的 Z 轴与前视图的 Z 轴已经对齐。如图 2.59（a）所示。

在对齐视图对话框中选择对齐 Y 轴选项，这时可以看到茶壶局部坐标的 Y 轴与前视图的 Z 轴已经对齐。如图 2.59（b）所示。

在对齐视图对话框中选择对齐 X 轴选项，这时可以看到茶壶局部坐标的 X 轴与前视图的 Z 轴已经对齐。如图 2.59（c）所示。

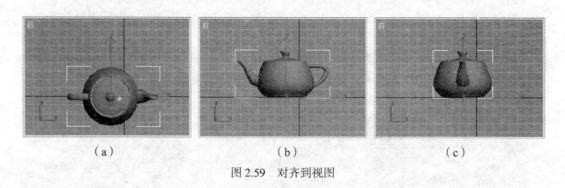

图 2.59 对齐到视图

2.4.6 Place Highlight（放置高光）

选择 Tools（工具）菜单，单击 Place Highlight（放置高光）命令，在视图中单击要放置高光的位置或指向一个位置后少许拖动一下，灯光就会照亮选定的位置。

任何类型的光源都可以进行放置高光的操作。

【实例】放置高光

创建一个四棱锥，创建一个目标聚光灯，目标聚光灯未对齐四棱锥，因此四棱锥是黑的，如图 2.60（a）所示。

选定目标聚光灯，选择工具菜单，单击放置高光命令，单击四棱锥的一个面或指向一个面后少许拖动一下，这个面就被照亮，如图 2.60（b）所示。

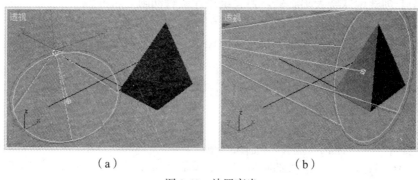

（a） （b）

图 2.60 放置高光

2.5 对象的链接

2.5.1 Select and link（选择并链接）

选定一个对象，选择主工具栏中的 Select and link（选择并链接）按钮，将鼠标指向选定对象按住左键不放拖到目标对象，这时能看到当前对象与目标对象之间有一条虚线连接，单击目标对象，在选定对象与目标对象之间就建立了链接。这种链接属正向链接。目标对象称为父对象，当前对象称为子对象。移动、旋转、缩放父对象，子对象也会进行同样的变换。反过来，变换子对象，父对象不受任何影响。

【实例】创建链接

创建一个球体和一个茶壶，并选定球体。

单击主工具栏中选择并链接按钮，用鼠标从球体拖到茶壶，这时可以看到球体和茶壶之间有一条虚线相连，如图 2.61 所示。

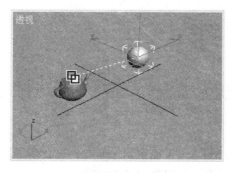

图 2.61 选择并链接对象

单击茶壶，球体和茶壶之间就建立了链接。茶壶是父对象，球体是子对象。拖动茶壶，球体也一起移动。

2.5.2 Unlink Selection（取消选择的链接）

选定子对象，单击主工具栏中的 Unlink Selection（取消选择的链接）按钮，子对象与父对象之间的链接就被取消。

【实例】创建地球绕太阳旋转，月亮绕地球旋转动画

创建三个球体，由大到小，依次代表太阳、地球、月亮。

在月亮、地球和太阳之间建立链接，地球是月球的父对象，太阳是地球的父对象。如图2.62 所示。

单击动画控制区中 自动关键点 Auto Key（自动关键帧）按钮，这时，时间标尺上方会出现一条红色带。将时间滑动块拖到 100 帧位置。

选定主工具栏中旋转按钮，选择工具菜单，单击变换输入命令，弹出旋转变换输入对话框。选定地球，在对话框中的偏移 Z 轴文本框中，输入 2880。选定太阳，在对话框中的偏移 Z 轴文本框中，输入 360。单击动画控制区中 播放按钮，就能看到地球绕太阳一圈，月亮就绕地球八圈。若要月球转得更快，只需加大地球偏移 Z 轴的值，最好为 360 的整数倍。

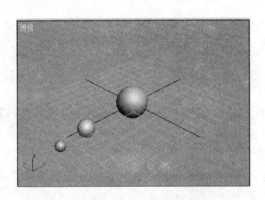

图 2.62　地球绕太阳旋转，月亮绕地球旋转

2.6　对 Group（组）的操作

多个对象可以组合成一个组。组合成组以后，组中的各个对象保持原有的显示属性。组也可以撤销，撤销后，各个对象恢复独立。在创建的场景比较复杂时，往往会用到组的操作。

2.6.1　Group（组合）

Group（组合）操作能将选择了的多个对象组合成一个 Group（组）。

选定要组合成组的所有对象（包括组），选择 Group（组）菜单，单击 Group（组合）命令，会弹出 Group（组）对话框。如图 2.63 所示。用户可以重新指定组名，最好指定一个与组中对象有关联的组名，以便于记忆和识别，单击确定，就将选择的对象组合成了一个组。在选择对象对话框的对象列表中，组名加有方括号。

多个对象组合成组以后，它们保持各自的显示属性。但在选择、变换、修改等操作中，组是一个单个的对象，组中的对象包括在一个边界盒中。如果组中有组，每级组都有自己的边界盒。在视图中要选择组，只需对准组中的任意一个对象单击就能选定该组。

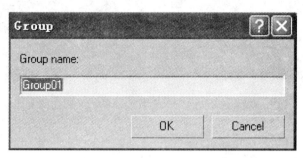

图 2.63　组对话框

【实例】创建组

创建一个长方体、一个茶壶和一个球体。这时还未创建组，三个对象都有各自的边界盒。如图 2.64（a）所示。

选定这三个对象，选择组菜单，单击组合命令弹出组对话框，输入组名或使用默认组名，单击确定，就将三个对象创建成了一个组。这时三个对象包含在一个边界盒中。如图 2.64（b）所示。

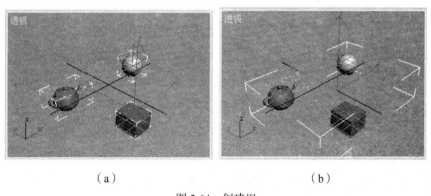

　　　　　　（a）　　　　　　　　　　　　　（b）

图 2.64　创建组

【实例】制作象棋中的一颗棋子

创建一个球体和两个长方体，使用布尔运算将球体的上、下均切去一部分。所得结果如图 2.65（a）所示。

创建棋子上的一个炮字，创建一个样条线中的圆环，将炮字和圆环附加成一个图形，如图 2.65（b）所示。

选择挤出修改器挤出成立体对象，挤出数量为 3。复制一个炮字，将两字分别设置为红色和黑色。如图 2.65（c）所示。

将炮字与棋子对齐，并将炮字与棋子组合成组，渲染后的结果如图 2.65（d）所示。

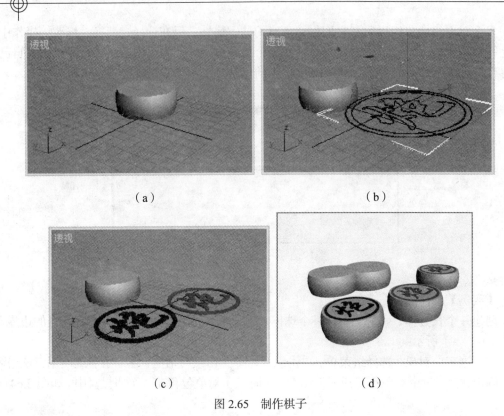

图 2.65　制作棋子

2.6.2　Ungroup（撤销组）

选定要撤销的组，选择 Group（组）菜单，单击 Ungroup（撤销组）命令就能撤销组。撤销组只撤销本级组，而不撤销下级组。

组撤销以后，组中的各个对象恢复独立，在组中所作的变换和修改保持不变，但只保持组的修改动画，而不保持组的变换动画。

2.6.3　Open（打开）组

Open（打开）组的作用是暂时撤销组。这时组中对象各自独立，可对其中对象单独进行操作。待操作完成后，只要选择 Group（组）菜单，单击 Close（关闭）命令，就能恢复原来组的组成和组名。

打开组只对本级组起作用，不打开下级组。组打开后，组的各对象依然保留在组的选择集中，而且单击组的粉红色边界盒，就能选定这个组。对其可进行变换操作，但不能进行修改操作。

2.6.4　Close（关闭）组

Close（关闭）组的作用是恢复暂时打开的组。

对准打开组的粉红色边界盒单击，选定打开的组，选择 Group（组）菜单，单击 Close（关闭）组命令，就会恢复原来的组。

2.6.5 Detach（分离）

Detach（分离）的作用是把组中的部分对象从组中分离出去。

选定要分离的组，选择 Group（组）菜单，单击 Open（打开）组命令打开组，这时 Detach（分离）命令被激活。选择要从组中分离出去的对象，选择 Group（组）菜单，单击 Detach（分离）命令，选择的对象就被从组中分离出去。对准剩余部分的粉红色边界盒单击，选定剩余部分，选择 Group（组）菜单，单击 Close（关闭）命令，就会得到由剩余部分组成的组，组名不变。

2.6.6 Attach（添加）

Attach（添加）的作用是将当前选择的对象（包括组）添加到某个组中去。

选定要添加的对象，选择 Group（组）菜单，单击 Attach（添加）命令，单击目标组，选择的对象就被添加到了目标组中。

2.6.7 Explode（炸开）

Explode（炸开）的作用是将所有各级组全部撤销。

2.6.8 Assembly（集合）子菜单

Assembly（集合）是个子菜单，它包含的命令有：Assemble（集合）、Disassemble（撤销）、Open（打开）、Close（关闭）、Attach（添加）、Detach（分离）、Explode（炸开）。除集合外，其他命令的作用和操作与组的对应命令相似。下面仅讨论 Assemble（集合）。

定义一个集合：选定要定义在集合中的所有对象（包括另外的集合和组合），选择 Assembly（集合）子菜单，单击 Assemble（集合）命令，会弹出 Create Assembly（创建集合）对话框。如图 2.66 所示。用户可以重新指定集合名。系统指定的 head object（头对象）是 Luminaire（光源）。单击确定，就将选择的对象定义成了一个集合。在选择对象对话框的对象列表中，集合名加有方括号。

图 2.66　创建集合对话框

2.7 显示命令面板

Display（显示）命令面板可用于控制场景中对象的显示。主要包括显示对象颜色还是材质颜色、隐藏与取消隐藏、冻结与解冻、设置显示属性等选项。显示命令面板的部分作用，也可通过右单击对象时弹出的快捷菜单实现。下面简略介绍显示命令面板各卷展栏的使用。

2.7.1 Display Color（显示颜色）卷展栏

显示颜色卷展栏如图 2.67 所示。
Wireframe（线框）：对象以线框模式显示。
Shaded（实体）：对象以实体显示，即以光滑或面等模式显示。
Object（对象颜色）：选择该选项时，显示对象的初始颜色，即系统赋给的颜色。
Material（材质颜色）：选择该选项时，显示所赋材质或贴图的颜色。注意：即使赋材质或贴图正确，如果没有选择该选项，也是看不见所赋材质的。

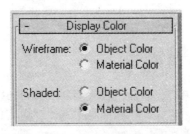

图 2.67　显示颜色卷展栏

2.7.2 Hide by Category（按类别隐藏）和 Hide（隐藏）卷展栏

Hide by Category（按类别隐藏）和 Hide（隐藏）卷展栏可以用来选择要隐藏的对象并将其隐藏。隐藏对象后，就会激活各取消隐藏按钮，用这些按钮可以有选择地或全部取消隐藏。

在场景中对象比较多时，为了不因误操作影响附近的对象，可以将暂不操作的对象隐藏。隐藏对象还可以缩短刷新时间。

2.7.3 Freeze（冻结）卷展栏

Freeze（冻结）卷展栏可以用来冻结选定或未选定的对象。对象被冻结后呈灰色显示（与显示属性卷展栏中冻结对象显示为灰色选项有关）。被冻结了的对象不能再进行任何操作。在场景中对象较多时，为防止误操作影响别的对象，就可以将不要操作的对象冻结起来。

当有对象被冻结后，所有 Unfreeze（取消冻结）的按钮被激活，用这些按钮可以取消冻结。

2.7.4 Display Properties（显示属性）卷展栏

该卷展栏可以用来设置对象的以下显示属性：
Display as Box（显示为长方体）：勾选该复选框后，则只显示对象的边界盒，不显示对象。

Backface Cull（不显示背面）：勾选该选项，则在网格显示模式下，不显示对象的背面。
Edges Only（仅显示边）：勾选该选项，则在网格显示模式下，仅显示对象外缘的边线。
VertexTicks（节点标记）：在对象的所有顶点显示蓝点标记。
Trajectory（轨迹）：勾选该选项后，显示动画对象的运动轨迹。
See-Through（透明）：勾选该选项后，使选定的对象透明显示。这样设置的透明仅为了在复杂场景中看到背面的对象，在渲染时不会产生透明效果。
Show Frozen in Gray（冻结对象显示为灰色）：勾选该选项后，冻结的对象呈灰色显示。否则保持原有的颜色不变。

2.7.5　Link Display（链接显示）卷展栏

链接显示卷展栏，用于显示设置对象链接层级结构的显示属性。
Display（显示链接）：勾选该选项后，有链接关系的对象之间会通过一个线框四棱锥，显示链接的层级结构。四棱锥底部链接的为父对象。图 2.68 中的三个对象已建立链接，长方体为父对象。

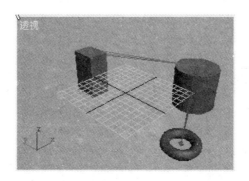

图 2.68　勾选了显示链接后显示出的链接关系

Link Replaces Object（链接替换对象）：勾选了链接替换对象后，视图就只显示轴心点和链接关系。图 2.69 为勾选了链接替换对象后的显示结果。

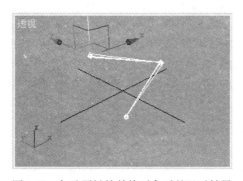

图 2.69　勾选了链接替换对象后的显示结果

选择 Customize（自定义）菜单，选择 Preferences（首选项）命令，在弹出的 Preference Settings（首选项设置）对话框中，选择 Viewports（视口）选项卡，勾选 Draw Links as Lines（绘制链接连线）选项，这时有链接关系的对象之间的连线就变成了单线。

2.8 Views（视图）菜单

视图菜单是用来对视口的布局和视口元素进行设置的。如通过视图菜单可以为视图指定视口背景。

2.8.1 Viewport Background（视口背景）

通过视口背景命令可以为视口指定背景。单击视图菜单中的视口背景命令就会打开视口背景对话框。视口背景对话框如图 2.70 所示。

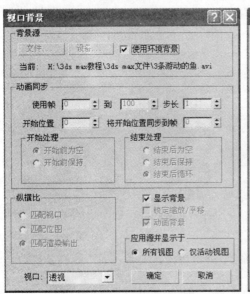 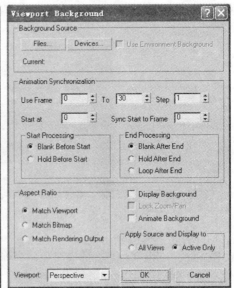

图 2.70　视口背景对话框

Files（文件）：单击该按钮就会打开 Select Background Image（选择背景图像）对话框，通过对话框可以选择一个图像文件作为视口背景。

Devices（设备）：单击该按钮，可以使用设备输入的文件作为视口背景。

Use Environment Background（使用环境背景）：若勾选该复选框，则使用在环境选项卡中指定的背景贴图作为视口背景，否则，使用在选择背景图像对话框中指定的图像文件作为视口背景。

Display Background（显示背景）：若勾选该复选框，则在视口中显示指定的背景图像，否则即使指定了视口背景图像，也不会在视口中显示出来。

Animate Background（动画背景）：若不勾选使用环境背景复选框，就可以勾选动画背景复选框，这时可以指定动画文件作为视口背景。

Animation Synchronization（动画同步）：选区用来设置视口背景中的动画如何与视图中的动画同步。

图 2.71（a）中的鱼是视口背景中的动画，飞机是视图中的动画，这两个动画对应于第 10 帧。对应于第 60 帧的动画如图 2.71（b）所示。

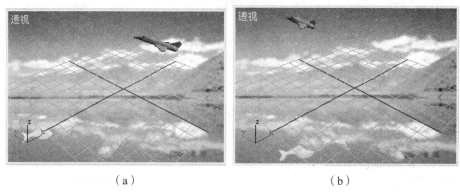

图 2.71　视口背景中的动画与视图中动画同步

Match Rendering Output（匹配渲染输出）：若选择该选项，则视口背景中图像的纵横比与渲染输出时背景贴图的纵横比相匹配。

图 2.72（a）是渲染输出的画面。大飞机是背景贴图，大飞机头部的小飞机是创建的对象。图 2.72（b）是选择了匹配渲染输出选项后截取的视图画面。比较两幅图可以看出视口背景中的图像纵横比与渲染输出时背景贴图的纵横比保持一致，小飞机与大飞机的相对位置完全一样。

图 2.72（c）是选择了匹配视口选项截取的视图。图 2.72（d）是选择了匹配位图选项截取的视图。可以看出这两种情况的视口背景纵横比都与渲染输出时的背景贴图的纵横比不匹配，小飞机与大飞机的相对位置与渲染输出的画面有明显差别。

图 2.72　背景贴图的纵横比与视口背景中图像纵横比的比较

All Views（所有视图）：若选择该选项，则视口背景在所有视口中都显示。

Active Only（仅活动视图）：若选择该选项，则视口背景只在当前视图中显示。

2.8.2　Show Transform Gizmo（显示变换Gizmo）

若在视图菜单中未勾选显示变换Gizmo命令项，则移动、旋转和缩放对象时，对象上不显示坐标。如果勾选了显示变换Gizmo命令项，才有可能显示出坐标来，这时按键盘上的X字母键可以控制坐标是否显示。

2.8.3　Create Camera From View（从视图创建摄影机）

单击视图菜单中的从视图创建摄影机命令，就会在活动视图中创建一个摄影机，并且将活动视图切换到摄影机视图。

对准摄影机视图的视图名称右单击，指向视图列表中的其他视图名单击，就可以将摄影机视图切换成其他视图。

2.8.4　Expert Mode（专家模式）

单击视图菜单中的专家模式命令，窗口中除显示主菜单和视图外，其他窗口元素都不显示。若要重新显示其他窗口元素，需要再一次单击视图菜单中的专家模式命令。

思考与练习

一、思考与练习题

1. 主工具栏中哪几个按钮与选择对象有关？
2. 只选择场景中的一个对象，应怎样操作？
3. 怎么知道场景中的对象已被选定？
4. 要同时选择场景中的多个对象，应怎样操作？
5. 要选择一个复杂场景中的所有灯光，应怎样操作？
6. 在场景中拖动鼠标框选对象时，怎样操作才能拖出来一个虚线圆？
7. 框选对象时，必须使得在虚线框内的对象才能被选定，应怎样操作？
8. 如何才能由用户画虚线框选对象？
9. 要选定一个复杂场景中的所有对象，应怎样操作？
10. 要保证一个对象怎么也不会被选定，应怎样操作？
11. 移动按钮在什么位置？如何才能沿X轴移动？
12. 要沿Z轴方向移动30个单位，应怎样操作？
13. 旋转按钮在什么位置？如何才能绕Y轴旋转？
14. 要绕X轴旋转34°应怎样操作？
15. 缩放按钮在什么位置？怎么才能只在Y轴方向放大？
16. 要将一个对象放大到原来的2倍，应怎样操作？
17. 移动对象时，发现坐标不见了，应怎样操作？
18. 复制有哪些菜单命令？

19. 如何进行变换复制？
20. 如何进行阵列复制？
21. 要使复制的每两个对象之间的距离为 20 个单位，应怎样操作？
22. 要使复制的每两个对象之间的夹角为 25°，应怎样操作？
23. 要沿着一条路径复制对象，应怎样操作？
24. 要复制一个镜像对象，应怎样操作？
25. 怎样对齐两个对象？
26. 如何才能让摄影机与对象对齐？
27. 如何才能让灯光与对象对齐？
28. 怎样链接两个对象？哪个是父对象，哪个是子对象？
29. 如何才能断开链接？
30. 如何将多个对象组成一个组？
31. 如何炸开组？
32. 如何打开组？打开组与炸开组有什么不同？
33. 如何关闭组？
34. 如何隐藏对象？如何解除隐藏？
35. 如何冻结对象？如何解除冻结？

二、上机练习题

创建吊扇。要求：只能有三片扇叶，每两片扇叶之间夹角为 120°。旋转时不能有晃动。如图 2.73 所示。

图 2.73

第3章 创建简单几何体

本章介绍简单几何体的创建。这些几何体结构简单，已经由 3ds max 设计好，内置在 3ds max 中。简单几何体有：标准基本体、扩展基本体、AEC 扩展对象、面片栅格、门、窗和楼梯。

3.1 创建对象与修改对象参数

3.1.1 Create（创建）命令面板与 Create（创建）菜单

Create（创建）命令面板可以创建出各种类型的对象。它包括七个子面板：Geometry（几何体）、Shapes（图形）、Lights（灯光）、Cameras（摄影机）、Helpers（辅助对象）、SpaceWarps（空间扭曲）和 Systems（系统）对象。如图 3.1 所示。

图 3.1 创建命令面板

Create（创建）菜单和创建命令面板一样，也具有创建各种对象的功能。创建菜单如图 3.2 所示。

当选择菜单中的一项命令时，创建命令面板中的对应按钮也会被激活。

如果不需要准确控制对象的参数，只要选择创建菜单中的一项命令或创建命令面板 Object Type（对象类型）卷展栏内的一个按钮，在视图中按住左键拖动并释放鼠标，就能创建一个对象。有的对象只需拖动并释放一次就能完成创建。如创建球体。有的对象需要拖动并释放多次，才能完成创建。如创建管状体。

如果要准确控制对象参数，就要使用创建命令面板中各卷展栏，输入参数后，在视图中拖动并释放鼠标或单击 Keyboard Entry（键盘输入）卷展栏中 Create（创建）按钮，就能按照指定的参数创建出一个对象。每个对象都有一定的参数可以由用户选择,只有了解了这些参数的作用,输入适当的参数,才能创建出需要的对象。

图 3.2 创建菜单

3.1.2 修改已创建对象的参数和选项

已创建好了的对象可以重新修改参数。

如果刚创建的对象还处在激活状态,只要在命令面板中重新输入参数,单击命令面板任意一个空白处或按回车,对象的参数就会被修改。

如果创建的对象已取消选择,只要重新选定要修改的对象,选择 Modify(修改)命令面板,在修改命令面板中重新输入参数,单击命令面板任意一个空白处或按回车,对象的参数就会被修改。

3.2 标准基本体与扩展基本体的创建

选择创建命令面板,选择几何体子面板,单击几何体列表框中的展开按钮,选择标准几何体,在对象类型卷展栏中单击需要的对象按钮,在视图中拖动鼠标就能创建一个对象。

Standard Primitives(标准基本体)与 Extended Primitives(扩展基本体)的命令面板卷展栏有:Object Type(对象类型)、Name and Color(名称和颜色)、Creation Method(创建方法)、Keyboard Entry(键盘输入)与 Parameters(参数)。不同对象所具有的卷展栏数目可能不同。

3.2.1 Object Type(对象类型)卷展栏

对象类型卷展栏包含有若干按钮,每个按钮对应一种对象类型。

AutoGrid(自动网格):选择了一种对象类型后,AutoGrid(自动网格)复选框就会被激活。若勾选了自动网格复选框,这时鼠标中就会包含一个指示坐标。当鼠标在对象上移动时,鼠标被自动捕捉到对象表面网格邻近的一点,鼠标指示坐标的 X 轴和 Y 轴与该点对象表面相切,Z 轴与对象表面垂直。如图 3.3 所示。

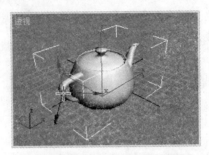

图 3.3　鼠标包含一个指示坐标

选定一个对象类型按钮后,在视图中按下鼠标左键,就会出现一个浅灰色激活网格。该网格在鼠标指示坐标的 X-Y 平面内。图 3.4 中茶壶上方的是激活网格,下方的是主网格。

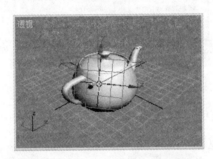

图 3.4　茶壶上有一激活网格

若不在任何对象上按下鼠标,则激活网格与主网格对齐。若在某对象上按下鼠标,则激活网格与对象上该点表面对齐。

注意:勾选自动网格后,使用拖动鼠标创建的对象总是与激活网格对齐,而不是与主网格对齐。

【实例】在一个锥体的侧面粘贴字符

在标准基本体中选择圆锥体类型,创建一个有七个面的锥体。

勾选自动网格选项。

在锥体的每个侧面上拖动鼠标创建一个汉字,可以看出每个汉字与锥体的一个侧面平行。

对汉字进行 Extrude(挤出)修改操作,以便让汉字变成立体字。创建的锥体和汉字如图 3.5 所示。

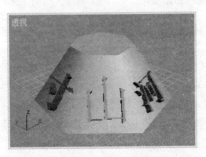

图 3.5　勾选自动网格创建的文字

3.2.2 Name and Color（名称和颜色）卷展栏

在名称文本框中，可以修改对象的名称。在场景比较复杂时，给对象指定易于识别的名称，便于组织对象。

单击名称文本框右侧的对象颜色按钮，会弹出 Object Color（对象颜色）对话框。如图 3.6 所示。Basic Colors（基本颜色）有两种选择：3ds max palette（3ds max 调色板）和 AutoCAD ACI palette（AutoCAD ACI 调色板）。3ds max 调色板有 16 种系统颜色。AutoCAD ACI 调色板有 AutoCAD 的 256 种系统颜色。如果要将创建的对象输出到 AutoCAD，并使用颜色组织对象，就要选择这种模式的调色板。

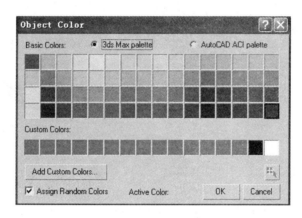

图 3.6 对象颜色对话框

单击 Add Custom Colors（添加自定义颜色）按钮，就会弹出 Color Selector：Add Color（颜色选择器：添加颜色）对话框。如图 3.7 所示。用户可以选择一种颜色添加到 Custom Colors（自定义颜色）栏中。

在调色板或自定义颜色栏中选择一种颜色，单击确定按钮，就能将选择的颜色替换选定对象原有的颜色。在选择对象对话框中，也可按颜色选定选择集。

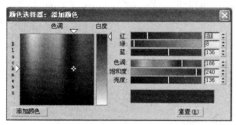 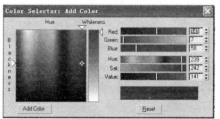

图 3.7 颜色选择器：添加颜色对话框

3.2.3 Creation Method（创建方法）卷展栏

Creation Method（创建方法）卷展栏由单选项构成，其单选项视对象不同可能有不同。

Edge（边）：当在视图中用拖动鼠标的方法创建对象时，拖动鼠标的起始点对齐对象边界盒底部的一条边。

Center（中心）：当在视图中用拖动鼠标创建对象时，拖动鼠标的起始点对齐对象的轴心点。

Corners（角）：当在视图中用拖动鼠标创建对象时，拖动鼠标的起始点对齐对象边界盒底部的一个角。

【实例】在创建方法卷展栏中选择不同选项创建茶壶

在创建方法卷展栏中选择选项 Edge（边），从世界坐标原点开始拖动鼠标创建茶壶，茶壶边界盒底部的一条边对齐世界坐标的原点。如图 3.8（a）所示。

在创建方法卷展栏中选择 Center（中心）选项，从世界坐标的原点开始拖动鼠标创建茶壶，茶壶的轴心点对齐世界坐标的原点。如图 3.8（b）所示。

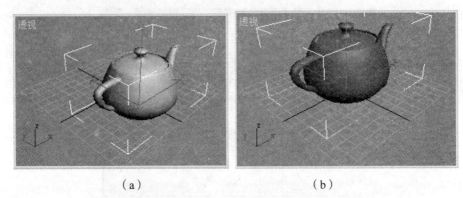

（a）　　　　　　　　　　　（b）

图 3.8　拖动鼠标的起始点为世界坐标原点创建出的茶壶

3.2.4　Keyboard Entry（键盘输入）卷展栏

Keyboard Entry（键盘输入）卷展栏的 X、Y、Z 三个坐标值为对象中心的位置。Length（长度）、Width（宽度）、Height（高度）、Radius（半径）等是决定对象大小的参数。设置好参数后，单击 Create（创建）命令按钮，就能按照设置的参数在视图中创建一个对象。

【实例】创建吊扇

创建一个长 90、宽 10、高为 0 的长方体作吊扇叶片。长方体的 X、Y、Z 坐标为：0、50、0。如图 3.9（a）所示。

使用阵列复制复制出两片扇叶，每两片间的夹角为 120°。如图 3.9（b）所示。

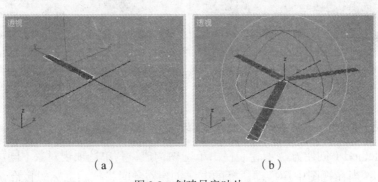

（a）　　　　　　　　　　　（b）

图 3.9　创建吊扇叶片

创建一个油罐物体作吊扇电机。参数设置如图 3.10（a）所示。在参数卷展栏中设置油罐物体的边数为 50。创建的油罐物体如图 3.10（b）所示。

将叶片链接到油罐物体上。

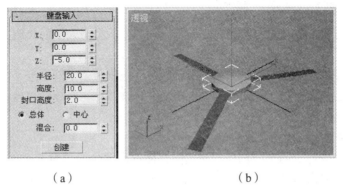

（a）　　　　　　　　　　（b）

图 3.10　创建吊扇电机

创建一个圆柱体作吊扇吊杆。参数选择如图 3.11（a）所示。吊杆如图 3.11（b）所示。

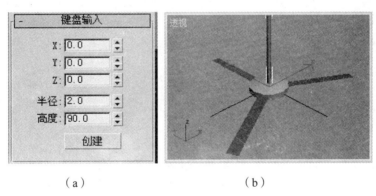

（a）　　　　　　　　　　（b）

图 3.11　创建吊扇吊杆

创建一个圆锥体作吊扇下盖盒，参数选择如图 3.12（a）所示。创建的吊扇下盖盒如图 3.12（b）所示。

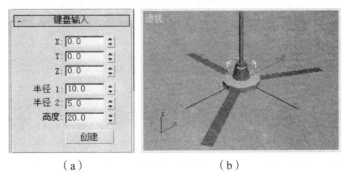

（a）　　　　　　　　　　（b）

图 3.12　创建吊扇下盖盒

按照上述操作步骤创建的电机、下盖盒、吊杆已自动对齐。

创建动画：选择轴心点为旋转中心，打开自动关键点按钮，旋转电机，创建绕 Z 轴旋转的动画。

3.2.5 Parameters（参数）卷展栏

Parameters（参数）卷展栏的参数视对象不同而有很大差异。下面介绍一些多数对象用到的参数。

Segments（分段数）：指对象的一个方向上由多少段构成。该值决定了对象相应方向可编辑的自由度。分段数的多少会影响到有些修改操作的效果。一般分段数越多，进行修改操作所得到的图形越光滑。

【实例】分段数对编辑对象的影响

图 3.13（a）中创建了两个圆柱体。左边圆柱体的高度分段数为 5，右边圆柱体的高度分段数为 50，其他参数都一样。图 3.13（b）中对两个圆柱体都在 Z 轴方向进行了 180°的弯曲修改操作，显然右圆柱体要比左圆柱体光滑得多。

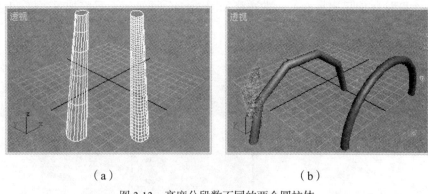

（a） （b）

图 3.13 高度分段数不同的两个圆柱体

Generate Mapping（生成贴图坐标）：勾选该复选框，则为对象贴图指定默认贴图坐标。关于贴图坐标将在赋材质/贴图章节中详细介绍。

Base To Pivot（轴心在底部）：若勾选该复选框，则创建的对象轴心点会沿该对象局部坐标系的 Z 轴移到对象底部。如：创建球体，未勾选该复选框，创建的球体轴心点与球体的球心重合。若勾选了该复选框，则创建的球体轴心点在球体底部球面上。

3.3 几个基本体的创建

3.3.1 创建 Sphere（球体）

选择 Create（创建）命令面板，选择 Geometry（几何体）子面板，单击几何体类型列表框的展开按钮展开几何体类型列表，在列表中选择 Standard Primitives（标准基本体），单击 Sphere（球体）按钮，这时会切换到球体创建命令面板。使用创建命令面板设置参数，就能创建出所需的球体。

选择参数：

Radius（半径）：球体的半径。

Smooth（光滑）：勾选该复选框后，系统自动对球体表面进行光滑处理。图 3.14 创建的两个球体的分段数均为 12，其他参数也都相同。左球未勾选光滑，右图勾选了光滑，后者比前者要光滑许多。

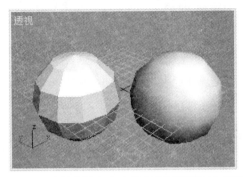

图 3.14　选择光滑和未选择光滑创建的两个球体

Segments（分段数）：垂直于球体局部坐标系 Z 轴方向的分段数。Slice On（切片启用）：勾选该复选框后，就会激活 Slice From（切片从）和 Slice To（切片到）两个文本框。在这两个文本框中输入的夹角，是绕球体局部坐标系 Z 轴方向切除的部分。

Chop（切除）：选择该选项时，切除部分球体后，剩余部分的分段数也按比例减少。

Squash（挤入）：选择该单选项时，切除部分球体后，剩余部分的分段数和未切除球体的分段数相同，即切除部分的分段数被挤入未切除部分中。这样有利于制作变形动画（在变形动画中要求两个对象的面片数相等）。图 3.15 中创建了一个球体，一个半球体和一个四分之一球体。它们的分段数均为 20。半球体选择的是 Chop（切除）单选项，四分之一球体选择的是 Squash（挤入）单选项。可以看出切除后的剩余部分所具有的面片数不一样。

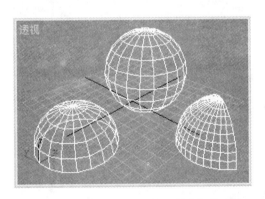

图 3.15　分别选择切除和挤入创建部分球体

Sphere（球体）和 GeoSphere（几何球体）的区别就在于球体表面由不等边四边形构成，几何球体则由三角形构成。如图 3.16 所示。在具有相同结构面的情况下，几何球体比球体更光滑。

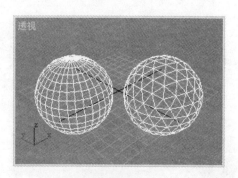

图 3.16　球体和几何球体

3.3.2　创建 Hedra（多面体）

选择 Create（创建）命令面板，选择 Geometry（几何体）子面板，选择 Extended Primitives（扩展基本体），单击 Hedra（多面体）按钮，这时会切换到多面体创建命令面板。使用创建命令面板设置参数，就能创建出所需的多面体。下面介绍各卷展栏。

Family（多面体系列）：可以选择四面体等五种不同多面体。

Family Parameters（系列参数）：P，Q 用于改变多面体顶点和面的形状，能在 0~1 之间取值。

Axis Scaling（轴向比率）：P，Q，R 用于选择三个轴向凹陷的比率，可在 0~100 之间选择，值越小，凹陷越深。

通过选择不同系列，不同系列参数和轴向比率创建出多种不同的多面体。如图 3.17 所示。

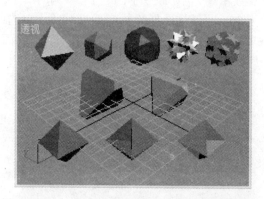

图 3.17　多面体

3.3.3　创建 Tube（管状体）

选择 Create（创建）命令面板，选择 Geometry（几何体）子面板，单击几何体类型列表框的展开按钮，展开几何体类型列表，在列表中选择 Standard Primitives（标准基本体），单击管状体按钮，这时会切换到管状体创建命令面板。使用创建命令面板设置参数，就能创建出所需的管状体。

Sides（边数）：管状体截面的边数。

Slice On(切片启用):勾选该复选框后,就会激活 Slice From(切片从)和 Slice To(切片到)两个数码框。在这两个数码框中输入的夹角值,是绕管状体局部坐标系 Z 轴方向切除的部分。

【实例】设置不同参数创建管状体

如果要求创建的圆管表面光滑,就要将边数值设置得较大一些。图 3.18(a)中圆管设置的边数为 50。

将边数分别设置为 3 和 4,得图 3.18(b)中三边形截面的管状体和四边形截面的管状体。

将边数设置为 3,且切去从 0~30 后所得结果如图 3.18(c)所示。

将边数设置为 5,且切去从 120~180 后所得结果如图 3.18(d)所示。

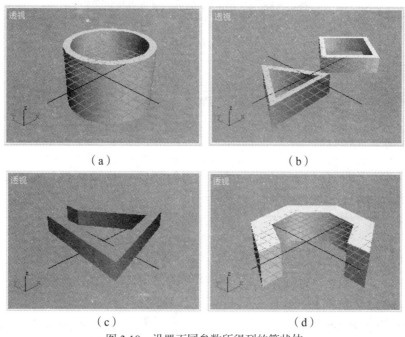

图 3.18 设置不同参数所得到的管状体

3.3.4 创建 Hose(软管)

选择 Create(创建)命令面板,选择 Geometry(几何体)子面板,单击几何体类型列表框的展开按钮,展开几何体类型列表,在列表中选择 Extended Primitives(扩展基本体),单击软管按钮,这时会切换到软管创建命令面板。使用创建命令面板设置参数,就能创建出所需的软管。下面介绍各卷展栏。

3ds max 的 Hose(软管)和真实的软管一样,也可以任意弯曲变形。

Hose Parameters(软管参数):

Free Hose(自由软管):若勾选该复选框,则创建两端不受约束的软管。

Bound to Object(绑定到对象轴心点):若勾选该复选框,则可将软管两端绑定到两个不同对象的轴心点上。

Pick Top Object(拾取顶部对象):选定软管,单击该按钮,再单击绑定到软管顶部的目标对象,就能将软管的一端绑定到该目标对象的轴心点上。

Pick Bottom Object（拾取底部对象）：选定软管，单击该按钮，再单击绑定到软管底部的目标对象，就能将软管的另一端绑定到该目标对象的轴心点上。

Cycles（周期数）：软管的环节数。

Round Hose（圆形软管P）：截面形状为圆形。

Rectangular Hose（矩形软管）：截面为矩形。

D-Section Hose（D截面软管）：截面为D形。

三种不同截面的软管如图3.19所示。

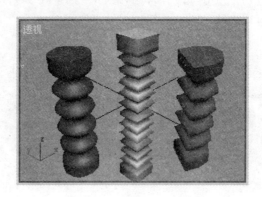

图3.19　不同截面的软管

【实例】创建一根连接在两根圆形管状体端面的软管

创建两根圆形管状体，一根横着，一根竖着。创建一根软管，周期数为20。如图3.20（a）所示。

选定软管。

打开修改命令面板，在Hose Parameters（软管参数）卷展栏中，选择Bound to Object（绑定到对象轴心点）复选框。

单击Pick Top Object（拾取顶部对象）按钮，单击竖着的圆形管状体。

单击Pick Bottom Object（拾取底部对象）按钮，单击横着的圆形管状体。得图3.20（b），软管的两头连接在两根圆形管状体的轴心点上。

 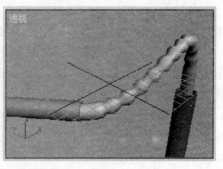

（a）　　　　　　　　　　　　　（b）

图3.20　将软管绑定到两根圆形管状体上

3.4 创建 AEC Extended（AEC 扩展对象）

3.4.1 Foliage（植物）

选择创建命令面板，选择几何体子面板，单击几何体列表框中的展开按钮，选择 AEC Extended（AEC 扩展对象），单击 Foliage（植物）按钮，选定一种植物，在视图中拖动，就能创建一种植物。

参数设置：

Automatic Materials（自动材质）：勾选该选项，则为植物指定默认材质。也可由用户利用材质编辑器为植物指定材质。图 3.21（a）使用植物的默认材质，图 3.21（b）为植物重新指定了材质。

 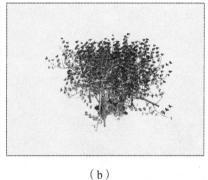

（a） （b）

图 3.21 植物的材质

Density（密度）：控制植物叶子或花的密度。从 0~1 取值。图 3.22（a）设置的密度为 0，图 3.22（b）设置的密度为 0.5，图 3.22（c）设置的密度为 1。

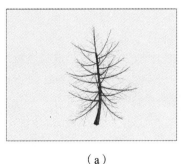  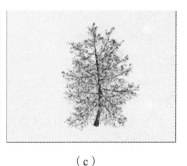

（a） （b） （c）

图 3.22 设置不同密度的效果

Pruning（修剪）：修剪植物的枝杈。从 0~1 取值。图 3.23（a）设置的修剪为 0，图 3.23（b）设置的修剪为 0.5。

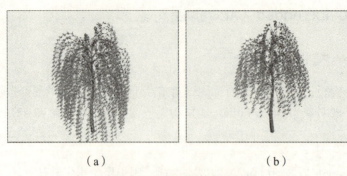

(a)　　　　　　　　　　　(b)

图 3.23　设置不同修剪的效果

Show（显示）选区可以指定要显示的植物的组成成分。

在 Viewport Canopy Mode（视口树冠模式）选区中，若选择 Never（从不）选项，则总不显示植物外部的树冠薄壳。图 3.24（a）是选择 Never（从不）选项后在视图中的显示结果（未选定对象，也未渲染）。图 3.24（b）是未选择 Never（从不）选项在视图中的显示结果。

(a)　　　　　　　　　　　(b)

图 3.24　在视口树冠模式选区中选择和不选择从不选项的显示结果

3.4.2　Railing（栏杆）

在视图中创建一条曲线作栏杆的路径，栏杆路径决定了栏杆的形状。

选择创建命令面板，选择几何体子面板，单击几何体列表框中的展开按钮，选择 AEC Extended（AEC 扩展对象），单击 Railing（栏杆）按钮，设置栏杆参数，单击 Railing（栏杆）卷展栏中的 Pick Railing Path（拾取栏杆路径）按钮，单击栏杆路径就会创建出一个栏杆。

图 3.25 给出了栏杆各组成部分的名称。

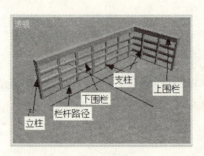

图 3.25　栏杆的构成

Pick Railing Path（拾取栏杆路径）：在创建栏杆之前要创建一条曲线作围栏的轮廓线，单击该按钮，再单击轮廓线，就能按照指定的轮廓创建出一个栏杆。

Respect Comers（匹配拐角）：若勾选该复选框，则创建的栏杆围栏轮廓和有拐角曲线的形状保持一致。否则创建的栏杆为直线栏杆。

Top Rail（上围栏）选区可以指定上围栏横截面的形状和大小。

Lower Rail（下围栏）选区可以指定下围栏横截面的形状和大小。单击下围栏选区的 按钮，会弹出 Lower Rail Spacing（下围栏间距）对话框，如图 3.26 所示。通过对话框，可以指定下围栏的数量等参数。

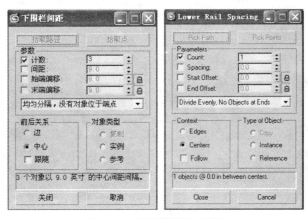

图 3.26　下围栏间距对话框

Posts（立柱）选区可以指定下立柱横截面的形状和大小。单击立柱选区的 按钮，会弹出立柱间距对话框，通过对话框，可以指定立柱的数量等参数。

Picket（支柱）选区可以指定下支柱横截面的形状和大小。单击支柱选区的 按钮，会弹出支柱间距对话框，通过对话框，可以指定支柱的数量等参数。

【实例】创建一个有三个拐角的栏杆

在顶视图中画出拐角栏杆的轮廓线。如图 3.27（a）所示。

在类型列表中选择 AEC 扩展，在对象类型卷展栏中选择栏杆，在栏杆卷展栏中单击拾取栏杆路径按钮，单击栏杆轮廓线。

栏杆分段数设置为 4，勾选匹配拐角复选框。

下围栏设置为 3，支柱数设置为 20。上围栏选择为方形，下围栏选择为圆形。创建的拐角栏杆如图 3.27（b）所示。

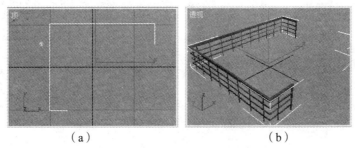

　　　（a）　　　　　　　　　　　（b）

图 3.27　拐角栏杆

3.4.3 Wall（墙）

使用 Wall（墙）可以创建多段相连的墙面，也可按照样条线创建墙体。使用拖动鼠标创建的墙体如图 3.28（a）所示。

在修改命令面板中，展开 Wall 堆栈，对顶点、分段、剖面子层级可以进行修改。

选择分段子层级，单击插入按钮，指向墙面后拖动，可以插入一个墙面。

选定剖面，选定一个墙面，在山墙高度数码框中输入山墙高度，单击创建山墙按钮，就能在该墙面上创建一个山墙。

在原有墙面中插入一个分段，在 4 个墙面的上部分别创建高为 40 的 4 个山墙，所得到的墙体如图 3.28（b）所示。

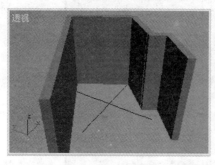 

（a）　　　　　　　　　　　　　　（b）

图 3.28　创建和修改墙

【实例】创建有多个房间的墙体

在顶视图中创建一条样条线作墙体的轮廓线。如图 3.29（a）所示。

按照以下操作创建墙体：

打开命令面板，选择几何体子面板，单击几何体列表框展开按钮，在列表中选择 AEC 扩展类型。

在对象类型卷展栏中选择墙按钮，在参数卷展栏中设置墙体高度为 50。

单击键盘输入卷展栏中的拾取样条线按钮，单击视图中的曲线，就得到外墙的墙体。单击键盘输入卷展栏中的添加点按钮，在视图中拖动创建出中间隔墙。创建的墙体如图 3.29（b）所示。

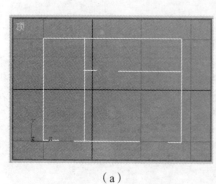 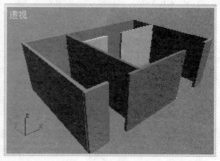

（a）　　　　　　　　　　　　　　（b）

图 3.29　创建墙体

3.5 创建门窗与楼梯

3.5.1 Doors（门）

门的类型分为：Pivot（枢轴门）、Sliding（推拉门）和 Bifold（折叠门）。

1. Pivot（枢轴门）

（1）（创建方法）卷展栏

Width/Depth/Height（宽度/深度/高度）：按照宽度/深度/高度的顺序，分三次拖动鼠标创建出一扇门。

Width/Height/Depth（宽度/高度/深度）：按照宽度/高度/深度的顺序，分三次拖动鼠标创建出一扇门。

Allow Non-vertical Jambs（允许侧柱倾斜）：若勾选该复选框，可以创建出倾斜的门。

（2）Parameters（参数）卷展栏

Double（双门）：若勾选该复选框，则创建有两扇门的门。图 3.30（a）为单门，图 3.30（b）为双门。

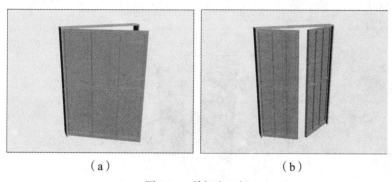

图 3.30　单门和双门

Flip Swing（翻转转动方向）：若勾选该复选框，门转动的方向反向。
图 3.31（a）的转动方向与图 3.31（b）的转动方向相反。

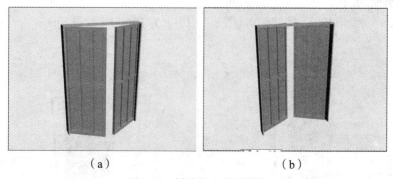

图 3.31　转动方向相反的门

Flip Hinge（翻转转枢）：该复选框只有在创建的不是双门时才被激活。若勾选该复选框，则枢轴换到门的另一边。

Open（打开）：门开启的度数。

Create Frame（创建门框）：若勾选该复选框，则创建门框，否则不创建门框。图 3.32 未创建门框。

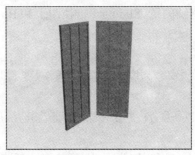

图 3.32　没有门框的门

（3）Leaf Parameters（扇页参数）卷展栏

Panels Horiz（水平嵌板数）：一扇门上水平方向的嵌板数。

Panels Vert（垂直嵌板数）：一扇门上竖直方向的嵌板数。图 3.33 中门的水平嵌板数为 2，垂直嵌板数为 3。

图 3.33　嵌板数为 6 的门

Glass（玻璃）：创建无倒角的玻璃嵌板。

2. 其他类型的门

图 3.34（a）为 Sliding（推拉门），图 3.34（b）为 Bifold（折叠门）。

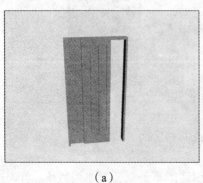
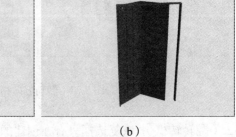

　　　　　（a）　　　　　　　　　　　　　（b）

图 3.34　推拉门和折叠门

3.5.2 Windows（窗）

Awning（遮篷式窗）如图 3.35（a）所示，Pivoted（旋转窗）如图 3.35（b）所示，Sliding（推拉窗）如图 3.35（c）所示，Casement（平开窗）如图 3.35（d）所示，Projected（伸出式窗）如图 3.35（e）所示，Fixed（固定窗）如图 3.35（f）所示。

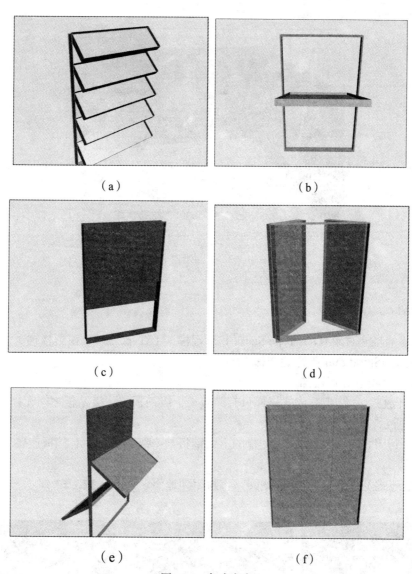

图 3.35　各式窗户

3.5.3　在墙上创建门和窗

在墙上创建门、窗可以使用以下两种方法。
方法一：
创建一道墙。

在墙上从外侧拖到内侧创建门和窗,这时门、窗会自动嵌入墙中。如图 3.36 所示。已创建好的门和窗可以在墙上平移,不会影响门和窗的开启。

方法二:

在任意位置创建一道墙和一扇门或窗,在墙与门或窗之间建立链接,墙为父对象,将门或窗移到墙上,门或窗就被嵌到了墙中。

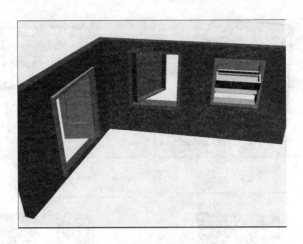

图 3.36 在墙上创建门和窗

3.5.4 Stairs(楼梯)

可以创建的楼梯对象有:L Type Stair(L 形楼梯)、U Type Stair(U 形楼梯)、Straight Stair(直线楼梯)和 Spiral Stair(螺旋楼梯)。

1. L Type Stair(L 形楼梯)

Open(开放式):踏板开放式楼梯只有踏板,上级踏板与下级踏板之间无挡板连接。如图 3.37(a)所示。

Closed(封闭式):踏板闭合式楼梯的上级踏板与下级踏板之间有挡板连接。如图 3.37(b)所示。

Box(落地式):落地式楼梯的侧面一直封闭到地面。如图 3.37(c)所示。

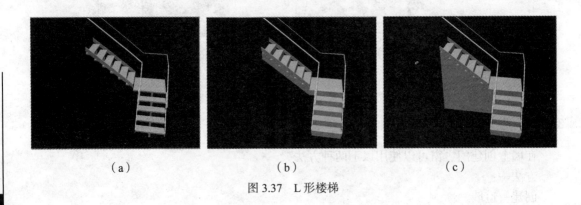

(a)　　　　　　　　　(b)　　　　　　　　　(c)

图 3.37 L 形楼梯

Length 1（长度 1）：第一段楼梯的长度。

Length 2（长度 2）：第二段楼梯的长度。长度 1 和长度 2 必须大于 0，否则，楼梯会变成垂直的。

Width（宽度）：楼梯的宽度，包括踏步和平台的宽度。

Angle（角度）：控制第一段楼梯与第二段楼梯之间的夹角。

Riser Ht（竖板高）：每一步竖板的高度。

Riser Ct（竖板数量）：指两段楼梯的总步数。

Steps（台阶）的 Thickness（厚度）是指台阶板的厚度，Depth（深度）是指每一步踏板的深度。

2. 其他类型的楼梯

Straight Stair（直线楼梯）如图 3.38（a）所示，U Type Stair（U 形楼梯）如图 3.38（b）所示，Spiral Stair（螺旋楼梯）如图 3.38（c）所示。

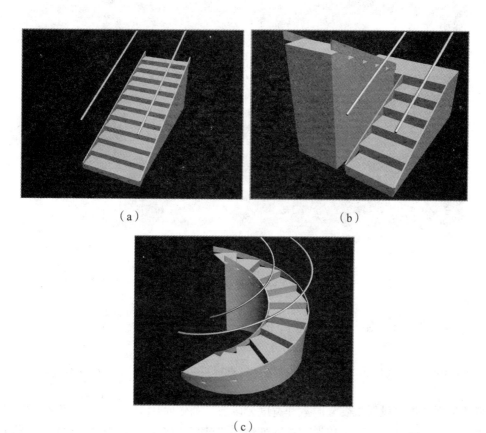

图 3.38　其他类型的楼梯

3. 创建楼梯栏杆

楼梯栏杆也可由用户创建。

【实例】创建楼梯栏杆和扶手

创建一个 L 形楼梯，参数选择：封闭式，生成侧弦，有左右扶手和扶手路径，竖板数为 20。长度 1 设置为 40，长度 2 设置为 30。楼梯如图 3.39（a）所示。

创建一根栏杆，如图3.39（b）所示。

将栏杆轴心点移到栏杆的顶端。适当调整栏杆长度，使之刚好适合楼梯。选择工具菜单中的间隔工具命令复制栏杆，内侧栏杆数为20，外侧栏杆数为27。如图3.39（c）所示。

选择栏杆路径（它是独立于楼梯的曲线），在修改命令面板中，指定厚度为5。勾选可渲染和显示渲染网格复选框。在场景中设置一盏泛光灯。渲染后的结果如图3.39（d）所示。

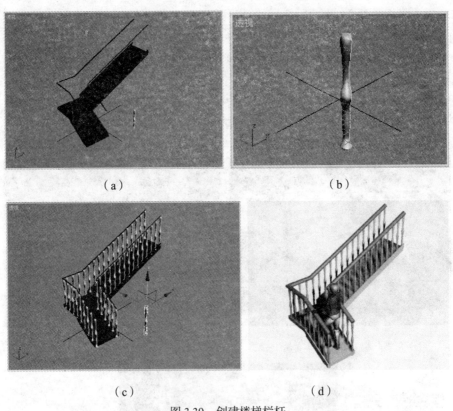

图3.39 创建楼梯栏杆

3.6 创建Patch Grids（面片栅格）

Patch Grids（面片栅格）只有两种类型：Quad Patch（四边形面片）和Tri Patch（三角形面片）。

四边形面片可以设置长度分段数和宽度分段数来细化面片。三角形面片没有长度分段数和宽度分段数这两个参数。三角形面片的细化要通过在细化修改器中设置迭代次数来实现。细化程度的不同，在有些编辑操作中会产生不同的编辑效果。

【实例】细化面片对创建布料类对象的影响

创建一个长、宽均为120的三角形面片，不对它进行细化。选择线框显示时的显示结果如图3.40（a）所示。

将三角形面片创建成布料类对象，并将其蒙在桌面上。这时产生的效果如图3.40（b）所示。

创建同样大小的三角形面片，选择细化修改器，选择迭代次数为2。线框显示时的显示结果如图 3.40（c）所示。如果创建的是四边形面片，只要设置长度分段数和宽度分段数均为5，也可以得到同样的效果。

将三角形面片创建成布料类对象，并将其蒙在桌面上，产生的效果如图 3.40（d）所示。

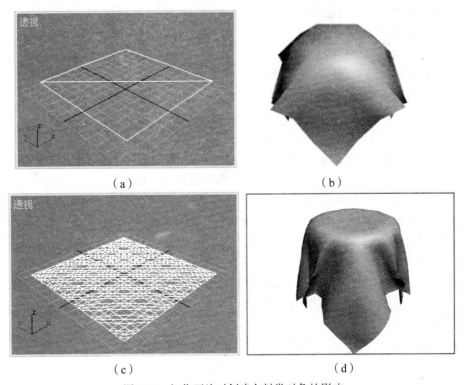

图 3.40 细化面片对创建布料类对象的影响

思考与练习

1. 要创建一个球体应怎样操作？
2. 要创建半个球体，应怎样操作？
3. 要创建四分之一个球体，应怎样操作？
4. 要创建一个没盖的茶壶，应怎样操作？
5. 要创建一个长 34、宽 33、高 23 的长方体，应怎样操作？
6. 要将一根软管连接在两根管状体上，应怎样操作？
7. 分段数的多少对于创建的对象有何影响？
8. 勾选和不勾选自动网格复选框，对创建对象有何影响？
9. 如何给一个对象重新命名？
10. 如何改变一个对象的颜色？
11. 如何创建五边形的管状体？
12. 如何才能使创建的树没有树冠薄壳？

13. 如何创建一棵没有树叶的树？
14. 如何创建一个支柱数为 5 的栏杆？
15. 如何创建一个 S 形的栏杆？
16. 如何改变栏杆立柱的粗细？
17. 如何创建一个有三个拐角的墙体？
18. 如何创建一个 C 形墙体？
19. 如何创建山墙？
20. 如何创建 L 形楼梯？
21. 如何创建侧面一直封闭到地面的楼梯？
22. 如何创建楼梯的栏杆？
23. 楼梯栏杆的路径和楼梯是一个对象吗？能否利用它来创建栏杆？
24. L 形楼梯二段之间的夹角能否改变？
25. 楼梯的长度和步数可以改变吗？
26. Open（开放式）和 Closed（封闭式）楼梯有什么不同？
27. 如何创建打开 30°角的门？
28. Flip Swing（翻转转动方向）选项有何作用？
29. Flip Hinge（翻转转枢）选项有何作用？
30. Create Frame（创建门框）复选框有何作用？
31. Width/Depth/Height（宽度/深度/高度）选项的作用是什么？
32. 如何创建双门，如何创建单门？
33. 如何创建窗户？

第4章 曲线和曲面的创建与修改

创建命令面板下的 Shapes（图形）子面板，可用于创建各种曲线。3ds max9 将曲线分为三类：Splines（样条线）、NURBS Curves（NURBS 曲线）和 Extended Splines（扩展样条线）。NURBS 是英文 non-uniform rational b-splines 的缩写。可译为非均匀有理 B 样条线。

利用二维图形对象，经过编辑修改，创建出三维模型是一种非常重要的建模方式。特别是一些表面光滑而又复杂多变的对象，如人、各种生物等，使用这种方式建模，不仅操作方便，而且能达到很好的效果。

在约束动画中，曲线和曲面被用来作为实施约束的对象。曲线和曲面也可以直接渲染输出。

3ds max9 提供了多种创建曲线和曲面的方法。

在创建命令面板的几何体子面板中，选择 NURBS 曲面选项，可创建点曲面和 CV 曲面。

修改命令面板的常规卷展栏中，有一个 NURBS 工具箱按钮。选择这个按钮，会弹出 NURBS 工具箱。该工具箱提供了多种创建 NURBS 点、NURBS 曲线和 NURBS 曲面的方法。使用起来非常方便。

4.1 创建 Splines（样条线）

选择创建命令面板下的 Shapes（图形）子面板，在图形列表框中选择 Splines（样条线），选择对象类型卷展栏中的一个对象按钮，就可以创建出对应的样条线。如果对参数要求不严格，可以在视图中拖动鼠标并单击，创建需要的样条线。在视图中右单击结束创建。如果要精确创建样条线，就要在命令面板中输入参数和选择选项，单击 Keyboard Entry（键盘输入）卷展栏中的创建按钮，就会按指定的参数和选项创建出样条线。下面介绍创建样条线的各卷展栏。

4.1.1 对象类型卷展栏

Auto Grid（自动网格）：选择了一种对象类型后，Auto Grid（自动网格）复选框就会被激活。若勾选了自动网格复选框，这时鼠标中就会包含一个指示坐标。不论在哪个正交视图中创建曲线，在透视图中都可以看到一个活动网格，鼠标中指示坐标的 XY 平面为网格平面。

Start New Shape（开始新图形）：若勾选（默认）该复选框，则连续创建的各样条线，不论它们是否有交点，彼此都是独立的。若未勾选该复选框，则连续创建的所有样条线，不管它们是否有交点，都属一个图形对象。

【实例】比较勾选和不勾选开始新图形复选框对创建对象的影响

勾选开始新图形复选框，创建一个圆和一个五角星，如图 4.1（a）所示。从图中可以看出，圆和五角星是两个独立的图形，它们各有各的边界盒。

选定这圆和五角星，选择挤出修改器，挤出后的结果如图 4.1（b）所示。从图中可以看出，两个图形是分别挤出的。

不勾选开始新图形复选框，同样创建一个圆和一个五角星，如图 4.1（c）所示。从图中可以看出，圆和五角星属于同一个图形，它们只有一个共同的边界盒。

选择挤出修改器挤出的结果如图 4.1（d）所示。

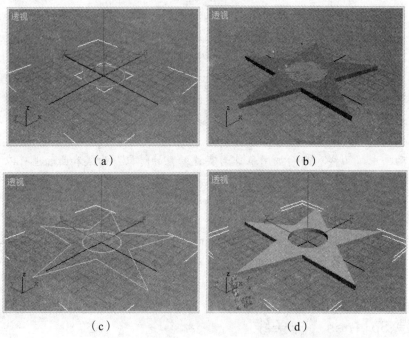

图 4.1　比较勾选和不勾选开始新图形复选框对创建对象的影响

4.1.2　Rendering（渲染）卷展栏

渲染卷展栏如图 4.2 所示。

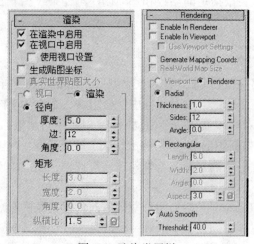

图 4.2　渲染卷展栏

使用该卷展栏,可以设置在视图中显示或渲染输出时,样条线横截面的大小和形状。

Enable In Renderer(在渲染中启用):只有勾选了该复选框,渲染输出样条线,渲染卷展栏中的设置才有效。

Enable In Viewport(在视口中启用):只有勾选了该复选框,在视口中显示样条线时,渲染卷展栏中的设置才有效。

Use Viewport Settings(使用视口设置):只有勾选了该复选框,才会激活视口选项。

Generate Mapping(生成贴图坐标):勾选该复选框,则为样条线贴图指定默认贴图坐标。

Viewport(视口):只有选择了该选项,在渲染卷展栏中的设置才能应用到视口显示中。

Renderer(渲染):只有选择了该选项,在渲染卷展栏中的设置才能应用到渲染输出。

Redial(径向):若选择该选项,可以设置圆形横截面径向的大小,边数和角度。

Rectangular(矩形):若选择该选项,可以设置矩形横截面的长度、宽度和角度。

Thickness(厚度):若选择径向选项,该项设置起作用。厚度值为样条线横截面的直径。

Sides(边数):设定样条线横截面的边数。

Angle(角度):设定样条线横截面绕路径轴向旋转的角度。

【实例】选择不同的渲染参数创建圆

选择创建命令面板,选择图形子面板,在对象类型卷展栏中单击圆按钮,在视图中拖动鼠标,创建一个圆。

选择修改命令面板,展开渲染卷展栏。

在渲染卷展栏中选择视口选项,选择径向选项,设置厚度为 1。勾选在视口中启用和使用视口设置复选框,所得结果如图 4.3(a)所示。

选择径向选项,设置厚度为 10,边数为 20,所得结果如图 4.3(b)所示。

设置径向厚度为 10,边数为 3,角度为 -30,所得结果如图 4.3(c)所示。

选择矩形选项,设置长度为 6,宽度为 4,角度为 0,所得结果如图 4.3(d)所示。

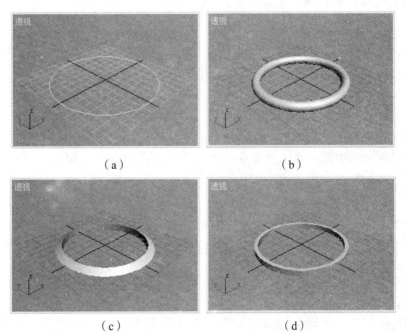

图 4.3 选择不同的渲染参数创建圆

4.1.3 Interpolation（插值）卷展栏

Steps（步数）：指定样条线上两个角点之间短直线的数量，取值范围为0~100。

Optimize（优化）：若勾选该复选框，程序自动检查并减去多余的步数，以减小样条线的复杂度。

Adaptive（自适应）：若勾选该复选框，程序根据曲线的复杂程度，自动设置步数。

【实例】插值步数对曲线的影响

创建两个圆，左边圆的插值步数为3，右边圆的插值步数为50。在渲染卷展栏中，两个圆的厚度均设置为10。

线框显示效果如图4.4（a）所示。渲染效果如图4.4（b）所示。

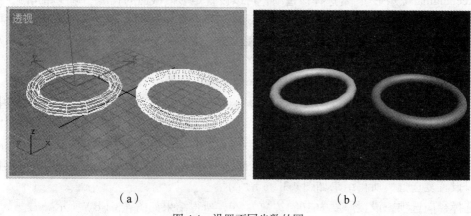

（a） （b）

图4.4 设置不同步数的圆

4.1.4 Creation Method（创建方法）卷展栏

Edge（边）：若选择该单选项，在视图中用拖动鼠标创建样条线时，拖动鼠标的起始点对齐样条线的一条边。

Center（中心）：若选择该单选项，在视图中用拖动鼠标创建样条线时，拖动鼠标的起始点对齐样条线的中心。

Corner（角点）方式：角点是指折线的始点、终点和拐角点。若选择该种方式创始样条线，则角点两侧的斜率发生突变。如图4.5（a）所示。

Smooth（平滑）方式：若选择这种方式，则节点两侧的斜率不发生突变。如图4.5（b）所示。

Bezier（贝济埃）方式：若选择这种方式，在创建曲线时，会给角点加上两个控制手柄，不论调节哪个手柄，另一个手柄始终与它保持成一条直线，并与曲线相切。若拖动一个手柄改变其长度，另一个手柄也会等比缩放。旋转手柄，曲线随之扭转。拉长手柄，曲线被拉伸。缩短手柄，曲线收缩。如图4.5（c）所示。

Bezier Comer（贝济埃角点）方式：这种方式是改进型的贝济埃方式。角点上的两个手柄都可以单独旋转和伸缩。如图4.5（d）所示。

在修改器堆栈中选择节点子层级，对准样条线的节点右单击，在弹出的快捷菜单中，可以选择 Corner（角点）、Smooth（平滑）、Bezier（贝济埃）或 Bezier Comer（贝济埃角点）

方式。

创建不同的样条线，创建方法卷展栏的选项可能不同。

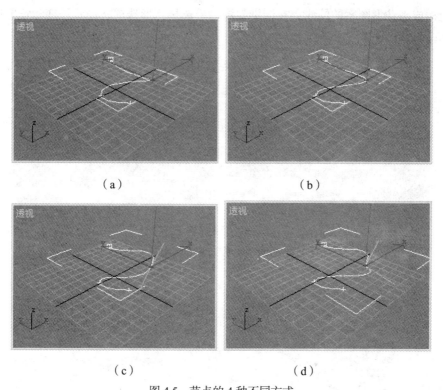

图 4.5 节点的 4 种不同方式

4.1.5 Keyboard Entry（键盘输入）卷展栏

使用键盘输入卷展栏可以定量地创建各种曲线。创建的曲线不同，要求输入的参数也不同。

Close（闭合）按钮：单击该按钮，程序会自动在起点和终点之间加入一段曲线，从而形成一条闭合曲线。

Finish（完成）按钮：单击该按钮，结束曲线的创建。

【实例】用键盘输入的方法创建一个梅花形图案

选择创建命令面板下的图形子面板。

在对象类型卷展栏中单击圆弧按钮。

展开插值卷展栏，设置步数为 20。

展开键盘输入卷展栏。圆心坐标 X、Y、Z 设为 −40、−40、0，半径设为 40，圆弧从 90°~360°。单击创建按钮，创建出的圆弧如图 4.6（a）所示。

依次输入以下三组值创建另外三个圆弧：

40、−40、0、40、180°、90°；

−40、40、0、40、0°、270°；

40、40、0、40、270°、180°。

在透视图中创建出的梅花形图案如图 4.6（b）所示。

在前视图中创建一条直线，以梅花形图案作横截面轮廓线放样后的结果如图 4.6（c）所示。

选定构成梅花形图案的曲线，在渲染卷展栏中选择矩形选项，设置长度和宽度均为 10。渲染后的结果如图 4.6（d）所示。

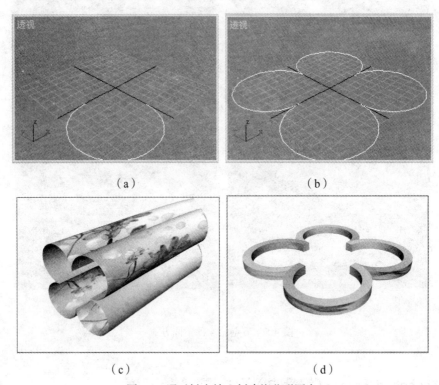

图 4.6　通过键盘输入创建梅花形图案

4.2　创建样条线实例

用创建样条线命令面板可以创建 11 种不同样条线。下面介绍 3 种样条线的创建。

4.2.1　创建 Helix（螺旋线）

选择创建命令面板，选择图形子面板。在对象类型卷展栏中选择螺旋线按钮。设置参数，单击键盘输入卷展栏中的创建按钮，就能创建一条螺旋线。

【实例】用螺旋线创建一根绳子

选择创建命令面板中的图形子面板，在对象类型卷展栏中选择螺旋线按钮。

设置的参数和选择的选项如下：

在渲染卷展栏中，选择在视口中启用复选框。设置厚度为 3。

在参数卷展栏中，设置圈数为 10。创建一个螺旋线，如图 4.7（a）所示。

沿 Z 轴移动复制一个螺旋线，移动距离为半圈。得到的绳子如图 4.7（b）所示。

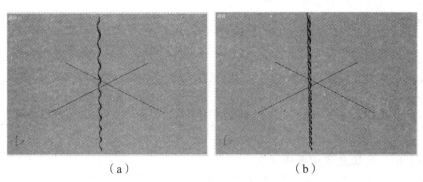

（a）　　　　　　　　　　　　　　　（b）

图 4.7　用螺旋线创建一根绳子

4.2.2　创建 Section（截面）

截面本身不是样条线，截面的功能是利用截面与三维对象相交，获取相交的轮廓线。

【实例】使用截面截取图形

创建一个软管，边数设为 50，周期数设为 10。将软管旋转 90°，所得结果如图 4.8（a）所示。

选择图形子面板，在对象类型卷展栏中选择 Section（截面）按钮，在场景中拖动创建一个截面，移动截面，使截面与软管相交。如图 4.8（b）所示。

单击截面参数卷展栏中的创建图形按钮，就会打开命名截面图形对话框，如图 4.8（c）所示。单击确定按钮，就会创建一条曲线。

选择移动按钮，将创建的曲线移出，删除软管和截面，就得到了一条软管的轮廓线。如图 4.8（d）所示。

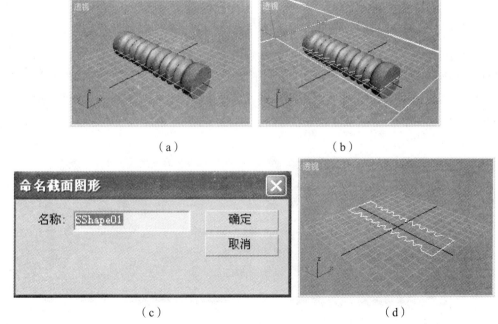

（a）　　　　　　　　　　　　　　　（b）

（c）　　　　　　　　　　　　　　　（d）

图 4.8　使用截面截取图形

4.2.3 创建 Text（文本）

选择创建命令面板，选择图形子面板。在对象类型卷展栏中选择 Text（文本）按钮，在文本框中输入文本，在任意视图中单击，就可以创建出文本。

通过参数卷展栏可以设置文本的字体、大小、字间距、行间距等文本参数。

如果选择的字体前有@符号，创建出来的文本是直排的。如果选择的字体前无@符号，创建的文本是横排的。

【实例】创建横排文本和直排文本

选择图形子面板。在对象类型卷展栏中选择文本按钮。

在文本编辑框中输入文本，设置字体为华文行楷。使用挤出修改器挤出，所得文本如图 4.9（a）所示。

重新输入文本，选择字体为@华文行楷。挤出后的文本如图 4.9（b）所示。

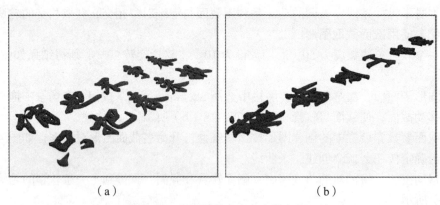

（a）　　　　　　　　　　　（b）

图 4.9　创建横排文本和直排文本

4.2.4 创建 Circle（圆）和 Donut（圆环）

选择创建命令面板，选择图形子面板。在对象类型卷展栏中有一个圆按钮和一个圆环按钮。分别选择圆和圆环按钮创建一个圆和一个圆环。图 4.10（a）中左边样条线为圆，右边样条线为圆环。它们并不只是单圆与双圆的区别。选择挤出修改器分别将两个图形挤出，所得结果如图 4.10（b）所示。

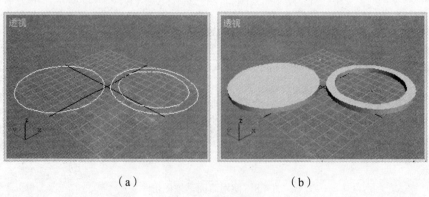

（a）　　　　　　　　　　　（b）

图 4.10　圆和圆环

4.3 Extended Splines（扩展样条线）

单击创建命令面板，单击图形子面板，展开类型列表框，在列表中选择扩展样条线类型。扩展样条线的对象类型卷展栏如图 4.11 所示。

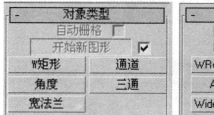 

图 4.11　扩展样条线的对象类型卷展栏

在扩展样条线的对象类型列表中，选择不同的按钮，可以创建出不同的扩展样条线。图 4.12（a）中创建了五种不同的扩展样条线。选择挤出修改器挤出后的结果如图 4.12（b）所示。

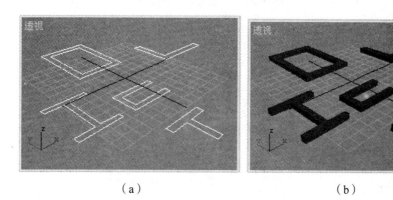

（a）　　　　　　　　　　　　　　（b）

图 4.12　扩展样条线

【实例】样条线和扩展样条线的应用——通过放样创建罐子

选择样条线类型中的线按钮，在前视图中创建一条罐身的轮廓曲线和罐口的轮廓曲线。如图 4.13（a）所示。

在透视图中创建一个圆。

选定圆。单击创建命令面板，在类型列表中选择复合对象选项。单击对象类型卷展栏中的放样按钮，在蒙皮参数卷展栏中，设置图形步数为 20，路径步数为 40，单击获取图形按钮，单击有拐角的封闭曲线，就得到了一个做罐口的放样对象。

选定圆。单击获取图形按钮，单击罐身轮廓曲线，就得到了做罐身的另一个放样对象。如图 4.13（b）所示。

将两个放样对象对齐，就得到了一个罐子。如图 4.13（c）所示。

给罐子指定贴图并渲染输出，所得结果如图 4.13（d）所示。

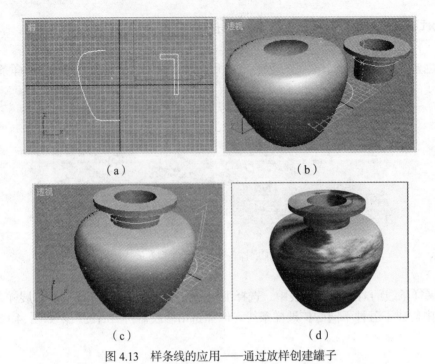

（a）　　　　　　　　　　　　　（b）

（c）　　　　　　　　　　　　　（d）

图 4.13　样条线的应用——通过放样创建罐子

4.4　修改 Splines（样条线）

选定要修改的样条线，选择修改命令面板，或对准要修改的样条线右单击，在快捷菜单中选择 Reverse Spline(转换样条线)命令或 Convert to(转换为)下的 Convert to Editable Spline（转换为可编辑样条线）命令，就会激活修改命令面板。在修改器堆栈的顶部会加入要修改的对象。被修改的对象类型不同，用于修改的卷展栏数目也不同。修改 Line（曲线）的修改命令面板如图 4.14 所示。

图 4.14　修改 Line（曲线）的修改命令面板

通过这种方法修改面板，能重设对象参数，给对象加入附加对象，对对象及其子层级对象进行编辑操作，也可将编辑操作记录成动画。而对于圆等单个闭合曲线，很多编辑操作则只能使用 Edit Spline（编辑样条线）修改器才能进行。但将多个闭合曲线通过附加操作，变成一个图形对象后，就可直接用修改命令面板编辑了。

用 Edit Spline（编辑样条线）修改器，也能编辑样条线，但不能修改对象参数，且对图形对象及其子层级对象所做的修改不能记录成动画。

【实例】使用修改命令面板修改曲线参数创建动画

选择图形子面板，创建一个圆。选择系统子面板，创建一个 Biped。人站在圆的正中间。

选定圆，选择修改命令面板，打开自动关键点按钮，时间滑动块放在 0 帧处，在渲染卷展栏中，勾选在视口中启用复选框，设置厚度为 20。

将时间滑动块移到 100 帧处，在渲染卷展栏中设置厚度为 1。

选择创建命令面板，将时间滑动块放在 0 帧处，移动人的手臂，使手掌刚好撑住圆。如图 4.15（a）所示。

将时间滑动块移到 100 帧位置，移动人的手臂和圆的高度，仍保持手掌刚好撑住圆，如图 4.15（b）所示。

播放动画，可以看到圆被逐渐撑大，圆的线条越来越细的变化过程。

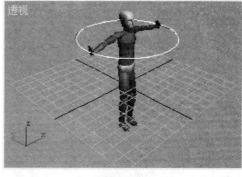

（a）　　　　　　　　　　　　（b）

图 4.15　使用修改命令面板修改曲线参数创建动画

4.4.1　Selection（选择）卷展栏

Selection（选择）卷展栏用于选择子层级。

Line（曲线）的子层级有：Vertex（节点）、Segment（线段）和 Spline（样条线）。

单击修改堆栈中对象左端的按钮，会展开对象的子层级。选择一个子层级或单击选择卷展栏中按钮组中的一个按钮，就会激活该子层级，使用修改命令面板就能编辑该子层级的对象。

Selection（选择）卷展栏如图 4.16 所示。

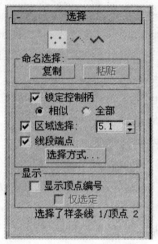

图 4.16　选择卷展栏

　　Lock Handles（锁定控制手柄）：选定要变换的节点。勾选该复选框后，在相似和全部两个单选项中选择一项。只要移动、旋转、伸缩节点选择集中一个手柄，其他被锁定的手柄也会产生同样的变换。

　　Alike（相似）：若选择该单选项，则只锁定节点选择集中一侧的手柄。

　　All（全部）：若选择该单选项，则锁定节点选择集中的全部（两侧）手柄。

　　【实例】锁定控制手柄的作用

　　不勾选开始新图形创建两个圆，并选择贝济埃角点方式，选定所有节点，得图 4.17（a）。

　　勾选锁定控制手柄复选框，并选择全部单选项，移动一个节点的手柄，这时所有节点的手柄都产生了同样的移动，得图 4.17（b）。

　　勾选锁定控制手柄复选框，并选择相似单选项，移动一个节点的手柄，这时所有节点同侧的手柄都产生了同样的移动，而另一侧的手柄不动。得图 4.17（c）。

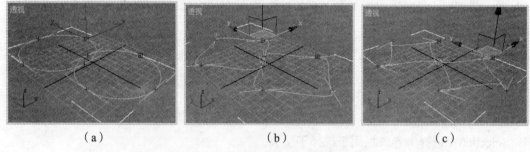

（a）　　　　　　　　　　　（b）　　　　　　　　　　　（c）

图 4.17　勾选了锁定控制手柄后的变换

　　Area Selection（区域选择）：若勾选了该复选框，并在右侧数码框中输入了一个值，只要选择一个节点，则以输入值为半径的范围内节点全部被选定。

　　Segment End（线段端点）：若勾选该复选框，只要单击一条线段的任意一处，该线段离单击处较近的一个端点就会被选定。

　　Show Vertex Numbers（显示节点编号）：只要勾选了该复选框，不论在哪一个子层级，都会显示节点编号。

Selected Only（仅选定）：只有勾选了显示节点编号复选框，该复选框才被激活。若选择该复选框，则只有选定了的节点才显示节点编号。

【实例】节点编号

在上例的基础上，在 Selection（选择）卷展栏勾选了显示节点编号，得图 4.18（a）。选定了三个节点，勾选了显示节点编号和仅选定两个复选框，得图 4.18（b）。

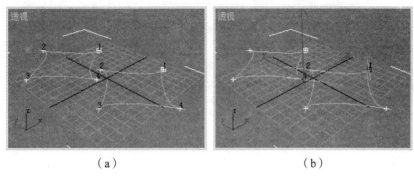

（a）　　　　　　　　　　　　　　（b）

图 4.18　节点编号

4.4.2　Soft Selection（软选择）卷展栏

Soft Selection（软选择）卷展栏用来选择对子对象进行变换的作用范围。

Use Soft Selection（使用软选择）：只有勾选了该复选框，才能激活各项。

Edge Distance（边距离）：若勾选了该复选框，在右边数码框中输入的值，决定了对子对象的操作范围。这个值为从选择点开始，向曲线两侧延伸的节点数。

Falloff（衰减）：指定作用范围半径的大小。

Pinch（收缩）：指定曲线在尖端点汇集的形状。负值顶部平坦，正值顶部尖锐。

Bubble（隆起）：指定隆起曲线的曲率。正值隆起，负值下陷。

软选择卷展栏下部的示意图直观地表现了移动曲线中一个点时，曲线的变化结果。

【实例】设置了软选择后，沿 Z 轴移动 9 号点所产生的效果

创建一条曲线，在 Selection（选择）卷展栏中选择显示节点编号复选框，得图 4.19 所示的图形。

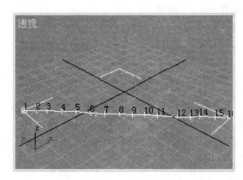

图 4.19　样条线

在 Soft Selection（软选择）卷展栏中设置边距离为 9，衰减为 50，收缩为 –1，膨胀为 1，沿 Z 轴正向拉伸的结果如图 4.20 所示。

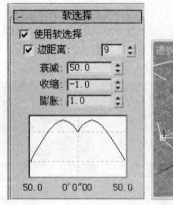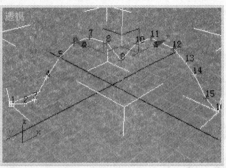

图 4.20　沿 Z 轴正向拉伸的结果

设置边距离为 9，衰减为 50，收缩为 10，膨胀为 –10，沿 Z 轴正向拉伸的结果如图 4.21 所示。

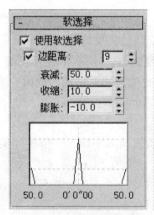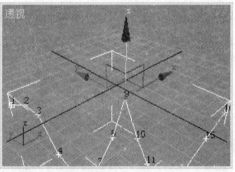

图 4.21　沿 Z 轴正向拉伸的结果

4.4.3　Geometry（几何图形）卷展栏

Geometry（几何图形）卷展栏如图 4.22 所示。这是一个在编辑操作中使用最频繁的卷展栏。

Create Line（创建线）按钮：选择该按钮，可以继续创建样条线，创建的线属于当前图形。

Break（断开）：选择顶点或线段才能激活该按钮。选择顶点子层级，选择要断开的节点，单击该按钮，就能断开这个节点。如果选择线段子层级，选择该按钮后，单击线段任意一处，可以创建一个节点并断开这个节点。

第4章 曲线和曲面的创建与修改

 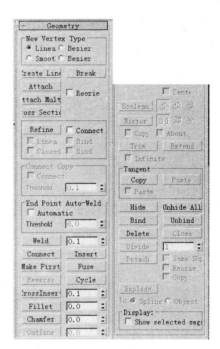

图 4.22 几何图形卷展栏

【实例】断开样条线

创建一个矩形，如图 4.23（a）所示。

对准该矩形右单击，在快捷菜单中选择转换为可编辑样条线命令将其转换成可编辑的样条线。

选定矩形，选择修改命令面板，在修改器堆栈中选择节点子层级。

选定一个节点，单击几何图形卷展栏中断开按钮。

在修改器堆栈中选择线段子层级，移动断开节点相邻的线段，就可看到节点已断开。如图 4.23（b）所示。

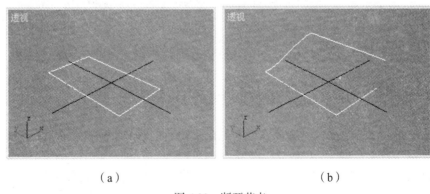

（a） （b）

图 4.23 断开节点

Attach（附加）：选择该按钮后，单击任意一条样条线，可以将其附加到当前图形中去，使两个独立的对象变成一个图形对象。

【实例】将样条线附加到图形中

在创建命令面板的图形子面板中勾选开始新图形复选框（默认为勾选），创建一个圆和一个星形，它们是两个相互独立的对象，各有自己的边界框，如图4.24（a）所示。

将两条线使用挤出修改器挤出后的结果如图4.24（b）所示。

选定两个对象，在其上右单击，选择转换为可编辑样条线命令将其转换成可编辑的样条线。

选定其中一个对象。选择修改命令面板，在几何图形卷展栏中选择附加按钮，单击另一个对象，这时两个对象就合成了一个图形对象。附加后的两条线都被包围在一个边界框中，如图4.24（c）所示。

将附加后的图形挤出，所得结果如图4.24（d）所示。

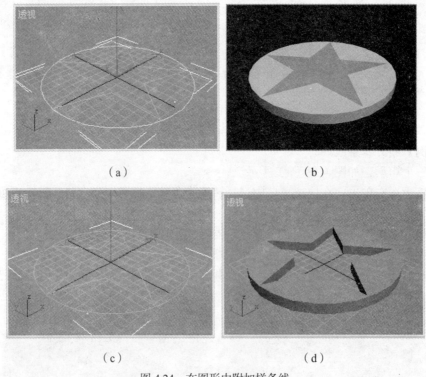

图4.24 在图形中附加样条线

Attach Multiple（附加多个）：单击该按钮后，会弹出一个附加多个对话框，通过对话框，可以选择要附加到当前图形中去的多个对象。

Reorient（重定向）：若选择该复选框，则附加到当前对象上的样条线的局部坐标会与当前对象的局部坐标对齐。

Cross Section（横截面）：选择该按钮，在由多条样条线组成的图形对象中，单击任意一条样条线，拖动鼠标到另一条样条线上再单击，就会以两条样条线对象为基础，形成一个横截面对象（网状结构）。在放样中，这样得到的图形只能作横截面，不能作路径。

【实例】制作蜘蛛网和蜘蛛

在前视图中画一条样条线，曲线上点尽量分布均匀。如图4.25（a）所示。

将曲线转换成可编辑样条线。

将轴心点移到曲线左端。每隔 36°旋转复制一条曲线。如图 4.25（b）所示。

选定所有曲线，将其转换为可编辑样条线。

选择附加按钮将 10 条曲线附加成一个图形。

选择横截面按钮逐次单击各条曲线就创建出一个横截面图形。如图 4.25（c）所示。

选择修改命令面板，在修改器堆栈中选择顶点子层级，选择经线末端的点顺着经线方向移动，做成固定蜘蛛网的蜘蛛丝，如图 4.25（d）所示。

给蜘蛛网赋标准材质，自发光颜色和漫反射颜色均设置为白色。

选择修改命令面板，在渲染卷展栏中勾选在渲染中启用和在视口中启用两个复选框，渲染输出的蜘蛛网如图 4.25（e）所示。

创建一只简易蜘蛛。

打开自动关键帧按钮，边移动蜘蛛边在 Z 轴方向缩放蜘蛛网。渲染输出动画。播放动画时截取的一幅画面如图 4.25（f）所示。

图 4.25 创建蜘蛛网和蜘蛛

Refine（优化）按钮：只有在修改器堆栈中选择点或线段子对象才能激活该按钮。选择该按钮，单击当前样条线上任意一点，可以在单击处增加一个节点。

Automatic（自动焊接）：若勾选了该复选框，将当前曲线的一个端点，拖到另一个端点指定阈值范围内时，两个端点就自动焊接在一起。

Threshold Dist（距离阈值）：两个节点焊接时，只要相互间距离不超过该值，就可焊接在一起。

Weld（焊接）：单击该按钮，可以将同一条样条线上，在指定阈值距离内，选定的多个相邻节点，焊接成一个节点。也可以将同一图形中，两条不同样条线的端点焊接在一起。焊接在一起的节点不能再分开。

【实例】通过焊接将曲线连接在一起——创建一根链条

创建一个圆和一个矩形，将圆和矩形都转换为可编辑样条线。

选择圆，展开修改器堆栈，选择顶点子层级，选定圆的四个顶点，单击几何图形卷展栏中的断开按钮，将四个点断开。

用同样操作断开矩形的四个顶点。

在修改器堆栈中选择线段子层级，将线段移开，如图 4.26（a）所示。

在修改器堆栈中选择线段子层级，分别删除圆和矩形中相对的一对边。剩余结果如图 4.26（b）所示。

移动、旋转和缩放圆，使圆的两条边刚好置于矩形的两端，如图 4.26（c）所示。

使用附加按钮，将圆和矩形附加成一个图形。

在修改器堆栈中选择顶点子层级，选定四个角上的四对顶点，在几何图形卷展栏中将焊接域值设置为 10，单击焊接按钮，四对顶点都各自焊接到了一起。

选择修改命令面板，在渲染卷展栏中选择在渲染中启用和在视口中启用两个复选框，设置厚度为 5，就得到了链条的一环。

复制 20 环，得到的链条如图 4.26（d）所示。

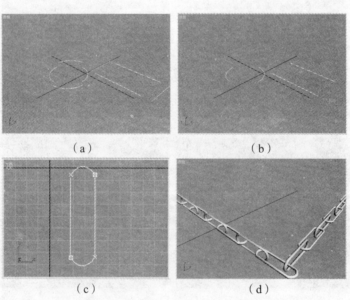

图 4.26　通过焊接将曲线连接在一起——创建一根链条

Insert（插入）按钮：选择该按钮，单击曲线上任意一点，拖动鼠标，就能在曲线上插入一个点。连续单击并拖动能插入多个点，右单击结束。

【实例】在样条线中插入节点和线段

创建一条任意样条线，对准它右单击，在快捷菜单中选择转换为可编辑样条线命令，将其转换成样条线。如图 4.27（a）所示。

选择修改命令面板，在修改器堆栈中选择节点子层级。

在几何体卷展栏中选择插入按钮，在曲线上单击并移动就能插入节点。如图 4.27（b）所示。

插入线段的操作与插入节点的操作相似。

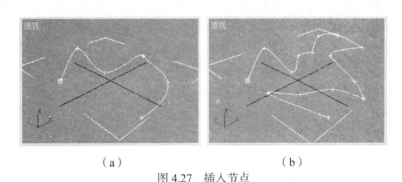

（a）　　　　　　　　　　　（b）

图 4.27　插入节点

Connect（连接）按钮：插入按钮左边的这个连接按钮，只有在选择节点次级对象时才被激活。选择该按钮，将鼠标从不封闭样条线的一个始端点或末端点，拖到同一图形中，任意一条样条线的任意一个始端点或末端点，两个端点间就会有一条直线连接起来。

【实例】使用连接按钮连接样条线的顶点

在顶视图中创建一条直线和两个圆，并使两个圆的圆心和直线尽量在一条轴线上。如图 4.28（a）所示。

将两个圆和直线都转换为可编辑样条线，将两个圆和直线附加成一个图形。展开修改器堆栈中可编辑样条线，选择顶点子层级。选择圆上正对直线的点，在几何图形卷展栏中选择断开按钮将顶点断开。

选择顶点子层级，选择连接按钮，将圆的断开点拖到直线的对应端点放开就能将圆上的一点与直线上一点连接在一起，如图 4.28（b）所示。

打开层次命令面板，选择仅影响轴按钮，将轴心点移到直线中间，如图 4.28（c）所示。

选择创建命令面板，创建绕 Z 轴旋转的动画。

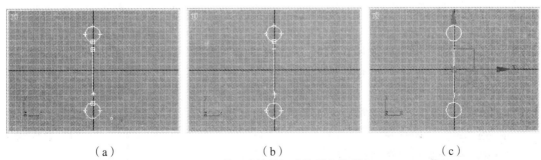

（a）　　　　　　　　（b）　　　　　　　　（c）

图 4.28　使用连接按钮连接样条线顶点

Make First（设为首顶点）按钮：在修改堆栈中选择节点子层级，在闭合曲线上选择任意一个节点，在非闭合曲线上只能选择任意一个端点，单击该按钮，被选定的节点就会变为首节点。首节点标记为 田，非首节点标记为 十。当样条线作路径用时，首节点为路径的起始点。如路径动画中的路径，放样中的路径等。

Fuse（融合）按钮：单击该按钮，所有选定的节点会聚积到中间位置的一个节点处。通过移动，可以将这些节点分开。

Reverse（反转）按钮：单击该按钮，选定曲线的方向就会反过来。当曲线作为运动路径时，运动对象的运动方向就会反过来。

【实例】通过改变曲线方向使路径约束动画反向，通过设为首顶点，改变路径约束动画的起始点

创建一个五角星形和一个球体，如图 4.29（a）所示。

对球体创建路径约束动画，这时球体被约束在五角星形上，如图 4.29（b）所示。播放动画，可以看到球体沿五角星形逆时针运动。

选定五角星形，对准它右单击，选择转换为可编辑样条线命令，将其转换为可编辑样条线。

打开修改命令面板，单击几何图形卷展栏中的反转按钮。播放动画，这时可以看到球体沿顺时针方向运动。

在修改器堆栈中选择顶点子层级，在五角星形上任意选择一个顶点，单击设为首顶点按钮，重新播放动画，可以看到球体运动的起始位置换到了指定的顶点。

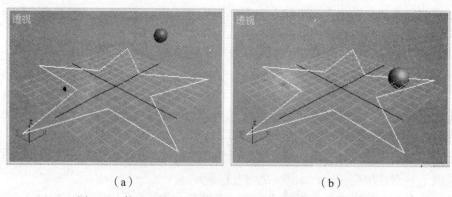

（a）　　　　　　　　　　　　　（b）

图 4.29　使用反转与设为首顶点按钮改变曲线方向和起始点

Cycle（循环）按钮：单击该按钮一次，曲线上选定的节点，就会沿曲线方向，向前移动一个节点。

Cross Insert（在交叉处插入节点）按钮：选择节点子对象，选定该按钮，在同一图形对象中的两条样条线，离交叉处不超过指定阈值的范围内单击，两条样条线的交叉处都会增加一个节点，增加的两个节点并不相连。

Outline（轮廓）按钮：选择样条线子对象，就会激活该按钮。选择该按钮，拖动样条线，或在轮廓数码框中输入一个数值并按回车，就会产生样条线的轮廓线。产生的轮廓线和源曲线属同一图形。

【实例】使用轮廓按钮制作图形

创建一条样条线，如图 4.30（a）所示。

第一次使用轮廓按钮，在轮廓数码框中输入一个正值，不仅产生一条外轮廓线，而且轮廓线和源曲线自动连接成闭合图形，如图 4.30（b）所示。第二次使用轮廓按钮，并在轮廓数码框中输入一个负值，这时产生一条内轮廓线，如图 4.30（c）所示。

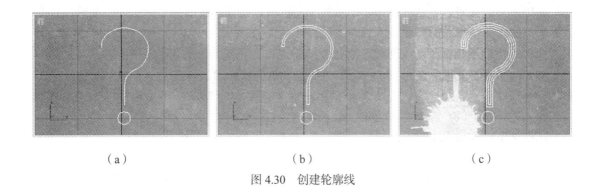

（a）　　　　　　　　　　（b）　　　　　　　　　　（c）

图 4.30　创建轮廓线

【实例】创建一个古钱币

创建一个圆：半径为 60，步数为 50。将圆转换成可编辑样条线。

移动复制一个圆。

在第一个圆中创建一个正方形，边长为 20。将正方形转换成可编辑样条线，并将正方形附加到圆上。

轮廓第二个圆，轮廓值为 6。在圆中创建乾隆通宝 4 个字。将 4 个字转换成可编辑样条线，并将所有字附加到圆上。

所得两个图形如图 4.31（a）所示。

挤出两个图形，并将两个图形对齐。渲染后结果如图 4.31（b）所示。

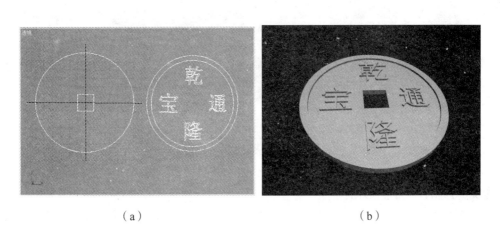

（a）　　　　　　　　　　　　（b）

图 4.31　创建一个古钱币

Boolean（布尔运算）按钮：将一个图形对象中的两条样条线合成为一条样条线。如果两条样条线不属于同一图形，在进行布尔运算之前，要通过附加操作将两条样条线合并成一个图形。在修改堆栈中选择样条线子对象，就会激活布尔运算按钮。选定其中的一条样条线，挑选一种运算方法，单击布尔运算按钮，单击另一条样条线，两条样条线就会合成为一条线。

Union（并集）运算：合并两条样条线，移去公共部分。

Subtraction（差集）运算：其结果为两条线之差。

Intersection（交集）运算：其结果为两条线的重叠部分。

【实例】布尔运算

采用不勾选开始新图形，创建一个圆和一个矩形，这样创建的曲线属于同一图形，这个图形为可编辑样条线。如图 4.32（a）所示。

选择修改命令面板，在修改器堆栈中选择样条线子层级，选定其中一条曲线。

在几何图形卷展栏中选择布尔按钮，选择右侧的并集运算，单击另一条曲线，得图 4.32（b）。

和上述操作类似，选择差集运算，得图 4.32（c）。

选择交集运算得图 4.32（d）。

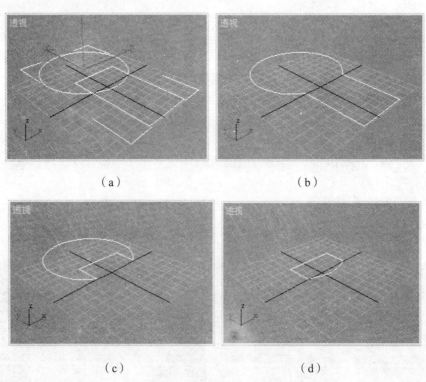

（a）　　　　　　　　　　　　（b）

（c）　　　　　　　　　　　　（d）

图 4.32　样条线的布尔运算

【实例】制作一个圆形门框

不勾选开始新图形，创建一个圆和一个矩形。如图 4.33（a）所示。

选择修改命令面板，在修改器堆栈中展开可编辑样条线，选择样条线子层级。

选定其中一条曲线。在几何图形卷展栏中选择布尔按钮，选择右侧的并集运算，单击另一条曲线，所得结果如图 4.33（b）所示。

打开修改命令面板，在几何图形卷展栏中的轮廓数码框中输入 6，单击轮廓按钮，所得结果如图 4.33（c）所示。

选择挤出修改器，设置挤出数量为10。渲染后的结果如图4.33（d）所示。

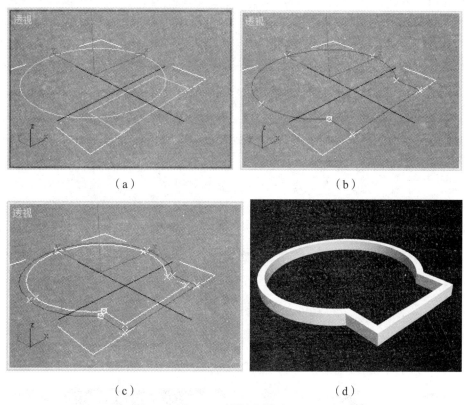

图4.33　制作圆形门框

Mirror（镜像）按钮：在修改器堆栈中选择样条线子层级，选定要镜像的对象和要镜像的方向，单击镜像按钮，就能产生一个源对象的镜像对象。注意：要镜像的对象必须是可编辑样条线。与镜像有关的还有右侧三个镜像方向选择按钮和下方的两个复选框。如图4.34所示。

图4.34　与镜像有关的按钮和复选框

Copy（复制）复选框：若在镜像前不勾选该复选框，则只将源对象镜像，但不复制。

About Pivot（以轴点为中心）复选框：若勾选该复选框，则镜像以轴心点为中心。若不勾选该复选框，则依据几何中心镜像。

【实例】通过镜像创建一个古式窗户

创建一个矩形做窗框，矩形的长度和宽度均设置为140。

在窗框的左上角区域内画出窗户的窗格线。将所有窗格线转换成可编辑样条线，并将所有窗格线附加成一个图形。如图4.35（a）所示。

在修改器堆栈中选择 Line 的样条线子层级。

选定窗格图形,在修改命令面板的几何图形卷展栏中,选择水平镜像按钮,勾选复制和以轴为中心两个复选框,单击镜像按钮,就在水平方向镜像复制出一个图形。如图 4.35(b)所示。

选定窗户上半部分的图形。选择垂直镜像按钮,用镜像复制出另一半窗格。如图 4.35(c)所示。

选定所有窗格线,在渲染卷展栏中勾选在渲染中启用复选框,选择径向选项,设置厚度为 3。

选定窗框,在渲染卷展栏中勾选在渲染中启用复选框,选择矩形选项,设置长度为 12,宽度为 6。渲染后的结果如图 4.35(d)所示。

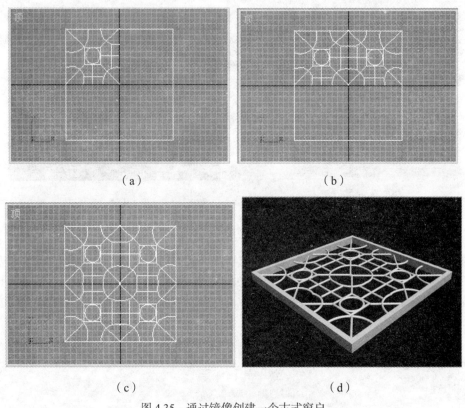

图 4.35 通过镜像创建一个古式窗户

Trim(修剪)按钮:选择该按钮,单击样条线上的相交点,能剪除曲线上部分线段。

Extend(延展)按钮:选择该按钮,单击样条线上任意一个端点,会直线延长线段,直到与曲线相交。若不可能有交点,则不会延展。

Copy(复制):复制当前节点的切线手柄属性(如斜率)。

Paste(粘贴):将复制的切线手柄属性粘贴到其他手柄上。

Hide(隐藏)按钮:隐藏选定的子对象。

Unhide All(取消所有隐藏)按钮:取消所有子对象的隐藏。

Bind(绑定)按钮:拖动样条线的一个始端点或末端点,可以将其绑定到同一图形中任意一段线段中点。绑定处增加一个节点。绑定点并未连接在一起，因此，绑定而成的闭合曲线并不是真正的闭合曲线。

Unbind（取消绑定）：绑定节点被取消。端点恢复自由。

Delete（删除）按钮：删除选定的子对象。

Close（闭合）按钮：选择修改堆栈中的样条线子对象，激活该按钮。单击该按钮，程序自动在样条线的两个端点之间加入一条线段，使其变为闭合曲线。

Divide（细分）按钮：选择修改堆栈中的线段子层级，就会激活细分按钮。选定要细分的线段，指定分段数，单击该按钮，就能将选定线段细分。

【实例】细分线段

创建一个矩形。对准它右单击，在快捷菜单中选择转换为可编辑样条线命令。

选择修改命令面板，在修改器堆栈中选择线段子层级。可以看到矩形由 4 个节点，4 段线段组成，如图 4.36（a）所示。

选择修改命令面板，在修改器堆栈中选择线段子层级，在矩形上选定要细分的两条边。

选择几何图形卷展栏，在 Divide（细分）对应数码框中输入 5，单击 Divide（细分）按钮，可看到选定的线段都被分成 5 等份，如图 4.36（b）所示。

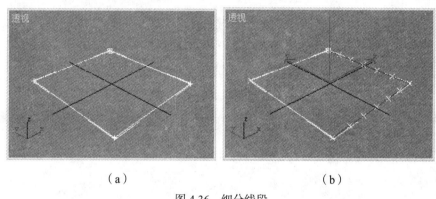

（a） （b）

图 4.36 细分线段

Detach（分离）按钮：将选定的线段从样条线中分离。也可将选定的样条线从图形中分离。分离按钮的右侧有三个复选框。线段分离后可以原地不动，也可重定向。还可分离选定线段的复制品。

【实例】通过分离样条线创建拼字动画

3ds max 中创建的一条文本，不管有多少个字符，都属于同一个图形对象。只有通过分离操作，才能将文本中的各个字符和一个字符中的各个笔画分开。本实例要创建的动画是先将"实话实说"几个字分开，经过一段动画，再将它们拼接起来。

创建"实话实说"4 个汉字，并将其转换为可编辑样条线，如图 4.37（a）所示。

在修改器堆栈中选择样条线子层级。选定所有汉字（选定汉字的笔画会变成红色）。单击分离按钮，就会将 5 个汉字分离开来。

选定单个汉字，在修改器堆栈中选择线段子层级。单击分离按钮，就会将这个字从文本中分离成一个独立的图形，如图 4.37（b）所示。

选定一个汉字，在修改器堆栈中选择线段子层级。单击分离按钮，就会将这个字的所有笔画分开。选定这个字的部分笔画,在修改器堆栈中选择线段子层级,单击分离按钮,就会将这个笔画分离成独立的图形。如图4.37(c)所示。

选定各个笔画,在修改器堆栈中选择线段子层级,在修改面板的几何图形卷展栏中,勾选自动焊接复选框,设置阈值距离为60。使用挤出修改器,将所有笔画挤出成立体对象。如图4.37(d)所示。

打开自动关键帧按钮,创建笔画的移动、旋转、缩放动画。在动画的最后时间段,将笔画拼回原来的汉字。

由于删除某些笔画,造成了有的曲线不封闭,如图4.37(e)所示。

在修改器堆栈中选择顶点子层级。勾选自动焊接复选框,将阈值距离设置为50。选定主工具栏中的移动按钮,将未封闭处的一个顶点拖到另一个顶点,两个顶点就会自动焊接在一起,挤出成立体字,如图4.37(f)所示。

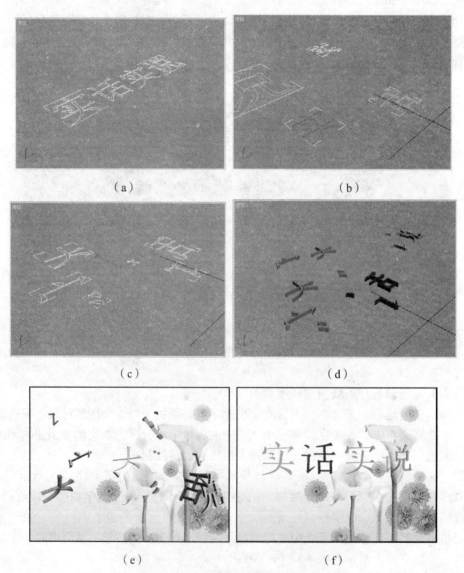

图4.37 通过分离样条线创建拼字动画

Explode(炸开)按钮:单击该按钮,可以将选定样条线的各线段炸开成独立的样条线。

【实例】炸开圆制作一片叶片

创建一个圆。如图 4.38(a)所示。

对准圆右单击,选择转换为可编辑样条线命令将其转换成可编辑样条线。

选择修改命令面板,在修改器堆栈中展开可编辑样条线,选择样条线子层级。

选定圆,单击几何图形卷展栏中的炸开按钮将其炸开。将线段移开后的图形如图 4.38(b)所示。

将其中两条线段组成一个单叶片形。删除另外两条线段。如图 4.38(c)所示。

在修改器堆栈中选择顶点子层级,选择每端的两个顶点,使用几何图形卷展栏中的焊接按钮将每端顶点焊接在一起,就得到了一片单叶。

复制两片单叶片,将一片绕 Z 轴旋转 90°,另外一片旋转 –90°,重新排列后就得到了一片复叶片。选择挤出修改器挤出 0.01,得到的叶片如图 4.38(d)所示。

可以通过曲线制作一个叶柄。

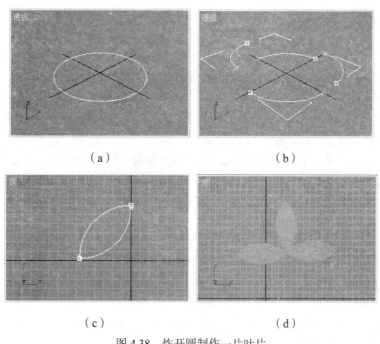

图 4.38 炸开圆制作一片叶片

ID(设置材质 ID 号):为选定的线段或样条线设置材质 ID 号。ID 号总数为 65535 个。

Select by ID(按材质 ID 号选择):在该按钮对应的数码框中输入材质号,单击该按钮,就能选定该材质号的线段或样条线。

4.5 创建和修改 NURBS Curves(NURBS 曲线)

NURBS 曲线包括 Point Curve(点曲线)和 CV Curve(可控点曲线)。点曲线的可控点都在曲线上。选定点曲线,选择修改命令面板,在修改器堆栈中选择点子层级,就可以看到控制点。如图 4.39（a）所示。可控点曲线的可控点不在曲线上。选定可控点曲线，选择修改命令面板，在修改器堆栈中选择曲线 CV 子层级，就会显示出控制曲线和控制点，如图 4.39（b）所示，白色曲线是可控点曲线中的曲线，黄色折线是可控点曲线中的控制线。

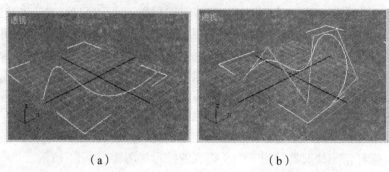

（a） （b）

图 4.39 点曲线与可控点曲线

4.5.1 创建 NURBS 曲线

选择创建命令面板下的 Shapes（图形）子面板，在图形列表框中选择 NURBS Curves（NURBS 曲线），就会切换到 NURBS 曲线创建面板。在对象类型卷展栏中，只有点曲线和可控点曲线两种选择。

Draw In All Viewports（在所有视口中绘制）复选框：该复选框在创建点曲线和创建 CV 曲线卷展栏中。若勾选该复选框（默认为勾选），可以在一个视图中创建一段曲线后，再转到另一个视图中继续创建，直至创建结束。这样做的好处是能方便地创建需要的三维 NURBS 曲线。

【实例】选择在所有视口中绘制复选框创建一只蝌蚪

蝌蚪的图片如图 4.40（a）所示。

在类型卷展栏中选择点曲线按钮，在创建点曲线卷展栏中勾选在所有视口中绘制复选框，在顶视图中画出蝌蚪左侧的纵向轮廓线。选择修改命令面板，在 NURBS 工具箱中选择创建镜像曲线按钮，在镜像卷展栏中选择 Y 轴为镜像轴，指向曲线后拖动产生一条镜像曲线。如图 4.40（b）所示。

在顶视图中以蝌蚪右轮廓线为起始位置画出一条蝌蚪横向轮廓线的起始点，在前视图中画出横向轮廓线的高度，再回到顶视图并在蝌蚪左轮廓线上画出横向轮廓线的终止点。类似地画出其他横向轮廓线。在顶视图中的效果如图 4.40（c）所示。在透视图中的效果如图 4.40（d）所示。

复制一组横向轮廓线，并将高度适当缩小。所得结果如图 4.40（e）所示。

对轮廓线创建 UV 放样曲面。创建两个球体做蝌蚪眼睛。所得结果如图 4.40（f）所示。

给两只眼睛赋标准材质，自发光颜色和漫反射颜色均设置为黑色，不透明度设置为 100。给蝌蚪躯干赋标准材质，自发光颜色和漫反射颜色均设置为较黑的黑色，不透明度设置为 30。渲染后的效果如图 4.40（g）所示。

顺着蝌蚪躯干创建 20 块骨骼。选择蒙皮修改器给骨骼蒙皮。创建蝌蚪尾部摆动和整个躯干向前移动的动画。图 4.40（h）是播放动画时截取的一幅画面。

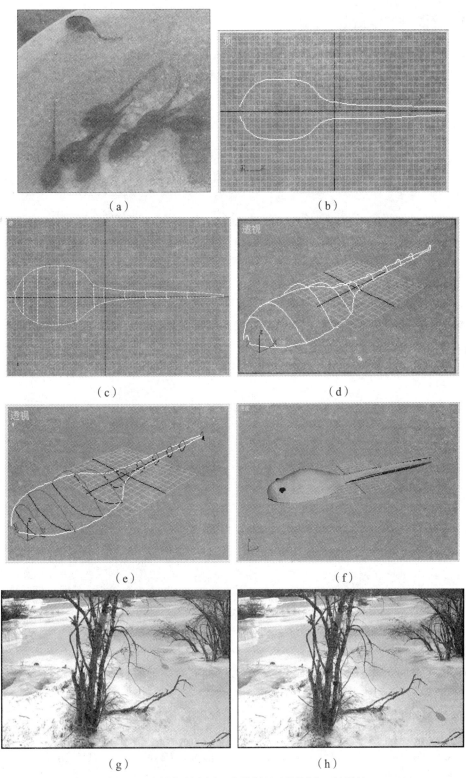

图 4.40　选择在所有视口中绘制复选框创建一只蝌蚪

4.5.2 修改 NURBS 曲线

NURBS 曲线的子层级有：Curve CV（曲线可控点）、Point（点）、Curve（曲线）和 Import（导入）。如图 4.41 所示。

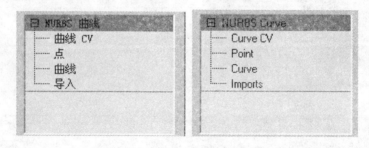

图 4.41　NURBS 曲线及其子层级

选定 NURBS 曲线，选择修改命令面板，就可以对选择曲线及其子对象进行修改。

修改 NURBS 曲线的卷展栏有：Rendering（渲染）、General（常规）、Curve Approximation（曲线近似）、Create Points（创建点）、Create Curves（创建曲线）、Create Surfaces（创建曲面）、Curve-Curve Intersection（曲线-曲线相交）。如图 4.42 所示。

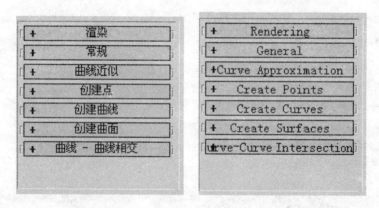

图 4.42　修改 NURBS 曲线的卷展栏

General（常规）卷展栏，如图 4.43 所示。

Attach（附加）：将当前视图中的点、曲线、曲面对象附加到当前 NURBS 对象中，使其成为目标对象的附属对象。

Attach Multiple（附加多个）：选择该按钮会弹出 Attach Multiple（附加多个）对话框，通过对话框，可同时选择多个对象加入当前 NURBS 对象中，使其成为目标对象的附属对象。

Import（导入）：将当前视图中的点、曲线、曲面对象导入当前 NURBS 对象中，使其成为目标对象的子对象。

Import Multiple（导入多个）：选择该按钮会弹出 Import Multiple（导入多个）对话框，通过对话框，可同时选择多个对象导入当前 NURBS 对象中，使其成为目标对象的子对象。

Reorie（重定向）：若勾选该复选框，则附加或导入对象的局部坐标与目标对象的局部坐标对齐。

在显示选择区有三个复选项：

Lattice（网格）：若不勾选该复选框，则不显示网格。

Curves（曲线）：若不勾选该复选框，则不显示曲线。

Dependent（附属对象）：若不勾选该复选框，则不显示附属对象。

当前对象类型越多，显示区的选项也越多。

常规卷展栏中的一个绿色背景按钮为 NURBS Creation Toolbox（NURBS 创建工具箱）按钮，NURBS 创建工具箱可以用来创建 NURBS 点、曲线和曲面。它的功能和 Create Points（创建点）、Create Curves（创建曲线）和 Create Surfaces（创建曲面）三个卷展栏的功能相同。下面介绍 NURBS 工具箱的使用。

 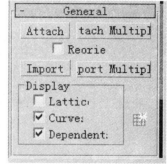

图 4.43　General（常规）卷展栏

【实例】制作一个中国结

在顶视图中创建三条封闭的 NURBS 曲线。如图 4.44（a）所示。

单击工具菜单，选择变换输入命令打开变换输入对话框。选择移动按钮。打开修改命令面板，在修改器堆栈中选择顶点子层级。相继选择不同交叉点处的点，使用变换输入对话框中的 Z 偏移，沿 Z 轴向上或向下移动 1 个单位，使交叉点处出现编织效果。如图 4.44（b）所示。

打开修改命令面板，在渲染卷展栏中，勾选在渲染中启用复选框。选择矩形选项，设置长度为 1，宽度为 20。三条曲线全设置成红色。渲染后的结果如图 4.44（c）所示。

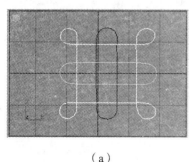  

　　　（a）　　　　　　　　　　　　（b）　　　　　　　　　　　　（c）

图 4.44　制作中国结

4.5.3 NURBS Creation Toolbox（NURBS 创建工具箱）

选定一个 NURBS 对象，选择修改命令面板，这时会自动弹出 NURBS 创建工具箱。如果没有弹出 NURBS 创建工具箱，可以单击常规卷展栏中的 NURBS 创建工具箱按钮。NURBS 创建工具箱按钮是一个开关按钮。NURBS 创建工具箱如图 4.45 所示。

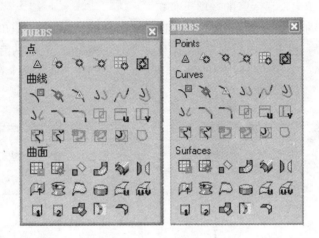

图 4.45　NURBS 创建工具箱

1. 创建点

利用创建点按钮，可以创建独立的点，也可在曲线和曲面上创建点。

2. 创建曲线

Create Point Curve（创建点曲线）：选择该按钮，拖动鼠标，可以创建点曲线。

Create CV Curve（创建 CV 曲线）：选择该按钮，可以拖动鼠标，创建 CV 曲线。

Create Fit Curve（创建拟合曲线）按钮：在同一图形中创建一条或多条曲线。选择该按钮，对准一个角点单击，拖动鼠标到另一个角点单击，可以在两个点之间创建一条曲线。

Create Transform Curve（创建变换曲线）：创建一条曲线，选择该按钮，当鼠标指向曲线后，按住左键不放拖动鼠标，就能在目标位置复制出一条曲线。

【实例】创建变换曲线

在透视图中创建一条 NURBS 曲线，如图 4.46（a）所示。

将曲线绕 Y 轴旋转 90°。沿 X 轴移动复制一条曲线，用这条曲线做沿路径约束动画的约束路径。如图 4.46（b）所示。

展开修改命令面板，打开 NURBS 工具箱，选择创建变换曲线按钮创建一条变换曲线。如图 4.46（c）所示。

在 NURBS 工具箱在选择创建混合曲面按钮，从一条曲线拖到另一条曲线就创建了一个混合曲面。如图 4.46（d）所示。

将复制的曲线沿 X 轴移到曲面的中间。

创建一个人，创建一个切角长方体，将人链接到切角长方体上，切角长方体为父对象。移动人的手臂和腿使人做出滑滑板的姿势。如图 4.46（e）所示。

对切角长方体创建沿路的径约束动画。打开自动关键帧按钮，沿路径调整滑板的角度，使滑板始终保持与曲面平行。播放动画可以看到人在做滑板运动。截取的第 50 帧如图 4.46

（f）所示。截取的第 60 帧如图 4.46（g）所示。

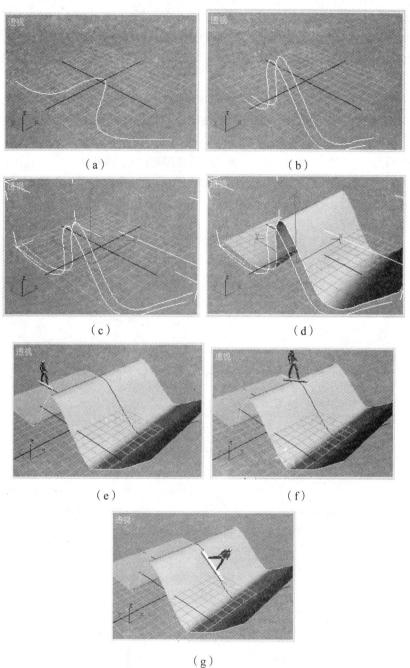

图 4.46　创建变换曲线

　　Create Blend Curve（创建混合曲线）：在一个图形中创建多条曲线。选择该按钮，对准一条曲线单击，拖动鼠标至另一曲线后再单击，就能在两条曲线端点之间创建一条曲线。
　　Create Offset Curve（创建偏移曲线）：创建一条曲线。选择该按钮，当鼠标指向曲线后，按住左键不放拖动鼠标，就能创建一条曲线。

Create Mirror Curve（创建镜像曲线）：创建一条曲线。选择该按钮，在修改命令面板中选择镜像轴和偏移量，单击曲线上任意一点，就能镜像出一条指定的曲线。

【实例】使用创建镜像曲线按钮创建一个梅花形图案

选择创建命令面板中的图形子面板。选择样条线中的弧按钮，在顶视图中创建一条弧线，弧的参数为：X 坐标为 50，Y 坐标为 50，半径为 50，从 270°~180°。创建的弧线如图 4.47（a）所示。

对准创建的弧线右单击，选择转换为 NURBS 命令将弧线转换为 NURBS 曲线。

在 NURBS 工具箱中选择创建镜像曲线按钮，在镜像曲线卷展栏中选择镜像轴为 X，拖动原曲线创建一条镜像曲线。如图 4.47（b）所示。

先后选定已创建好的两条弧线，在 NURBS 工具箱中选择创建镜像曲线按钮，在镜像曲线卷展栏中选择镜像轴为 Y，拖动已创建的曲线就可以创建另外两条曲线。创建的两条曲线分别如图 4.47（c）和图 4.47（d）所示。

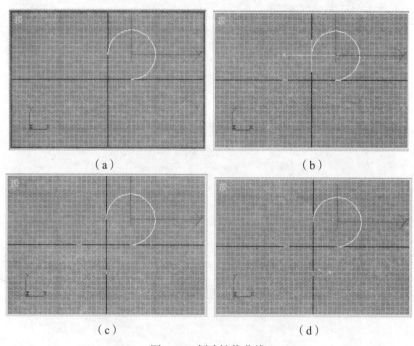

图 4.47　创建镜像曲线

Create U Iso Curve（创建 U 向等参曲线）：创建一个曲面。选择该按钮，在曲面上单击，就能沿曲面创建一条 U 向等参曲线。若勾选面板中的剪切复选框，则可将等参曲线一侧的曲面剪切掉。若同时勾选剪切复选框和翻转剪切复选框，则会剪切掉等参曲线另一侧的曲面。

【实例】创建 U 向等参曲线并剪切

创建一条 NURBS 曲线。

选择修改命令面板，这时会弹出 NURBS 工具箱。

在工具箱中选择创建挤出曲面按钮，指向曲线并拖动产生一个曲面。如图 4.48（a）所示。

在 NURBS 工具箱中选择 Create U Iso Curve（创建 U 向等参曲线）按钮，指向曲面时，就会自动产生一条 U 向等参曲线，拖动鼠标，等参曲线也随着移动，单击就能确定等参曲线的位置。

在修改命令面板的等参曲线卷展栏中，勾选剪切复选框，等参曲线一侧的曲面就被剪掉。如图 4.48（b）所示。

在修改命令面板的等参曲线卷展栏中，同时勾选剪切复选框和翻转剪切复选框，等参曲线另一侧的曲面就被剪掉。如图 4.48（c）所示。

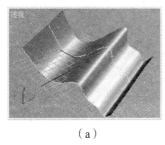  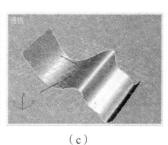

（a）　　　　　　　　　　　（b）　　　　　　　　　　　（c）

图 4.48　创建 U 向等参曲线并剪切

　　Create V Iso Curve（创建 V 向等参曲线）：创建一个任意曲面。选择该按钮，在曲面上单击，就能沿曲面创建一条 V 向等参曲线。若勾选面板中的剪切复选框，则可将等参曲线一侧的曲面剪切掉。若同时勾选剪切复选框和翻转剪切复选框，则会剪切掉等参曲线另一侧的曲面。

　　Create Point Curve on Surface（创建曲面上的点曲线）：创建一个任意曲面。选择该按钮，在曲面上重复单击并拖动，就能沿曲面创建一条曲线。若创建的是一条封闭曲线，勾选修改命令面板中的剪切复选框，就可将封闭曲线内的曲面剪切掉。若同时勾选剪切复选框和翻转剪切复选框，则会剪切掉曲线外侧的曲面。

【实例】创建曲面上的点曲线并剪切

创建一条 NURBS 曲线。

选择修改命令面板，这时会弹出 NURBS 工具箱。

在工具箱中选择创建挤出曲面按钮，指向曲线并拖动产生一个曲面。如图 4.49（a）所示。

选择　Create Point Curve on Surface（创建曲面上的点曲线）按钮，在曲面上反复单击并拖动创建一条封闭曲线。

在修改命令面板曲面上的点曲线卷展栏中，勾选剪切复选框，封闭曲线包围的曲面部分就被剪掉。如图 4.49（b）所示。

同时勾选剪切复选框和翻转剪切复选框，封闭曲线的外围部分被剪掉，如图 4.49（c）所示。

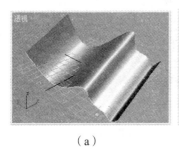 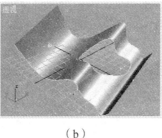 

（a）　　　　　　　　　　　（b）　　　　　　　　　　　（c）

图 4.49　创建曲面上的点曲线并剪切

Create CV Curve on Surface（创建曲面上的 CV 曲线）：创建一个任意曲面。选择该按钮，在曲面上重复单击并拖动，就能沿曲面创建一条曲线。若创建的是一条封闭曲线，勾选面板中的剪切复选框，就可将封闭曲线内的曲面剪切掉。若同时勾选剪切复选框和翻转剪切复选框，则会剪切掉曲线另一侧的曲面。

3. 创建曲面

Create CV Surface（创建 CV 曲面）按钮：选择该按钮，在视图中拖动，就能创建一个可控曲面。

Create Point Surface（创建点曲面）按钮：选择该按钮，在视图中拖动，就能创建一点曲面。

使用创建命令面板中的创建 NURBS 曲面命令，也可创建点曲面和 CV 曲面。

Create Lathe Surface（创建车削曲面）按钮：创建一条曲线，选择工具箱中创建旋转曲面按钮，在命令面板中选择旋转方向，输入旋转角度后，单击曲线上任意一点，就能创建出一个旋转曲面。用这种方法创建的旋转曲面，是绕曲线边界盒的一侧边缘旋转。选择的轴向不同，作旋转轴的边界盒的边也不同。

【实例】使用车削创建旋转曲面——高脚酒杯

在左视图中创建一条高脚酒杯的半边轮廓曲线。如图 4.50（a）所示。

选择修改命令面板，在 NURBS 工具箱中，选择 Create Lathe Surface（创建车削曲面）按钮，在修改命令面板的车削曲面卷展栏中，选择旋转轴为 Y 轴，旋转角度为 120°，单击场景中曲线，得到一个旋转曲面，如图 4.50（b）所示。

选择旋转轴为 Y 轴，旋转角度为 360°，得到一个高脚酒杯，如图 4.50（c）所示。

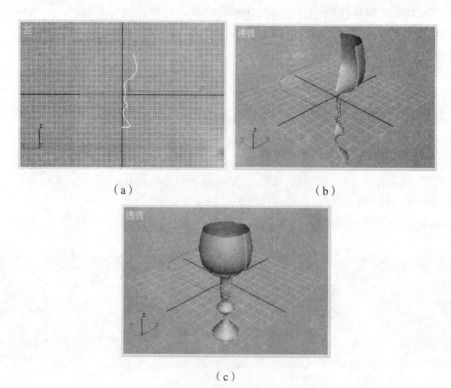

（a）　　　　　　　　　　（b）

（c）

图 4.50　使用车削创建旋转曲面——高脚酒杯

Create Transform Surface（创建变换曲面）按钮：选择该按钮，指向场景中曲面并拖动，就能复制出一个曲面，复制曲面和源曲面属于同一图形对象。

【实例】创建变换曲面

在左视图中创建一条 NURBS 曲线，选择修改命令面板，在 NURBS 工具箱中选择创建旋转曲面按钮，单击左视图中曲线，创建出一个高脚酒杯，如图 4.51（a）所示。

选定高脚酒杯，单击 NURBS 工具箱中 Create Transform Surface（创建变换曲面）按钮，指向酒杯后拖动就复制出一个酒杯，如图 4.51（b）所示。

（a）
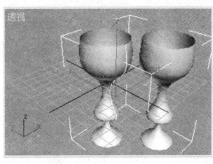
（b）

图 4.51　创建变换曲面

Create Blend Surface（创建混合曲面）按钮：

创建两条曲线（可控曲线或点曲线）或曲面，并将其合成（如：附加）一个对象。选择工具箱中创建混合曲面按钮，由一条曲线或曲面拖到另一曲线或曲面就能创建一个曲面。

【实例】使用创建混合曲面按钮创建勺子

创建一条 NURBS 曲线，如图 4.52（a）所示。

选择 NURBS 工具箱中创建镜像曲线按钮，单击并拖动鼠标产生一条镜像曲线。如图 4.52（b）所示。

创建一条控制勺肚下凹的曲线，并绕 Y 轴旋转 –40°。如图 4.52（c）所示。

将控制曲线镜像复制一条。把所有曲线附加成一个图形。如图 4.52（d）所示。

在工具箱中选择创建混合曲面按钮，按住鼠标左键从一条曲线拖到另一条曲线放开，得到一个曲面。在每两条曲线之间重复这个操作，就能得到一个勺子。

渲染结果如图 4.52（e）所示。

Create Offset Surface（创建偏移曲面）：创建一个曲面，选择该按钮，指向源曲面后拖动鼠标，或在修改命令面板中的偏移数码框内，输入偏移量后按回车，就能创建一个偏移曲面。

【实例】使用创建偏移曲面制作一个壶壁厚度不为零的咖啡壶

使用 NURBS 工具箱中创建车削曲面按钮，创建一个车削曲面，如图 4.53（a）所示。

在 NURBS 工具箱中，选择 Create Offset Surface（创建位移曲面）按钮，指向旋转曲面后拖动，得到一个偏移曲面，在修改面板中选择封口复选框。所得结果如图 4.53（b）所示。

选择编辑网格修改器，选择顶点子层级，拖动选定的顶点，做出壶嘴。如图 4.53（c）所示。

按照壶把的形状创建一条曲线，在渲染卷展栏中设置厚度为 5 制作出一个壶把。

制作的咖啡壶如图 4.53（d）所示。

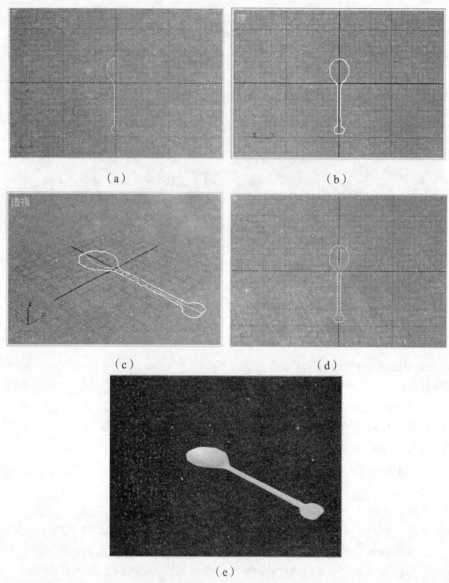

图 4.52　创建勺子

 Create Mirror Surface（创建镜像曲面）按钮：创建一个曲面。选择该按钮，拖动源曲面，就能创建一个镜像曲面。通过修改命令面板，可以选择镜像轴。

 Create Extrude Surface（创建挤出曲面）按钮：创建一条曲线。选择工具箱中创建拉伸曲面按钮，在命令面板中的数量数码框中输入拉伸的值或拖动鼠标拉伸，就能得到一个挤出曲面。

【实例】使用挤出曲面创建齿轮盘

选择创建命令面板，选择图形子面板，单击图形列表框展开按钮，在列表中选择样条线。在对象类型卷展栏中选择星形按钮，在参数卷展栏中设置点为 30。

图 4.53 创建咖啡壶

在场景中拖动,产生一个有 30 个角的星形。如图 4.54(a)所示。

对准样条线右单击,选择转换为 NURBS 曲线命令将其转换成 NURBS 曲线。

选定曲线,选择修改命令面板,在 NURBS 工具箱中选择 Create Extrude Surface (创建挤出曲面)按钮,指向曲线后拖动鼠标得一个挤出曲面。如图 4.54(b)所示。

选定曲线,选择修改命令面板,在 NURBS 工具箱中选择 Create Extrude Surface (创建拉伸曲面)按钮,在修改命令面板的挤出曲面卷展栏中,勾选封口复选框,指向曲线后拖动鼠标,得到一个封口挤出曲面。如图 4.54(c)所示。

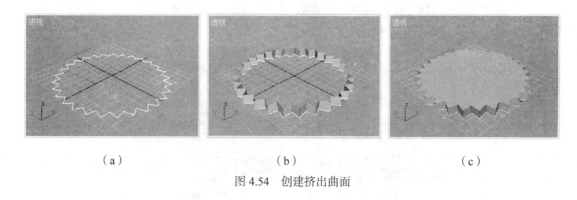

图 4.54 创建挤出曲面

Create Ruled Surface(创建规则曲面)按钮:创建两条曲线,不一定在一个图形中。选择创建规则曲面按钮。从一条曲线拖到另一条曲线,就能在两条曲线之间创建一个曲面。

【实例】使用创建规则曲面按钮创建一个大红灯笼

在前视图创建一条 NURBS 曲线。如图 4.55（a）所示。

将轴心点移到两个端点的连线上。

使用旋转复制的方法将该曲线绕 Z 轴复制 10 条，每两条间夹角为 36°，得到一个灯笼骨架。如图 4.55（b）所示。

将所有曲线转换为 NURBS 曲线，选择创建规则曲面按钮，依次从一条曲线拖到相邻曲线，就创建出一个大红灯笼。如图 4.55（c）所示。图中有意留有一个缺口。

创建两个切角圆柱体做灯笼的顶盖和底座。创建一个圆柱体做灯笼吊绳。创建多条曲线做灯笼穗子。对齐所有对象，就得到了一个完整的灯笼。如图 4.55（d）所示。

给大红灯笼赋标准材质。自发光颜色、漫反射颜色和高光反射颜色都设置为红色，不透明度设置为 80。复制一个灯笼，添加一个夜色背景，渲染输出结果如图 4.55（e）所示。

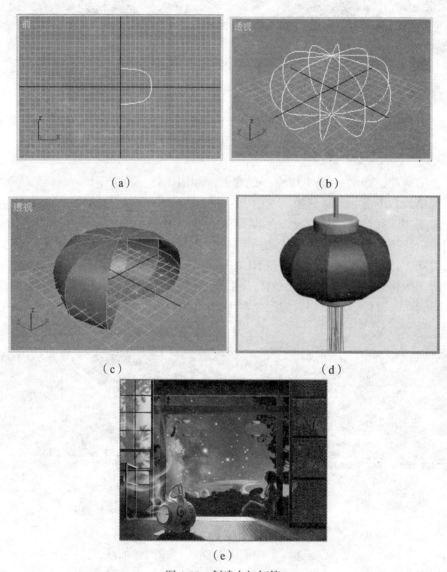

图 4.55 创建大红灯笼

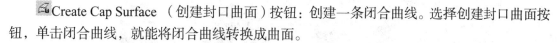

Create Cap Surface（创建封口曲面）按钮：创建一条闭合曲线。选择创建封口曲面按钮，单击闭合曲线，就能将闭合曲线转换成曲面。

【实例】使用创建封口曲面按钮创建蝴蝶

蝴蝶图像如图 4.56（a）所示。激活顶视图，选择视图菜单，选择视口背景命令，在视口背景对话框中，单击文件按钮，选择蝴蝶图像文件做视口背景，纵横比选择匹配位图选项，单击确定按钮，就给顶视图指定了一个视口背景。如图 4.56（b）所示。

沿着蝴蝶翅膀边缘画出封闭的 NURBS 曲线。

沿着翅膀内各颜色块边缘画出封闭的 NURBS 曲线。

先后选择各边缘曲线，选择 NURBS 工具箱中的创建封口曲面按钮创建出相应曲面。如图 4.56（c）所示。

将各颜色块沿 Z 轴正向移动 0.01 个单位，渲染结果如图 4.56（d）所示。

选定构成半边翅膀的所有封口曲面，将它们创建成一个组。

将半边翅膀的轴心点移到翅膀内侧边缘处。

镜像复制已制作好的两片翅膀。使用创建车削曲面按钮制作蝴蝶的躯体。在渲染卷展栏中勾选在渲染中启用和在视口中启用两个复选框，画两条点曲线做蝴蝶的触须，径向厚度设置为 1。创建的蝴蝶如图 4.56（e）所示。

创建蝴蝶向前飞行的动画，复制一个蝴蝶。渲染输出的一幅画面如图 4.56（f）所示。

Create U Loft Surface（创建 U 轴放样曲面）按钮：使用创建 U 轴放样曲面按钮，只需先创建不少于两条曲线作为放样截面，不论是否封闭，也无须路径，从一条曲线拖到另一条曲线后单击，便会放样出一个曲面。若创建了多个截面，连续重复操作，能得到横截面多变的曲面。

【实例】用 U 轴放样创建一架飞机

需要创建的飞机图像如图 4.57（a）所示。

在左视图中创建一个圆，并将这个圆转换成 NURBS 曲线。沿 X 轴向复制 8 个，3 个置于机身头部，4 个置于机身尾部。如图 4.57（b）所示。

调整机头和机尾处圆的大小和在 Z 轴方向的高低，将机尾末端的一个圆在 Z 方向缩小成椭圆，从前视图所看到的效果如图 4.57（c）所示。

打开 NURBS 工具箱，选择 U 放样按钮，从机头的第一个圆开始，逐个单击，得到的放样对象如图 4.57（d）所示。

在前视图中创建一个椭圆，沿 Y 轴方向复制 3 个，逐个缩小椭圆，所得结果如图 4.57（e）所示。

对椭圆进行 U 轴放样，得一片机翼，如图 4.57（f）所示。

镜像复制出另一片机翼。用机翼复制 3 片做尾舵。装配机身、机翼和尾舵就得到了一架飞机。如图 4.57（g）所示。

给飞机贴图。渲染输出的结果如图 4.57（h）所示。

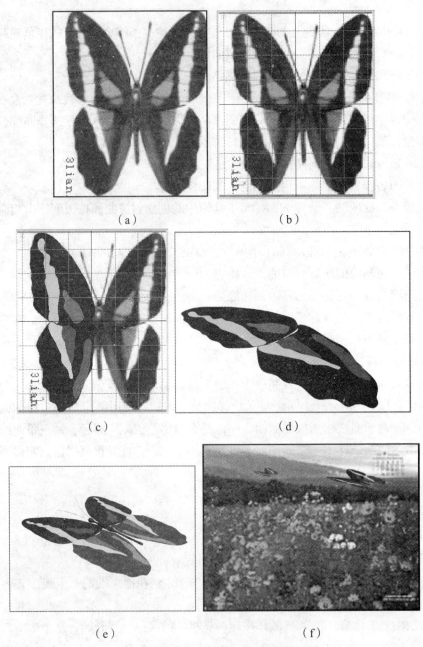

(a)　　　　　　　　　　(b)

(c)　　　　　　　　　　(d)

(e)　　　　　　　　　　(f)

图 4.56　使用创建封口曲面按钮创建蝴蝶

　　 Create UV Loft Surface（创建 UV 轴放样曲面）按钮：UV 轴放样是同时在两个方向放样。每个方向的放样，其操作与 U 轴放样相同。只是一个方向放样结束后，要右单击一次，这时鼠标仍有虚线连着，放样并未结束，接着进行另一个方向的放样，右单击结束放样。

【实例】使用创建 UV 放样曲面按钮创建鱼的模型

打开图形子面板，在类型列表中选择 NURBS 曲线。在对象类型卷展栏中选择点曲线按钮。

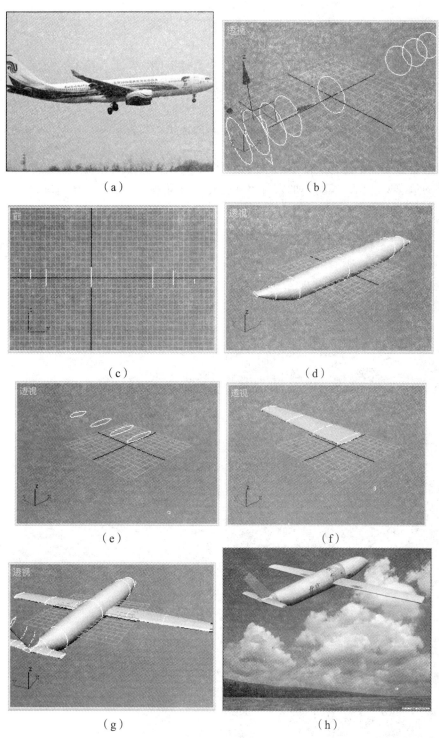

图 4.57 用 U 轴放样制作飞机

在前视图中创建两条鱼的纵向轮廓线。如图 4.58（a）所示。

利用前视图决定 X 坐标，利用顶视图决定 Y 坐标，创建一组鱼的横向轮廓线。如图 4.58（b）所示。

利用镜像复制，在 Y 轴方向复制一组鱼的横向轮廓线。调整这组轮廓线，使每条线的端点与另一组线的端点重合。如图 4.58（c）所示。

选择一条横向轮廓线，单击修改命令面板。选择 NURBS 工具箱中的创建 UV 放样曲面按钮。先后单击两条横向轮廓线。右单击一次后，依次单击纵向的各条曲线。右单击结束。这时就创建好了鱼的一个侧面。如图 4.58（d）所示。

旋转视图，用同样的方法创建鱼的另一个侧面。整个鱼模型如图 4.58（e）所示。

渲染后的效果如图 4.58（f）所示。

在修改命令面板中选择鱼模型的子层级对象，可以进一步对鱼模型进行修改，使之成为一个完整的鱼模型。在鱼模型中加入骨骼并蒙皮，就可做成一条可游动的鱼。

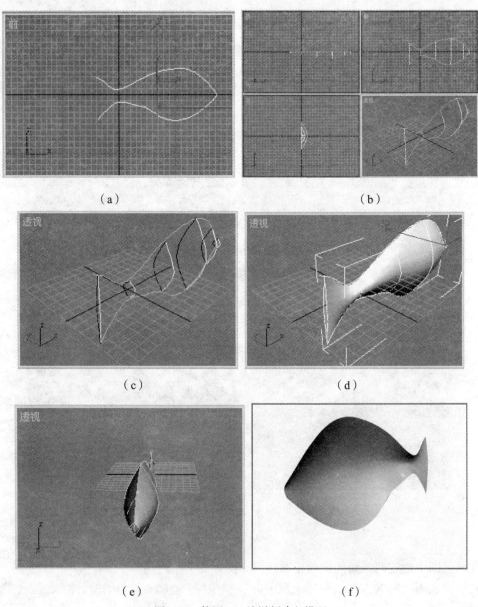

图 4.58　使用 UV 放样创建鱼模型

■ Create 1-Rsil Surface（创建 1 轨曲面）按钮：

1 轨曲面是只有一条放样轨道的放样曲面。创建两条曲线，一条作轨道，一条作横截面。作横截面的曲线可以闭合，也可以不闭合。选择创建单轨曲面按钮，从一条曲线拖到另一条曲线后单击，就能得到一个单轨曲面。

注意：作横截面的曲线与作路径的曲线最好不在一个平面内。

【实例】创建一个任意截面的管道

在透视图中创建两条曲线，一条作轨道，一条作横截面。作横截面的曲线在 Y 轴方向旋转 90°，使其与路径垂直。如图 4.59（a）所示。

选择修改命令面板，在 NURBS 工具箱中选择创建单轨曲面按钮，从一条曲线拖到另一条曲线后单击，就得到一个指定截面的管道。如图 4.59（b）所示。

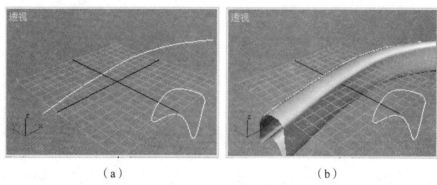

（a） （b）

图 4.59 创建任意截面的管道

■ Create 2-Rsil Surface（创建 2 轨曲面）按钮：

2 轨曲面是有两条放样轨道的放样曲面。创建三条曲线，一条作横截面，两条作轨道。选择创建 2 轨曲面按钮，单击一条轨道后拖到另一条轨道单击，继续拖动到作横截面的曲线单击就可得到一个 2 轨放样曲面。

【实例】通过 2 轨曲面创建乌龟头和乌龟壳模型初样

乌龟照片如图 4.60（a）所示。

选择图形子面板，选择 NURBS 类型，在对象类型卷展栏中选择点曲线按钮。在创建点曲线卷展栏中，勾选在所有视口中绘制复选框。

在顶视图中创建一条乌龟头和乌龟壳左半边轮廓线。如图 4.60（b）所示。

镜像复制右半边轮廓线。如图 4.60（c）所示。

由顶视图控制曲线的起点和终点，由左视图控制曲线 Z 轴方向高度，画一组平行于 X 轴向的轮廓线。如图 4.60（d）所示。

选择修改命令面板。在 NURBS 工具箱中选择创建 2 轨曲面按钮。依次单击 Y 轴方向两条轮廓线和 X 轴向各条轮廓线。所得曲面如图 4.60（e）所示。

旋转一个角度，从乌龟壳前部看到的效果图如图 4.60（f）所示。

用同样的方法可以创建乌龟的下底壳。

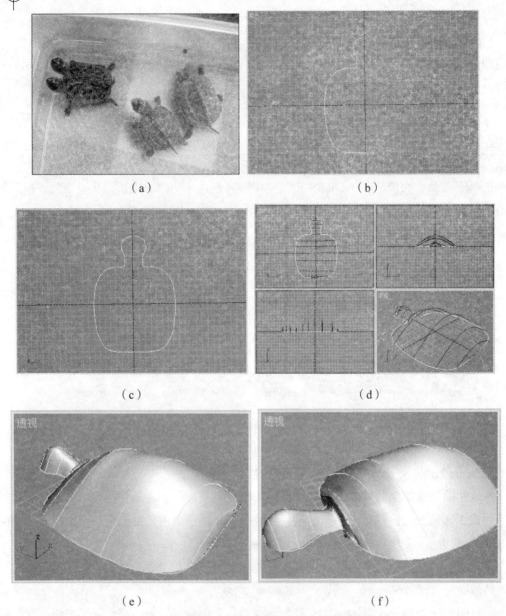

（a）　　　　　　　　　　　　（b）

（c）　　　　　　　　　　　　（d）

（e）　　　　　　　　　　　　（f）

图 4.60　通过 2 轨曲面创建乌龟头和乌龟壳模型初样

　　 Create a Multisided Blend Surface（创建多边混合曲面）按钮：

　　创建多条曲线，并使其在一个图形中。选择创建多边混合曲面按钮，单击一条曲线后，拖动鼠标到另一条曲线处单击，继续拖动鼠标并单击，就能创建一个由三条和三条以上曲线构成的曲面。

　　【实例】创建多边混合曲面

　　不勾选开始新图形复选框创建三条曲线，且有两条曲线旋转了一定角度。如图 4.61（a）所示。

　　选择修改命令面板，在 NURBS 工具箱中选择 Create a Multisided Blend Surface（创建多边混合曲面）按钮，按顺时针方向从一条曲线拖到另一条曲线，创建的多边混合曲面如图

4.61（b）所示。

按逆时针方向从一条曲线拖到另一条曲线，创建的多边混合曲面如图 4.61（c）所示。

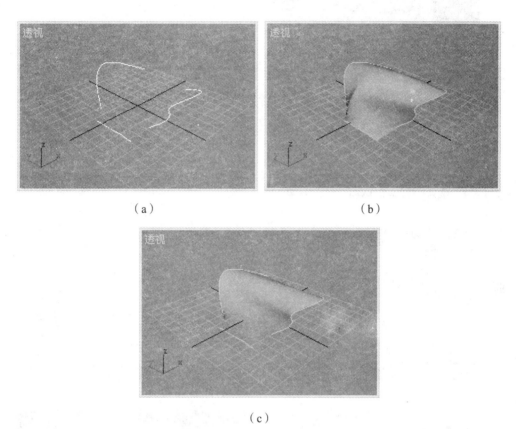

图 4.61　创建多边混合曲面

Create a Multicurve Trimmed Surface (创建多重曲线剪切曲面)按钮：

创建一个 NURBS 曲面，在 NURBS 工具箱中选择创建曲面上的 CV 曲线按钮或创建曲面上的点曲线按钮，在曲面上绘制封闭曲线。也可选择创建 U 向等参曲线按钮或创建 V 向等参曲线按钮，在曲面上绘制等参曲线。选择创建多重曲线剪切曲面按钮，这时鼠标指向曲面时，曲面会变成蓝色。单击曲面上任意一点，拖动鼠标至曲线上后单击，就能将曲面按绘制的曲线进行剪切。若勾选命令面板中的翻转剪切复选框，则剪切所得曲面刚好相反。

【实例】创建多重曲线剪切曲面——剪切一只大公鸡

选择几何体子面板，在类型列表中选择 NURBS 曲面，选择点曲面按钮，创建一个点曲面。

准备一个用于剪纸的图形文件。如图 4.62（a）所示。

将图形文件作点曲面的贴图。在顶视图中显示出贴图效果。选择修改命令面板，在 NURBS 工具箱中选择创建曲面上的点曲线按钮沿图形边缘勾勒出一条轮廓线。在修改器堆栈中展开 NURBS 曲面，选择点子层级。使用移动按钮移动轮廓线中不合要求的点。顶视图中用线框显示的结果如图 4.62（b）所示。顶视图中用平滑加高光显示的结果如图 4.62（c）所示。

在 NURBS 工具箱中选择创建多重曲线剪切曲面按钮，从曲面拖到曲线上后单击，右单击结束。选择翻转修剪复选框，就得到图 4.62（d）所示的剪切曲面。

进一步修剪得图 4.62（e）所示的结果。渲染输出的结果如图 4.62（f）所示。

图 4.62　创建多重曲线剪切曲面

思考与练习

一、思考与练习题

1. 曲线有哪两类？创建曲线的操作步骤是怎样的？
2. 场景中能看到曲线，可是在渲染时却看不到，这是怎么回事？
3. 怎样才能使场景中的曲线变粗？

4. 怎样才能使渲染输出的曲线变粗？

5. 在 Creation Method（创建方法）卷展栏中选择角点选项后创建的曲线和选择平滑选项后创建的曲线有何不同？

6. Bezier（贝济埃）和 Bezier Comer（贝济埃角点）两种方式，在对曲线的操作上有何区别？

7. 要选择并移动曲线上一个节点，应如何操作？

8. 要在场景中用隶书创建文本两个字应怎样操作？

9. 要断开圆的一个节点，应如何操作？

10. 怎样才能将两条样条线合成一个图形对象。

11. 要在曲线中插入三个节点，应如何操作？

12. 要创建一个星形的轮廓线，应如何操作？

13. 要对两条相交的闭合曲线进行布尔并集运算，应如何操作？

14. 要镜像复制一条曲线，应怎样操作？

15. 要将圆环中的两段线段细分成 10 段，应如何操作？

16. 要将矩形的每条边拆散，应如何操作？

17. NURBS 曲线中的 Point Curve（点曲线）和 CV Curve（可控点曲线）有何不同？各创建一条曲线进行比较。

18. 要求创建一条有 4 段线段的三维曲线，且必须 4 段线段在四个不同视图中画出，应如何操作？

19. 如何才能创建 U 向和 V 向等参曲线？如何才能剪切一个曲面左半边？如何才能剪切一个曲面的右半边？

20. 如何创建曲面上的点曲线？在曲面上创建一个 3 片花瓣的点曲线，并剪下三片花瓣。

21. NURBS 工具箱中的创建变换曲面按钮有什么作用？

22. 创建一个齿轮盘，应怎样操作？

23. 怎样才能创建一个大红灯笼？

24. 创建一个截面呈 D 形弯管，应怎样操作？

二、上机练习题

1. 创建一个脸盆。如图 4.63 所示。

图 4.63

2. 创建小猴。如图 4.64 所示。

图 4.64

3. 创建灯笼。如图 4.65 所示。

图 4.65

第5章 修 改 器

修改命令面板可以修改原始对象的参数。如果要修改原始对象的子层级，必须先将原始对象转换为可编辑对象。

3ds max9 还提供了一系列的修改器。修改器能进入对象的子层级进行编辑。当修改器从堆栈中删除时，通过修改器所进行的修改也全部被撤销。修改器是制作各种复杂对象的重要工具。

5.1 修改器堆栈及其管理

修改器堆栈的结构如图 5.1 所示。在修改命令面板的名称与颜色选区的下面是修改器列表框。3ds max9 提供了几十个修改器，单击列表框右侧的展开按钮，就会显示修改器列表。在列表中可以选择需要的修改器。

列表框的下方就是修改器堆栈。修改器堆栈用来保存创建的对象名称和曾经使用过的修改器及其修改记录。每一个创建的对象都有自己的修改器堆栈。通过堆栈，用户不仅可以一目了然地观察到曾经使用过的修改器，而且也可以重新回到曾经使用过的任何一个修改器，继续以前的修改。在修改器堆栈中记录的所有修改过程，都可以创建成动画。

堆栈区的下方有一组按钮。它们用来对堆栈进行控制。

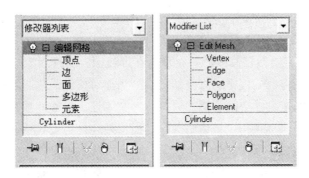

图 5.1　修改器堆栈结构

 Pin Stack（锁定堆栈）按钮：未选择锁定堆栈按钮时，修改命令面板中的堆栈是和选定的对象对应的。如果选择了锁定堆栈按钮，则修改命令面板中的堆栈被锁定，即不再随选定对象的改变而改变。

 Remove modifier from the Stack（从堆栈中移除修改器）按钮：单击该按钮，能移除当前选定的修改器。修改器移除后，所有与之相关的操作都被撤销。

 Configure modifier Sets（配置修改器集）按钮：单击该按钮会弹出一个列表。如图 5.2

所示。该列表由三个选择区域组成。选择配置修改器集命令，会弹出配置修改器集对话框。用该对话框，能重新配置要显示在修改命令面板上的修改器。选择显示按钮命令，可以将选择的修改器集以按钮的形式，显示在修改命令面板中。最下一个区域是修改器集列表。选定一种修改器集，再选择显示按钮命令，就能将这一修改器集中的所有修改器以按钮的形式显示在修改命令面板中。

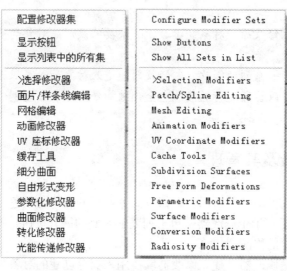

图 5.2 单击配置修改器集按钮弹出的列表

对准修改器堆栈中的修改器右单击，会弹出一个快捷菜单。如图 5.3 所示。

Rename（重命名）：重新给修改器命名。

Delete（删除）：删除选定的修改器。

Cut（剪切）：将选定的修改器剪切到剪贴板中。

Copy（复制）：将选定的修改器复制到剪贴板上。

Paste（粘贴）：选定要粘贴修改器的对象，在堆栈中，对准对象名称或已有的修改器右单击，选择粘贴。就能将剪贴板中的修改器复制到当前对象上。复制的修改器处于当前修改器的上方。如果复制的是世界空间类型的修改器，它将处于堆栈的顶端。

Paste Instanced（关联粘贴）：与粘贴操作过程相同。只是关联粘贴后，用修改器修改源对象时，目标对象也同时被修改。

Make Unique（使独立）：将关联的修改器转换成独立的修改器。

Collapse To（塌陷到）：塌陷一部分修改器堆栈。塌陷结果依赖于当前对象的类型。几何体对象可以塌陷为可编辑网格对象，NURBS 对象可以塌陷为 NURBS 曲面对象，面片对象可以塌陷为可编辑面片对象。

Collapse All（全部塌陷）：塌陷整个堆栈。

On（打开）：开启修改器在视图中或在渲染输出时的作用效果。这时修改器左边灯泡为白色。

Off in Viewport（在视图中关闭）：关闭修改器在视图中的作用效果。这时灯泡为黑色。

Off in Render（在渲染时关闭）：关闭修改器在渲染时的作用效果。

Make Reference（使成为参考对象）：将当前关联复制对象转变为参考复制对象。

图 5.3　右单击修改器弹出的快捷菜单

5.2　对曲线的修改器

5.2.1　Extrude（挤出）

挤出修改器可以将曲线挤出成曲面或几何体。

创建一条曲线，选择挤出修改器。其卷展栏如图 5.4 所示。

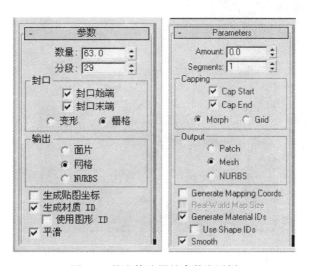

图 5.4　挤出修改器的参数卷展栏

主要 Parameters（参数）选择：

Amount（数量）：挤出的高度。

Segments（分段数）：挤出方向的分段数。

Cap Start（封口始端）：若勾选该复选框，封闭曲线挤出对象的下底部封口。

Cap End（封口末端）：若勾选该复选框，封闭曲线挤出对象的上顶封口。

对于未封闭的曲线，封口始端和封口末端不起作用。要想未封闭曲线在挤出后也能封口，必须先将未封闭曲线变成封闭曲线。将未封闭曲线变成封闭曲线，可以使用修改面板几何图形卷展栏中的一些功能实现。如较大的缺口可以插入线段，较小的缺口则可使用焊接或自动焊接，这时要注意设置足够大的阈值。

输入参数后，按回车或单击面板空白处，就能得到目标对象。

【实例】创建文字效果

创建文字柳暗花明。如图 5.5（a）所示。复制一份，并做适当旋转和移动，使两组字底部重合且形成一定夹角。选择挤出修改器。对上一组字选择数量为 10，黄色。对下面一组字选择数量为 1，浅灰色。就得到如图 5.5（b）所示的立体文字和立体字阴影。

不勾选开始新图形复选框，创建一个圆和一个静字。选择挤出修改器。数量选择为 10，得到如图 5.5（c）所示的镂空文字。

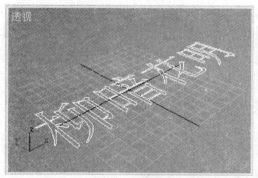
（a）

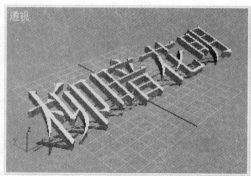
（b）

（c）

图 5.5　使用挤出修改器创建立体文字

5.2.2 Lathe（车削）

车削修改器可以将曲线绕局部坐标系的某一轴旋转，产生一个旋转曲面。注意：默认车削的旋转中心是轴心点，因此，为了得到所需的旋转曲面，一般在旋转前要先移动轴心点。

创建一条曲线，选择车削修改器。其参数卷展栏的上半部分如图 5.6 所示。

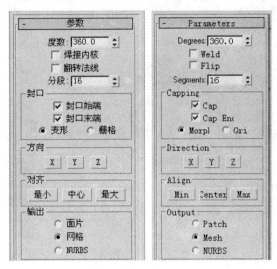

图 5.6　车削修改器参数卷展栏

主要 Parameters（参数）选择：

Degrees（度数）：沿指定轴车削的角度。

Segments（分段数）：指定从旋转开始点到结束点之间的分段数。分段数越大，旋转体的表面越光滑。

封口始端和封口末端复选框的作用与挤出修改器相同。

选择的旋转方向不同，所得结果也会不同。

对于同一条曲线，使用车削修改器与使用 NURBS 工具箱的创建车削曲面按钮，创建出的结果不一定相同。

【实例】使用车削修改器创建一个落地花瓶

在前视图中创建一条落地花瓶的半边轮廓线。如图 5.7（a）所示。

选择层次命令面板，选择仅影响轴按钮。将轴心点移到边界盒的左侧边界上。

选择 Lathe（车削）修改器，选择车削度数为 360°。分段数设为 50。车削所得结果如图 5.7（b）所示。

给落地花瓶指定一幅贴图。创建两盏泛光灯，一盏置于花瓶口上方，另一盏置于花瓶一侧。如图 5.7（c）所示。

渲染输出的结果如图 5.7（d）所示。

5.2.3 Bevel（倒角）

倒角修改器可以将二维图形创建成曲面或几何体。

创建一条曲线，选择倒角修改器。其参数卷展栏和倒角值卷展栏如图 5.8 所示。

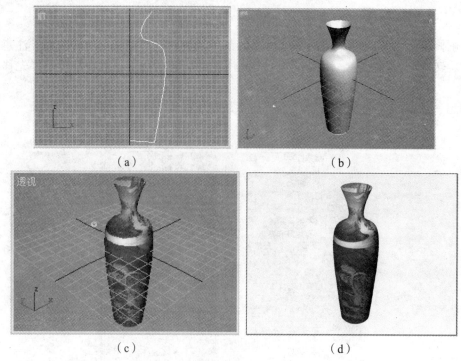

图 5.7 使用车削修改器创建落地花瓶

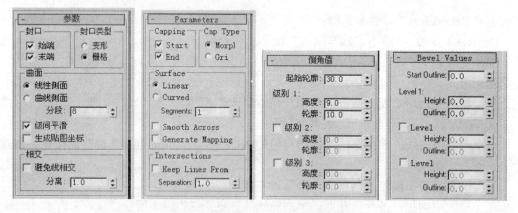

图 5.8 参数卷展栏与倒角值卷展栏

主要 Parameters（参数）：始端封口、末端封口、级间平滑等。
Bevel Values（倒角值）卷展栏：起始轮廓和级别。
Start Outline（开始轮廓）：指定偏移原始图形的距离。若取负值，则偏移方向相反。
Height（高度）：相邻两层之间的距离。
Outline（轮廓）：后一层偏移前一层的距离。若取负值，则偏移方向相反。
【实例】倒角修改器
不勾选开始新图形复选框，在同一图形中创建两个同心圆。如图 5.9（a）所示。
选择倒角修改器。

图 5.9（b）的参数选择：封口仅勾选始端，不勾选级间平滑。高度均为 15，轮廓依次为 5、0、-5。

图 5.9（c）的参数选择：始端、末端均封口，不勾选级间平滑。其他选择不变。

图 5.9（d）的参数选择：始端、末端均封口，勾选级间平滑。其他选择不变。

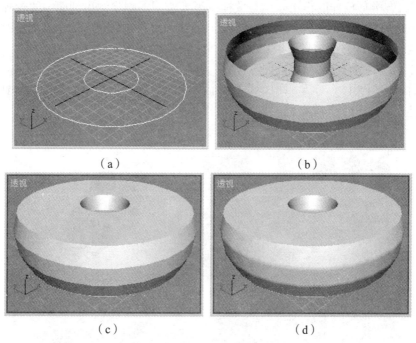

图 5.9 使用倒角修改器制作圆盘

【实例】使用倒角修改器制作各种文字效果

创建文本：海阔天空。选择字体为隶书。选择倒角修改器，三级倒角的结果如图 5.10（a）所示。

创建文本：落花流水。设置字体为华文彩云。选择倒角修改器。二级倒角的结果如图 5.10（b）所示。

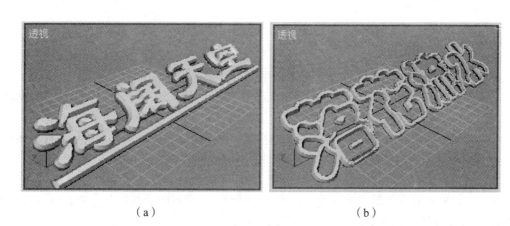

图 5.10 用倒角修改器制作的文字效果

5.2.4 Bevel Profile（倒角剖面）

倒角剖面修改器可以按照提供的横截面轮廓线和路径生成一个曲面。

创建两条曲线，一条作路径，一条作横截面轮廓线。选定作路径的曲线，选择倒角剖面修改器，单击 Pick Profile（拾取剖面）按钮，单击横截面轮廓线，就能创建出一个曲面。

倒角剖面有类似放样的作用。但与放样有很大差别。删除倒角剖面中的轮廓线时，创建的曲面会一起被删除。而放样创建的物体与源曲线不再存在联系。倒角剖面修改器只能以单曲线作横截面轮廓线，而放样可以用多曲线的图形作横截面轮廓线。

图 5.11（a）中的直线为路径，另一曲线为横截面轮廓线。图 5.11（b）是使用倒角剖面创建出的曲面。图 5.11（c）是以田字作横截面轮廓线，使用倒角剖面修改器得到的结果。图 5.11（d）也是使用田字作横截面轮廓线由放样得到的结果。

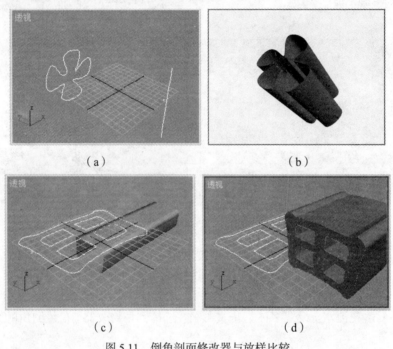

图 5.11　倒角剖面修改器与放样比较

5.2.5 CrossSection（横截面）与 Surface（曲面）

横截面修改器和曲面修改器结合起来，可以很方便地制作人和动物的表皮。

横截面修改器可以将属于同一图形中多条样条线上对应点连接起来，使其成为网状结构。

不勾选开始新图形复选框，创建多条样条线。选择横截面修改器，单击样条线，各样条线的点与点之间就会用曲线连接起来，形成曲线构成的网状图形。

选定得到的网状图形，选定曲面修改器，该网状图形就会自动变为曲面。

注意：如果要对多条封闭曲线使用横截面修改器，各条封闭曲线的起点要在同一方位上，不然创建的曲面会发生扭曲。

【实例】用横截面修改器和曲面修改器创建裙子

从 X 轴开始顺时针创建一条大封闭曲线和一条小封闭曲线，将小封闭曲线复制两条。将一条大封闭曲线和一条小封闭曲线，通过修改命令面板中的附加按钮，附加成一个图形对象。另外两条小封闭曲线附加成一个图形对象。如图 5.12（a）所示。

分别对两个图形对象使用横截面修改器，得两个网状图形。如图 5.12（b）所示。

分别对两个网状图形使用曲面修改器，得两个曲面。大曲面选择红色，小曲面选择蓝色，且将小曲面下移与大曲面连接，就得到了如图 5.12（c）所示的裙子。

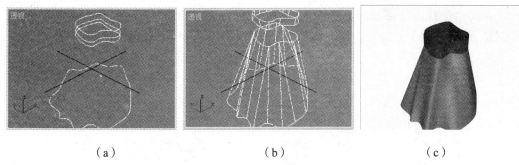

（a） （b） （c）

图 5.12　使用横截面修改器和曲面修改器创建曲面

5.2.6　SplineSelect（样条线选择）

样条线选择修改器，用来进行次级对象的选择。在对样条线的次级对象进行编辑时，将样条线选择修改器加入堆栈，能给操作带来方便。

要选择次级对象，先要选择次级对象层级。可选择的次级对象层级有：Vertex（节点）、Segment（线段）、Spline（样条线）。展开堆栈中样条线选择修改器，就能选择次级对象层级。

5.2.7　Delete Spline（删除样条线）

删除样条线修改器，可以删除图形对象中被选定了的子对象。子对象包括：节点、线段、样条线。选择子对象可以通过样条线选择修改器或编辑样条线修改器实现。

使用删除样条线修改器删除的子对象，在该修改器被删除后，被删除的子对象会恢复原样。

5.2.8　Edit Spline（编辑样条线）

编辑样条线修改器，主要用来进行次级对象的编辑。

可编辑的次级对象有：Vertex（顶点）、Segment（分段）、Spline（样条线）。

编辑样条线修改器的编辑功能与修改命令面板本身的编辑功能基本相同。

5.2.9　Normalize Spline（规格化样条线）

规格化样条线修改器能改变样条线上控制点的数目，并且使控制点均匀分布在曲线上。

规格化样条线的操作步骤是：创建一条样条线，在修改器堆栈中选择 Line 的线段子层级。选定曲线中要规格化的线段。选择规格化样条线修改器，设置分段长度。

如果要创建做匀速运动的路径约束动画，就需要这样的曲线。

Seg Length（分段长度）：每两个控制点之间的距离。

【实例】规格化样条线

创建一条样条线。样条线上顶点的分布如图 5.13（a）所示。

创建一个球体，并创建沿曲线运动的约束动画。可以看到球体的运动速度是不均匀的。

选择规格化样条线修改器，设置分段长度为 20，规格化了的曲线如图 5.13（b）所示。

同样创建一个球体，并创建沿曲线运动的约束动画。可以看到球体的运动速度是均匀的。

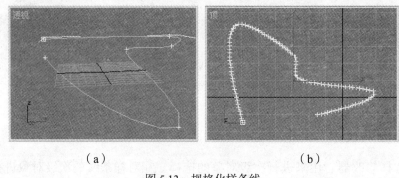

（a） （b）

图 5.13 规格化样条线

5.2.10 Path Deform（路径变形）（WSM）

路径变形（WSM）修改器可以选用一条样条线或 NURBS 曲线作为路径，使得曲面对象或几何体对象按照曲线形状发生变形。作路径的曲线可以是开放的，也可是闭合的。

路径变形修改器和路径变形（WSM）修改器作用类似。

主要参数：

Percent（百分比）：指定对象沿路径方向移动的距离。

Stretch（拉伸）：沿着路径方向缩放对象。

Rotation（旋转）：旋转变形对象。取负值则朝相反方向旋转。

Twist（扭曲）：沿路径方向扭曲变形对象。输入值为角度。

路径变形轴有三种选择。注意选择适当的变形轴。

【实例】用路径变形修改器变形文本

创建一个圆作路径。创建一条文本，将其挤出作变形对象。如图 5.14（a）所示。

将文本与圆对齐。

选定文本，选择路径变形（WSM）修改器，单击拾取路径，单击圆环。所得结果如图 5.14（b）所示。

旋转 –90°，选择 X 轴为变形轴。其他参数为默认值。所得结果如图 5.14（c）所示。

勾选翻转复选框，所得结果如图 5.14（d）所示。

选定文本，沿 Z 轴移动，这时文本会向圆内或圆外拉开距离。如图 5.14（e）所示。

缩放文本，只会改变文本的大小，文本沿路径的分布并不发生改变。如图 5.14（f）所示。

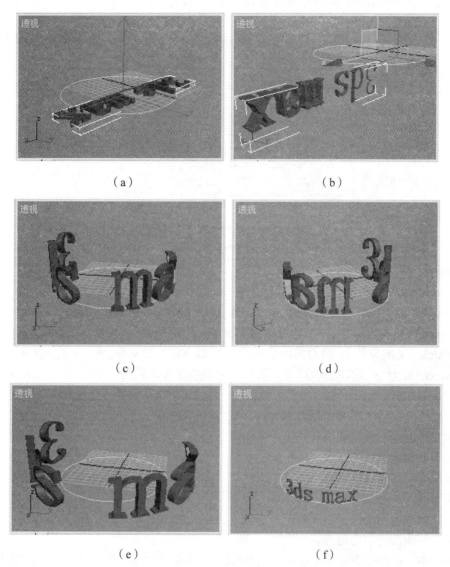

图 5.14 用路径变形（WSM）变形文字

5.3 对曲面的修改器

5.3.1 Surface Deform（曲面变形）（WSM）

曲面变形（WSM）（WSM 即 World-Space Surf Deform，可译成曲面变形世界空间）修改器能选择一个曲面作参照，使另一个曲面对象或几何体对象按照参照曲面的表面形状发生变形。参照曲面必须是 NURBS 曲面。如果不是，则要进行转换。

创建两个曲面。一个作参照曲面，另一个作变形对象。选定要变形的对象。选择曲面变形（WSM）修改器，单击拾取曲面按钮，单击参照曲面。调整参数至合适的值。

曲面变形（WSM）修改器的参数卷展栏如图 5.15 所示。

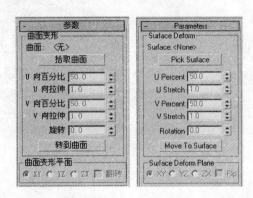

图 5.15 曲面变形（WSM）修改器的参数卷展栏

主要参数：

U Percent（U 向百分比）：指定对象沿曲面变形线框 U 轴方向移动的距离。

U Stretch（U 向拉伸）：沿着曲面变形线框 U 轴方向缩放对象。

V Percent（V 向百分比）：指定对象沿曲面变形线框 V 轴方向移动的距离。

V Stretch（V 向拉伸）：沿着曲面变形线框 V 轴方向缩放对象。

Rotation（旋转）：旋转变形对象。取负值则朝相反方向旋转。

Surface Deform Plane（曲面变形平面）有三种选择。变形时要注意变形平面的选择。Flip（翻转）复选框，则变形曲面翻转 180°。

曲面变形可以记录成动画。

【实例】创建飘扬的红旗

设置长度点数和宽度点数均为 8，创建一个 NURBS 曲面。通过修改点子对象，使曲面变得起伏不平。

创建红旗飘飘四个汉字，并将其挤出成立体字。如图 5.16（a）所示。

将文本与曲面的中心对齐。

选定文本，选择曲面变形（WSM）修改器，单击拾取曲面按钮，单击曲面，按照图 5.16（b）设置参数，就得到图 5.16（c）的结果。

打开自动关键帧按钮，将时间滑动块拖到 100 帧的位置，重新修改曲面的点子对象使曲面发生变化。播放动画，可以看到文字随曲面的波动而波动。

渲染输出动画。在播放器中截取的一帧画面如图 5.16（d）所示。

【实例】利用曲面变形（WSM）创建文本绕球体表面旋转的动画

创建一个球体和新闻联播四个字。

使用挤出修改器将文本挤出成立体字。

将球体转换为 NURBS 曲面。

使用工具菜单中的对齐命令将文本和球体的几何中心对齐。如图 5.17（a）所示。

选定文本，选择曲面变形（WSM）修改器，单击拾取曲面按钮，单击球体，文本就被贴到了球体表面。

将文本旋转 90°，适当调整其他参数，使文本的大小和所处位置刚好符合要求。如图 5.17（b）所示。

打开自动关键帧按钮，在 0 帧时，设置 V 向百分比为 84。在 100 帧时，设置 V 向百分比为 –16。只要 V 向百分比的差值为 100，文本就能绕球体旋转一周。

渲染输出动画。在播放器中截取的一帧画面如图 5.17（c）所示。

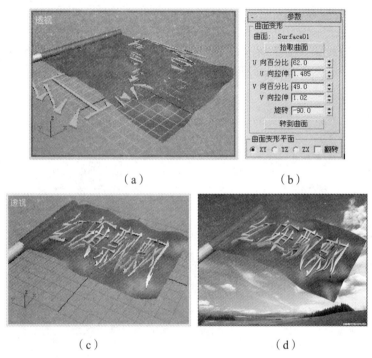

图 5.16 利用曲面变形（WSM）修改器变形曲面

图 5.17 利用曲面变形（WSM）创建文本绕球体表面旋转的动画

逐步减小 V 向百分比的值,并将其记录成动画。播放时可以看到新闻联播四个字不停地绕球体旋转。

【实例】利用曲面变形(WSM)修改器在圆柱体上贴字

创建两个圆柱体,并将其转换为 NURBS 曲面。创建一条横排文本和一条直排文本。

使用工具菜单中的对齐命令将文本和圆柱体的几何中心对齐。

选定文本,选择曲面变形(WSM)修改器,单击参数卷展栏中的拾取曲面按钮,单击圆柱体,就会将文字贴到圆柱体上。改变参数卷展栏的参数并在 Z 轴方向移动文本就可以让文本刚好贴在圆柱体上。

横排文本的参数设置如图 5.18(a)所示。直排文本的参数设置如图 5.18(b)所示。

渲染输出的结果如图 5.18(c)所示。

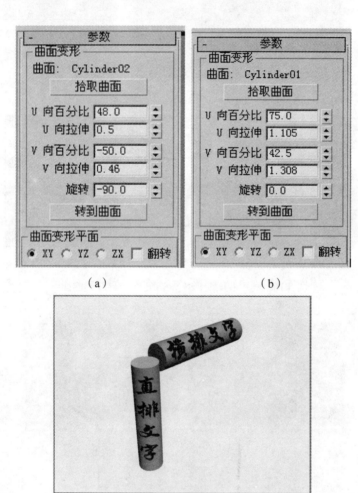

图 5.18 利用曲面变形(WSM)修改器在圆柱体上贴字

5.3.2 Surface Deform(曲面变形)

曲面变形修改器的作用与曲面变形(WSM)修改器基本相同。曲面变形修改器也要求参考曲面必须是 NURBS 曲面。曲面变形修改器变形后，变形对象和参照对象不一定重合，需要进行参数调整。

【实例】利用曲面变形将文字贴于圆环上

创建一个几何体中的圆环作参照曲面，将其转换为 NURBS 曲面。创建一条文本，将文本挤出为立体字。所得结果如图 5.19（a）所示。

将文本与圆环对齐。

选定文本，选择曲面变形修改器，单击拾取曲面按钮，单击圆环。U 向拉伸和 V 向拉伸均选择 0.2，旋转选择 90，曲面变形平面选择 XY。得图 5.19（b）。

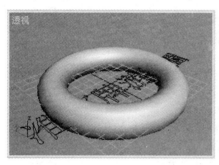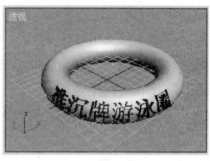

（a）　　　　　　　　　　　　　　　（b）

图 5.19　利用曲面变形修改器将文本贴于圆环表面

5.3.3　Patch Deform(面片变形)与 Patch Deform(面片变形)（WSM）

面片变形修改器和面片变形（WSM）修改器的参照曲面一定要是面片对象，如圆柱体等。如果不是，则要使用 Turn To Patch（转换为面片）修改器进行转换，而不能使用右单击对象弹出的快捷菜单中的转换为命令转换。若要取消转换，只需删除转换修改器就行了。

【实例】创建一顶太阳帽

创建一个圆形管状体，边数设为 50。选择转化为面片修改器将管状体转换为面片对象。创建一条文本，将文本挤出成立体字。如图 5.20（a）所示。

选定文本。将文本与管状体对齐。选择面片变形（WSM）修改器，单击拾取面片按钮，单击管状体。设置参数如图 5.20（b）所示。

不勾选开始新图形复选框，创建两个错开的圆，进行布尔相减运算，选择挤出修改器就能创建出帽檐。创建的太阳帽如图 5.20（c）所示。

5.3.4　Turn To Patch（转换为面片）

转换为面片修改器可以将对象转换为面片类型。转换的目的是因为有的修改器只能对面片类型的对象进行修改。要取消转换，只需在堆栈中删除转换修改器就行了。

Turn To Mesh（转换为网格）修改器能将对象转换为网格类型。Turn To Poly（转换为多边形）修改器能将对象转换为多边形类型。转换的目的都是后续修改的需要。

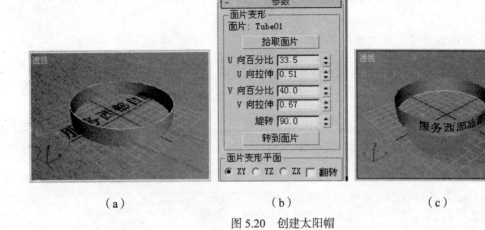

(a) (b) (c)

图 5.20　创建太阳帽

5.3.5　Mesh Select（网格选择）

网格选择修改器用来选择网格对象的子对象。子对象有：Vertex（节点）、Edge（边）、Face（面）、Polygon（多边形）、Element（元素）。

要选择子对象，先要选择子对象层级。这可以在堆栈中展开网格选择修改器进行选择，也可在 Mesh Select Parameters（网格选择参数）卷展栏的子对象层级选择区进行选择。图 5.21 展示了两种选择方法。

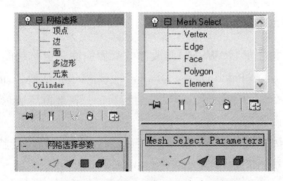

图 5.21　选择子对象层级命令面板

Patch Select（面片选择）、Polygon Select（多边形选择）等修改器都是用来选择子对象的。要编辑子对象，都需要先选择子对象。

5.3.6　Delete Mesh（删除网格）

删除网格修改器可以删除通过网格选择修改器选择的子对象。图 5.22 是使用了删除网格修改器删除了子对象的结果。

使用删除网格修改器删除的子对象，在该修改器被删除后，被删除的子对象会恢复原样。Delete Patch（删除面片）修改器和删除网格修改器的作用类似，用来删除通过面片选择修改器选择的子对象。

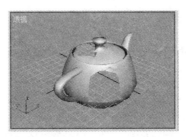

图 5.22　使用删除网格修改器删除后的茶壶

5.3.7　Symmetry（对称）

对称修改器可以对称复制一个有切口的对象，只要设置的域值足够大，复制出的对象和源对象的切口可以自动焊接在一起。在创建对称物体，如：人、恐龙、鱼等复杂对象时，往往只编辑对称物体的一半，编辑完成后，使用对称修改器复制出另一半，并自动将两半的切口焊接在一起。

【实例】使用对称修改器复制有切口的球体并将切口焊接在一起

创建一个球体。

打开编辑多边形修改器，在修改器堆栈中选择边子层级。在编辑几何体卷展栏中选择切割按钮，在顶视图中选定球体顶部一个圆形区域内的边，如图 5.23（a）所示。按 Delete 将它们删除，就得到一个有圆形切口的球体。如图 5.23（b）所示。

打开修改命令面板，选择对称修改器。在参数卷展栏中选择镜像轴为 Z。

在修改器堆栈中展开对称修改器，选择镜像子层级，选择移动按钮，沿 Z 轴移动镜像面，使两个球体分开，而切口刚好重叠。如图 5.23（c）所示。

设置域值为 10，勾选焊接缝复选框。两个球体就在接口处焊接到了一起。

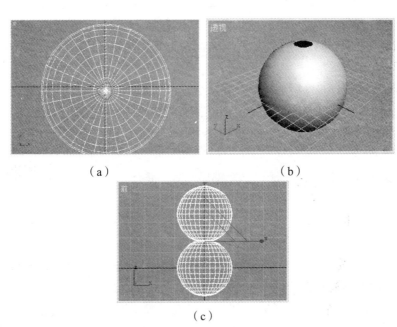

图 5.23　用对称修改器复制有切口的球体并焊接切口

5.3.8 Edit Mesh（编辑网格）

编辑网格修改器用来对网格对象的子对象进行编辑，也可对网格对象的子对象进行变换操作。在创建复杂多变，而又表面光滑的模型中，编辑网格是常用的方法之一。

将对象转换为 Editable Mesh（可编辑网格）后，相应修改命令面板的组成元素和作用与编辑网格修改器的组成元素和作用基本相同。主要区别在于：用编辑网格修改器施加的修改不能记录成动画，而用可编辑网格对象的修改命令面板施加的修改都能记录成动画。

使用编辑网格修改器可以通过删除修改器来删除修改操作，也可以返回到编辑网格修改器之前的各修改层级重新进行编辑，将对象转换为可编辑网格进行的修改不能做到这一点。

Edit Patch（编辑面片）修改器与编辑网格修改器有许多相似之处。本书不再介绍。

下面介绍编辑网格修改器的四个卷展栏。

Selection（选择）卷展栏：

By Vertex（依照节点）：勾选该复选框，则选择一个节点时，与之相连的边或面也一同被选定。

Ignore Backfacing（忽略背面）：勾选该复选框，则在选择面向一侧的子对象时，相反一侧的子对象不会被选上。

Show Normals（显示法线）：勾选该复选框，则显示每个子对象的法线。

Hide（隐藏）：单击该按钮，则隐藏选定的子对象。

Unhide All（取消全部隐藏）：单击该按钮，则取消对全部子对象的隐藏。

Edit Geometry（编辑几何体）卷展栏：

Create（创建）按钮：可以创建除线段以外的子对象。

【实例】使用创建按钮创建一个三角凉亭

创建四根圆柱体，中间一根最高，周围三根较低。选定其中任意一根圆柱体，选择编辑网格修改器，单击编辑几何体卷展栏中的附加按钮将其他三根圆柱体附加到一个对象中。如图 5.24（a）所示。

展开修改器堆栈中的编辑网格修改器，选择面子层级。在编辑几何体卷展栏中选择创建按钮，相继在三根立柱顶端单击并拖动，就能创建一个三角形面。如图 5.24（b）所示。

以同样方法创建另外两个面，并创建一个球体做顶，就得到如图 5.24（c）所示的三角形凉亭。

Delete（删除）按钮：用于删除选定的子对象。图 5.25 是一个球体被删除了部分节点后的结果。

Attach（附加）按钮：用于为当前选定的网格对象附加新的对象。附加后的对象自动转换成网格对象。

Detach（分离）按钮：用于将选定的除线段以外的子对象分离成独立元素或复制品。

【实例】使用可编辑网格对象的分离修改操作创建小鸡出壳的动画

创建鸡蛋：创建一个球体，在一个轴向放大成椭球。椭球颜色设置为白色。

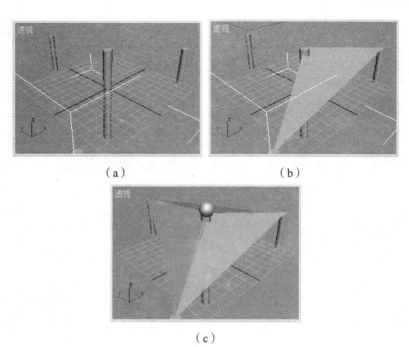

图 5.24 创建三角形凉亭

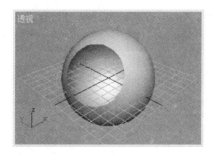

图 5.25 删除了部分节点的球体

创建小鸡：创建一个椭球做小鸡的鸡身。创建一个球体做小鸡头。创建两个小的黑色球体做小鸡眼睛。创建一个四棱锥做小鸡嘴。创建一个圆柱体经编辑网格修改器编辑后做小鸡脚。将除小鸡脚以外的部分组合成组。小鸡和蛋如图 5.26（a）所示。

将小鸡脚的轴心点移到脚的上端。选择链接按钮将小鸡脚链接到小鸡身上。

将整个小鸡藏入蛋中。如图 5.26（b）所示。

对准椭球右单击，在快捷菜单中选择转换为可编辑网格命令将椭球转换成可编辑网格对象。在修改器堆栈中展开可编辑网格，选择面子层级。框选椭球一端的部分面，单击编辑几何体卷展栏中的分离按钮将这部分面分离。

打开自动关键帧按钮，将时间滑动块移到 50 帧。选择创建命令面板，移动和旋转分离了的部分。在 50 帧后创建小鸡行走的动画。

在透视图中截取的第 50 帧画面如图 5.26（c）所示。在播放器中截取的第 70 帧画面如图 5.26（d）所示。

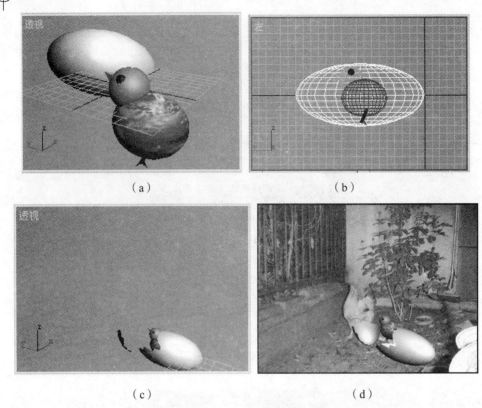

图 5.26 使用可编辑网格对象的分离修改操作创建小鸡出壳的动画

Extrude（挤出）按钮：该按钮只对边和面有效。选定要挤出的次级对象，在挤出数码框中输入要挤出的值，单击该按钮，就能将选定的子对象挤压出一个新面。也可在选定子对象后，单击该按钮，指向选定处再拖动鼠标。图 5.27 是一个长方体在挤出了边和面后的结果。

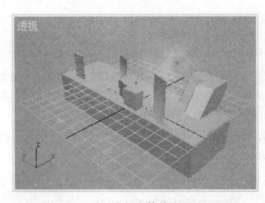

图 5.27 对一个长方体挤出了边和面

Chamfer（倒角）：用于挤出并倒角被选定的子对象面或多边形。选定要倒角的子对象，选择该按钮，指向选定处，按住左键拖动鼠标确定挤出的高度，放开后，再按住鼠标拖动确定倒角的偏移量。

【实例】利用倒角制作哑铃

创建一个圆柱体。选择编辑网格修改器。选择面子层级。选定圆柱体的顶面。如图 5.28 (a) 所示。

在编辑几何体卷展栏中选定倒角按钮，指向选定面后向上拉伸要倒角的高度，放开后，再次拉伸就能创建出倒角。重复这样的操作，就能制作出哑铃来。制作的哑铃如图 5.28 (b) 所示。

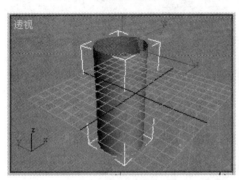 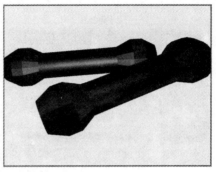

图 5.28　利用倒角制作哑铃

View Align（视图对齐）按钮：将当前选定的顶点与视图对齐。
Grid Align（网格对齐）按钮：将当前选定的顶点与视图中的主网格对齐。
Make Planar（平面化）按钮：使当前选定的顶点处于一个平面。
Collapse（塌陷）按钮：将当前选定的顶点塌陷为一个顶点。

【实例】制作小轿车

制作小轿车分以下步骤：制作车身、开门窗和制作玻璃、制作车灯、制作车轮、创建动画。

制作车身：

创建一个切角长方体，长度分段为 10，宽度分段为 8，高度分段为 5，圆角分段为 3。如图 5.29 (a) 所示。

选择编辑网格修改器，对顶点子层级进行编辑。选择顶点前，注意在选择卷展栏中，勾选忽略背面复选框，这样可以防止背面的顶点被选上。所有对车身的编辑操作都对称地进行，以保持车身的对称性。初步编辑结果如图 5.29 (b) 所示。

创建两个圆柱体，半径为 5，长度为 80。调整两个圆柱体至车轮的位置。如图 5.29 (c) 所示。

将圆柱体与车身进行布尔运算，得到车轮的安装空挡。如图 5.29 (d) 所示。

使用编辑网格修改器继续对车身外形进行调整，使之更接近实际小车车形。如图 5.29 (e) 所示。

复制一个车身，用于制作玻璃。如图 5.30 (a) 所示。

画一条样条线，如图 5.30 (b) 所示。

挤出样条线，并与车身进行布尔运算，就挖出了车窗。如图 5.30 (c) 所示。

画出车门轮廓线，如图 5.30 (d) 所示。

挤出车门轮廓线，并与车身进行布尔运算，就挖出了车门。如图 5.30 (e) 所示。

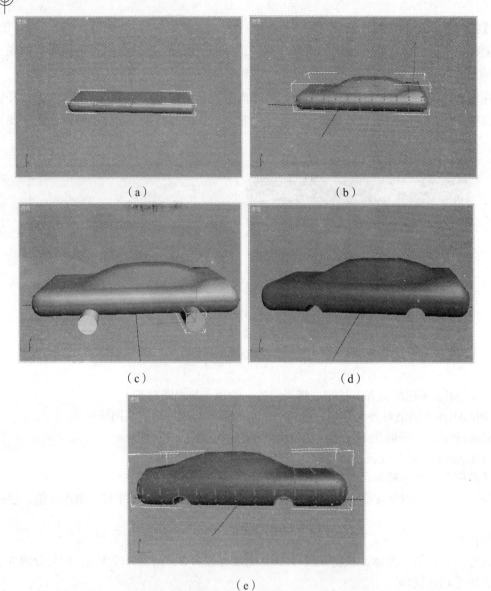

图 5.29 制作车身

对复制的车身赋标准材质,不透明度设置为 30。漫反射颜色设置为浅绿。如图 5.30(f)所示。

将赋了标准材质的车身缩小 3%,移动并对齐已开窗的车身,车窗和车门的玻璃就安装完毕。如图 5.30(g)所示。

给车身赋材质,渲染后的结果如图 5.30(h)所示。

制作车灯:

创建两个球体作前车灯。如图 5.31(a)所示。

创建六个切角长方体作后车灯。如图 5.31(b)所示。

将制作车身、车门、车窗、车灯全部组合成一个组。

制作车轮:

创建一个几何体中的圆环,设置为黑色。

创建一个六角星。使用挤出修改器挤出。挤出数量为1。给六角星赋予材质。

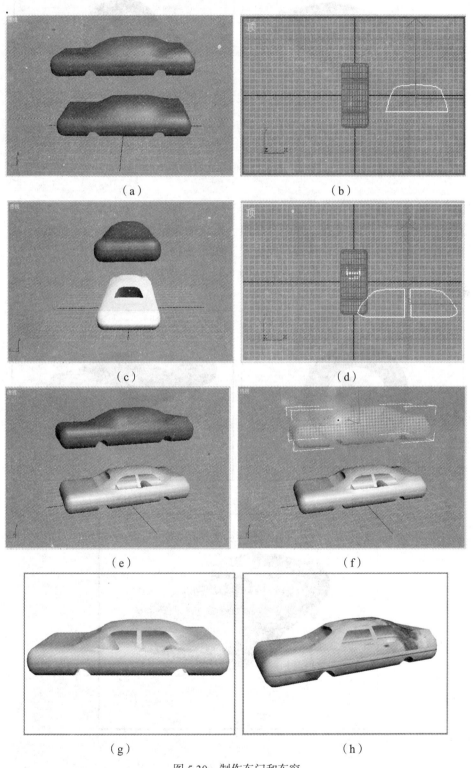

图 5.30　制作车门和车窗

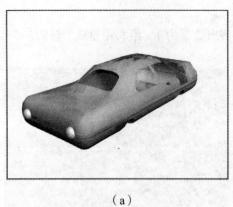 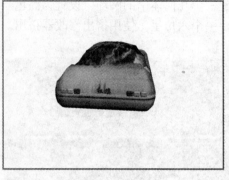

(a) (b)

图 5.31　制作车灯

创建一个球体。设置为白色。

将圆环、六角星、球体对齐，并组合成组。做成的车轮如图 5.32（a）所示。

复制三个车轮。将四个车轮移到对应位置。如图 5.32（b）所示。

在车中放置一个司机和一个乘车人。如图 5.32（c）所示。

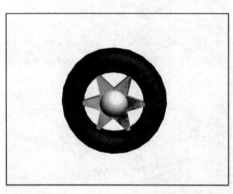 

(a) (b)

(c)

图 5.32　制作车轮

创建动画：

选定整个小轿车，选定自动关键帧按钮，将时间滑动块拖到时间标尺末端。

移动小轿车到终止位置。朝同一方向，用同样转速旋转车轮。播放动画，可以看到小轿车在向前行驶时，车轮在旋转，和真实汽车的运动模式没什么区别。

复制已创建动画的小轿车组成一个车队，这时动画也会一起复制。打开组，重新给车身贴图，然后关闭组。这样，车队中各汽车，在外观上就各不相同了。如图 5.33 所示。

图 5.33　具有不同外观的车组成的车队

5.3.9　Edit Poly（编辑多边形）

编辑多边形修改器用来对一个对象的顶点、边、边界、多边形、元素等子对象进行编辑，也可对一个对象的子对象进行变换操作。编辑多边形修改器在复杂对象的建模中有着非常重要的作用，用编辑多边形修改器不仅可以编辑出任意形状的对象，而且操作简单、方便。

将对象转换为 Editable Poly（可编辑多边形）后，相应修改命令面板的组成元素和作用与编辑多边形修改器的组成元素和作用基本相同。主要区别在于：用编辑多边形修改器施加的修改必须在编辑多边形模式卷展栏中选定动画模式才能记录成动画，若选择模型模式，则不能记录成动画，而用可编辑多边形对象的修改命令面板施加的修改都能直接记录成动画。此外，使用编辑多边形修改器可以通过删除修改器来删除修改操作，也可以返回到编辑多边形修改器之前的各修改层级重新进行编辑，将对象转换为可编辑多边形进行的修改不能做到这一点。

1. 编辑顶点卷展栏

在修改器堆栈中选择顶点子层级，就会显示编辑顶点卷展栏。

Remove（移除）：选定要移除的顶点，单击该按钮就能移除选定的顶点。

【实例】移除顶点

创建一个长方体。如图 5.34（a）所示。

选择编辑多边形修改器，在修改器堆栈中选择顶点子层级。选定长方体一条边上的两个顶点，单击移除按钮，选定的两个顶点就被移除，这时长方体的一个面变成了三角形。如图 5.34（b）所示。

Extrude（挤出）：选定要挤出的顶点，单击挤出按钮旁边的设置按钮，就会打开挤出顶点设置对话框，如图 5.35 所示。设定挤出值后单击确定，就会将顶点挤出。

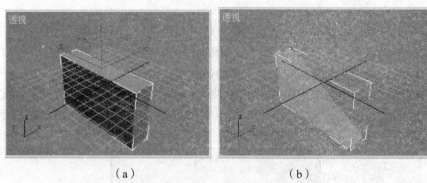

图 5.34 移除顶点

 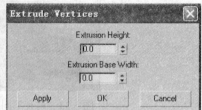

图 5.35 挤出顶点设置对话框

　　Weld（焊接）：选定要焊接的顶点，单击焊接按钮旁边的焊接顶点设置按钮，输入焊接的阈值，单击确定，就能将阈值范围内的选定顶点焊接在一起。

　　Target Weld（目标焊接）：单击要焊接的第一个顶点，这时会有一条虚线连着鼠标，移到要焊接的另外一个顶点后单击，就能将两个顶点焊接在一起。

　　Chamfer（切角）：选定要切角的顶点，单击切角按钮旁边的切角顶点设置按钮，就会打开切角顶点设置对话框。设置切角量后，单击确定，就会将该顶点处切开。边也可以进行切角操作。

　　【实例】切角顶点

　　创建一个长方体，如图 5.36（a）所示。

　　选择编辑多边形修改器，选择顶点子层级。

　　选定一个顶点，单击切角按钮旁边的设置按钮，设置切量为 30，单击确定，就将该点处切开。如图 5.36（b）所示。

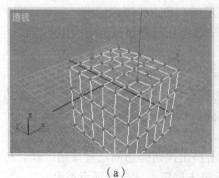 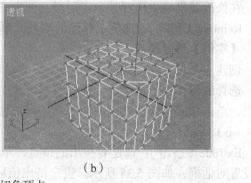

图 5.36 切角顶点

2. 编辑几何体卷展栏

Collapse（塌陷）：选定要塌陷的顶点，单击塌陷按钮，就会将选定的顶点塌陷成一个顶点。其他子对象也可以塌陷成一个点。

【实例】塌陷顶点

创建一个长方体，如图 5.37（a）所示。

选择编辑多边形修改器，选择顶点子层级，选定相邻的四个顶点，单击塌陷按钮，四个顶点就塌陷成了一个顶点。如图 5.37（b）所示。

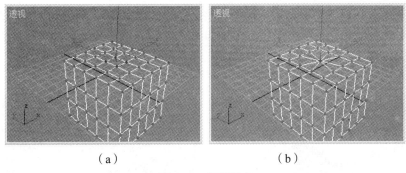

图 5.37　塌陷顶点

Tessellate（细化）：选定要细化的顶点，单击细化按钮旁边的细化设置按钮，就会打开细化选择对话框，单击确定，就能将一个顶点细化成多个顶点，并在各顶点之间用边连接起来。其他子对象也可以细化。

【实例】细化顶点

创建一个长方体。如图 5.38（a）所示。

选择编辑多边形修改器，选择顶点子层级，选择要细化的点。

单击细化按钮旁边的设置按钮，单击确定，就将一个顶点细化成了多个顶点，这时也会在各个顶点之间用边连接。如图 5.38（b）所示。

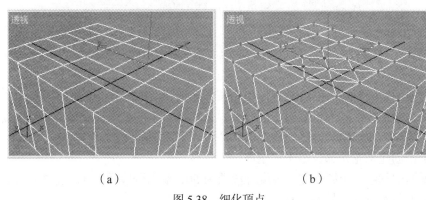

图 5.38　细化顶点

【实例】使用编辑多边形修改器制作恐龙

制作恐龙的过程非常复杂、繁琐，操作步骤如下：

第一步：在视口中加入恐龙背景。

为了在制作恐龙时有一个图像做参考，激活前视图，单击视图菜单，选择视口背景命令，单击文件按钮，打开恐龙图像文件，选择匹配位图选项，勾选显示背景和锁定缩放/平移复选框，单击确定按钮，就会在视口中显示恐龙背景，如图 5.39（a）所示。

第二步：制作恐龙的头。

在前视图中创建一个切角长方体做恐龙的头，切角长方体的长度分段数设置为 8、宽度分段数和高度分段数均设置为 6。前视图中的效果如图 5.39（b）所示。

展开修改器列表，选择编辑多边形修改器。

激活顶视图，在修改器堆栈中选择多边形子层级，选定并删除切角长方体的上半部分和右侧端面。剩余部分在顶视图中的显示结果如图 5.39（c）所示。在透视图中的显示结果如图 5.39（d）所示。

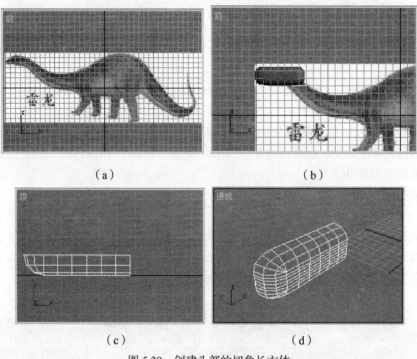

图 5.39　创建头部的切角长方体

激活前视图，同时按 Alt 和 X 键使切角长方体透明。如图 5.40（a）所示。

展开修改器堆栈中的编辑多边形修改器，选择顶点子层级，在保持 XZ 平面切口不变的前提下移动顶点，使切角长方体与头部形状一致。如图 5.40（b）所示。

第三步：创建恐龙颈部、躯干和尾部。

在左视图中创建一个圆柱体，高度分段数为 50，端面分段数为 1，边数为 20。将圆柱体与颈部和躯干基本对齐。如图 5.41（a）所示。

展开修改器列表，选择编辑多边形修改器。

在修改器堆栈中展开编辑多边形修改器，选择多边形子层级。选择顶视图，选定圆柱体的上半部分，将选定部分删除。

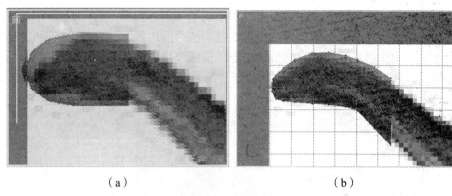

图 5.40 编辑头部

选定圆柱体,同时按 Alt 和 X 键,使圆柱体透明。如图 5.41(b)所示。

在修改器堆栈中展开编辑多边形修改器,选择顶点子层级。在保持切口平面不变的情况下,移动顶点使圆柱体与恐龙颈、躯干和尾部相一致。如图 5.41(c)所示。

渲染输出的结果如图 5.41(d)所示。

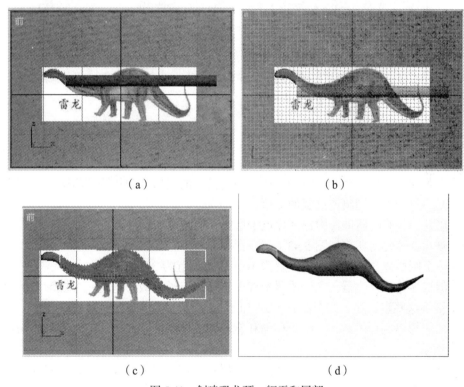

图 5.41 创建恐龙颈、躯干和尾部

在顶视图中对齐两个曲面的切口。选定其中一个曲面,打开修改命令面板,选择元素子层级,选择附加按钮,单击另一个曲面,就将两个曲面附加成了一个图形。如图 5.42(a)所示。

将两个曲面焊接在一起:在修改器堆栈中选择顶点子层级,在编辑顶点卷展栏中选择焊接按钮右侧的阈值设置按钮就会打开焊接顶点对话框,设置阈值为 20,选定要焊接的一对顶点，单击对话框中的应用按钮，一对顶点就焊接到了一起。如图5.42（b）所示。

由于两个曲面的顶点数不同，因此在顶点数少的曲面边界上，要使用编辑几何体卷展栏中的细化按钮，细化边来增加需要数量的顶点。全部焊接后的曲面如图5.42（c）所示。

通过移动点和边等操作整理曲面，使曲面变得光滑。恐龙的头、颈、躯干和尾部如图5.42（d）所示。

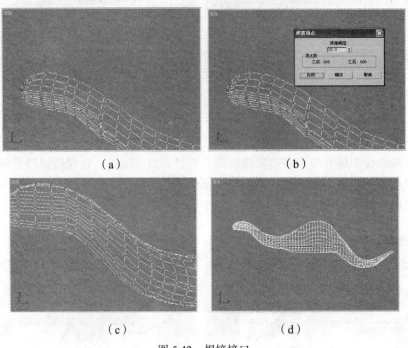

图 5.42　焊接接口

第四步：制作恐龙的腿。

制作恐龙的腿包括在恐龙的躯干上切割出连接腿的接口、制作腿和将腿连接到躯干上。

在恐龙的躯干上切割出连接腿的接口：

选定恐龙，在修改器堆栈中选择顶点子层级，选定要切割的点，按键盘上的Delete键将选定的点删除。这时的切口如图5.43（a）所示。

创建一个圆柱体，高度分段数设置为10，边数设置为30。

选择编辑多边形修改器，在修改器堆栈中选择顶点子层级，选定一个楔形区域内的点，按Delete键将这些点删除。如图5.43（b）所示。

将圆柱体与恐龙身体对齐。适当移动和旋转圆柱体，使圆柱体切口对准身体切口。如图5.43（c）所示。

选定圆柱体，在修改器堆栈中选择元素子层级，在几何体卷展栏中选择附加按钮，将圆柱体与恐龙身体附加在一起。

使用细化、塌陷、切角、焊接等操作调整两个切口的顶点数，使两个切口的顶点数基本相等。

选择修改器堆栈中的顶点子层级，选定圆柱体切口上一个顶点和躯干切口上一个最邻近的顶点。选择几何体卷展栏中的焊接按钮，将这两个点焊接在一起。切口上的所有对应点都一一焊接在一起。如图5.43（d）所示。

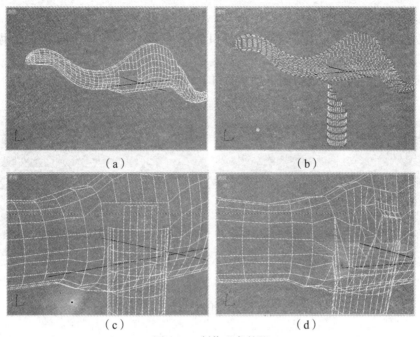

图 5.43　制作恐龙的腿

第五步：制作恐龙眼窝。

在恐龙头部选择一个点，设置切角量为 50，单击确定按钮，所得结果如图 5.44（a）所示。适当移动切角处的四个顶点，进行第二次切角。结果如图 5.44（b）所示。

在修改器堆栈中选择多边形子层级，选定眼窝处的多边形，选择倒角按钮，进行一次倒角，就得到了恐龙眼窝。如图 5.44（c）所示。

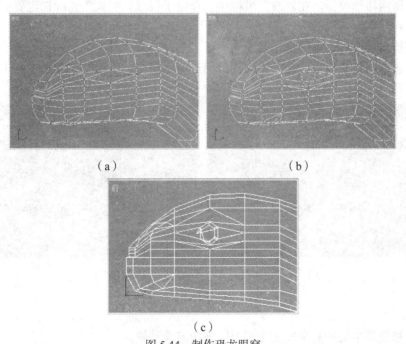

图 5.44　制作恐龙眼窝

第六步：制作恐龙的口。

在修改器堆栈中选择顶点子层级，选择口部分界处的顶点，单击塌陷按钮，塌陷结果如图 5.45（a）所示。

向后移动塌陷后的点，就得到了恐龙的口。如图 5.45（b）所示。

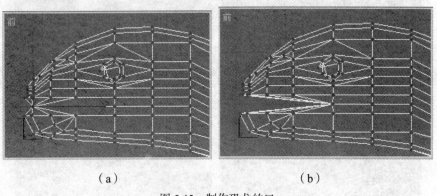

图 5.45　制作恐龙的口

将半边恐龙制作好以后，再使用对称修改器，对称复制另一半并会自动焊接在一起。

5.3.10　Face Extrude（面挤出）

面挤出修改器可以将在面子层级下选定的子对象挤出成新的面。选择面子对象可以使用网格选择修改器的面子层级。若不勾选从中心挤出复选框，则顺着法线方向挤出。

【实例】创建一栋大楼模型

创建一个长方体，长度分段数为 10，宽度分段数为 5。

选定选择网格修改器。在修改器堆栈中选择面子层级。按大楼轮廓选定要面挤出的面。如图 5.46（a）所示。

选择面挤出修改器，设置挤出量为 40。

再选定选择网格修改器，选择中间部分面进行面挤出。所得结果如图 5.46（b）所示。

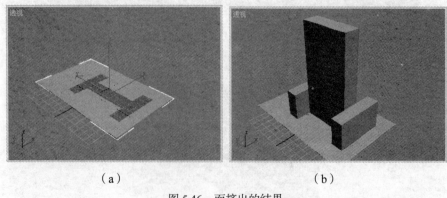

图 5.46　面挤出的结果

面挤出修改器中的所有参数变化都可以被指定成动画。

5.4 对几何体的修改器

5.4.1 FFD（自由变形）

FFD 为 Free Form Deformation 的缩写。自由变形修改器可以通过控制点对选定对象进行变换操作。指定了自由变形修改器的对象周围会出现一个长方体框格（晶格）。框格的控制点数目和框格形状有 2×2×2、3×3×3、4×4×4、长方体、圆柱体五种选择。FFD 的变换操作可以进行动画指定。

FFD 的子层级：

Control Stack（控制点）：在该子层级下，变换控制点时，对象会产生相应变化，并可为控制点的变换操作指定动画。

Lattice（框格）：在该子层级下，只能对整个框格进行移动、旋转和缩放。不能变换对象。且可为框格的变换指定动画。

Set Volume（设置体积）：在该子层级下，能对框格的任何部分进行移动、旋转和缩放。

主要参数：

Lattice（框格）：勾选了该复选框才显示框格。

Source Volume（原体积）：勾选了该复选框，框格在变形对象时保持不变，仅对象发生变形。

Only in Volume（仅在体内）：选择该选项，自由变形只影响到框格内的部分。

All Vertices（所有节点）：选择该选项，对象不论是否处在框格内，自由变形时都会产生影响。

Reset（重设）按钮：单击该按钮，恢复框格和对象的原有形状。

Animate All（动画所有控制点）按钮：单击该按钮，在轨迹视图中，为三个方向的控制点加入动画指定。

Conform to Shape（适合形态）：在勾选了外部点复选框后，单击该按钮，就能使框格与几何体的外形保持一致。

【实例】使用 FFD 修改器创建鸡蛋

鸡蛋两头的大小实际是不一样的，使用 FFD 修改器很容易实现这一点。

创建一个球体，选择缩放按钮沿 Y 轴放大得到一个椭球体。如图 5.47（a）所示。

选择修改命令面板，选择 FFD4×4×4 修改器，这时在椭球体周围就出现了一个 4×4×4 的长方体框格。如图 5.47（b）所示。

在 FFD 参数卷展栏中单击与图形一致按钮，框格就紧贴在了对象上。如图 5.47（c）所示。

在修改器堆栈中展开 FFD 修改器，选择控制点子层级。选定一端的控制点，使用缩放按钮放大，所得结果如图 5.47（d）所示。

5.4.2 Lattice（晶格）

晶格修改器可以将几何体转换成晶格。晶格由连接杆和连接点组成。

主要参数如下：

Geometry（几何体）选区：

Apply to Entire Object（应用于整个对象）：勾选该复选框，晶格修改器应用于整个对象，否则只应用于选定的子对象。

Joints Only from Vertices（仅来自节点的连接点）：选择该选项，则只显示由节点转换成的连接点。

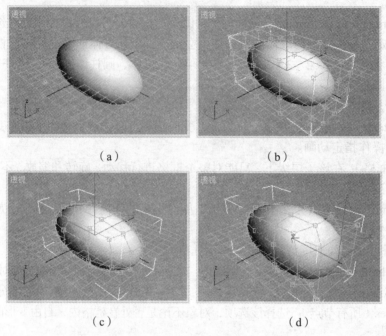

图 5.47　使用 FFD 修改器创建鸡蛋

Struts Only from Edges（仅来自边的连接杆）：选择该选项，则只显示由边转换成的连接杆。
Both（二者）：选择该单选项，则显示所有连接点和连接杆。
Struts（连接杆）选区：可以指定连接杆的半径、长度方向的分段数、横截面的边数和材质 ID 号码。
Joints（连接点）选区：可以指定连接点的面数、半径、片段数、材质 ID 号码、是否光滑等。
【实例】创建珍珠门帘
创建一个长方体，长、宽和门帘大小一致，高度为 0，长度分段数为 15，宽度分段数为 10。选择晶格修改器。参数选择为：连接杆半径为 0.01，连接点半径为 4，20 面体，分段数 13，其他参数为默认值。
在竖直方向加上连线。上方加一个长方体作固定物体。就得如图 5.48 所示的珍珠门帘。

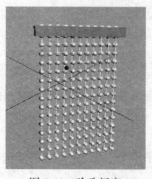

图 5.48　珍珠门帘

5.4.3 Linked Xform（链接变换）

链接变换修改器可以将对象或子对象选择集的变换操作链接到另一个对象上，这个对象称为控制对象。控制对象的所有移动、旋转、缩放都会传递给被控制对象。被控制对象本身不能独立地进行变换操作。

【实例】使用链接变换修改器变换茶壶

创建一个茶壶和一个球体。选定茶壶，选择链接变换修改器，单击拾取对象按钮，单击球体，球体就成了控制对象，茶壶是被控制对象。如图 5.49（a）所示。

给茶壶指定编辑网格修改器，选择子层级为元素，选定茶壶盖。选择链接变换修改器，将茶壶盖指定为被控制对象，球体指定为控制对象，沿 Z 轴正向移动球体，得图 5.49（b）。

在茶壶的编辑网格修改器中，选择次层级为顶点，选定茶壶上部节点。选择链接变换修改器，茶壶上部节点指定为被控制对象，球体指定为控制对象，沿 Z 轴正向移动球体，得图 5.49（c）。

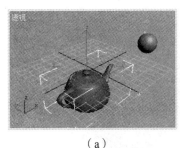 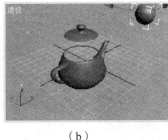 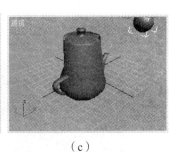

（a）　　　　　　　　　　（b）　　　　　　　　　　（c）

图 5.49　使用链接变换修改器变换茶壶

5.4.4 Melt（融化）

融化修改器可以用来模拟冰、果冻等的融化状态。指定成动画，可以模拟融化的过程。

主要参数：

Amount（数量）：指定融化的衰减范围，在 0~1000 取值。

% of Melt（融化百分率）：指定融化后延展的百分率。

5.4.5 Mesh Smooth（网格平滑）

网格平滑修改器，通过沿面的边界，在面的折角处添加新面片的方式，光滑网格对象表面。

Subdivision Method（细分方法）卷展栏：

Subdivision Method（细分方法）列表框有三个选项：经典、四边形输出、NURMS。

Classic（经典）：通过创建三角形或四边形面光滑对象。

Quad Output（四边形输出）：仅创建四边形面光滑对象。可以为边或面指定不同的张力，还可以通过光滑长度松弛节点。

NURMS：即 Non-Uniform Rational Mesh Smooth Object 的缩写。可译成非均匀有理网格光滑。

Subdivision Amount（细分量）卷展栏：

Iterations（迭代次数）：从已有节点插值，计算新面的值需迭代的次数。在 0~10 取值。值越大计算时间越长，按 ESC 键可结束计算，恢复原有设置。

Smoothness（光滑度）：指定要进行光滑处理的拐角光滑度。值为 0，则不加入新面进行光滑处理。值为 1，则所有节点加入新面进行光滑处理。

【实例】用网格平滑修改器平滑对象

创建一个长方体、一个圆柱体、一个四棱锥。如图 5.50（a）所示。

选用网格平滑修改器，采用经典细分方法，迭代次数为 5，光滑度为 1，所得结果如图 5.50（b）所示。

HSDS 修改器和涡轮平滑修改器与网格平滑修改器具有类似的作用。图 5.50（c）左边两个对象是指定了涡轮修改器得到的结果，右边两个对象是指定了 HSDS 修改器得到的结果。

Smooth（平滑）修改器也可自动给对象表面施加光滑处理。只有对象的分段数较大，且平滑阈值也较大时，才会产生明显的光滑效果。图 5.50（d）中三个对象每边的分段数均为 10，阈值为 100。

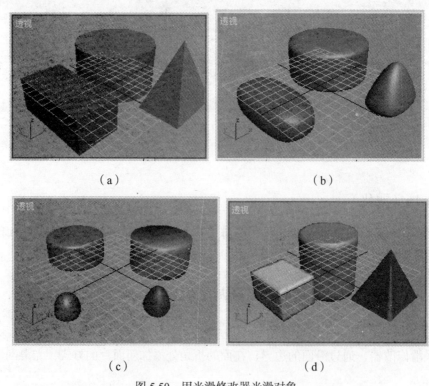

图 5.50 用光滑修改器光滑对象

【实例】用网格平滑修改器创建一个茶叶筒和一块香皂

创建一个圆柱体。适当增加高度分段数、端面分段数和边数。选择网格平滑修改器进行平滑。给圆柱体指定一幅贴图。渲染后的结果如图 5.51（a）所示。

由于平滑后的圆柱体不能使用曲面变形（WSM）修改器，因此再创建一个圆柱体，转换成 NURBS 曲面后，使用曲面变形（WSM）修改器，在表面贴上"西湖龙井"四个字，将贴字的圆柱体隐藏于平滑圆柱体内，仅让文字露出表面。

创建一个圆，在渲染卷展栏中设置厚度为 2，置于平滑圆柱体筒盖接口处。渲染后的结果如图 5.51（b）所示。

创建一个长方体，长、宽、高的分段数依次为：5、3、2，给长方体加上平滑修改器，选择经典细分方法，迭代次数设置为 5。

创建香皂两个字，挤出后与平滑长方体进行布尔相减运算。

最后渲染结果如图 5.51（c）所示。

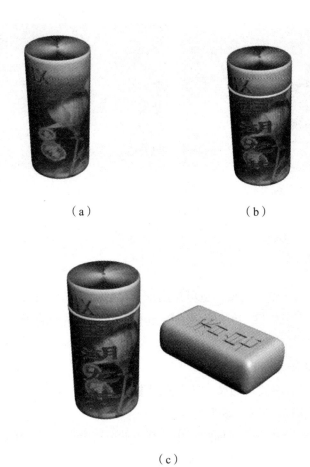

（a）　　　　（b）

（c）

图 5.51 用网格平滑修改器创建茶叶筒和香皂

5.4.6 Mirror（镜像）

镜像修改器用于创建选定对象的镜像对象。该修改器可以作用于对象，也可作用于子对象。还可通过变换修改器线框，指定镜像变换的动画。

主要参数：

Offset（偏移）：指定镜像对象和源对象的距离。

Copy（复制）：勾选该复选框，则复制一个镜像对象，否则镜像变成拉伸。

【实例】使用镜像修改器创建一个三嘴茶壶

创建一个茶壶。

选择多边形选择修改器。

在修改器堆栈展开选择多边形修改器,选择元素子层级。

选定茶壶嘴,选择镜像修改器,镜像轴选择为 Y,偏移值设置为 10,勾选复制复选框就会镜像出一个壶嘴。如图 5.52(a)所示。

从选择多边形选择器开始,重复上述操作一遍,只是偏移值设置为 -10,其他操作不变,这时会在原壶嘴的负 Y 方向复制出一个壶嘴。如图 5.52(b)所示。

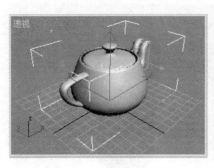 

（a）　　　　　　　　　　　　　（b）

图 5.52　使用镜像修改器创建一个三嘴茶壶

5.4.7 Noise(噪波)

噪波修改器可以作用于整个对象,也可作用于子对象。在选择轴向上,随机移动对象表面节点位置,产生扭曲变形效果。可以用来创建起伏的丘陵、飘扬的旗帜等。

主要参数:

Seed(种子):噪波修改器的随机数。

Scale(比例):设定噪波效果的尺寸。高值产生平滑效果,低值产生尖锐效果。

Fractal(分形):对噪波进行分形处理。

Roughness(粗糙度):指定分形面的大小,高、低值的分形效果。值越大越粗糙。

Iterations(迭代次数):重复进行分形处理的次数。

Strength(强度):指定轴向最大值与最小值的差值。在该选区坐标数码框中输入的值,为该轴向的强度。若三个轴都为 0,则不产生噪波。

Animate Noise(动画噪波):勾选该复选框,开启动画噪波的设置。

Frequency(频率):噪波变化的频率。

Phase(相位):噪波动画的初始相位。

5.4.8 Push(推力)

推力修改器可以使对象表面的节点,按设定的推力值,相对于中心向外或向内移动。

参数:

Push Value(推力值):对象表面节点相对于中心被移动的距离。正值向外移动,负值向内移动。

【实例】使用推力修改器修改茶壶

创建一个茶壶。

选择修改命令面板，选择推力修改器，设置推力值为 5。得图 5.53。

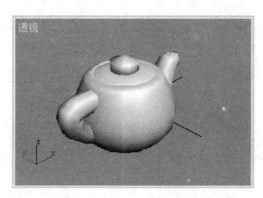

图 5.53　使用了推力修改器的茶壶

5.4.9　Wave（波浪）和 Ripple（涟漪）

Wave（波浪）修改器可以用来模拟波浪，Ripple（涟漪）修改器可以用来模拟涟漪效果。两个修改器的参数相同，产生的效果有所不同。

【实例】创建波浪和涟漪

创建波浪：

创建一个平面。长度分段数设为 30，宽度分段数设为 14。

给平面赋标准材质，不透明度设为 60，漫反射颜色设为浅蓝色。

选择修改命令面板，选择 Wave（波浪）修改器。打开自动关键帧按钮，0 帧时输入参数：振幅 1 为 15，振幅 2 为 1，波长为 50，相位为 0。100 帧时输入参数：振幅 1 为 0，振幅 2 为 5，波长为 50，相位为 10。

播放动画，可以看到向前推进的波浪。如图 5.54（a）所示。

用一幅有水面的位图文件做环境贴图，渲染输出动画。截取的第 70 帧画面如图 5.54（b）所示。

创建涟漪：

创建一个平面。选择的长度分段数和宽度分段数均为 30。

选择修改命令面板，选择 Ripple（涟漪）修改器，打开自动关键帧按钮，0 帧时输入参数：振幅 1 为 10，振幅 2 为 0，波长为 50，相位为 10。100 帧时输入参数：振幅 1 为 0，振幅 2 为 10，波长为 50，相位为 0。

播放动画，可以看到向四周扩散的涟漪。如图 5.54（c）所示。

用一幅水面的位图文件做环境贴图，渲染输出动画。截取的第 70 帧画面如图 5.54（d）所示。

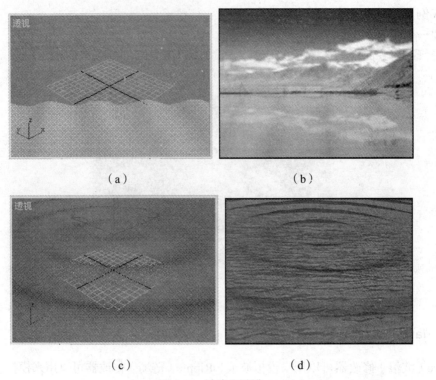

（a） （b）

（c） （d）

图 5.54 波浪和涟漪

5.4.10 Skew（倾斜）

倾斜修改器能够按照指定的数量、方向、倾斜轴使对象发生倾斜。

【实例】使用倾斜修改器倾斜对象

创建一个圆柱体和一个茶壶。如图 5.55（a）所示。

选择圆柱体，选择修改命令面板，选择倾斜修改器，设置数量为 -20，倾斜轴为 X 轴。

选择茶壶，选择修改命令面板，选择倾斜修改器，设置数量为 20，倾斜轴为 Z 轴。

两个对象使用倾斜修改器的结果如图 5.55（b）所示。

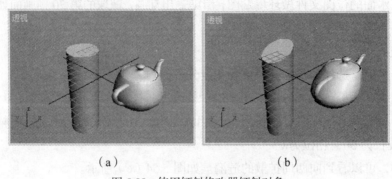

（a） （b）

图 5.55 使用倾斜修改器倾斜对象

5.4.11 Slice（切片）

切片修改器使用一个剪切平面，将选定对象进行切割处理，在对象的切割线上生成新的节点。

修改器堆栈：

Slice Plane（切片平面）：切片平面通过一个黄色线框表示。选定切片平面后，切片平面也可进行移动、旋转、缩放等变换操作。并可记录成动画。

主要参数：

Refine Mesh（优化网格）：在剪切平面与对象的相交处加入新的节点和边，被剪切的面被分割为两个新面。

Split Mesh（分离网格）：在切片平面与对象的相交处，将对象分割成两个独立的元素，利用编辑网格等修改器可以对分割出来的元素进行相关操作。

Remove Top（移除上部）：删除剪切平面以上部分。

Remove Bottom（移除下部）：删除剪切平面以下部分。

5.4.12 Spherify（球形化）

球形化修改器能将选定的对象变成球状对象。

【实例】球形化对象

创建一个长方体，一个圆环和一个管状体。如图5.56（a）所示。对三个对象使用球形化修改器，所得结果如图5.56（b）所示。

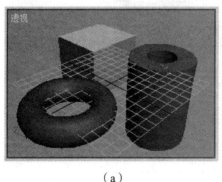
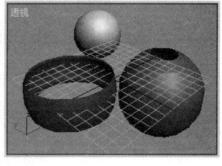

（a） （b）

图5.56 球形化对象

5.4.13 Squeeze（挤压）

挤压修改器能在轴向和径向两个方向挤压延展变形对象。

主要参数：

Axial Bulge（轴向突出）选区：

Amount（数量）：轴向突出的大小。

Curve（曲线）：膨胀曲线的曲率。

Radial Squeeze（径向挤压）选区：

Amount（数量）：径向挤压的大小。径向挤压是在轴心点所在的横截面发生挤压，其他端面发生延展。

【实例】创建一根竹子

创建一个管状体，高度分段数为20，边数为30。

选择挤压修改器，设置径向挤压数量为0.003，径向挤压曲线为12，体积平衡偏移为85，其他为默认参数。所得结果如图5.57（a）所示。

复制若干节竹子组成竹子主干和竹子枝条。如图5.57（b）所示。

使用一幅竹子的图像文件做环境贴图，渲染输出的结果如图5.57（c）所示。

图 5.57 挤压对象

5.4.14 Stretch（拉伸）

拉伸修改器可以在指定轴向伸缩对象。

主要参数：

Stretch（拉伸）：在指定轴向的放缩强度。为正时放大，为负时缩小。图 5.58（a）是三个相同茶壶，选择的拉伸值一样，从左至右依次选择 X、Y、Z 轴向拉伸的结果。

Amplify（放大）：在次轴向上缩放的倍数。图 5.58（b）中两个茶壶的拉伸值相同，但左侧茶壶放大倍数为2，右侧茶壶放大倍数为10。

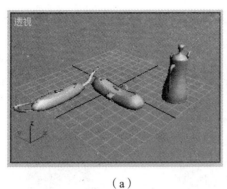
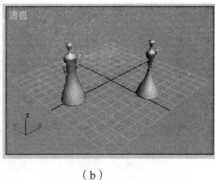

（a） （b）

图 5.58 拉伸对象

5.4.15 Taper（锥化）

锥化修改器可使对象按指定数量、曲线进行锥化。选择的锥化轴不同，产生的结果会有很大差异。图 5.59 是五个相同的圆柱体，选择相同的锥化值，但选择不同的锥化轴所得的结果。

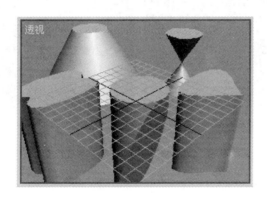

图 5.59 施加锥化修改器的圆柱体

5.4.16 Twist（扭曲）

扭曲修改器可以按照指定的扭曲轴向和角度扭曲对象。

主要参数：

Angle（角度）：扭曲变形的角度。

Bias（偏向）：扭曲效果在对象表面向上或向下偏移的值。

Twist Axis（扭曲轴）：选区可以选定扭曲变形依据的轴向。

【实例】木螺丝的制作

创建一个圆柱体，高度分段数设置为 12，边数设置为 30。

选择扭曲修改器，输入扭曲角度为 10000。创建出木螺丝的螺纹。如图 5.60（a）所示。

选择编辑网格修改器，选择面子层级，选定木螺丝上顶部的所有面，使用倒角按钮，进行两次倒角，创建出木螺丝的无螺纹部分和木螺丝头。如图 5.60（b）所示。

创建一个长方体，与螺丝头进行布尔相减运算，就能制作出螺丝头的槽口。如图 5.60（c）所示。

选择编辑网格修改器，选择顶点子层级，选定木螺丝另一端末端一圈内的全部顶点，选择缩放按钮，将它们缩小成一点，选择移动按钮，沿 Z 轴移动拉长尖端的长度，就得到了一个完整的木螺丝。如图 5.60（d）所示。

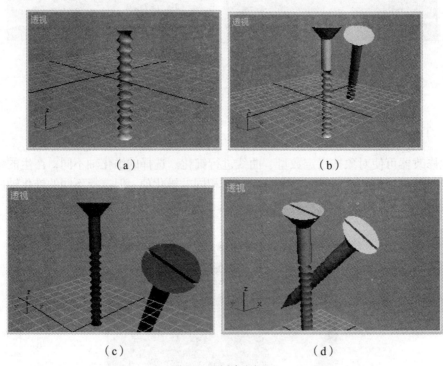

图 5.60 创建木螺丝

5.4.17 Shell（壳）

壳修改器可以为对象新增一些额外面，以使对象增加一个厚度。

主要参数：

Inner Amount（内部量）：向内挤压的厚度。

Outer Amount（外部量）：向外挤压的厚度。

Bevel Edges（倒角边）：勾选该复选框，就可以为挤压过程指定一条倒角样条线。

Bevel Spline（倒角样条线）：单击该按钮，再单击已有的一条不闭合样条线，该曲线就被指定为挤压时倒角的轮廓线。

【实例】壳修改器在创建酒杯中的应用

创建一条 NURBS 曲线，旋转后得图 5.61（a）的酒杯。可以看出该酒杯的厚度为 0。

选择壳修改器，设置内部量为 3，就得到厚度不为零的，如图 5.61（b）所示的酒杯。

在左视图中由上至下画一条样条线，单击倒角样条线按钮，再单击样条线，就得到图 5.61（c）中的酒杯。

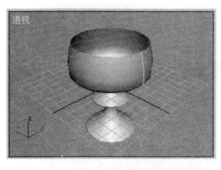
（a）

（b）

（c）

图 5.61　壳修改器在创建酒杯中的应用

5.4.18　Bend（弯曲）

弯曲修改器可以按照指定的方向和角度弯曲选定的对象。

主要参数：

Angle（角度）：弯曲的角度。

Direction（方向）：垂直于弯曲轴平面内旋转的角度。

Bend Axis（弯曲轴）：实施弯曲的轴向。

【实例】制作雨伞

制作雨伞包括制作伞盖和伞把。

制作伞盖：

在顶视图中创建一条与 X 轴平行的样条线。将样条线转换为可编辑样条线。在渲染卷展栏中勾选在渲染中启用和在视口中启用复选框，厚度设置为 1。将样条线拆分成 10 段。如图 5.62（a）所示。

选择弯曲修改器，弯曲角度为 25°，弯曲轴为 Y 轴。如图 5.62（b）所示。

绕 Y 轴旋转 25°。如图 5.62（c）所示。

将轴心点移到左端点上。旋转复制 10 条样条线。将所有样条线转换成 NURBS 曲线。如图 5.62（d）所示。

打开 NURBS 工具箱，选择创建规则曲面按钮，在两条曲线之间创建规则曲面就得到伞盖的一个扇面。如图 5.62（e）所示。

旋转复制 10 个扇面。就得到了伞盖。如图 5.62（f）所示。

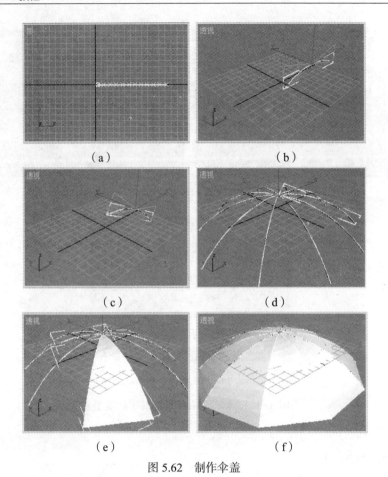

图 5.62 制作伞盖

制作伞把：

创建一个圆柱体，设置高度分段数为 20，边数为 30。

复制一个圆体，选择弯曲修改器，弯曲角度为 180°。选定另外一个圆柱体，选择编辑网格修改器，选择顶点子层级，选定圆柱体一个端面上的所有顶点，缩小成锥形，并沿 Z 轴正向拉长锥体长度。如图 5.63（a）所示。

将两个圆柱体的一端对接并组合成组就构成了伞把，如图 5.63（b）所示。

将伞把与伞盖对齐，就做成了一把伞，如图 5.63（c）所示。

给伞贴图。渲染输出的结果如图 5.63（d）所示。

5.4.19　Taper（细分）

使用细分修改器能够细分对象的整个表面，以便于对表面进行更细致的编辑操作。

Amount（大小）：细分后子面的大小。

【实例】通过细分创建鱼的背鳍和侧鳍

图 5.64（a）是使用 UV 放样创建的鱼模型。从图中可以看出，鱼表面的分段数比较少，不适合直接通过鱼体本身创建背鳍和侧鳍。必须要增加鱼体表面的分段数。

为了保持鱼体的光滑，使用细分修改器将鱼体细分，细分大小设置为 3。

选择编辑网格修改器，选择顶点子层级，这时鱼体表面的分段数增加了很多。细分的表面如图 5.64（b）所示。

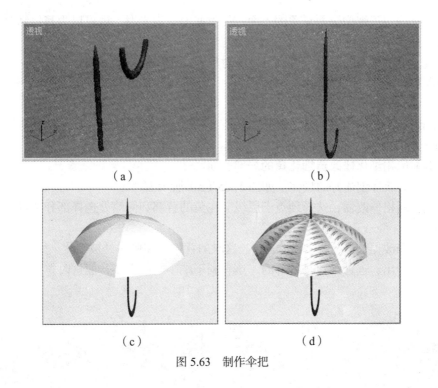

图 5.63 制作伞把

选定要创建背鳍的点，使用移动按钮向上拉伸，就得到了背鳍。如图 5.64（c）所示。用同样的方法创建出侧鳍。创建出的侧鳍如图 5.64（d）所示。

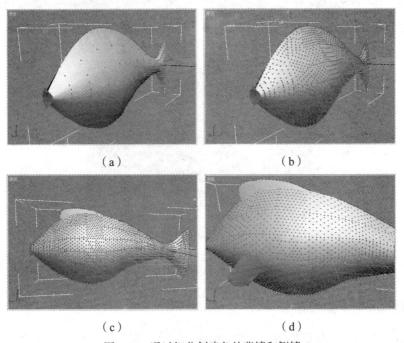

图 5.64 通过细分创建鱼的背鳍和侧鳍

5.4.20 Tessellate（细化）

细化修改器用于细化分割对象的表面，使得曲面更为光滑，也可以为其他修改编辑操作提供更高的复杂度。

该修改器可细化多边形对象表面，网格对象在面子层级下的表面。

主要参数：

Faces（面）◁：细化成三角形。

Polygons（多边形）▫：细化成多边形。

Iterations（迭代次数）：细分的重复次数。

【实例】使用细化修改器细化鱼的局部表面

打开用 UV 放样创建好的鱼体。如图 5.65（a）所示。

选择编辑网格修改器，选择顶点子层级。在鱼的背部和侧鳍处选择部分顶点。如图 5.65（b）所示。

选择细化修改器，迭代次数选择为 3。这时的背鳍处和侧鳍处被细化。如图 5.65（c）所示。图中可以看出，这种细化是局部的，这有利于减小文件大小，但这时整个表面的质量会变坏。

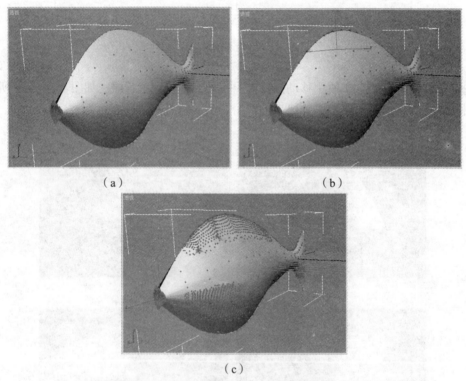

图 5.65 使用细化修改器细化鱼的局部表面

5.4.21 Morpher（变形器）

Morpher（变形器）修改器可以变形 mesh（网格）对象、Patch（面片）对象、NURBS 曲面对象、样条线和 FFD 空间扭曲。

对于网格对象，变形器修改器要求变形基本对象与变形目标对象要有相同的节点数。对于面片对象和 NURBS 曲面对象，变形器修改器根据控制点进行变形计算。

变形器修改器常用于制作面部表情动画。

【实例】创建变形器动画

选择创建命令面板，选择几何体子面板，单击几何体列表框中展开按钮，在列表中选择 Patch Grids（面片栅格），单击 Quad Patch（四边形面片）按钮，在参数卷展栏中设置长度分段数和宽度分段数均为 10。在透视图中拖动产生一面片网格对象。

选定其中一个作基本对象，对准它右单击，选择转换为可编辑面片对象命令。

复制一个面片网格对象。如图 5.66（a）所示。

选择修改命令面板，在修改器堆栈中选择节点子层级。

在基本对象上选择一些点并向上拉伸。如图 5.66（b）所示。

在修改器堆栈中选择可编辑面片父层级。

选定另一个可编辑面片（目标对象），选择修改命令面板，在修改器列表中选择 Morpher（变形器）修改器。

在 Channel List（通道列表）卷展栏中选择 Pick from Scene（从场景中拾取对象）按钮，单击基本可编辑面片对象，在通道列表的第一个按钮上就会出现该对象名称。

激活自动关键帧按钮，将时间滑动块拖到 100 帧。

在通道列表中第一个通道按钮的右侧数码框中输入 100。

播放动画，可以看到目标对象渐渐变形成基本对象。图 5.66（c）是截取的第 60 帧。

利用 Morpher（变形器）修改器的这一特点，可以在动画中创建人物表情随动画过程的变化而变化。

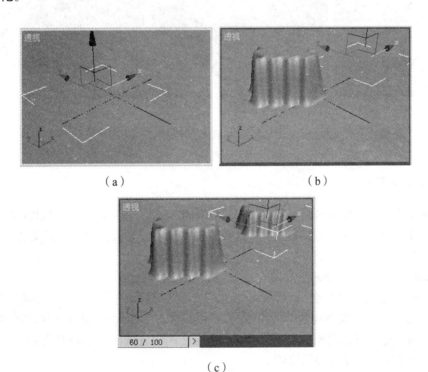

图 5.66 Morpher（变形器）修改器动画

5.5 其他修改器

5.5.1 Displace Mesh-WSM（贴图缩放器：WSM）

该修改器能缩放贴图的大小。

Scale（比例）：贴图缩放比例。大于 100 为放大，小于 100 为缩小。

U Offset（U 向偏移）：贴图在 U 轴方向偏移的距离。

V Offset（V 向偏移）：贴图在 V 轴方向偏移的距离。

Channel（通道）：通过数码框重新指定贴图通道。

【实例】缩放贴图

创建一个长方体。

单击主工具栏中的材质编辑器按钮，打开材质编辑器。选择一个示例对象。展开贴图卷展栏，勾选漫反射颜色复选框，单击对应的长条形按钮，打开材质/贴图浏览器，双击贴图列表中的位图，弹出选择位图图像文件对话框，选择如图 5.67（a）所示的图像文件，单击打开。单击编辑材质工具栏中的将材质赋给选择对象按钮。单击主工具栏中的快速渲染按钮，得图 5.67（b）。

选择修改命令面板，在修改器列表中选择贴图缩放器（WSM）修改器，设置比例为 50，重新渲染得图 5.67（c）。

 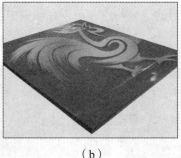 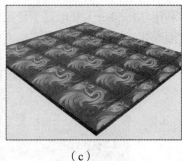

（a） （b） （c）

图 5.67 缩放贴图

5.5.2 Skin（蒙皮）

蒙皮修改器可以应用于骨骼、样条线、变形网格对象、面片对象、NURBS 对象等。只要在对象内或对象旁放置了骨骼系统，在为该对象指定了蒙皮修改器，且对象的节点都包含在蒙皮的封套中时，对象的节点就会随骨骼系统一起运动。

Parameters（参数）卷展栏：

Edit Envelopes（编辑封套）：激活该按钮，就可以对封套进行编辑。封套有两层，内层为红色，外层为暗红色。拖动封套上的控制点，可以改变封套的大小。处在内层内的对象 100% 受骨骼的影响，这时对象表面为红色。内层到外层之间为衰减区，影响力越来越小。外层以外的区域，对象完全不受骨骼的影响。

Add Bone（添加）骨骼：单击该按钮，会弹出 Select Bone（选择骨骼）对话框，通过对话框，可以选择控制对象的骨骼。

Radius（半径）：单击封套的控制点选择一个截面后，可以在该数码框中输入一个值确定封套截面的大小。

【实例】使用蒙皮修改器给骨骼蒙皮

创建一个圆柱体和一组骨骼。如图 5.68（a）所示。

将骨骼置于圆柱体中。

选定圆柱体，打开修改命令面板，展开修改器列表，在列表中选择蒙皮修改器。

单击 Add Bone（添加）按钮弹出 Select Bones（选择骨骼）对话框，选择需要蒙皮的骨骼，这时选择的骨骼名称就会显示在参数卷展栏的骨骼列表框中。

在参数卷展栏中，激活 Edit Envelopes（编辑封套）按钮。这时圆柱体旁边就会出现一个网状的封套。如图 5.68（b）所示。

拖动封套的控制柄，改变封套大小，使封套套住圆柱体的所有节点。这时圆柱体的节点都变成了红色。如图 5.68（c）所示。

移动骨骼时，圆柱体会做相应的运动。如图 5.68（d）所示。

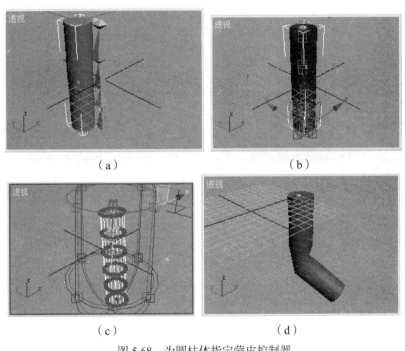

图 5.68　为圆柱体指定蒙皮控制器

【实例】对样条线使用蒙皮修改器创建人的行走动画

创建一条 10 圈的螺旋线做人的头部。创建一条有 4 个节点的样条线做人的躯干。创建 4 条有三个节点的样条线做人的四肢。所有样条线的渲染厚度均设置为 3。为了区分四肢的左右，将一只手和一只脚设置为红色，另外一只手和另外一只脚设置为蓝色。如图 5.69（a）所示。

创建人的骨骼系统：躯干有 4 块骨头，头和四肢均为 3 块骨头。头和四肢的骨骼都连接在躯干上。对应人体每部分的骨骼与相应部分贴近，每块骨头的长度与每段样条线的长度相近，所有骨头每块的高度和宽度均设置为 3，锥化设置为 0。如图 5.69（b）所示。

在左视图中创建人的跑步动画。每隔 20 帧更换一个跑步姿势，左手在前时，右腿在后。第 20 帧的姿势如图 5.69（c）所示。

第 40 帧的姿势如图 5.69（d）所示。

渲染输出动画，第 35 帧的画面如图 5.69（e）所示。

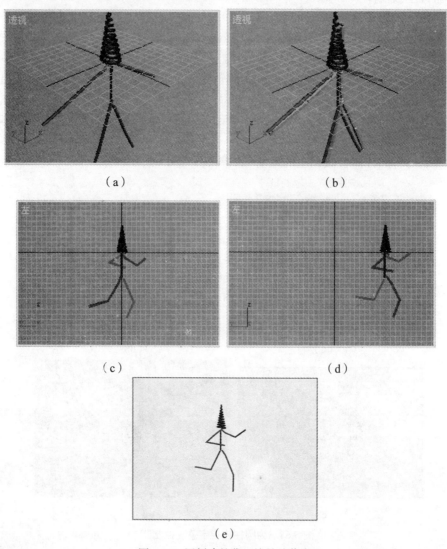

图 5.69　用创建的曲面给骨骼蒙皮

【实例】制作鱼

创建一个切角长方体，长、宽、高的分段数依次为 10、6、3。选择编辑网格修改器，在修改器堆栈中展开编辑网格修改器，选择节点子层级。切角长方体的线框显示如图 5.70（a）所示。

编辑切角长方体成鱼的形状。注意对称地调整节点。如图 5.70（b）所示。

创建一条背鳍轮廓线，使用挤出修改器挤出 2 个单位。选择编辑网格修改器，选择附加按钮，将背鳍和鱼附加到一起。如图 5.70（c）所示。

给鱼模型赋材质。

创建骨骼：脊椎骨骼的宽度为 0.01，高度为 50，锥化为 0。如图 5.70（d）所示。

冻结鱼模型，调整骨骼大小和位置，使其与鱼的模型相匹配。如图 5.70（e）所示。

选定鱼的模型。选择蒙皮修改器，单击参数卷展栏中的添加按钮，将所有骨骼添加到骨骼列表框中。

鱼的前鳍是一个椭圆挤出后制成的。眼球是两个球体叠加而成。腮盖的轮廓是一条厚度为 4 的样条线。将眼球、前鳍、腮盖轮廓线链接到鱼模型上。

创建动画，就能看到鱼的游动。图 5.70（f）是动画中的一幅画面。

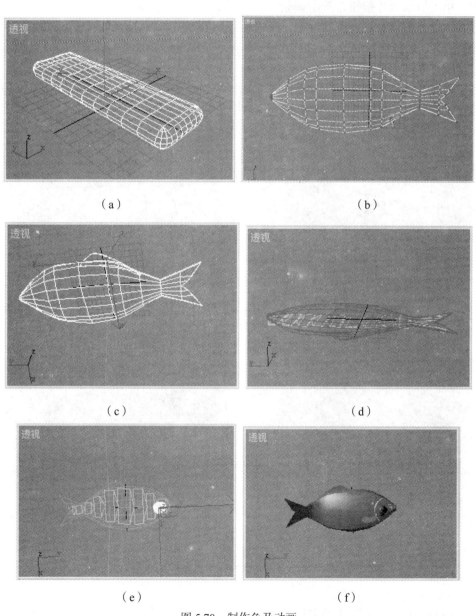

图 5.70 制作鱼及动画

5.5.3 Skin Wrap Patch（蒙皮包裹面片）

蒙皮包裹面片修改器允许一个面片对象变形一个网格对象。这里所指的变形包括缩放等变换操作和用修改器进行的变形。

蒙皮包裹面片的操作步骤是：创建一个网格对象和一个面片对象，给网格对象指定蒙皮包裹面片修改器，在参数卷展栏中单击拾取面片按钮，单击面片对象。

【实例】借助蒙皮包裹面片修改器用茶壶变形高脚酒杯

创建一个高脚酒杯，创建一个茶壶，将茶壶转换为可编辑面片对象。如图5.71（a）所示。

选定高脚酒杯（网格对象）。打开修改命令面板，选择蒙皮包裹面片修改器，在参数卷展栏中，单击拾取面片按钮，单击茶壶。

缩放茶壶，可以看到高脚酒杯也一起缩放。如图5.71（b）所示。

选定茶壶，选择挤压修改器，轴向凸出数量设置为0.5，这时可以看到高脚酒杯随同茶壶一起被挤压。如图5.71（c）所示。

选定茶壶，选择FFD 4×4×4修改器，选择控制点子层级，移动控制点，这时高脚酒杯也会随之发生变形。如图5.71（d）所示。

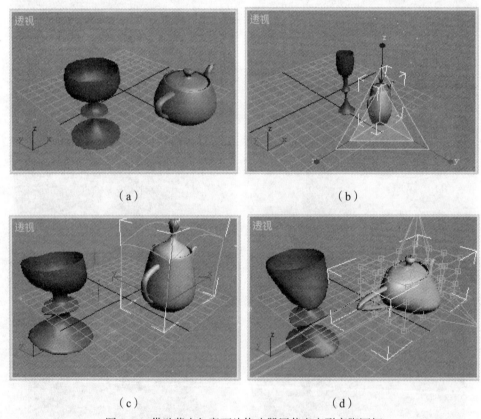

图5.71　借助蒙皮包裹面片修改器用茶壶变形高脚酒杯

5.5.4 Skin Morph（蒙皮变形）

蒙皮变形修改器往往与蒙皮或相当于蒙皮的修改器一起使用。蒙皮变形修改器能用来编辑已使用蒙皮修改器后的蒙皮模型。例如二足角色动画中，使用蒙皮变形修改器编辑四肢弯曲后，肌肉的变化和弯曲部位表皮的变化。

【实例】使用蒙皮变形修改器编辑二足角色右上臂弯曲时的表皮

创建一个二足角色。将二足角色的右臂伸直。如图 5.72（a）所示。

创建一个圆柱体。将圆柱体与右上臂对齐。给圆柱体指定蒙皮修改器，添加右上臂的两块骨骼 Bip01 R Forearm 和 Bip01 R Upper Arm。如图 5.72（b）所示。

创建右上臂弯曲的动画：0 帧时手臂伸直，50 帧时手臂弯曲最大，100 帧时手臂伸直。播放动画，可以看到手臂由伸直到弯曲，再由弯曲到伸直。在这个动画过程中，看不到手臂肌肉的任何变化。第 30 帧的手臂如图 5.72（c）所示。第 50 帧的手臂如图 5.72（d）所示。

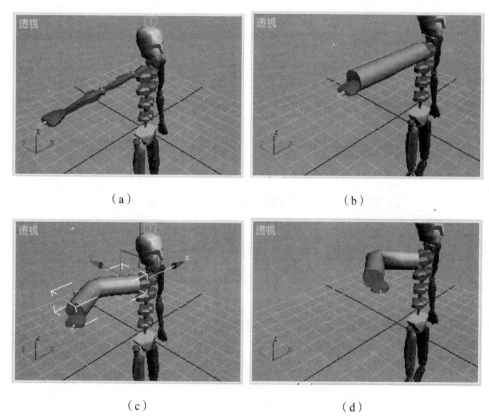

（a）　　　　　　　　　　　　　　（b）

（c）　　　　　　　　　　　　　　（d）

图 5.72　未使用蒙皮变形修改器时创建手臂弯曲的动画

选择蒙皮变形修改器。在参数卷展栏中单击拾取骨骼按钮，将 Bip01 R Forearm 和 Bip01 R Upper Arm 两块骨骼添加到列表框中。

在修改器堆栈中展开蒙皮变形修改器，选择点子层级。在参数卷展栏中选择 Bip01 R Upper Arm。如图 5.73（a）所示。

在局部属性卷展栏中选择编辑按钮。如图 5.73（b）所示。

打开自动关键帧按钮，将时间滑动块移到 50 帧。选择右上臂上部分顶点，移动这些顶点，产生肌肉凸起的效果。如图 5.73（c）所示。

播放动画，30 帧的手臂如图 5.73（d）所示。80 帧的手臂如图 5.73（e）所示。

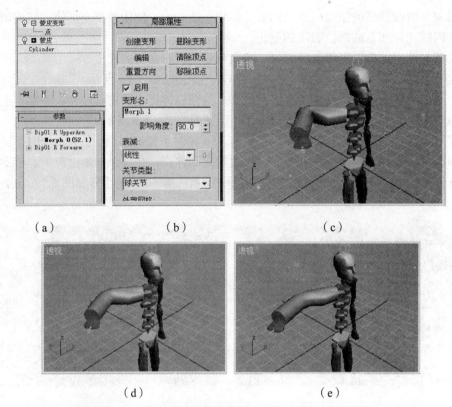

图 5.73 使用蒙皮变形修改器后创建手臂弯曲的动画

5.5.5 Hair and Fur（WSM）（毛发和毛皮（WSM））

Hair and Fur（WSM）（毛发和毛皮（WSM））修改器可以使用到各种几何体和各种曲面上，模拟出人的头发、汗毛，动物毛皮，草地等。

Hair and Fur（WSM）修改器的修改命令面板如图 5.74 所示。

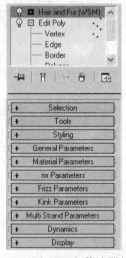

图 5.74 Hair and Fur（WSM）修改器的修改命令面板

Tools（工具）卷展栏：

加载按钮 Load ：单击该按钮，就会打开 Hair 和 Fur 预设值对话框，如图 5.75 所示。双击可以选定一种发型作为预设值，当将头发转换为网格或样条线时，创建的头发就是这种预设发型。

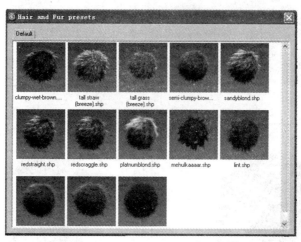

图 5.75 Hair and Fur 预设值对话框

头发 –>样条线按钮 Hair > Splines ：单击该按钮，头发就会转换成可编辑样条线。这时头发就可以像编辑其他可编辑样条线一样进行编辑。

头发 –>网格按钮 Hair > Mesh ：单击该按钮，可以将头发转换成可编辑网格。这时头发就可以像编辑其他可编辑网格对象一样进行编辑。

渲染设置按钮 Render Settings... ：单击该按钮，就会打开环境和效果对话框。如图 5.76 所示。

选择效果选项卡，在 Hair and Fur 卷展栏中，在选择头发渲染选项的头发列表框中选择 MR prim 选项，渲染输出头发时会暂存源文件，当关闭渲染输出窗口后，就会立即打开暂存的源文件，这样可以去除不必要的等待时间。

【实例】在不同对象上使用 Hair and Fur（WSM）修改器

创建一个球体、一个面片栅格对象和一个 NURBS 曲面。如图 5.77（a）所示。

分别在这些对象上使用 Hair and Fur（WSM）修改器，渲染结果如图 5.77（b）所示。

创建一个 Biped。选定人的头部，对头部使用 Hair and Fur（WSM）修改器，将头发转换成网格。渲染结果如图 5.77（c）所示。

选定 Object01，在修改器堆栈中展开可编辑网格，选择顶点子层级。选定面部的头发，将其删除。渲染结果如图 5.77（d）所示。

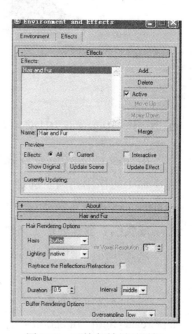

图 5.76 环境与效果对话框

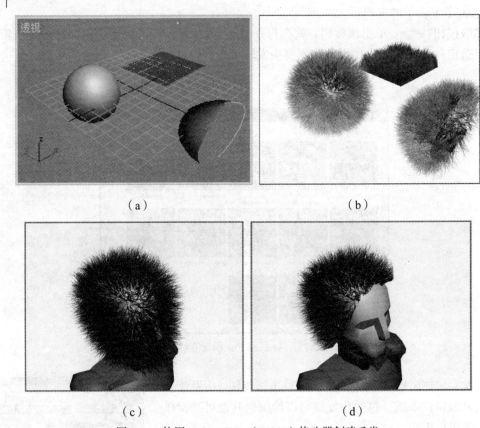

图 5.77 使用 Hair and Fur（WSM）修改器创建毛发

5.5.6 Reactor Cloth（Reactor 布料）

Reactor Cloth（Reactor 布料）修改器的作用与 Reactor 菜单中 Cloth Modifier（布料修改器）命令的作用相同。选定 Reactor Cloth 修改器，单击 Reactor 工具栏中的 Create Cloth Collection（创建布料类对象）按钮，就可以将选定的曲面创建成布料。

【实例】创建一块上边缘固定的窗帘

选定几何体子面板，创建一个平面，长度分段和宽度分段均设置为 14。如图 5.78（a）所示。

打开修改命令面板，在修改器列表中选定 Reactor Cloth 修改器，单击 Reactor 工具栏中的 Create Cloth Collection（创建布料类对象）按钮，平面就创建成了布料。

选定已创建成布料的平面，在修改器堆栈中展开 Reactor Cloth，选择 Vertex 子层级。选择平面一侧边缘的所有顶点。在 Constraints 卷展栏中单击 Fix Vertices 按钮，就将选定的顶点固定到了视图上。

选择 Reactor 菜单中的 Create Animation 命令对布料创建动画。

渲染输出动画，可以看到窗帘的摆动。第 50 帧的渲染结果如图 5.78（b）所示。

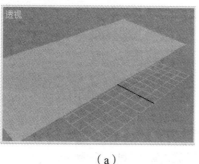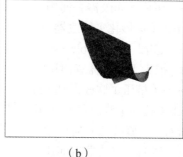

（a） （b）

图 5.78　创建一块上边缘固定的窗帘

5.5.7　Reactor Soft Body（Reactor 柔体）

Reactor Soft Body（Reactor 柔体）修改器的作用与 Reactor 菜单中 Soft Body Modifier（柔体修改器）命令的作用相同。选定 Reactor Soft Body 修改器，单击 Reactor 工具栏中的 Create Soft Body Collection（创建柔体类对象）按钮，就会将源对象创建成柔体类对象。

思考与练习

一、思考与练习题

1. 修改器堆栈在哪里，它有何用途？
2. 对修改器堆栈可以进行哪些操作？
3. Extrude（挤出）修改器有何用？将挤出两个字创建成立体字。
4. Lathe（旋转）修改器有何用？用它创建一个脸盆。
5. Bevel（倒角）修改器有何用？将倒角两个字创建成有倒角的立体字。
6. Edit Spline（编辑样条线）修改器有何用？创建一条任意的样条线，并使用该修改器进行修改。
7. Normalize Spline（规格化样条线）修改器有何用？创建一条任意的曲线，并使用该修改器对其进行规格化。
8. PathDeform（路径变形）（WSM）修改器有何用？用该修改器变形文字。
9. Surface Deform(曲面变形)（WSM）修改器有何用？用该修改器变形文字。
10. Surface Deform(曲面变形)修改器有何用？用该修改器变形文字。
11. Patch Deform(面片变形)与 Patch Deform(面片变形)（WSM）修改器有何用？使用该修改器变形文字。
12. Mesh Select（网格选择）修改器有何用？
13. Delete Mesh（删除网格）修改器有何用？用该修改器将茶壶的壶嘴删除。
14. Edit Mesh（编辑网格）修改器是一个非常重要的修改器，你知道它有哪些用途吗？
15. 自由变形修改器有何用？使用该修改器变形茶壶。
16. MeshSmooth（网格平滑）修改器有何作用？创建一个长方体，并将其进行网格平滑。
17. Mirror（镜像）修改器有何用？用该修改器将一个球体打碎。
18. Noise（噪波）修改器有何用？

19. Slice（切片）修改器有何用？
20. Spherify（球形化）修改器有何用？
21. Wave（波浪）和 Ripple（涟漪）修改器有何用？
22. Push（推力）修改器有何用？
23. Squeeze（挤压）修改器和 Extrude（挤出）修改器的作用有何不同？
24. Stretch（拉伸）修改器有何用？用该修改器拉伸出不同形状的茶壶。
25. Taper (锥化)修改器有何作用？
26. Twist（扭曲）修改器有何用？使用该修改器创建一个螺丝。
27. Shell（壳）修改器有何用？创建一个茶杯，利用该修改器增加茶杯厚度。
28. Bend（弯曲）修改器有何用？使用该修改器创建一支灯管。
29. Tessellate（细化）修改器有何用？
30. Displace Mesh-WSM（贴图缩放器：WSM）修改器有何用？

二、上机练习题

1. 创建塑料瓶和瓶上的文字。

创建塑料瓶可以使用旋转修改器，创建瓶上的文字可以使用曲面变形修改器。如图 5.79 所示。

图 5.79

2. 制作太阳帽。如图 5.80 所示。

图 5.80

3. 创建小汽车。如图 5.81 和图 5.82 所示。
创建小汽车主要用到编辑网格修改器、布尔运算等知识。

图 5.81

图 5.82

4. 制作鱼。如图 5.83 所示。

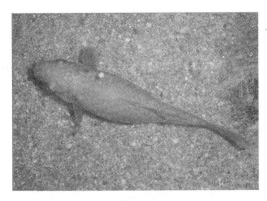
图 5.83

第6章 复合对象

选择创建命令面板中的几何体子面板，单击几何体列表框的展开按钮，在列表中选择 Compound（复合对象），就会切换到复合对象命令面板。对象类型卷展栏中的一个按钮对应一种复合对象操作。

复合对象操作是将两个或两个以上的对象，复合成一个复杂的对象。3ds max9 提供了 12 种复合对象操作：Morph（变形）、Scatter（离散）、Conform（一致）、Connect（连接）、BlobMesh（液滴网格）、ShapeMerge（形体合并）、Boolean（布尔运算）、Terrain（地形）、Loft（放样）、Mesher（网格化）、ProBoolean 和 ProCutter。

6.1 Morph（变形）

选择创建命令面板，选择几何体子面板，单击几何体列表框中展开按钮，就可展开几何体类型列表，如图 6.1 所示。

图 6.1 几何体列表

在列表中选择 Compound（复合对象），在命令面板中就会显示复合对象的对象类型卷展栏。如图 6.2 所示。在对象类型卷展栏中选择 Morph（变形）按钮，就能创建变形复合对象。

6.1.1 功能与参数

变形操作主要用来创建由基本对象变形为目标对象的变形动画。3ds max9 允许在不同帧里为基本对象指定不同的目标对象，最多可指定 100 个目标对象。

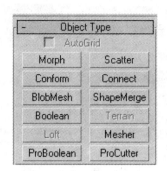

图 6.2 复合对象的对象类型卷展栏

要通过变形制作变形动画，首先要创建好基本对象和目标对象。基本对象和目标对象必须保证同为网格对象或面片对象，且节点数要相同。

主要参数：

Pick Target（拾取目标）按钮：单击该按钮，就能在场景中拾取目标对象。

6.1.2 创建变形动画操作步骤

创建目标对象和基本对象，它们必须同属网格对象或面片对象，且节点数要相同。

选定基本对象。

单击自动关键帧按钮，并将时间滑动块拖到要设置关键帧的位置。

选择创建命令面板中的几何体子面板，单击几何体列表框的展开按钮，在列表中选择复合对象。展开对象类型卷展栏，单击变形按钮，单击拾取目标按钮，单击目标对象，变形动画就制作好了。

6.1.3 实例——鸭蛋变小鸭

创建一个球体。

对球体进行不均匀缩放使之成为椭球体。复制一个椭球，其中一个椭球作基本对象。另一个椭球经编辑修改后作目标对象。如图 6.3（a）所示。

创建目标对象：要创建的目标对象是小鸭。小鸭的鸭身由椭球体经编辑网格修改器编辑变形而成。复合对象中的变形只对这部分有效。另外创建鸭头、嘴、眼睛、头顶，并组成一个组。创建一对翅膀，也组成一个组。将鸭身、鸭头、翅膀拼接起来成为一只小鸭子。如图 6.3（b）所示。

制作动画前，复制一个鸭头和一对翅膀，并将其藏在鸭蛋内。

单击自动关键帧按钮，并将时间滑块拖到 100 帧处。选择创建命令面板的几何体子面板，单击对象类型列表框的展开按钮，在列表中选择复合对象。选定鸭蛋，单击对象类型卷展栏中的变形按钮，单击拾取目标按钮，单击鸭身。

将鸭头和翅膀随着变形动画的变化逐渐移出。

播放动画，就可以看到鸭蛋逐渐变成了小鸭。在动画播放过程中依次截取的四幅画面如图 6.4 所示。

图 6.3　鸭蛋变小鸭动画

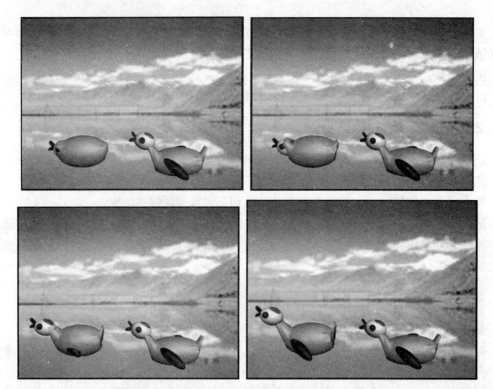

图 6.4　在鸭蛋变小鸭的过程中依次截取的四幅画面

6.2　Scatter（离散）

6.2.1　功能与参数

离散复合操作用于将源对象，按照指定的数量和分布区域，散布到分布对象表面，常用来制作毛发、树木、草地等。

主要参数和选项：

Pick Distribution Object（拾取分布对象）按钮：单击该按钮后，单击分布对象，就可拾取分布对象。选择 Move（移动）选项，这样在隐藏分布对象后，就不会再有分布对象的复制对象了。

Use Distribution Object（使用分布对象）：只有选择了该选项，才能激活拾取分布对象按钮。

Use Transforms Only（仅使用变换）：选择该选项后，离散分布过程不需要分布对象，源对象依据变换卷展栏的设置进行离散分布。

Duplicates（重复数）：指定源对象分布在分布对象上的数目。该参数可用来制作源对象增减的动画。

Base Scale（基础比例）：源对象在移到分布对象上后的缩放比例。

Vertex Chaos（节点混乱度）：源对象在分布对象上随机分布的混乱程度。

Animation Offset（动画偏移）：源对象在分布对象表面的数目，可设置成随时间增减的动画。使用该选项可制作源对象不均匀增减的效果。

Perpendicular（垂直）：勾选该选项，所有源对象复制对象都处于与分布面、节点、边相垂直的方向。否则，所有源对象复制对象与原始源对象方向一致。

Use Selected Faces Only（仅使用选择的面）：勾选该选项，所有源对象只分布在分布对象表面的子对象选择集上（可使用选择网格修改器选择）。否则，分布在整个分布对象表面。

Hide Distribution Object（隐藏分布对象）：选择该复选框，就可隐藏分布对象，而只显示源对象。

6.2.2 创建离散复合对象的操作步骤

创建一个分布对象和一个源对象，它们可以是任何几何体和曲面。

选定源对象，单击复合对象中的离散按钮。在重复数数码框中输入需要复制源对象的数目和选择其他需要的参数，单击拾取分布对象按钮，单击分布对象，源对象就会按指定分布到分布对象上。

勾选隐藏分布对象复选框，分布对象就会被隐藏，看到的只有源对象。

6.2.3 实例——创建一棵小树

用圆锥体创建树干和树枝。如图 6.5（a）所示。

创建分布对象：创建三个球体，并分别移到 3 根树枝上。选择网格选择修改器，在一个球体上任意选择一个面选择集。选择细化修改器，将选择集细化。选择编辑网格修改器，让球体发生一定变形。这样做是为了让源对象不均匀地分布到分布对象表面。如图 6.5（b）所示。

创建源对象：创建一个椭圆，选择挤出修改器，将其挤出成曲面。颜色选择为绿色。将创建好的源对象复制 3 份。

选定源对象，在复合对象的对象类型卷展栏中，选择离散按钮，重复数选择为 40，单击创建好的分布对象。勾选隐藏分布对象复选框。删除分布对象的原始对象。就得到图 6.5（c）。

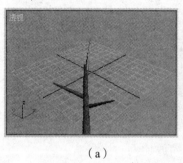 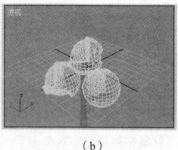 

(a)　　　　　　　　　　　(b)　　　　　　　　　　　(c)

图 6.5　用离散创建小树

6.3　Conform（一致）

6.3.1　功能与参数

一致复合操作用于将包裹器，依据指定的距离和投影方向，投射到包裹对象的表面，创建形体一致的效果。利用一致还可以在具有不同节点的对象之间创建变形动画。

Default Projection Distance（默认投影距离）：如果包裹器与包裹对象之间不发生交错，包裹器上的节点将依据该距离投影到包裹对象上。

6.3.2　对两个具有不同节点数的对象创建变形动画的操作步骤

对两个具有不同节点数的对象创建变形动画分两步：使用一致操作创建一致复合对象，再使用变形操作创建变形动画。

创建一致复合对象：

创建两个对象，一个做包裹器，另一个做包裹对象。将包裹器复制一个，选定其中一个（另一个用来创建动画）。选择对象类型卷展栏中的一致按钮。选择移动选项，指定默认投影距离等参数，单击拾取包裹对象按钮，单击包裹对象。一致复合对象就创建好了。对一致复合对象也可使用修改器编辑修改。

创建变形动画：

单击自动关键帧按钮，并将时间滑块拖到 100 帧处。选定包裹器的复制对象。选择对象类型卷展栏中的变形按钮。单击拾取目标按钮，单击目标对象。动画就创建好了。

6.3.3　实例——使用一致复合对象创建具有不同节点数的变形动画

创建一个球体和一个圆形管状体，并复制一个管状体做动画。如图 6.6（a）所示。

选定一个管状体。

选择复合对象卷展栏中的一致按钮。选择顶点投影方向为指向包裹器中心，设置默认投影距离为 85，单击拾取包裹对象按钮，单击球体，球体就会按照管状体变形。如图 6.6（b）所示。

单击自动关键帧按钮，并将时间滑块拖到 100 帧处。选定管状体做源对象，选择对象类型卷展栏中变形按钮，选择好参数后，单击拾取目标按钮，单击目标对象，删除原目标对象，动画设置完成。

播放动画，可以看到 0、10、100 帧分别对应图 6.6（c）、图 6.6（d）、图 6.6（e）三图。

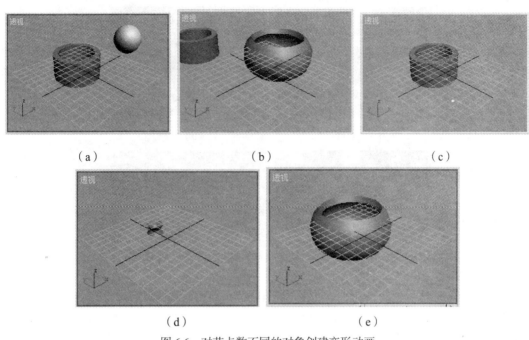

(a)　　　　　　　　　　(b)　　　　　　　　　　(c)

(d)　　　　　　　　　　(e)

图 6.6　对节点数不同的对象创建变形动画

6.4　Connect（连接）

6.4.1　功能与参数

如果两个和两个以上对象表面有切出的空洞，连接复合操作可以在两个对象的空洞之间用光滑曲面将其连接起来。

连接操作不能很好地作用于 NURBS 对象。

6.4.2　连接两个对象的操作步骤

创建两个对象。选择编辑网格修改器，将两个对象各切出一个洞。

选定其中一个对象，选择对象类型卷展栏中的连接按钮。

单击拾取操作对象按钮，单击另一个对象，在两个空洞之间就会有一个光滑曲面连接起来。

6.4.3　实例——用连接复合操作连接两个球体和一个圆环

创建一个小球体、一个大球体和一个圆环。如图 6.7（a）所示。

选择编辑网格修改器，将小球和圆环各切出一个圆洞，将大球切出两个对穿的圆洞。如 6.7（b）所示。

对齐三个对象，在 Z 轴方向拉开一定距离，使切口正对切口。选定小球，选择对象类型卷展栏中的连接按钮，单击拾取操作对象按钮，单击大球，就将小球和大球连接了起来。

选择两个球体的复合对象，选择对象类型卷展栏中的连接按钮，单击拾取操作对象按钮，单击圆环，就将两个球体和圆环连接到了一起。如图 6.7（c）所示。

图 6.7（d）是一个圆球和一个平面连接。球体切出的是圆洞，平面切出的是方洞。

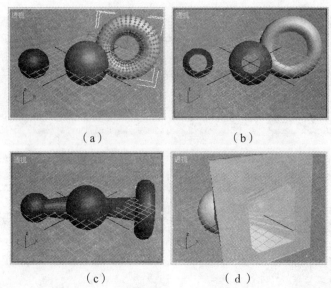

图 6.7 用连接复合操作连接对象

6.5 BlobMesh（液滴网格）

6.5.1 功能与参数

用液滴网格创建出来的液滴属网格对象。对它可以施加网格对象的各种修改器。图 6.8 是大小分别为 5、15、35、50 的 4 滴液滴。

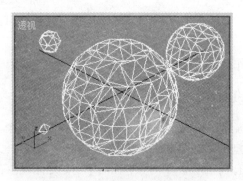

图 6.8 用液滴网格创建的液滴

用液滴网格复合操作可以创建一组分布在网格对象节点上的液滴。图 6.9（a）是一个球体，图 6.9（b）中球体的每个节点上分布了大小不等的液滴。

用液滴网格复合操作也可以创建一组分布在粒子系统每个粒子上的液滴。

用液滴网格复合操作只能在辅助对象轴心点创建一滴液滴。如图 6.10 所示。

主要参数和选项：

Size（大小）：液滴的半径。对于粒子系统，液滴的大小由粒子大小决定。

Tension（张力）：液滴表面的张弛程度。液滴大小受张力影响。张力设为最小时，液滴按设定大小显示。当张力较大时，液滴会收缩变小。

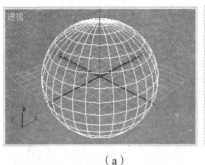
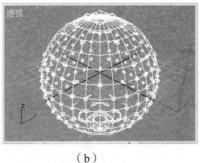

（a） （b）

图6.9 液滴分布在球体网格节点上

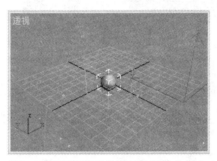

图6.10 液滴位于虚拟对象的轴心点上

Pick（拾取）按钮：单击该按钮，可以在场景中拾取网格对象或粒子系统等作为液滴分布的目标对象。

Add（加入）按钮：单击该按钮，会打开添加液滴对话框，可以在对话框中选择网格对象或粒子系统等作为液滴分布的目标对象。

Remove（移除）按钮：选定液滴对象列表中的液滴对象，单击移除按钮，可以将液滴对象移除。移除后，液滴不再分布在目标对象上。

6.5.2 将液滴分布到目标对象上的操作步骤

创建一个网格对象或粒子系统作为液滴分布的目标对象。

选择创建命令面板中的几何体子面板。单击几何体列表框中的展开按钮，在列表中选择复合对象。在对象类型卷展栏中选择液滴网格按钮。在透视图中单击，创建一滴液滴对象。

选择修改命令面板，单击参数卷展栏中的拾取按钮，单击目标对象，就能将液滴分布到目标对象上。

6.5.3 实例——将液滴网格用于粒子系统中的喷射对象

选择创建命令面板中的几何体子面板。单击几何体类型列表框中的展开按钮，在列表中选择 Particle Systems（粒子系统）。在对象类型卷展栏中选择 Spray（喷射）按钮，在透视图中拖动鼠标，产生一个喷射对象。粒子大小选择为5。如图6.11（a）所示。

选择创建命令面板中的几何体子面板。单击对象类型列表框中的展开按钮，在几何体列表中选择复合对象。在对象类型卷展栏中选择液滴网格按钮。粒子大小和最小大小两个参数都设置为10。在透视图中单击，产生一个液滴网格对象。如图6.11（b）右下角所示。

选定创建的液滴网格对象，选择修改命令面板，单击参数卷展栏中的拾取按钮，单击喷射对象。就得到图6.11（c）。

当喷射对象中的水滴大小设置为20时，各水滴就会胶合在一起，如图6.11（d）所示。

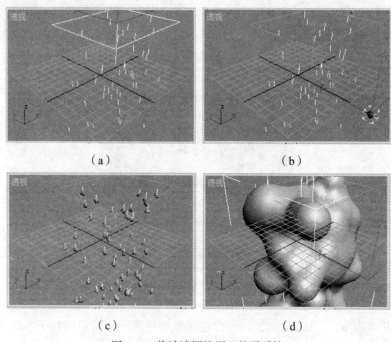

图6.11　将液滴网格用于粒子系统

6.6　ShapeMerge（形体合并）

6.6.1　功能与参数

形体合并用于将样条线投影合并到一个网格对象的表面，以产生弧面切割或合并的效果。该功能常用于创建对象表面的剪切、浮雕、雕刻等效果。

主要参数和选项：

Pick Shape（拾取图形）按钮：选定网格对象后，单击该按钮，在场景中选择要合并的图形，就能在网格对象中加入图形对象。也可以同时加入多个图形对象。

Delete Shape（删除图形）按钮：单击该按钮，可以删除在操作列表中选定的形体合并图形。

Cookie Cutter（弧面切割）：勾选该选项，就会按照样条线在网格对象表面进行切割。

Merge（合并）：勾选该选项后，可以将样条线合并到网格对象表面。继续使用面修改器或编辑网格修改器的挤出操作，可以编辑合并后的表面。但编辑网格修改器只对动画的0帧有效。

Invert（反转）：在勾选了弧面切割后，再勾选该复选框，其结果和仅用弧面切割的相反。

6.6.2 使用形体合并将图形和网格对象合并的操作步骤

创建一个网格对象和一条封闭样条线。

将网格对象与样条线对齐。

选定网格对象，选择创建命令面板中的几何体子面板。单击几何体列表框中的展开按钮，在列表中选择复合对象。在对象类型卷展栏中选择形体合并按钮，选择需要的参数，单击拾取图形按钮，在场景中选择样条线，就能将样条线合并到网格对象表面。

若要产生浮雕等效果，需要使用面挤出修改器或编辑网格修改器进行挤出。

6.6.3 实例——使用形体合并创建浮雕等效果

创建一个球体。创建文本对象 OK，选择字体为 Arial。如图 6.12（a）所示。

将球体与文本对象对齐。选定球体。

选择创建命令面板中的几何体子面板。单击几何体列表框中的展开按钮，在列表中选择复合对象。在对象类型卷展栏中选择形体合并按钮，在拾取操作对象卷展栏中选择移动选项，在参数卷展栏中选择弧面切割选项，单击拾取图形按钮，单击文本对象，这时球体表面按照文本对象进行了切割。如图 6.12（b）所示。

重复上述操作，在参数卷展栏中同时勾选反转复选框和弧面切割选项，这时所得结果为沿球体表面切割出来的文本。如图 6.12（c）所示。

重复上述操作，在参数卷展栏中选择合并单选项。选择修改命令面板，选择面挤出修改器，设置挤出值为 6，这时得到了有浮雕效果的球体。如图 6.12（d）所示。

重复上述操作，在参数卷展栏中选择合并选项。选择修改命令面板，选择面挤出修改器，设置挤出值为 -6，这时得到了雕刻效果的球体。如图 6.12（e）所示。

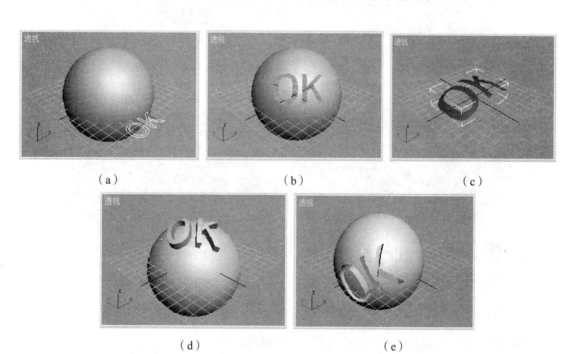

（a）　　　　　　　（b）　　　　　　　（c）

（d）　　　　　　　（e）

图 6.12　形体合并

6.7 Boolean（布尔运算）

6.7.1 功能与参数

布尔运算是一种对象合成逻辑计算方式。这种逻辑计算方式可以使对象之间，进行并集、交集、差集和切割计算后，合成在一起。

布尔运算复合操作中，将首先选定的对象称为 A 对象，称单击选择操作对象 B 按钮后，再选择的对象称为 B 对象。

主要参数和选项：

Pick Operand B（拾取操作对象 B）按钮：选择好参数和选项后，单击该按钮，再单击 B 对象，就能对 A、B 两个对象进行布尔运算。

Union（并集）：将两个对象合并到一起，去掉两个对象的相交部分。

Intersection（交集）：取两个对象的相交部分。

Subtraction（差集）：取两个对象之差。差集分 A 减 B 和 B 减 A。

Cut（切割）：用一个对象切割另一个对象，类似于 A 减 B 运算。但是差集运算会按照 B 的轮廓在切割处生成一个封闭的网格面，而切割运算则不会。

图 6.13（a）是一个球体和一个正方体并集的结果。图 6.13（b）是交集的结果。图 6.13（c）是 A 减 B 的结果。图 6.13（d）是切割的结果。

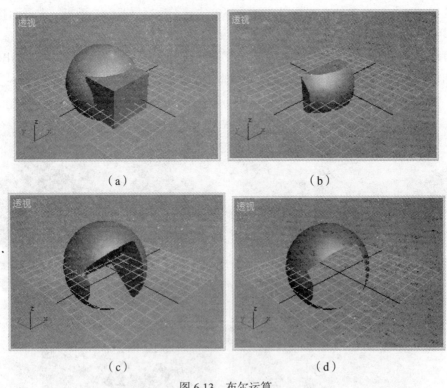

图 6.13 布尔运算

Result（结果）：勾选该选项，则显示布尔运算的最终结果。

Operands（操作对象）：勾选该选项，则只显示操作对象，而不显示最终结果。

Results+Hidden Ops（结果+隐藏的操作对象）：勾选该选项，则在所有视图中，显示最终结果，并将操作对象以网格方式显示。

6.7.2 布尔运算的操作步骤

创建两个对象。若是进行交集、差集和切割运算，两个对象必须有相交部分。

选定其中一个对象，这个对象在布尔运算中称为 A 对象。

选择创建命令面板中的几何体子面板。单击几何体类型列表框中的展开按钮，在列表中选择复合对象。在对象类型卷展栏中选择布尔运算按钮，选择需要的运算和参数，单击拾取操作对象 B 按钮，在场景中选择另一个对象，这个对象在布尔运算中称为 B 对象。

6.7.3 实例——创建一个跳子棋盘

跳子棋盘如图 6.14（a）所示。

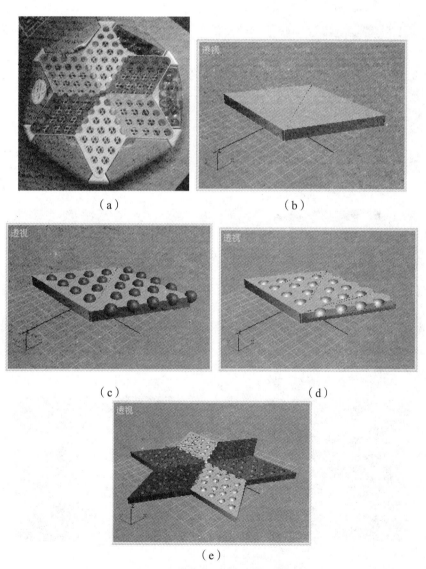

图 6.14 制作跳子棋盘的棋盘格

制作棋盘格：

创建一个边数为 3 的圆柱体，复制一个三角形并绕 Z 轴旋转 60°，对接好后将两个三角形附加在一起就得到一个菱形。如图 6.14（b）所示。

创建一个球体，按照珠子眼的排列顺序复制球体。如图 6.14（c）所示。

将一个球体转换为可编辑网格对象，使用附加多个按钮，将所有球体附加成一个整体。

选定球体，单击几何体列表框中的展开按钮，在列表中选择复合对象。在对象类型卷展栏中选择布尔运算按钮，选择移动单选项，选择 B 减 A，单击拾取操作对象 B 按钮，在场景中选择菱形几何体，就能制作出菱形上的珠子眼。如图 6.14（d）所示。

将菱形的轴心点移到中心珠子眼内，旋转复制六个菱形，每两个相对菱形设置一种不同颜色。所得棋盘格如图 6.14（e）所示。

制作棋盘的附属部分：

用样条线在顶视图中画一个三角形。如图 6.15（a）所示。

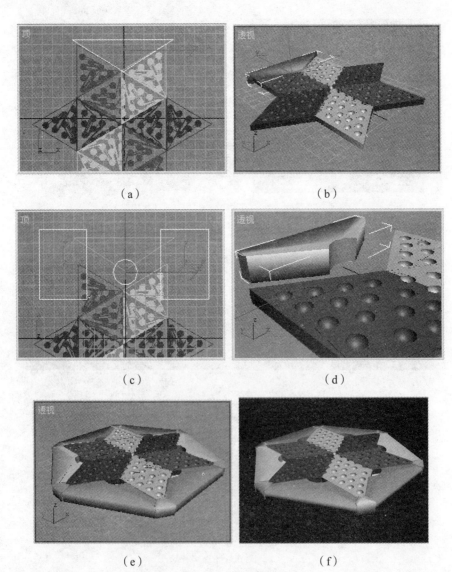

图 6.15 制作跳子棋盘的附属部分

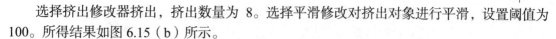

选择挤出修改器挤出，挤出数量为 8。选择平滑修改对挤出对象进行平滑，设置阈值为 100。所得结果如图 6.15（b）所示。

创建两个长方体和一个圆柱体，在顶视图中的相对位置分布如图 6.15（c）所示。

与三角形进行布尔相减运算后得一角的珠子盒。如图 6.15（d）所示。

将珠子盒的轴心点移到棋盘格中心，旋转复制得到六个珠子盒。复制一个珠子盒并缩小作两个珠子盒之间的填充。创建一个圆柱体做底盘。所得结果如图 6.15（e）所示。

渲染输出透视图，如图 6.15（f）所示。

6.8 Terrain（地形）

6.8.1 功能与参数

地形复合操作是利用一系列代表等高线的封闭样条线，创建类似地形的复杂曲面或类似梯田的分层几何体。

主要参数：

Graded Surface（分级曲面）：勾选该选项，创建出来的是网格曲面。

Graded Solid（分级实体）：勾选该选项，创建出来的是有底面的网格几何体。

Layered Solid（分层实体）：勾选该选项，创建出来的是类似梯田的网格几何体。

6.8.2 创建地形的操作步骤

创建至少两条代表等高线的封闭样条线。将其在垂直曲线平面的方向拉开一定距离，选定最高或最低的一条曲线。

选择创建命令面板中的几何体子面板。单击对象类型列表框中的展开按钮，在列表中选择复合对象。在对象类型卷展栏中选择地形按钮，单击拾取操作对象按钮，在场景中依次选择邻近的一条曲线，直至最后一条。

6.8.3 实例——利用地形复合操作制作礼帽

在顶视图中创建一条封闭样条线。选择修改命令面板，通过移动样条线上的点，修改样条线的形状。放大复制三条，并作适当修改。所得结果如图 6.16（a）所示。

在透视图中，将最小的一条样条线沿 Z 轴向上移，移动距离等于礼帽的高度。将次小和最大的一条同时沿 Z 轴向上移动，移动距离等于礼帽边沿向上翘起的高度。如图 6.16（b）所示。

选定最高的一条曲线。选择创建命令面板中的几何体子面板。单击对象类型列表框中的展开按钮，在列表中选择复合对象。在对象类型卷展栏中选择地形按钮，选择分级曲面选项，单击拾取操作对象按钮，在场景中依次单击次最小、次最大、最大三条曲线。在参数卷展栏中，选择分级选项，勾选缝合边界和重复三角算法两个复选框。创建的礼帽如图 6.16（c）所示。

若选择分层实体选项，则所得结果会有很大不同，其图形如图 6.16（d）所示。

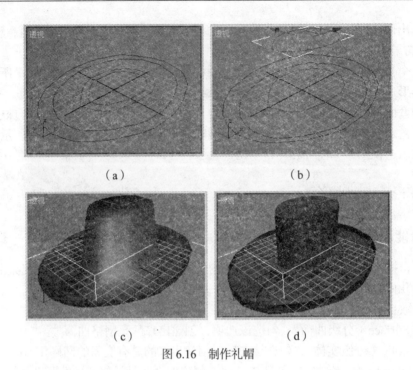

图 6.16 制作礼帽

6.9 Loft（放样）

6.9.1 功能与参数

放样是一种方便、有效的建模方法。放样复合操作要创建至少两条任何类型的曲线，放样路径需要一条曲线，放样截面可以指定一条曲线，也可以指定多条曲线。这些曲线可以是闭合的，也可以是开放的。通过修改放样的路径和截面曲线，可以修改放样对象的轮廓和横截面。

主要参数：

Creation Method（创建方法）卷展栏：

Get Path（获取路径）按钮：若已选定作截面的图形，单击该按钮，单击作为放样路径的曲线，就能得到放样对象。

Get Shape（获取截面）按钮：若已选定作路径的曲线，单击该按钮，单击作为截面的图形，就能得到放样对象。

Surface Parameters（表面参数）卷展栏：

Smooth Length（光滑长度方向）：在路径方向上光滑放样表面。

Smooth Width（光滑宽度方向）：在截面圆周方向上光滑放样表面。

Surface Parameters（应用贴图坐标）：勾选此复选框，可以由用户在下述两个数码框中指定长度方向和截面方向贴图的次数。

Length Repeat（长度次数）：决定贴图在放样对象路径方向上的重复次数。

Width Repeat（宽度次数）：决定贴图在放样对象截面圆周方向上的重复次数。

Path Parameters（路径参数）卷展栏：

放样路径可以分成若干个截面位置点，每个截面位置点允许获取一个不同的截面。该卷展栏是用来确定路径上不同位置点的。

Path（路径）：该数码框中的值，决定了选取截面在路径上的位置。该数码框下方的三个单选项，决定了数码框中的值是百分比，还是距离或路径层次。

Percentage（百分比）：选择该选项，则路径数码框中的值为始点到当前截面之间的长度占全长的百分数。

Distance（距离）：选择该选项，则路径数码框中的值为始点到当前截面之间的距离。

Path Steps（路径步数）：勾选该选项，依据路径曲线的步数和节点确定截面点。

Snap（捕捉）：若勾选 On（开），这时捕捉起作用，系统放样时将按照捕捉数码框中指定值的整数倍设置横截面。

Skin Parameters（表皮参数）卷展栏：

Cap Start（封闭始端）：使放样对象路径起点端封闭。

Cap End（封闭末端）：使放样对象路径终端封闭。

Shape Steps（截面步数）：控制路径上截面圆周方向的步数。步数越多截面方向越光滑。

Path Steps（路径步数）：控制路径方向点与点间的步数，步数越多路径方向越光滑，两个截面之间的过渡越短。

Skin（表皮）：勾选此选项，则在每个视图中都显示放样目标对象的表皮，否则只显示路径曲线和截面曲线。

6.9.2 用放样创建相同截面复合对象的操作步骤

创建一条作放样路径用的曲线，创建一个作横截面用的图形，它可以是一条曲线，也可是由多条曲线构成的图形。选定路径曲线。

选择创建命令面板中的几何体子面板。单击对象类型列表框中的展开按钮，在列表中选择复合对象。在对象类型卷展栏中选择放样按钮，单击获取图形按钮，在场景中单击作横截面用的图形，就可得到放样复合对象。

也可以选定作横截面用的图形，这时要单击获取路径按钮和作路径用的曲线。

【实例】用放样创建一段人行道护栏

路边护栏如图 6.17（a）所示。

在前视图中创建三个矩形。转换成可编辑样条线后附加成一个图形。在透视图中创建一条折线。如图 6.17（b）所示。

选定折线，在复合对象的对象类型卷展栏中选择放样，在创建方法卷展栏中选择获取图形按钮，单击护栏横截面图形，就得到了护栏的围栏。如图 6.17（c）所示。

在前视图中创建一条直线，在顶视图中创建一个护栏立柱的横截面曲线。如图 6.17（d）所示。

选定直线，在复合对象的对象类型卷展栏中选择放样，在创建方法卷展栏中选择获取图形按钮，单击立柱横截面曲线，就得到了一根立柱初样。如图 6.17（e）所示。

创建一个几何体中的圆环，用圆环与立柱进行布尔运算，就得到立柱颈部。创建一个长方体，并复制3个，与立柱对齐，分别移至各段顶端，就得到了一根完整的立柱。如图 6.17（f）所示。

选定立柱，以护栏路径为路径，进行间隔工具复制，就得到了护栏。如图 6.17（g）所示。

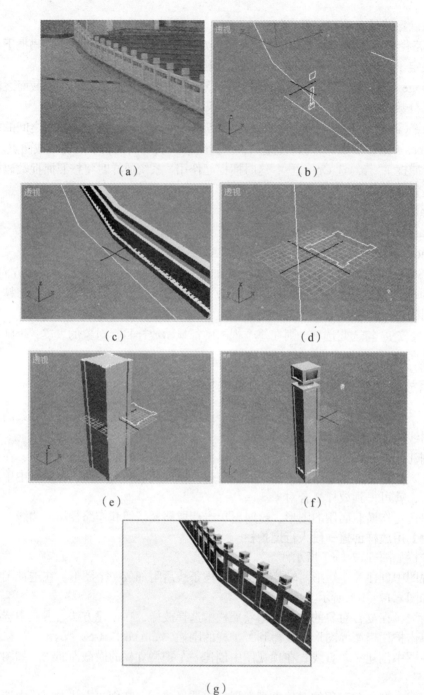

(a)　　　　　　　　　　　(b)

(c)　　　　　　　　　　　(d)

(e)　　　　　　　　　　　(f)

(g)

图 6.17　用放样制作人行道上护栏

6.9.3　用放样创建多截面复合对象的操作步骤

创建一条作为放样路径用的曲线，创建多个作为横截面用的曲线。

选定作路径用的曲线。

选择创建命令面板中的几何体子面板。单击几何体列表框中的展开按钮，在列表中选择复合对象。在对象类型卷展栏中选择放样按钮,单击获取图形按钮,在场景中单击作横截面用的第一条曲线,这时所得放样对象具有相同的横截面。

在路径数码框中,输入第二个截面的位置值,单击获取图形按钮,单击作第二个截面的曲线,这时从设置位置开始直至最后就会变成第二种截面。重复上述操作,直至设置完最后一个截面。

【实例】用放样创建方口花瓶

在前视图中创建一条竖直方向的直线作放样路径。在顶视图中创建一个正方形作瓶口,一个小圆作瓶颈,大圆作瓶肚,次大圆作瓶底。选定作路径的直线。得到图 6.18(a)。

在对象类型卷展栏中选择放样按钮,在路径数码框中输入 0,选择百分比单选项,单击获取图形按钮,在场景中单击作瓶口的正方形曲线。

在路径数码框中输入 15,选择百分比单选项,单击获取图形按钮,在场景中单击作瓶颈的小圆。

在路径数码框中输入 35,选择百分比单选项,单击获取图形按钮,在场景中单击作瓶肚的大圆。

在路径数码框中输入 100,选择百分比单选项,单击获取图形按钮,在场景中单击作瓶底的次大圆,就制作出了一个实心的花瓶。如图 6.18(b)所示。

复制一个实心花瓶,将两个花瓶进行布尔运算,就得到了一个空心花瓶。如图 6.18(c)所示。

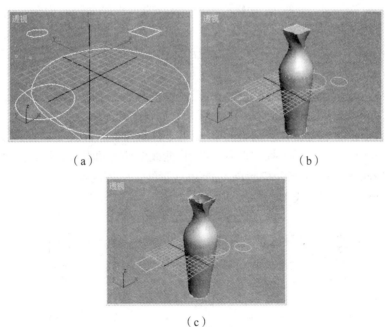

图 6.18 制作方口花瓶

6.9.4 修改放样复合对象

选择修改命令面板,可以对 Loft 进行修改,也可在堆栈中展开 Loft,选择图形或路径次级结构,对其进行修改,修改后的结果将影响放样复合对象。

使用 Deformations（变形）卷展栏，还可对放样复合对象施加变形。
修改命令面板如图 6.19 所示。

图 6.19　放样的修改命令面板

Deformations（变形）卷展栏：
1. Scale（缩放）
单击该按钮，会弹出缩放变形对话框，如图 6.20 所示。通过该对话框，可以在横截面图形局部坐标系的 X 和 Y 两个轴向上，对放样复合对象进行缩放。
　　Make Symmetrical（均衡）：在修改中锁定 X、Y 两个轴向同时均衡变化。
　　Display X Axis（显示 X 轴）：在缩放变形对话框中显示 X 轴向变形曲线（红色）。
　　Display Y Axis（显示 Y 轴）：在缩放变形对话框中显示 Y 轴向变形曲线（绿色）。
　　Display XY Axes（显示 X 轴和 Y 轴）：同时显示 X 轴向和 Y 轴向的变形曲线。
　　Swap Deform Curves（交换变形线）：交换 X 轴向和 Y 轴向的变形曲线。
　　Move Control Points（移动控制点）：移动变形线上的控制点。
　　Scale Control Point（缩放控制点）：只能上下移动控制点，改变一个轴向的缩放。
　　Insert Control Point（插入控制点）：在变形曲线上插入角点或贝济埃点。
　　Delete Control Point（删除控制点）：删除变形线上的控制点。
　　Reset Curve（重置曲线）：重置变形曲线。

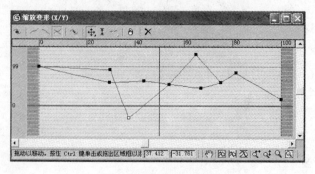

图 6.20　缩放变形对话框

【实例】用放样创建窗帘

在前视图中创建一条竖直方向的直线作路径，创建一条水平方向的波浪线作截面。如图 6.21（a）所示。

选定直线。选择创建命令面板中的几何体子面板。单击几何体列表框中的展开按钮，在列表中选择复合对象。在对象类型卷展栏中选择放样按钮，单击获取图形按钮，在场景中单击作横截面用的波浪线，就得到了一个曲面。贴图并渲染后的结果如图 6.21（b）所示。

选择修改命令面板，在变形卷展栏中选择缩放按钮弹出缩放变形对话框。选择插入控制点按钮，在变形曲线上插入几个光滑贝济埃点。

选择移动控制点按钮，调整控制点的上下位置。调整好的变形曲线如图 6.21（c）所示。

创建一个环形曲面，作扎窗帘的布带。渲染后的窗帘如图 6.21（d）所示。

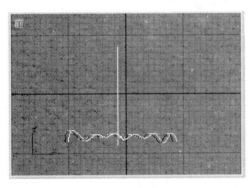
（a）

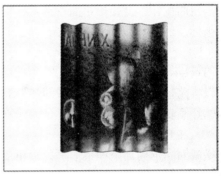
（b）

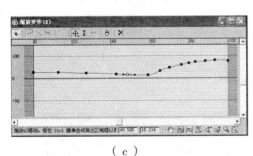
（c）

（d）

图 6.21　创建收拢到中间的窗帘

创建双扇窗帘的操作步骤如下：
选定窗帘。
在修改器堆栈中展开 Loft，选择图形子层级。选择窗帘上边沿处作横截面用的曲线。
在图形命令卷展栏中选择左对齐。
镜像复制一扇窗帘，就得到了对称的双扇窗帘。如图 6.22 所示。

图 6.22　向两侧收拢的窗帘

2. Twist（扭曲）

单击扭曲按钮，会弹出扭曲变形对话框，通过该对话框，可以将路径横截面，以路径曲线局部坐标系的 Z 轴方向为旋转轴进行旋转扭曲。图 6.23（a）是放样后得到的一个长方体。图 6.23（b）是扭曲后的结果。

3. Teeter（倾斜）

可以将路径上的横截面，在截面图形局部坐标系的 X 轴、Y 轴方向上倾斜。图 6.23（c）是长方体经倾斜变形后的结果。

4. Bevel（倒角）

在横截面图形局部坐标系下进行倒角变形。图 6.23（d）是长方体经倒角变形后的结果。

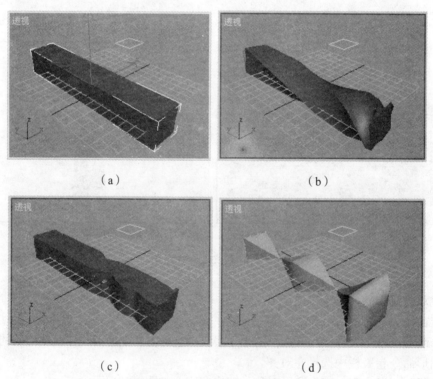

（a）　　　　　　　　　　　　（b）

（c）　　　　　　　　　　　　（d）

图 6.23　放样复合对象的扭曲、倾斜和倒角变形

5. Fit（拟合）

依据机械制图中的三视图原理，通过两个或三个方向上的轮廓图形，将放样复合对象外部边缘进行拟合。利用该工具可以放样生成复杂对象。

创建放样复合对象后，选择修改命令面板，展开变形卷展栏，选择拟合按钮，就会弹出拟合变形对话框。通过对话框可以创建拟合变形对象。

拟合对话框的主要按钮：

Mirror Horizontally（水平镜像）：沿水平轴向镜像轮廓图形。

Mirror Vertically（垂直镜像）：沿垂直轴向镜像轮廓图形。

Rotate 90 CCW（逆时针旋转 90°）：将轮廓图形逆时针旋转 90°。

Rotate 90 CW（顺时针旋转 90°）：将轮廓图形顺时针旋转 90°。

Delete Curve（删除曲线）：删除选定的轮廓图形。

Get Shape（获取图形）：单击该按钮，单击图形对象，就可选定该图形对象作为选定轴向的轮廓图形。

Generate Path（生成路径）：以一条新的直线路径代替原先的放样路径。

【实例】使用拟合创建复杂对象

在前视图中创建一个矩形，在顶视图中创建一个圆，在左视图中创建一个椭圆，在透视图中创建一条直线，如图 6.24（a）所示。

以直线作放样路径，以矩形作横截面图形，放样后得图 6.24（b）所示的图形。

选择修改命令面板，展开变形卷展栏，单击拟合按钮，弹出拟合变形对话框。选择获取图形按钮，依次单击椭圆和圆，就得到如图 6.24（c）所示的对象。

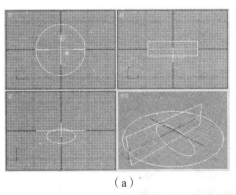

（a）

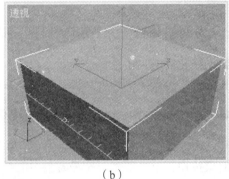

（b）

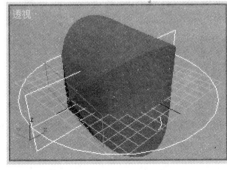

（c）

图 6.24 拟合变形

6.10 Mesher（网格化）

6.10.1 功能与参数

网格化复合操作可以将任何对象转变为网格对象，但主要用于将粒子系统网格化。对网格化后的复合对象可以指定各种修改器，如弯曲、编辑网格等。

主要参数和选项：

Pick Object（拾取对象）：单击该按钮，就可在场景中选择一个要进行网格化处理的对象。

Custom Bounding Box（自定义边界盒）：勾选该复选框后，可以使用一个静止的自定义边界盒，替代粒子系统原来变化的边界盒。为网格化粒子系统指定的修改器将作用于自定义边界盒。

Pick Bounding Box（选择边界盒）按钮：单击该按钮，可以在场景中选择一个对象，该对象的边界盒被指定为网格化粒子系统的边界盒。

6.10.2 网格化粒子系统的操作步骤

创建一个粒子系统。

在对象类型卷展栏中，选择网格化按钮，在视图中拖动鼠标产生一个网格化对象。

选择修改命令面板，单击拾取对象按钮。单击需要网格化的粒子系统，这时就会创建一个网格化了的粒子系统。

如果不需要原来的粒子系统，可将其隐藏，但不能删除。

对于网格化了的粒子系统，可以指定各种网格对象的修改器，对原来的粒子系统则不能指定这些修改器。

6.10.3 为网格化粒子系统指定自定义边界盒

选定网格化后的粒子系统，选择修改命令面板，勾选自定义边界盒复选框，单击选择边界盒按钮，单击场景中的一个对象，该对象的边界盒就被定义为网格化粒子系统的边界盒。

6.10.4 实例——将喷射粒子系统网格化

创建一个暴风雪粒子对象和一个茶壶。粒子类型选择实例几何体，单击实例参数选区中的拾取对象按钮，单击茶壶，粒子对象中的粒子就变成了茶壶。

在复合对象的对象类型卷展栏中，选择网格化按钮，在视图中拖动鼠标产生一个网格化对象。如图6.25（a）所示。

选定网格化对象，选择修改命令面板，单击拾取对象按钮，单击需要网格化的粒子系统。这时就会创建一个网格化了的粒子系统。粒子系统中的一个粒子就成了一个节点。如图6.25（b）所示。

将原粒子系统隐藏。

对网格化了的粒子系统指定编辑网格修改器，复制一部分粒子，得图6.25（c）。

网格化了的粒子系统上指定弯曲修改器，选择不同的弯曲数量和弯曲轴，播放动画时，可以看到不同的粒子流运动。

选定网格化了的粒子系统，选择弯曲修改器，指定弯曲数量为360°，弯曲轴为Z。

播放动画，可以看到粒子的运动像漩涡。如图6.25（d）所示。

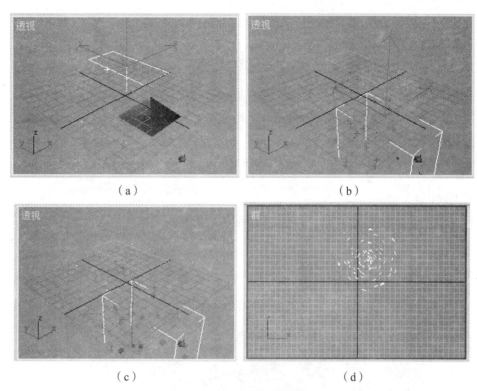

(a)　　　　　　　　　　　　　　(b)

(c)　　　　　　　　　　　　　　(d)

图 6.25　粒子系统的网格化

思考与练习

一、思考与练习题

1. Morph（变形）有何用？主要操作过程是怎样的？使用变形将鸭蛋变小鸭。
2. Scatter（离散）有何用？主要操作过程是怎样的？用离散创建一棵小树。
3. ShapeMerge（形体合并）有何用？主要操作步骤是怎样的？将一个立体字与一球体进行形体合并。
4. Boolean（布尔运算）的并集、交集、差集和切割各有何用？操作步骤是怎样的？用一个球体和一个圆柱体分别进行上述运算。
5. 布尔运算中的差集运算和切割有何区别？
6. 放样有何用，主要操作步骤是怎样的？用放样创建一个有任意截面的柱体。
7. 用放样创建窗帘。
8. 用放样创建收、放窗帘的动画。
9. Terrain（地形）有何用？主要操作步骤是怎样的？用地形创建一顶帽子。

二、上机练习题

1. 创建塑料瓶。

创建塑料瓶可以使用多截面放样。如图 6.26 所示。

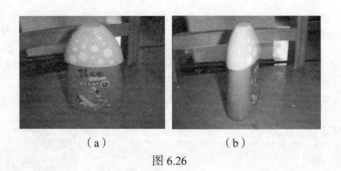

（a）　　　　　　　　　（b）

图 6.26

2. 创建沙发。

放样和布尔运算的用途很广，可以很方便地创建出各种对象。创建沙发主要用到这两种操作。如图 6.27 所示。

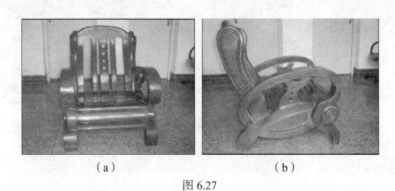

（a）　　　　　　　　　（b）

图 6.27

3. 创建飞机。

创建飞机主要使用放样，机身可以使用多截面放样。如图 6.28 所示。

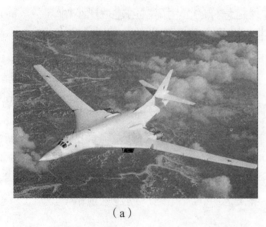

（a）　　　　　　　　　　　　　　（b）

图 6.28

第7章 灯光与摄影机

灯光是一种特殊类型的对象。3ds max9 的灯光可以模拟出自然界中各种各样光源的光照效果。在场景中设置适当灯光,对于增强场景真实视觉感受和空间感受有着非常重要的作用。

摄影机的作用与真实摄影机基本相同,它不仅能很方便地从不同视角拍摄三维场景,而且可以产生很多特殊效果,因此动画片的渲染输出很多是在摄影机视图中完成的。

7.1 灯光概述

7.1.1 在场景中创建灯光的原则

场景中的灯光数目应尽可能少,过多的灯光不仅会削弱场景的空间感,而且会显著增加渲染时间。

尽量少设置具有高饱和度色彩的灯光。

设置聚光灯时,应注意灯的位置和投射角度。

灯光的设置应先主光源,后辅助光源。

在场景中未设置灯光时,透视图的左上角和右下角各有一盏默认的泛光灯。只要场景中设置灯光,默认灯光就自动关闭。因此,当设置的灯光未照射到对象上时,对象反而会变黑。当撤销设置的灯光或将设置的灯光投射到对象上时,对象才会变亮。

7.1.2 灯光类型

3ds max9 的灯光分为 3 类:Standard(标准)灯光、Photometric(光度学)灯光和日光。
标准灯光包括:Target Spot(目标聚光灯)、Free Spot(自由聚光灯)、Target Direct(目标平行光)、Free Direct(自由平行光)、Omni(泛光灯)、Skylight(天光)、Area Omni Light(区域泛光灯)、Area Spotlight(区域聚光灯)。

选择灯光子面板,单击灯光列表框的展开按钮,选择标准,在对象类型卷展栏中列出了各种标准灯光。如图 7.1 所示。

图 7.1 标准灯光

光度学灯光包括：Target Point（目标点光源）、Free Point（自由点光源）、Target Linear（目标线光源）、Free Linear（自由线光源）、Target Area（目标面光源）、Free Area（自由面光源）、IES Sun（IES 太阳光）、IES Sky（IES 天光）、mr Sky（mr 天光）和 mr Sun（mr 太阳光）。

mr 是 mental ray 的缩写。

选择灯光子面板，单击灯光列表框的展开按钮，选择光度学，在对象类型卷展栏中列出了各种光度学灯光。如图 7.2 所示。

图 7.2　光度学灯光

日光包括：Sunlight（太阳光）和 Daylight（日光）。

选择系统子面板，在对象类型列表中的太阳光和日光两个按钮也可以创建灯光。如图 7.3 所示。

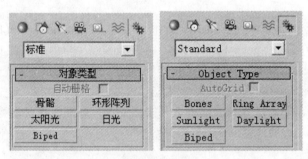

图 7.3　日光

7.2　Standard（标准）灯光

7.2.1　Target Spot（目标聚光灯）

目标聚光灯像探照灯一样，只能在一个锥形方向照射对象，并产生投射阴影。

在对象类型卷展栏中选定目标聚光灯按钮后，在视图中拖动鼠标，就能创建一个目标聚光灯。

创建的目标聚光灯不一定会刚好照射到对象上，要使得灯光刚好照射到对象上，可以采用以下一些方法：

选择变换工具按钮，移动、旋转目标聚光灯和目标点。目标聚光灯和目标点可以分别单独移动，也可同时选定后，一起移动或旋转。

更有效的方法，可以使用工具菜单中的放置高光命令：选定目标聚光灯，选择工具菜单中的放置高光命令，单击目标对象。这时目标点会自动移到目标对象上，而且默认目标对象也跟着一起移动。

或者使用运动命令面板：选定目标聚光灯，激活 Motion（运动）命令面板，选择 Parameters（参数）子面板，单击 Look At Parameters（注视参数）卷展栏中的 Pick Target（拾取目标）按钮，单击目标对象。这时目标点会移到新拾取的目标对象上，而默认目标对象依然留在原位置。当移动新拾取的目标对象时，目标聚光灯的注视点会跟着一起移动。实际上，在创建目标聚光灯时，目标聚光灯就被指定了 Look At（注视）动画控制器。注视动画的注视目标为默认注视目标对象 Spot01.Target，经过拾取目标操作后，注视目标就换成了拾取的目标对象。

还可切换到灯光视图，使用视图控制区的工具按钮进行调整。

若要照射对象的不同侧面，可以继续移动目标聚光灯，这时目标聚光灯会绕目标点旋转。

图 7.4（a）中，目标聚光灯的灯光投射到默认目标对象上。图 7.4（b）中，目标聚光灯的灯光投射到了拾取的目标对象上，默认目标对象留在原来位置。

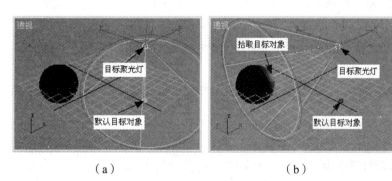

（a） （b）

图 7.4 目标聚光灯

下面介绍目标聚光灯的参数。

1. General Parameters（常规参数）卷展栏

On（启用）：在灯光类型选区，勾选该复选框，灯光起作用，否则灯光不起作用。在阴影选区，勾选该复选框，则投射阴影，否则不投射阴影。注意：即使勾选了启用阴影复选框，也只有渲染后才能看到阴影，在视图中是看不到阴影的。图 7.5（a）是在目标聚光灯照射下未勾选启用阴影复选框渲染输出的结果。图 7.5（b）是在目标聚光灯照射下勾选了启用阴影复选框渲染输出的结果。可以看到前者没有阴影，后者有阴影。

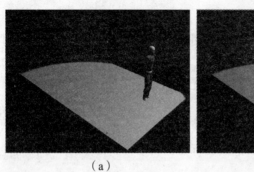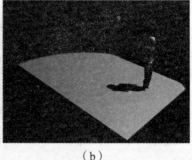

（a） （b）

图 7.5 如何显示阴影

灯光类型列表框：单击列表框展开按钮，在展开的列表中可以选择泛光灯、聚光灯或者平行光。

Targeted（目标）：勾选该复选框，则显示目标对象，否则不显示目标对象。只有目标聚光灯和目标平行光才有该复选框。

Use Global Settings（使用全局设置）：勾选该复选项，则阴影设置参数对场景中所有灯光对象都起作用，否则，只对当前灯光对象起作用。

阴影方式列表框：单击列表框按钮，在列表中可以选择阴影，可以选择 Adv. Ray Traced（高级光线跟踪）、mental ray Shadow Map（mental ray 阴影贴图）、Area Shadows（区域阴影）、Shadow Map（阴影贴图）或者 Ray Traced Shadows（光线跟踪阴影）。

Exclude（排除）按钮：单击该按钮，会弹出排除/包含对话框。通过该对话框，可以指定场景中哪些对象不被该灯光照射。排除设置只在渲染时有效，这样做的好处是能避免有的对象受光过量。

【实例】使用排除按钮有选择地照射对象

创建一个长方体，一个球体和一个茶壶。创建一盏目标聚光灯。

选定目标聚光灯，选择工具菜单中的放置高光命令，单击球体下部，这时三个对象都被照射，如图 7.6（a）所示。

渲染输出的结果如图 7.6（b）所示。

选定目标聚光灯，单击 General Parameters（常规参数）卷展栏中的 Exclude（排除）按钮，在排除/包含对话框中，选择 Sphere01，单击 >> 按钮，单击确定，球体就被排除在目标聚光灯的照射之外。渲染结果如图 7.6（c）所示。

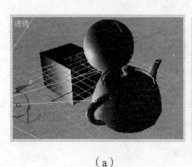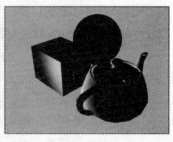

（a） （b） （c）

图 7.6 排除的作用

2. Shadow Parameters（阴影参数）卷展栏

Color（颜色）：单击颜色样本按钮，会弹出 Color Selector: Shadow Color（颜色选择器：阴影颜色）对话框，通过它可以选定一种阴影颜色。可以制作阴影颜色变换动画。

【实例】制作阴影颜色动画

创建一个厚度为 0 的长方体做地面。在地面上创建一个长方体，用布尔运算打个洞。

创建一盏泛光灯，适当调整位置。

设置动画：在 0 帧设置阴影颜色为黄色，在 100 帧设置阴影颜色为蓝色。关闭动画设置。

在 0、50、100 帧分别渲染得如图 7.7（a）、（b）、（c）所示的三个画面。

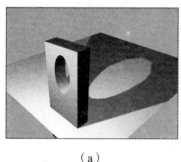

（a）　　　　　　　　　（b）　　　　　　　　　（c）

图 7.7　阴影颜色变换动画

Dens（密度）：指定投射阴影的密度。值为 1 时，达到设定密度的最大值；小于 1，则密度随值的减小而减小；大于 1，则阴影变白。值越大，阴影越白。可以制作阴影密度变换的动画。

【实例】创建阴影密度变换动画

创建 H、Q 两个字母。

选择修改命令面板，单击修改器列表框展开按钮，选择挤出修改器，设置挤出数量为 8，两个字母被挤出成立体字。将两个字母对齐，并将 Q 移到 H 之上。

创建一个长方体做地面。

创建一盏目标聚光灯，并对准两个字母。

选定目标聚光灯，在常规参数卷展栏的阴影选区勾选启用复选框。展开阴影类型列表框，选择光线跟踪阴影。

创建阴影密度变换动画：将时间滑动块置于 0 帧，在阴影参数卷展栏中设置阴影密度为 0.2；将时间滑动块置于 100 帧，设置阴影密度为 10。

0 帧的渲染结果如图 7.8（a）所示。

第 9 帧的密度为 0.424，渲染结果如图 7.8（b）所示。

第 18 帧的密度为 1.038，渲染结果如图 7.8（c）所示。

第 100 帧的渲染结果如图 7.8（d）所示。

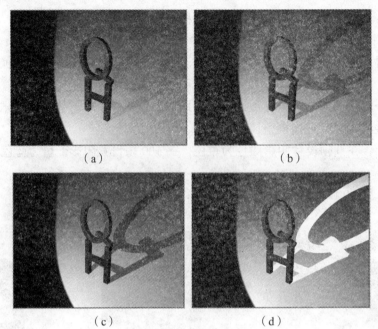

图 7.8 阴影密度变换动画

Map（贴图）：若勾选贴图复选框，单击贴图按钮，就可为阴影指定贴图。

Light Affects Shadow Color（灯光影响阴影色）：若勾选该复选框，则将灯光色彩和阴影色彩相互混合。

【实例】创建阴影贴图

创建一个长方体做墙壁。

创建一个茶壶和一盏目标聚光灯。

选定目标聚光灯，选择工具菜单，单击放置高光命令，单击茶壶，适当调整目标聚光灯位置，使阴影刚好投射到墙壁上。

选定目标聚光灯，打开修改命令面板，在常规参数卷展栏的阴影选区勾选启用复选框。

在强度/颜色/衰减卷展栏中选择灯光颜色为红色。

在阴影参数卷展栏的对象阴影选区勾选 Map（贴图）复选框，单击右侧长条形按钮，指定一幅贴图。

渲染后结果如图 7.9（a）所示。

在阴影参数卷展栏的对象阴影选区勾选 Light Affects Shadow Color（灯光影响阴影色）复选框，渲染后的结果如图 7.9（b）所示。

图 7.9 阴影贴图

3. Spotlight Parameters（聚光灯参数）卷展栏

Show Cone（显示光锥）：勾选该复选框，则显示表示灯光范围的光锥。光锥的聚光区为浅蓝色，衰减区为深蓝色。

Hotspot/Beam（聚光区/光束）：指定聚光区光锥的角度。在聚光区内，照度最强。

Falloff/Field（衰减区/区域）：指定衰减区光锥的角度。聚光灯照射不到衰减区以外的对象。聚光区与衰减区的控制也可通过主工具栏中的 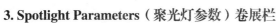（选择并操纵）按钮实现。只要选择该按钮，将鼠标指向聚光灯的操纵框，这时操纵框呈红色显示，拖动鼠标就能改变聚光区或衰减区的大小。还可以通过灯光视图中的视图控制按钮，控制聚光区和衰减区的大小。

Circle（圆）：勾选该选项，光锥为圆锥。

Rectangle（矩形）：勾选该选项，光锥为方锥。矩形两条边的比例可以改变。

4. Intensity/Color/Attenuation（强度/颜色/衰减）卷展栏

Multiplier（倍增）：倍增用来调整光的强度。设置正值越大，光的强度越大，为负时用于从场景中减去光的强度。

【实例】选择不同倍增值的光强度

创建一个长方体做墙壁。

创建一个球体和一盏目标聚光灯。

选定目标聚光灯，选择工具菜单，选择放置高光命令，单击球体，适当调整目标聚光灯的位置，使阴影刚好投射到墙壁上。

选定目标聚光灯，打开修改命令面板，在常规参数卷展栏的阴影选区勾选启用复选框。

在 Intensity/Color/Attenuation（强度/颜色/衰减）卷展栏中分别设置 Multiplier（倍增）值为 0.5、1、2，渲染后的结果与图 7.10（a）、（b）、（c）相对应。

增设了一盏目标聚光灯，对准球体的同一位置。两盏目标聚光灯的倍增值分别设置为 1.5 和 –1.5。渲染后的结果如图 7.10（d）所示，倍增值为正的灯光作用被倍增值为负的聚光灯抵消了，球体上已没有光线照射。

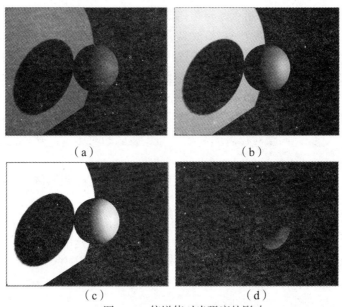

图 7.10　倍增值对光强度的影响

色彩样本按钮：在倍增器右侧是色彩样本按钮，单击它会弹出 Color Selector: Light Color（颜色选择器：灯光颜色）对话框，通过它可以选择灯光颜色，灯光颜色变换可以设置成动画。

【实例】设置光的颜色

创建一个长方体做墙壁。

创建一个茶壶和一盏目标聚光灯。

选定目标聚光灯，选择工具菜单，选择放置高光命令，单击球体，适当调整目标聚光灯的位置，使阴影刚好投射到墙壁上。

选定目标聚光灯，打开修改命令面板，在常规参数卷展栏的阴影选区勾选启用复选框。

在 Intensity/Color/Attenuation（强度/颜色/衰减）卷展栏中单击色彩样本按钮，在 Color Selector: Light Color（颜色选择器：灯光颜色）对话框中选择红色，渲染后的结果如图 7.11（a）所示。

分别选择绿色和黄色的渲染结果与图 7.11（b）、（c）相对应。

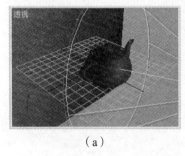 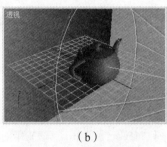 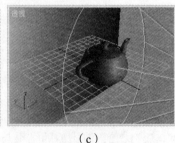

（a）　　　　　　　　　　（b）　　　　　　　　　　（c）

图 7.11　设置灯光颜色

在 Decay（衰减）选区，可以指定衰减类型和衰减开始点到光源的距离。

None（无）：灯光不衰减，即灯光不随距离的增加而减弱。

Inverse（倒数）：灯光从开始点起与距离成倒数关系衰减。

Inverse Square（与平方成反比）：灯光从开始点起与距离的平方成反比关系衰减。

Start（开始）：设置灯光开始衰减的位置。

Show（显示）：勾选该复选框，则显示开始衰减线框。

Near Attenuation（近距衰减）与 Far Attenuation（远距衰减）有类似参数设置。

5. Advanced Effects（高级效果）卷展栏

Contrast（对比度）：调整对象表面高光区与过渡区的对比度，默认值为 0，表现正常的对比度效果。

Soften Diff. Edge（柔化过渡区边缘）：用于柔化过渡区与阴影区的边缘，避免明显的明暗边界。

Projector Map（投影贴图）：投影贴图选区有一个贴图复选框和一个贴图按钮。单击贴图按钮，可以指定一种灯光贴图，只有勾选了贴图复选框，指定的贴图才起作用。

Ambient Only（仅环境光）：若勾选该复选框，则灯光只用作环境灯光。这时阴影设置、阴影贴图设置、灯光对比度设置等都不再起作用。

【实例】投影贴图和仅设置环境光

创建一个长方体做地面。

创建 H、Q 两个字母。

选择修改命令面板，单击修改器列表框展开按钮，选择挤出修改器，设置挤出数量为 8，两个字母被挤出成立体字。

将两个字母对齐，并置于地面上。

创建一盏目标聚光灯，并对准两个字母。

选定目标聚光灯，在常规参数卷展栏的阴影选区勾选启用复选框。展开阴影类型列表框，选择光线跟踪阴影。

在阴影参数卷展栏的对象阴影选区勾选 Map（贴图）复选框，单击右侧长条形按钮，指定一幅贴图。渲染后的结果如图 7.12（a）所示。

在 Advanced Effects（高级效果）卷展栏中勾选 Ambient Only（仅环境光）复选框，渲染后的结果如图 7.12（b）所示。

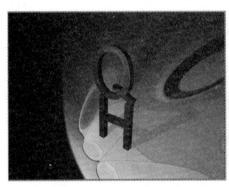 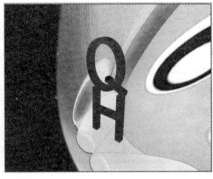

（a）　　　　　　　　　　　　　　　（b）

图 7.12　设置投影贴图

6. Shadow Map Params（阴影贴图参数）卷展栏

阴影贴图参数卷展栏只有在常规参数卷展栏中的阴影列表中，选择了阴影贴图选项后，才会显示出来。

Bias（偏移）：该值用来设定阴影偏离投射阴影对象的距离，值越大，偏离越远。

【实例】偏移值对阴影的影响

创建一个厚度为 0 的长方体做地面，在地面上方创建了一个圆形管状体，圆形管状体上方设置了一盏目标聚光灯。

选定目标聚光灯，在常规参数卷展栏的阴影选区勾选启用复选框。展开阴影类型列表框，选择阴影贴图选项。

在 Shadow Map Params（阴影贴图参数）卷展栏中设置偏移值为 1，渲染后的结果如图 7.13（a）所示。

设置的偏移值为 20 时，渲染的结果如图 7.13（b）所示。

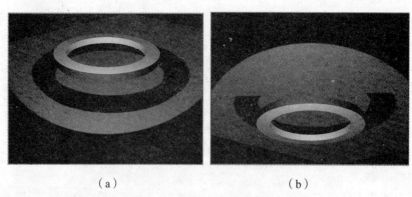

（a）　　　　　　　　　　　　　（b）

图 7.13　偏移值对阴影的影响

Size（大小）：该值用来设定贴图的大小。值越大，阴影投射越精细。该值可用来模拟光源距物体的距离，距离越远，阴影越模糊。

【实例】阴影贴图值大小对阴影的影响

创建一个厚度为 0 的长方体做地面。

在地面上方创建一个五角星。五角星上方设置一盏目标聚光灯，且目标聚光灯对准五角星。

选定目标聚光灯，在常规参数卷展栏的阴影选区勾选启用复选框。展开阴影类型列表框，选择阴影贴图选项。

在 Shadow Map Params（阴影贴图参数）卷展栏中设置 Size（大小）为 50，渲染后的结果如图 7.14（a）所示。

Size（大小）设置为 550 的渲染结果如图 7.14（b）所示。

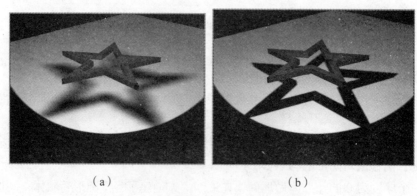

（a）　　　　　　　　　　　　　（b）

图 7.14　阴影贴图值大小对阴影的影响

Sample Range（采样范围）：指定阴影边缘平均采样范围大小，采样范围越大，阴影的边缘越柔和，取值范围在 0.01~50 之间。

【实例】采样范围值对阴影边缘的影响

创建一个厚度为 0 的长方体做地面。

在地面上方创建 QQ 两个立体字母。QQ 上方设置一盏目标聚光灯，且目标聚光灯对准 QQ。

选定目标聚光灯，选择修改命令面板，在常规参数卷展栏的阴影选区勾选启用复选框。展开阴影类型列表框，选择阴影贴图选项。

在 Shadow Map Params（阴影贴图参数）卷展栏中设置 Sample Range（采样范围）值为 50，渲染后的结果如图 7.15（a）所示。

设置 Sample Range（采样范围）值为 5 的渲染结果如图 7.15（b）所示。

（a）　　　　　　　　　　　（b）

图 7.15　采样范围值对阴影边缘的影响

2-Sided Shadows（双面阴影）：若勾选该选项，则一个曲面的两面都可以投射阴影。

7. Atmospheres & Effects（大气和效果）卷展栏

Add（添加）：单击该按钮会弹出 Add Atmosphere or Effect（添加大气或效果）对话框，如图 7.16 所示。通过对话框可指定大气或效果。

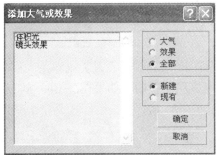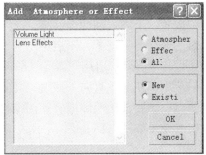

图 7.16　添加大气或效果卷展栏

【实例】为灯光添加体积光效果

创建一个厚度为 0 的长方体做地面。

在地面上方创建 QQ 两个立体字母。QQ 上方设置一盏目标聚光灯，且目标聚光灯对准 QQ。

选定目标聚光灯，选择修改命令面板，在常规参数卷展栏的阴影选区勾选启用复选框。展开阴影类型列表框，选择光线跟踪阴影。

在 Atmospheres & Effects（大气和效果）卷展栏中单击添加按钮，在 Add Atmosphere or Effect（添加大气或效果）对话框中选择体积光，单击确定。

添加了体积光的渲染效果如图 7.17 所示。

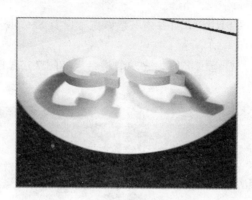

图 7.17　添加了体积光的光照效果

Delete（删除）：删除已经设置的大气或效果。

Setup（设置）：单击该按钮，会弹出环境和效果对话框，通过对话框，可以对已设置的大气和效果重新设置参数。

8. Area Shadows（区域阴影）

在基本选项选区，单击灯光投射阴影模式列表框的展开按钮，会弹出一个选择列表，投射阴影模式有 5 种选择：Simple（简单）、Rectangle Light（矩形灯光）、Disc Light（圆形灯光）、Box Light（长方体灯光）、Sphere Light（球体灯光）。简单模式无抗锯齿（阴影边缘产生锯齿）属性，不能设置灯光大小。其他 4 种都具有抗锯齿性，灯光大小也能改变。

【实例】用目标聚光灯创建一盏壁灯

创建一个长方体做墙壁，使用布尔相减运算在墙上创建出一个小壁橱。

在壁橱中放置一个酒壶和两个酒杯。

创建一盏泛光灯照亮墙壁，不启用阴影。

创建一盏目标聚光灯，启用阴影，倍增设为 0.6，灯光颜色设置为浅绿色。调整聚光灯照射方向和照射范围，使之垂直向下照射，并且刚好照亮壁橱。如果在渲染时强制双面，目标聚光灯的光源点就不要置于墙体内。如图 7.18（a）所示。

渲染输出的结果如图 7.18（b）所示。

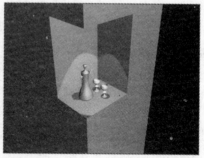

（a）　　　　　　　　　　　　　　（b）

图 7.18　用目标聚光灯创建一盏壁灯

7.2.2 Free Spot（自由聚光灯）

自由聚光灯与目标聚光灯一样，只发出锥形的光束。所不同的是，自由聚光灯没有控制灯光方向的控制器。

自由聚光灯可以像一般几何体一样，整体自由地移动、旋转和缩放。照射方向的调整可以采取手动、使用工具菜单的放置高光命令或灯光视图的视图控制按钮。

【实例】创建一个多彩旋转灯光

创建一个室内场景：两面墙、一个枢轴门、地板、三个立柱、两个高脚酒杯和圆桌。

创建一个球体做旋转灯球。给球体赋标准材质，设置不透明度为 30。

室内中间设置一盏泛光灯用以照亮室内，不勾选启用阴影复选框。

创建一盏自由聚光灯。将自由聚光灯与旋转灯球轴心点对齐。

将自由聚光灯绕 X 轴旋转 30°。复制两盏自由聚光灯（在对象类型选区要选择复制选项），每两盏灯之间的夹角为 120°。三盏灯均启用阴影，阴影都为黑色。灯光颜色分别为红、绿、蓝。其他参数使用默认值。

将三盏自由聚光灯链接到旋转灯球上。整个场景如图 7.19（a）所示。

打开自动关键帧按钮，旋转灯球，创建旋转动画。

渲染输出动画。截取的第 70 帧如图 7.19（b）所示。截取的第 90 帧如图 7.19（c）所示。

（a）

（b）

（c）

图 7.19　旋转灯光

7.2.3 Target Direct（目标平行光）

目标平行光发出的是类似于太阳光的一束平行光。调整照射方向的操作与目标聚光灯完全一样。

7.2.4 Free Direct（自由平行光）

自由平行光与自由聚光灯基本相同，只是发出的是一束平行光。

7.2.5 Omni（泛光灯）

泛光灯给场景提供各向均匀的灯光。它相当于放在一起的，六盏分别向六个不同方向照射的聚光灯。泛光灯照射的区域比较大，参数易于调整，也可以投射阴影和控制衰减范围。

由于泛光灯在六个方向都可产生投影，所以泛光灯光线跟踪阴影的计算量要比聚光灯的计算量大得多。因此，在场景中应尽量少为泛光灯指定光线跟踪阴影。

7.2.6 Skylight（天光）

天光常用于创建场景均匀的顶光照明效果。对天光可以设置天空色彩或指定贴图。天光的光线跟踪阴影的计算量比泛光灯的还要大得多。如果渲染速度过慢，可以减小每次采样光线数，但这样会使渲染质量降低。

标准的 Skylight（天光）对象与 Photometric Daylight（光度学日光）对象不同，天光要与 Light Tracing（光线跟踪）高级灯光设置配合使用，可以模拟 Daylight（日光）的作用效果。

天光的主要参数：

On（启用）：控制开/关灯光。

Multiplier（倍增）：倍增器类似于灯的调光器，值小于 1 减小灯的亮度；大于 1 增加灯的亮度；为负值时，灯光用于从场景中减去亮度。注意：该值过高，会使对象的固有色在渲染时减淡褪色，一般使用默认值。

Use Scene Environment（使用场景环境）：若选择该选项，天空的色彩使用 Environment（环境）对话框中的背景色彩设置。该选项只有在激活 Light Tracing（光线跟踪）后才有效。

Sky Color（天空色彩）：若选择该选项，就可选择一种颜色做天空色彩。

Map（贴图）：若勾选该复选框，就可以单击下方按钮，指定天空色彩贴图，贴图可以控制天空色彩的分布。当比值小于 100%时，贴图会与天空色彩相混合。贴图设置只有在激活 Light Tracing（光线跟踪）后才有效。

Cast Shadows（投射阴影）：若勾选该复选框，则指定天光可以投射阴影。

Rays per Sample（每采样光线数）：设置每次采样时的光线数。值越大，渲染输出的效果越好，但渲染的时间也会相应增加。

Ray Bias（光线偏移）：使阴影偏离对象的值。

【实例】创建天光效果

创建一个厚度为 0 的长方体做地面。

在地面上方创建一个茶壶，茶壶离开地面一定高度。

在茶壶的上方创建一盏 Skylight（天光）。

在天光参数卷展栏中选择：天空颜色为浅蓝色，每采样光线数为 10，勾选了投射阴影复选框，其他参数为默认值。

渲染后的结果如图 7.20 所示。

图 7.20 设置了天光的场景

7.2.7 Area Omni Light（区域泛光灯）

区域泛光灯的灯光类型可以选择为泛光灯、聚光灯或者平行光。

阴影可以选择 Adv. Ray Traced（高级光线跟踪）、mental ray Shadow Map（mental ray 阴影贴图）、Area Shadows（区域阴影）、Shadow Map（阴影贴图）和 Ray Traced Shadows（光线跟踪阴影）。

区域类型可以选择 Sphere（球体）和 Cylinder（圆柱体）。

【实例】创建区域泛光灯

创建一个厚度为 0 的长方体做地面。

在地面上方创建一个高脚酒杯。

在酒杯侧面放置有一盏区域泛光灯。

参数选择：

灯光类型启用泛光灯，阴影启用光线跟踪阴影，阴影颜色选择深灰色，区域类型选择为球体。其他参数为默认值。

渲染后的结果如图 7.21 所示。

图 7.21 有区域泛光灯的场景

7.2.8 Area Spotlight（区域聚光灯）

在使用 mental ray 渲染器渲染场景时，区域聚光灯可以模拟从一个矩形区域或圆形区域发射灯光的效果。

7.3 Photometric（光度学）灯光

选择灯光子面板，单击灯光类型列表框的展开按钮，在灯光类型列表中选择光度学，从对象类型卷展栏中可以看出，一共有十种不同的光度学灯光。

7.3.1 IES Sun（IES 太阳光）

IES 太阳光是依据实际自然规律设计的灯光对象，它可以用来模拟真实的太阳照射效果。
主要参数：
On（启用）：勾选该复选框，则 IES 阳光有效。在渲染模式下可以动态地观察灯光的开关效果。

Targeted（定向）：勾选该复选框，IES 阳光自动朝向 Daylight 系统所设定的方位；不勾选该复选框，可以手动调整太阳的位置。

Intensity（强度）：该值为光源的强度。如果 IES 阳光受 Daylight 系统的控制，强度将由系统指定，不能手动调整。

颜色样本按钮：单击强度右侧的颜色样本按钮，会弹出 Color Selector: rgb（颜色选择器：rgb）对话框，通过它可以选定一种阳光颜色。

Color Amount（颜色量）：调整大气色彩与阴影色彩的混合量。

【实例】创建 IES 太阳光的光照效果

创建一个有两面墙的墙体，将一个双开门嵌入墙内，门打开 50°。

创建两块长方体做地面，其中一块为室内地面，另一块为室外地面。室外地面指定了贴图。室内地面上放置了一个球体。墙壁和地面设置不同颜色。门外有一棵树，可透过门看见部分树枝。

在室内设置一个泛光灯照亮室内，泛光灯不勾选启用阴影。

创建一个 IES 太阳光，光源点在室外，目标点在室内。IES 太阳光的强度设为 9000，勾选启用阴影复选框，并选择区域阴影中的长方形灯光。为了使得室内、室外光的强度有区别，太阳光排除室外地面。

渲染输出透视图。从渲染结果可以看到有一束太阳光透过门缝射进室内。球体和树枝在室内地面上投下了阴影。如图 7.22 所示。

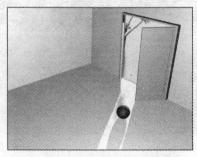

图 7.22 IES 阳光灯的光照效果

7.3.2 IES Sky（IES 天光）

IES 天光是一种依据实际自然规律设计的灯光对象，可用来模拟真实的天光大气效果。它的光照属性，通过指定场景的天气情况自动设定。天光特别消耗渲染时间，如果渲染速度过慢，可以减小每次采样光线数，但这样会使渲染质量降低。

7.3.3 Free Linear（自由线光源）

自由线光源可以用来模拟发光体为线状的光源，可以产生荧光灯、高压钠灯、水银灯、白炽灯等的灯光效果。线光源的长度可以在线光源参数卷展栏中设置。

【实例】使用自由线光源创建宣传橱窗中的灯光效果

宣传橱窗的框架由长方体做成。橱窗顶是一个边数为 3 的圆柱体。橱窗背板是一个厚度为 0 的长方体。在橱窗中创建了两条文本，贴了 5 个福娃的图片。如图 7.23（a）所示。渲染透视图的结果如图 7.23（b）所示。

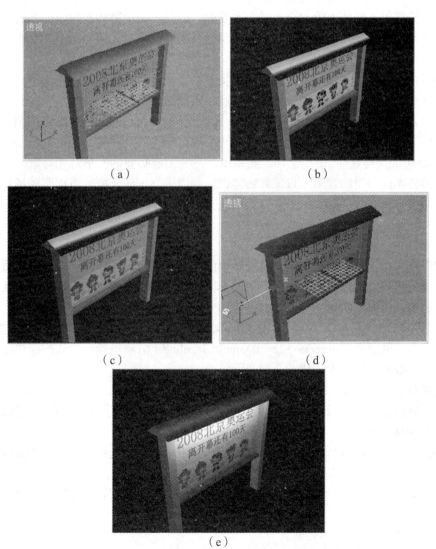

图 7.23　使用自由线光源创建宣传橱窗中的灯光效果

复制一块背板做橱窗玻璃，给橱窗玻璃赋标准材质，不透明度设置为30。渲染透视图的结果如图7.23（c）所示。

创建一盏泛光灯做环境光照亮橱窗。泛光灯的倍增值设置为0.5。在透视图中产生的效果如图7.23（d）所示。

创建一盏自由线光源，绕Y轴旋转90°，使得自由线光源与橱窗顶平行。自由线光源的长度设置为280（和宣传橱窗宽度相当），结果强度设置为12000cd，颜色选择荧光。将自由线光源置于橱窗顶下方。渲染输出透视图。从输出图像中可以看到橱窗上方一盏日光灯照亮橱窗的光照效果。如图7.23（e）所示。

7.4 Advanced Lighting（高级照明）

传统的渲染引擎只能计算直接光照效果，而未考虑反射光线对整个场景的影响。这样渲染出的场景，与自然界的实际场景，在光照效果上会存在较大差别。事实上，自然界中，光源发出的光线照射到物体上后，会经过多次反射。因此，一个物体所接收的光线，除了直接来自光源外，还有一部分来自于周围物体的反射。而且，反射光还会带上反射表面的颜色，这就是色彩溢出。

要想模拟出自然界的实际场景，可以在场景中添加辅助光源和自发光物体。但对于没有这方面专业知识的人来说，不是一件想做好就一定能做好的事情。

从3ds max6起，增加了GI（全局光照）系统。Advanced Lighting（高级照明）是它的主要功能模块。高级照明为不同级别的用户提供了两套全局光照方案：Light Tracer（光跟踪器）和 Radiosity（光能传递）。使用全局光照系统，只要创建必要的简单灯光对象，就可以渲染出接近自然界实际场景的效果，自发光物体也就变成了真正的光源，可以照射场景中的其他对象。

7.4.1 Light Tracer（光跟踪器）

光跟踪器采用了光线跟踪技术，对场景内的光照点进行采样计算，以获得环境反光的数值，以此模拟出逼真的环境光照效果。采用光跟踪器，不用设置太多参数，对场景中对象类型没什么要求，可以使用标准光源，也可使用光度学光源。

选择 Rendering（渲染）菜单，单击 Advanced Lighting（高级照明）中的 Light Tracer（光跟踪器）命令，就会弹出 Render Scene:Default Scanline（渲染场景：默认扫描线渲染器）对话框，选择高级照明选项卡。如图7.24所示。

主要参数：

Global Multiplier（全局倍增）：该值决定光跟踪器全局光照系统对对象表面的影响程度，值越大，影响越明显。

Objects Multiplier（对象倍增）：该值决定在光跟踪器全局光照系统下，场景对象之间的环境色彩反射强度。

Sky Lights（天光）：若勾选了该复选框，对应值用于调节灯光与场景对象之间互相映射的强度。

图 7.24 光跟踪器系统的渲染场景：默认扫描线渲染器对话框

Color Bleed（色彩外溢）：该值用于在光跟踪器全局光照系统下，场景对象之间色彩映射的饱和度。值越大，映射越强。

Rays/Sample（光线/采样数）：每采样光线数。其值越大，渲染输出的效果越好，但渲染时间也随之增长。

Color Filter（色彩滤镜）：用于过滤照射到对象上的光。

Filter Size（滤镜大小）：该值决定在光跟踪器全局光照系统下，光线跟踪与采样的精细程度。值越大，采样越精细，但计算时间也越长。

Extra Ambient（附加环境光）：通过色彩样本按钮选择的环境光色彩，会作为一种附加的着色环境光源，照射到场景中的对象上。

Ray Bias（光线偏移）：该值用于调整反弹光线效果的位置。

Bounces（反弹）：用于设置全局灯光在对象表面的反射次数。反射次数越多，渲染输出的效果越真实，但渲染时间也急剧增加。

Cone Angle（锥体角度）：该值用于控制重新采集的圆锥角度，减小该参数，可以稍微提高对比度，特别适合表现许多小几何体在一个大结构面上投射阴影的效果。

Volumes（体积）：勾选该复选框后，光跟踪器对场景中的体积光进行重新采集。如果要使体积光与光跟踪器配合使用，对应值必须大于 0。

【实例】使用光跟踪器的光照效果

创建一个长方体做地面，在地面上放置有一个长方体，一个球体放在一个托架上，每个对象都已贴图，创建了一盏泛光灯。

未使用光跟踪器时，渲染后的效果如图 7.25（a）所示。

使用光跟踪器并选择参数为：

全局倍增 2，对象倍增 1.5，光线/采样数 100，过滤器大小 0.85，反弹 2，颜色溢出 1.5，色彩滤镜为黄色。其他参数为默认值。渲染后的效果如图 7.25（b）所示。从图中可以明显看出阴影已不再是黑色，这是光反射的结果。图 7.25（b）比图 7.25（a）要逼真得多。

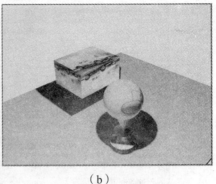

(a)　　　　　　　　　　　　　　　(b)

图 7.25　使用光跟踪器全局光照系统的光照效果

7.4.2　Radiosity（光能传递）

光能传递全局光照系统和光跟踪器全局光照系统不同，它不是根据采样点进行光照计算，而是使用对象的三角结构面为计算的基本单位。为了获得精确的输出结果，大块的表面被分割成小的三角结构面进行计算。光能传递可以在场景中重现自然光下的光照效果。

选择 Rendering（渲染）菜单，单击 Advanced Lighting（高级照明）标签，在选择高级列表框中，选择 Radiosity（光能传递）选项，就会弹出 Render Scene:Default Scanline…（渲染场景：默认扫描线渲染器）对话框，如图 7.26 所示。

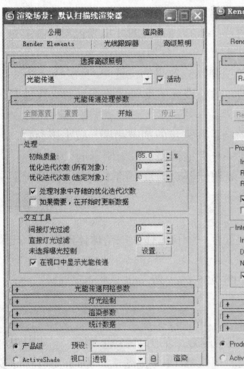
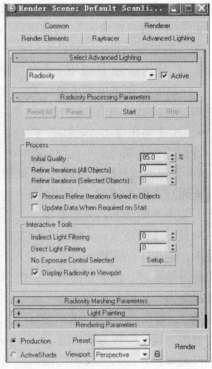

图 7.26　光能传递系统的渲染场景：默认扫描线渲染器对话框

光能传递的创建过程如下：
（1）创建场景。设置光度学光源。
（2）为场景中的每个对象指定材质。
（3）单击 Rendering（渲染）菜单，选择光能传递。
（4）单击对数曝光控制的 Setup（设置）按钮，这时会弹出 Environment end Effects（环境和效果）对话框，如图 7.27 所示。在 Exposure Control（曝光控制）卷展栏中选择 Logarithmic Exposure Control（对数曝光控制）。

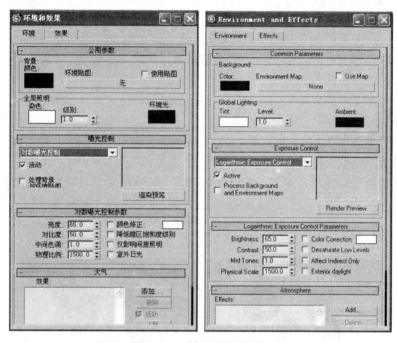

图 7.27 环境和效果对话框

（5）设置光能传递参数，单击 Start（开始）按钮，待计算结束后，就可渲染输出了。

光能传递全局光照系统比较复杂，参数很多，下面介绍（光能传递处理参数）卷展栏。控制画面整体效果的主要参数都包含在这个卷展栏中。

Reset All（全部重置）按钮：单击该按钮，将取消已设置的光能传递方案和对象细分，恢复初始状态。

Reset（重置）按钮：仅重置光能传递解决方案，不取消对象细分。

Start（开始）按钮：单击该按钮，就会开始光能传递全局光照系统的计算。若直接进行渲染操作，系统将自动完成光能传递全局光照系统的计算。

Stop（停止）按钮：单击该按钮，可以终止计算。

Initial Quality（初始质量）：该值控制输出画面质量的计算精度。在修改过程中，该值可设置得较低，以节省渲染时间。最后输出时，可将其设置成 85 以上，这时渲染时间会相应延长。

Refine Iterations (All Objects)（优化迭代次数：所有对象）：设置对场景中全部对象进行优化迭代的次数。优化迭代不会增加场景的亮度，只会增强对象之间环境反射的效果。

Refine Iterations (Selected Objects)（优化迭代次数：选定对象）：设置对场景中选定对象

进行优化迭代的次数。当对有的对象渲染结果不满意时，可以单独选定进行优化迭代，以减少计算时间。

Filtering（过滤）：该值用于平衡场景中不同对象表面之间的反射效果。值越大，反射就越显著。一般设置为1~3。

Logarithmic Exposure Control（对数曝光控制）：单击对数曝光控制的Setup（设置）按钮，这时会弹出Environment end Effects（环境和效果）对话框，通过该对话框可以选择曝光控制的方式、参数等。

Display Radiosity in Viewport（在视口中显示光能传递）：若勾选该复选框，则直接在视图中就显示出光能传递效果。否则，只有在渲染后才能看出光能传递效果。

【实例】使用光能传递全局光照系统的光照效果

创建一个圆柱体、一个球体、一个茶壶作渲染对象，并给每个对象指定了贴图。创建一个厚度为0的长方体做地面。

创建一个光度学中的太阳光做光源。强度设置为6000。勾选启用阴影复选框，并选择区域阴影。

渲染后的效果如图7.28（a）所示。

在渲染场景对话框中选择高级照明选项卡。

使用光能传递全局光照系统，单击设置按钮弹出环境和效果对话框，在曝光控制卷展栏中选择对数曝光控制，其他选择默认设置，单击开始按钮进行光能传递计算。渲染后的效果如图7.28（b）所示。

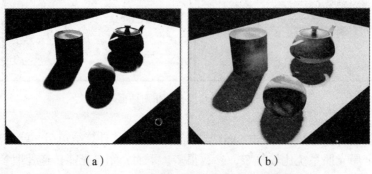

（a） （b）

图7.28 使用光能传递全局光照系统的光照效果

7.5 摄影机

如何由其他视图切换到摄影机视图，摄影机视图控制区中各按钮的作用等内容，已在前面章节中做了介绍，摄影机的具体应用将在后续章节中介绍。

7.5.1 TargetCamera（目标摄影机）

目标摄影机的图标中有一个目标点，使用工具菜单中的对齐摄影机命令，可以将目标点锁定在场景中的一个对象上，切换到摄影机视图后，不论该对象在动画中运动到什么位置，目标摄影机始终对准该对象，因此目标摄影机适合拍摄视线跟踪动画。

7.5.2 FreeCamera（自由摄影机）

自由摄影机不具有目标摄影机的这个特点，它适合于绑定到一个对象上，拍摄这个对象运动时沿途所对准的画面。

图 7.29（a）是目标摄影机，图 7.29（b）是自由摄影机。

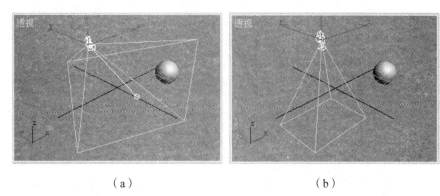

（a） （b）

图 7.29 目标摄影机与自由摄影机

7.5.3 摄影机参数

目标摄影机与自由摄影机的参数基本相同。

Lens（镜头）：摄影机的焦距长度，可以由用户设定成任意值。

FOV（视野）：视野左侧按钮用来选择一种视野方向，右侧数码框用来指定视野的大小。该值由镜头值自动计算得到。

Stock Lenses（备用镜头）：在该选区中有 9 种标准镜头供选择，选择其中一种镜头，相应 Lens（镜头）和 FOV（视野）数码框中自动给出对应值。

Focal Depth（焦点深度）：指定焦点深度值，景深之外的对象会模糊不清。

7.5.4 将摄影机与对象对齐

要将摄影机与场景中对象对齐，可以使用工具菜单中的对齐摄影机命令，也可使用主工具栏中对齐摄影机按钮。操作步骤是：选定摄影机，选择工具菜单中的对齐摄影机命令或主工具栏中对齐摄影机按钮，单击要对齐的对象。

图 7.30 中的目标摄影机已对齐到球体。

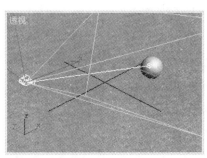

图 7.30 将摄影机对齐球体

思考与练习

一、思考与练习题

1. 灯光分哪几类？试述创建泛光灯、IES 太阳光和日光的操作步骤。
2. 试述目标聚光灯、泛光灯和太阳光各有何特点？
3. 如何才能将一个目标聚光灯对准一个对象？
4. 要求某个灯光只照射场景中的部分对象，应怎样办？
5. 在场景中能看到阴影吗？怎样才能看到阴影？
6. 阴影 Dens（密度）值的大小对阴影有何影响？
7. 能给阴影指定贴图吗？如何指定？
8. 阴影可以指定颜色吗？如何指定？
9. Multiplier（倍增）值的大小对光照效果有何影响？
10. 光可以设置颜色吗？如何设置？
11. Projector Map（投影贴图）和阴影 Map（贴图）有何区别？如何指定投影贴图？
12. Shadow Map Params（阴影贴图参数）卷展栏中的 Bias（偏移）和 Size（大小）两个参数对阴影各有何影响？
13. Shadow Map Params（阴影贴图参数）卷展栏中的 Sample Range（采样范围）参数对阴影有何影响？
14. 如何设置体积光效果？
15. 如何创建天光？天光有哪些参数？
16. 区域泛光灯和泛光灯有何区别？
17. 如何创建透过开着的窗户射进阳光的效果？
18. 高级照明与传统照明有何不同？
19. 如何使用 Light Tracer（光跟踪器）创建高级照明？
20. 如何使用 Radiosity（光能传递）创建高级照明？
21. 如何让摄影机对齐场景中对象？
22. 要切换到摄影机视图应如何操作？
23. 要切换到灯光视图应如何操作？

二、上机练习题

1. 创建台灯的光照效果。如图 7.31 所示。

图 7.31

2. 创建日光灯的光照效果。如图 7.32 所示。

图 7.32

3. 创建灯泡的光照效果。如图 7.33 所示。

图 7.33

第8章 材质与贴图

基本对象、复合对象和通过修改编辑等手段获得的对象，即使在外形上与实际物体一模一样，但看上去依然缺乏真实感。一个重要原因，就是这些对象表面视觉效果单调。实际自然界的物体不仅多姿，而且多彩。怎样才能做到既模样相同，又表面纹理色彩一样呢？要解决这个问题，就要使用材质与贴图。

8.1 材质与贴图概述

为了模拟出自然界物体表面的视觉效果，3ds max9 提供了 18 种材质和五大类贴图。材质的作用是为对象表面模拟颜色、透明度、反射与折射、粗糙程度等材质属性。刚创建的对象具有相同的默认材质，但自然界的物体所具有的材质是多种多样的，这样就要为不同对象重新赋不同材质。贴图是使用一些图像文件模拟自然界物体表面的各种纹理色彩。无论是赋材质还是贴图，都必须使用材质编辑器，选择材质和贴图则要使用材质/贴图浏览器。灵活运用各种材质和贴图，能够逼真地模拟出自然界各种物体的表面属性。

8.2 Material Editor（材质编辑器）

单击主工具栏中的 Material Editor（材质编辑器）按钮，就会打开材质编辑器。如图 8.1 所示。任何对象的材质都要通过材质编辑器编辑。材质编辑器分上、下两部分。上部为固定界面部分，其中的元素固定不变。这部分有 4 个功能区域：示例窗口、材质编辑工具栏、示例窗口控制工具栏和菜单栏。下部是活动界面部分，由若干个参数卷展栏组成。所编辑的材质类型不同，卷展栏的个数和参数都可能不同。

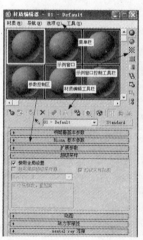
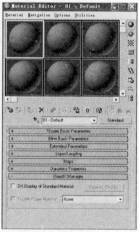

图 8.1 材质编辑器

8.2.1 示例窗口

示例窗口有 24 个示例对象,它能直观地显示材质编辑的过程与效果。

示例对象未被激活时,窗格周围有个白色细线框。如图 8.2(a)所示。激活后变成白色粗线框,如图 8.2(b)所示。如果示例对象上的材质已被指定到场景中的对象上,窗格四角会出现白色小三角形,如图 8.2(c)所示。表明该示例窗格中的材质为同步材质,在编辑窗格中的材质时,对象上所赋材质会同步变化。已赋材质的对象未被选定时,白色小三角变成白色三角线框,如图 8.2(d)所示。

拖动已赋材质的示例对象到另一示例对象上,可以复制材质。复制的材质为非同步材质。

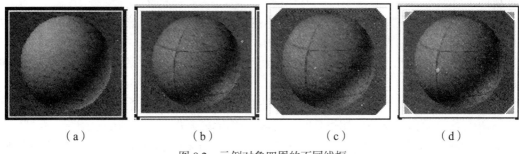

图 8.2 示例对象四周的不同线框

对准示例对象右单击,会弹出一个快捷菜单。如图 8.3 所示。通过快捷菜单,可以 Drag/Copy(拖动/复制)、Drag/Rotate(拖动/旋转)示例对象,Render Map(渲染贴图),改变示例窗口中当前示例对象的个数等。单击 Options(选项)命令会弹出材质编辑器选项对话框。通过该对话框,可以对材质编辑器设置顶光、背光、环境光等。

图 8.3 右单击示例对象弹出的快捷菜单

8.2.2 材质编辑工具栏

材质编辑工具栏用于为场景对象进行材质编辑操作,该工具栏在示例窗口下方,如图 8.4 所示。下面按顺序介绍各工具按钮的作用。

图 8.4　材质编辑工具栏

Get Material（获取材质）：单击该按钮，就能打开 Material/Map Browser（材质/贴图浏览器）。该浏览器用于选取材质和贴图。

Put Material to Scene（将材质重新赋给场景对象）：将示例对象上的复制材质赋给场景中的对象。复制材质为非同步材质，经过编辑后，再重新赋给原来的对象。这时复制材质会变成同步材质。

Assign Material to Selection（将材质赋给选定对象）：单击该按钮，就会将示例对象上的材质指定给场景中选定的对象。这时该材质为同步材质。注意，在为材质的不同组成部分指定贴图时，只能使用该按钮或将贴图从示例对象上拖到场景对象上。而不能从位图参数卷展栏拖到场景对象上。

Reset Map/Mtl to Default Settings（重置贴图/材质为默认设置）：将示例窗口中正在编辑的贴图/材质恢复为默认值。如果是同步材质，单击该按钮后，会给出提示供选择。

Make material Copy（制作材质副本）：该按钮用于将示例对象上的材质复制一份放在原示例对象上，以便进行编辑，编辑好后，单击将材质重新赋给场景对象按钮，就能替换原有材质。并使复制材质变为同步材质。

Make Unique（使独立）：单击该按钮，可以将当前示例窗口中 Multi/Sub-Object（多级/子对象）材质的子材质转换成一种独立的材质。并为独立后的材质指定一个新名称。

Put to Library（存入材质库）：将当前编辑的材质保存到材质库中。保存到材质库中的材质可以通过材质/贴图浏览器访问。

【实例】保存当前编辑的材质

在示例窗口选定一个示例对象。在示例对象上编辑好需要的材质，或者通过贴图将事先准备好的材质图像文件贴到示例对象上。

单击存入材质库按钮，弹出材质编辑器对话框，如图 8.5（a）所示。单击"是"，这时会弹出入库对话框，如图 8.5（b）所示。在名称文本框中输入入库文件名称，单击"确定"，就会将编辑的材质文件保存到材质库中。

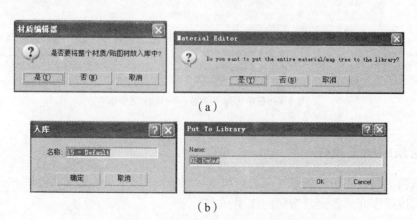

图 8.5　保存材质文件的对话框

Material Effects Channel（材质效果通道）：为当前示例对象上的材质指定 G-buffer 效果通道，通过效果通道可以在 Video Post（视频合成）对话框中为该材质指定特殊的渲染效果。

Show Map in Viewport（在视图中显示贴图）：单击该按钮，在视图中已贴图的对象会显示贴图效果。这样做会增加场景的渲染时间。

Show End Result（显示最终结果）：在编辑多级材质的子材质、混合材质的分支材质时，单击该按钮，会显示材质的最终结果。

Get to Parents（转到父级材质）：在编辑双面材质、混合材质等材质时，单击该按钮，可以返回上一级材质或者同级材质中的前一分支材质。

Get Forward to Sibling（转到下级材质）：和转到父级材质按钮的作用相反，单击一次会转到下一级材质或同级材质中的后一分支材质。

Pick Material From Object（从对象拾取材质）：选定一个空白示例球，单击该按钮，这时鼠标会变成，单击已赋材质的对象，就能将该对象的材质复制到示例窗口的选定示例球上。

Material Type（材质类型） Standard ：单击该按钮，会弹出材质/贴图浏览器。通过浏览器可以选择需要的材质。

8.2.3 示例窗口控制工具栏

示例窗口控制工具栏用来对示例窗口进行各种设置操作，该工具栏在示例窗口的右侧。

Sample Type（采样类型）：可将示例对象设置为球形、圆柱体或长方体。

Backlight（背光）：是否为示例对象设置背景灯光。

Background（背景）：是否为示例对象设置背景。

Make Preview（生成预览）：这是个命令按钮组，可用来生成、播放、保存预览动画。

Options（选项）：单击该按钮，可以弹出材质编辑器选项对话框。

Select by Material（按材质选择）：按材质选择对象。

Material/Map Navigator（材质/贴图导航器）：打开当前编辑材质的材质/贴图导航器。在导航器中可以更方便地编辑材质。

菜单栏的作用与工具栏基本相同。

8.2.4 Material/Map Browser（材质/贴图浏览器）

材质/贴图浏览器可以用来获取、浏览材质与贴图。如图 8.6 所示。

在浏览器的列表框中，显示有材质/贴图或材质/贴图类型，有蓝色小球标识的为材质，有绿色菱形标识的为贴图。

列表框上方左边四个按钮，用来决定是用文本还是用图标显示列表。

列表框上方右边三个按钮，用来删除材质库中材质或用材质库中材质更新场景中材质。

列表框左侧有三个选区。

Browse From（浏览自）选区，有一组单选项，用来选择列表中的文件来源于何处。

Show（显示）选区，有一组复选框，可以选择同时显示材质和贴图，也可以选择只显示材质或贴图。

File（文件）选区，有一组单选项，可以用来打开、合并、保存材质/贴图文件。

图 8.6　材质/贴图浏览器

【实例】给场景中对象赋材质

在场景中创建一个长方体，如图 8.7（a）所示。

单击主工具栏中的材质编辑器按钮，打开材质编辑器。

单击获取材质按钮，打开材质/贴图浏览器。

在材质/贴图浏览器中双击建筑选项，在模板卷展栏的列表框中选择建筑模板。在物理性质卷展栏中单击漫反射贴图按钮，指定一幅瓷砖贴图。单击将材质赋给选定对象按钮，长方体就被赋给了瓷砖材质，如图 8.7（b）所示。渲染后的结果如图 8.7（c）所示。

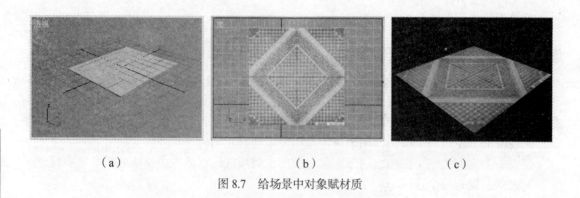

（a）　　　　　　　　　　（b）　　　　　　　　　　（c）

图 8.7　给场景中对象赋材质

【实例】给场景中对象贴图——望远镜

在顶视图中创建一个圆。

复制一个圆，使两个圆有相交部分。将两个圆转换为可编辑样条线，进行布尔并集运算后所得图形如图 8.8（a）所示。

选择挤出修改器，设置挤出数量为 0，挤出结果如图 8.8（b）所示。

单击主工具栏中的材质编辑器按钮，打开材质编辑器。展开贴图卷展栏，勾选漫反射颜色复选框，单击对应的 None 按钮，在材质/贴图列表中双击 Bitmap（位图）选项，这时会弹出选择位图图像文件对话框，选择一个有鹰的位图文件，单击打开，位图文件就被指定给示例对象。将位图参数卷展栏中的位图文件拖到挤出对象上放开，就将位图文件指定给了挤出对象。如图 8.8（c）所示。

打开自动关键帧按钮，将时间滑动块移到 0 帧处，在坐标卷展栏中设置 U 偏移为 – 0.08。将时间滑动块移到 100 帧处，在坐标卷展栏中设置 U 偏移为 0.1。

渲染输出动画。播放动画时可以看到望远镜扫过一定的观察区域。在 0 帧时望远镜中观察到的画面如图 8.8（d）所示。在 100 帧时望远镜中观察到的画面如图 8.8（e）所示。

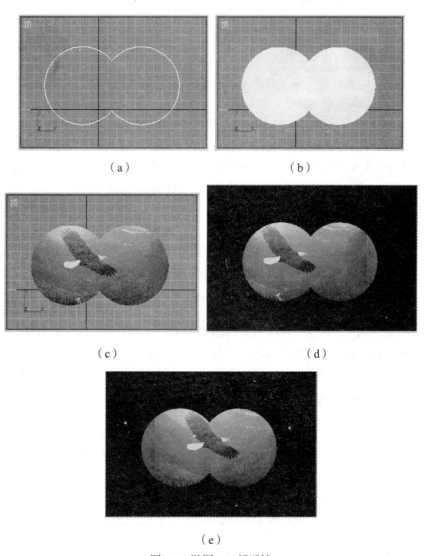

图 8.8　贴图——望远镜

8.3 材质

3ds max9 提供了 18 种类型的材质：None（无）材质、Standard（标准）材质、Blend（混合）材质、Composite（合成）材质、Double Sided（双面）材质、Matte/Shadow（不可见/投影）材质、Morpher（变形）材质、Multi/Sub-Object（多维/子对象）材质、Raytrace（光线跟踪）材质、Shellac（胶合）材质、Top/Bottom（顶/底）材质、Advanced Lighting Override（高级灯光）材质、Shell（壳）材质、Lightscape Mtl 材质、Ink'n Paint（墨水手绘）材质、Architectural（建筑）材质、Mental ray 材质、DirectX 9 Shader（DirectX 9 光影）材质。

不同材质类型，其功能和编辑过程也有所不同。

None（无）材质：无材质使用对象的默认色彩和一种类似于塑料的默认材质作为渲染材质。

Standard（标准）材质：标准材质是一种经典材质类型，可以作为其他材质类型的基础材质。

Blend（混合）材质：混合材质是将两种材质混合在一起，使之成为一种新的材质。两种材质所占比例可以任意设置。

Composite（合成）材质：合成材质与混合材质在编辑理念上基本相同，它是将多种材质混合在一起，生成一种新的材质。

Double Sided（双面）材质：双面材质是指可以为一个曲面的两面指定不同的材质。

Matte/Shadow（不可见/投影）材质：具有这种材质的对象类似隐形物体，它不遮挡背景图像，渲染时也看不见，但可以遮挡其他对象，也可在其他对象上投下阴影，还可接受其他对象投射来的阴影，常用于制作与背景图像紧密配合的特殊视频效果。

Morpher（变形）材质：变形材质用于制作一个对象在一种基本材质的基础上，不断进行材质变形的动画效果。

Multi/Sub-Object（多维/子对象）材质：多维/子对象材质是多个材质的组合，用于将多个材质指定给同一对象的不同子对象选择集，这样就可表现出多个材质，同时呈现在一个对象表面的不同部位的效果。

Raytrace（光线跟踪）材质：光线跟踪材质可以生成真实材质的反射/折射效果。

Shellac（胶合）材质：胶合材质用于在基本材质的基础上使用另一种材质，造成一种胶合黏稠的特殊材质效果。

Top/Bottom（顶/底）材质：顶/底材质是将两种材质分别指定给一个对象的顶部和底部。

Advanced Lighting Override（高级灯光）材质：该材质与光能传递高级灯光配合，可以创建很好的阶调效果。

Shell Material（壳）材质：该材质包含两种材质：渲染时的原始材质和烘焙材质。

Lightscape Mtl 材质：该材质用于导入或导出 Lightscape 数据。

Ink'n Paint（墨水手绘）材质：利用这种材质可以创建非常奇妙的平面手绘卡通效果，这一特性通常被称为 Cartoon Shader（卡通光影）模式。

Architectural(建筑)材质：用于模拟真实建筑材质效果，适于和默认的光跟踪器和光能传递配合使用。

Mental ray 材质：由 Mental ray 渲染器提供的材质类型。

DirectX Shader（DirectX 光影）材质：如果显卡支持 DirectX，就可以使用该材质渲染对象。

不同材质类型,其功能和编辑过程也有所不同。

8.3.1 标准材质

标准材质是示例对象的默认材质类型。如果不指定贴图,使用标准材质创建出来的是一种单色的、均匀的对象表面效果。标准材质采用(四色模式)模拟真实世界的对象表面效果。

选定要赋材质的对象。单击主工具栏的材质编辑器按钮打开材质编辑器。选定一个示例对象,单击材质编辑工具栏中的获取材质按钮,弹出材质/贴图浏览器。在材质/贴图列表中选择标准,并将其拖到示例对象上。设置好参数后,单击材质编辑工具栏中将材质赋给选择对象按钮,就能将标准材质赋给选定的对象。

主要参数如下所述。

1. Shader Basic Parameters(明暗基础参数)卷展栏

明暗基础参数卷展栏如图 8.9 所示。

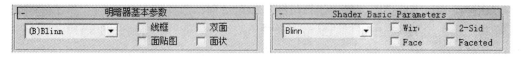

图 8.9 明暗基础参数卷展栏

单击明暗类型列表框的展开按钮,就会展开明暗类型列表。如图 8.10 所示。选择的明暗类型不同,参数卷展栏的内容也会有所不同。

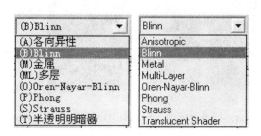

图 8.10 明暗类型列表

Anisotropic(各向异性):反射高光呈椭圆形的各向异性。其值为 0,则反射高光区呈圆形,大于 0 则呈椭圆。适于模拟毛发、玻璃、磨砂金属等材质表面。

Blinn:这是默认的明暗类型,产生的高光圆润柔和。

Metal(金属):适于模拟金属表面的材质。

Multi-Layer(多层):这种类型具有两个高光反射层,各层可以分别进行设置,可以产生比各向异性更复杂的高光反射效果。

Oren-Nayar-Blinn:适于模拟纺织品、粗陶瓷等的表面。

Phong:适于模拟光滑对象的表面。

Strauss:类似于金属明暗类型,参数设置简洁。

Translucent(半透明):可以指定半透明属性。

对象渲染输出的方式有 4 种选择:

Wire（线框）：以线框方式渲染输出。
2-Sided（双面）：将材质指定到曲面的正反两面。
Face（面贴图）：将材质指定到几何体的每个次级结构面。如果材质使用贴图，面贴图不需要贴图坐标，贴图会自动指定到对象的每个子层级。
Faceted（分型面）：渲染对象的每个自然面。

【实例】标准材质中 4 种不同渲染输出方式的渲染效果

创建 4 个相同的长方体，设置每边的分段数为 4。如图 8.11（a）所示。
单击主工具栏的材质编辑器按钮，打开材质编辑器。
选定一个示例对象，单击材质编辑工具栏中的获取材质按钮，弹出材质/贴图浏览器。
在材质/贴图列表中选择标准，并将其拖到示例对象上。
选择视图中左上方一个长方体。
在材质编辑器中的明暗基础参数卷展栏中勾选网格复选框。
单击 Blinn 基本参数卷展栏中不透明度右侧按钮，弹出材质/贴图浏览器。
双击贴图列表中的位图，弹出选择位图图像对话框，选择如图 8.11（b）所示图像文件。
单击材质编辑工具栏中将材质赋给选择对象按钮，渲染后就得到了图 8.11（c）左上角的网格长方体。
在材质编辑器中的明暗基础参数卷展栏中依次勾选双面、面贴图、分型面复选框，依次将材质赋给视图中其他 3 个长方体，渲染后就得到图 8.11（c）中其余各图。

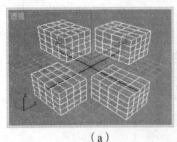  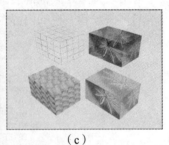

（a） （b） （c）

图 8.11 标准材质中 4 种不同渲染输出方式的渲染效果

2. Blinn Basic Parameters（Blinn 基础参数）卷展栏

Blinn 基础参数卷展栏如图 8.12 所示。

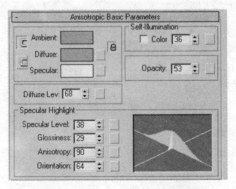

图 8.12 Blinn 基础参数卷展栏

Ambientcolor（环境光）：单击右侧颜色样本按钮，会弹出颜色选择器：环境光颜色对话框，由其指定对象表面阴影区的颜色。

Diffuse（漫反射）：指定对象表面的颜色。

Specular（高光反射）：指定高光区颜色。

上述 3 个颜色样本按钮的左侧有两个互动按钮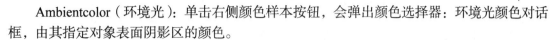，若选择其中某个按钮，则该按钮指向的两种颜色只能设置成一种颜色，否则可以设置成两种不同颜色。

单击颜色样本按钮右侧按钮，会弹出材质/贴图浏览器，可以为上述 3 种颜色指定贴图。

从 3 个样本颜色按钮中的一个拖到另一个，就会打开一个交换或复制颜色对话框，选择不同按钮，可以将一个的颜色复制到另一个，或交换两个的颜色。

Selt-Illumination（自发光）选区有一个复选框，若不勾选它，则可在右侧的数码框中，指定自发光强度，强度为 0，则没有自发光。若勾选它，数码框变成颜色样本按钮，通过它可以选择自发光颜色。单击最右端快速贴图按钮，可以指定自发光贴图。

自发光材质用来模拟对象白炽化的自发光状态。只有设置了光能传递高级光照系统，自发光材质才能影响周围对象，真正在场景中起到自发光对象的作用。

【实例】自发光材质的设置

创建一个长方体，一个圆柱体和一个球体，赋给标准材质且自发光选择为 0。如图 8.13（a）所示。可以看出，3 个对象具有相同表面特性。

重给长方体指定标准材质，在 Blinn Basic Parameters（Blinn 基础参数）卷展栏中，选择自发光强度为 100。得图 8.13（b）。可以看出长方体本身变亮了，有了自发光特性，但自发光并不能影响邻近对象。

单击渲染菜单，选择高级照明中的光能传递命令，就会打开渲染场景对话框。选择迭代次数为 2，过滤为 2。单击设置按钮就会打开环境和效果对话框，在曝光控制卷展栏中选择对数曝光控制。单击开始按钮，就会按照设置计算出光能传递的结果，单击渲染按钮，在渲染输出结果中可以看到自发光物体照亮了旁边的物体。如图 8.13（c）所示。

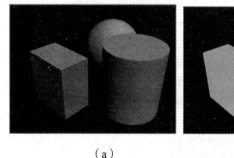
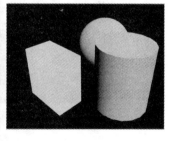

(a)　　　　　　　　　(b)　　　　　　　　　(c)

图 8.13　自发光材质的设置

【实例】用标准材质创建落日

创建一个球体。

给球体指定标准材质。勾选自发光颜色复选框，选择自发光颜色为红色。不透明度为 80，高光级别为 0，光泽度为 0，柔化为 0。

设置一盏泛光灯，不设置阴影，倍增设置为 0.5。

使用不透明度贴图，让太阳下落时能隐藏到山背后。

对太阳创建移动动画。

第 50 帧截取的画面如图 8.14（a）所示。第 80 帧截取的画面如图 8.14（b）所示。

（a） （b）

图 8.14 用标准材质创建落日

Opacity（不透明度）：在对应数码框中指定材质的不透明程度。若不透明度为 100，则完全不透明；若不透明度为 0，则完全透明。单击右侧按钮，可指定不透明材质贴图。

【实例】设置不同不透明度的材质效果

在茶几上，放置了一个果盘和一个高脚酒杯。

给酒杯赋标准材质，并选择不透明度为 100，得图 8.15（a）。可以看出酒杯完全不透明。

选择不透明度为 60，得图 8.15（b）。可以看出酒杯半透明。

选择不透明度为 40，得图 8.15（c）。可以看出酒杯更透明了。

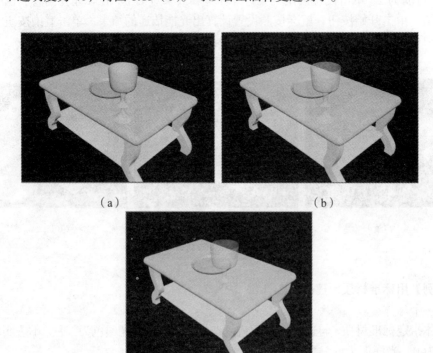

图 8.15 给标准材质选择不同不透明度的材质特性

Specular Highlight（反射高光）选区：
Specular Level（高光级别）：指定高光区的强度。单击右侧按钮，可以指定高光反射贴图。
Glossiness（光泽度）：此值决定高光区的大小。单击右侧快速贴图按钮，可以指定光泽度贴图。
Soften（柔化）：用于柔化高光效果。

在选择区的右部有高光曲线直观地展现高光设置结果。曲线的纵轴表示高光级别，横轴表示光泽度。

【实例】高光级别与光泽度对高光区的影响

创建两个球体，都赋给标准材质。

两个球体标准材质的光泽度都设置为 10，左球体的高光级别设置为 50，右球体设置为 100。得图 8.16（a）。

两个球体标准材质的高光级别都设置为 100，左球体的光泽度设置为 10，右球体设置为 60。得图 8.16（b）。

（a） （b）

图 8.16 高光级别与光泽度对高光区的影响

【实例】设置标准材质参数——创建太阳升起动画

创建两个球体，一个做太阳，另一个做太阳的倒影。

选定做太阳的球体，给球体赋标准材质，设置高光级别为 999，光泽度为 0，柔化为 0。环境光为黄色，漫反射光为红色，高光反射光为白色，不透明度为 0。

选定做太阳倒影的球体，给球体赋标准材质，设置高光级别为 999，光泽度为 0，柔化为 0。环境光为黄色，漫反射光为红色，高光反射光为深灰色，不透明度为 0。

指定一幅背景贴图。

打开自动关键帧按钮，将时间滑动块移到 100 帧处，做太阳的球体沿 Z 轴正向移动创建太阳升起的动画，做太阳倒影的球体沿 Z 轴负向移动创建太阳倒影下落的动画。

0 帧渲染的结果如图 8.17（a）所示。50 帧渲染的结果如图 8.17（b）所示。

3. Extended Parameters（扩展参数）卷展栏

扩展参数卷展栏如图 8.18 所示。

Advanced Transparency（高级透明）选区中的 Falloff（衰减）选项：

In（内）：若选择该选项，则从对象边缘向中心逐渐增加透明度，类似于玻璃杯的材质。

Out（外）：和内刚好相反，类似于烟雾的材质。

（a） （b）

图 8.17 设置标准材质参数——创建太阳和倒影

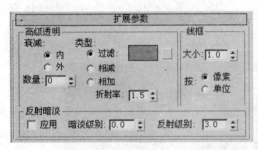
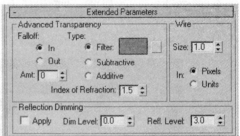

图 8.18 扩展参数卷展栏

Amt（数量）：指定衰减到最后的透明度。

Type（类型）选项：

Filter（过滤）：该选项用于产生有色的透明对象效果。单击色彩样本按钮，可以为透明过滤指定色彩。单击快速贴图按钮，可以指定过滤贴图。

Subtractive（相减）：若勾选该选项，则从透过的背面环境中减去材质的色彩，使背景在透明区域的透明度降低。

Additive（相加）：若勾选该选项，则从透过的背面环境中加上材质的色彩，使背景在透明区域的透明度增加。

Index of Refraction（折射率）：指定在光线跟踪和折射贴图中使用的折射率。

【实例】高级透明相加、相减的渲染效果

制作一个玻璃杯，杯中放有一个球体。

给球体赋标准材质，漫反射颜色为浅黄色，不透明度为 100。指定不透明度贴图：单击不透明度贴图右侧的快速贴图按钮，双击材质/贴图浏览器贴图列表中的位图，选择一个位图文件，单击打开，就将贴图指定给了示例对象。单击材质编辑工具栏中的将材质赋给指定对象。

给玻璃杯赋标准材质，漫反射颜色为浅绿，不透明度为 50，指定不透明度贴图。高级透明选择过滤类型。渲染后得图 8.19（a）。

选择高级透明的相减，得图 8.19（b）。

选择高级透明的相加，得图 8.19（c）。

图 8.19 高级透明相加、相减的渲染效果

4. Super Sampling（超级采样）卷展栏

超级采样是 3ds max 的一种抗锯齿技术。它可以作用于输出的每一个像素，使之得到很好的抗锯齿渲染效果，但同时也会增加渲染时间。

5. Maps（贴图）卷展栏

贴图卷展栏如图 8.20 所示。它可以用来为材质的不同组成部分指定贴图。例如可以单击扩展参数卷展栏的过滤色右侧快速贴图按钮，指定过滤色贴图。也可单击贴图卷展栏中的过滤色右侧长条按钮，指定过滤色贴图。所有特定区域的贴图都可以通过贴图卷展栏指定。指定贴图后，在位图参数卷展栏的位图按钮上会显示贴图文件名。注意，要将贴图指定到场景对象上去，要使用材质编辑工具栏中的将材质赋给选择对象按钮或将示例对象上的贴图拖到场景对象上。

Amount(数量)：该值决定贴图对材质效果的影响程度。

锁定按钮激活时，环境光颜色和漫反射颜色使用同一幅贴图，否则可以使用不同贴图。

【实例】贴图数量对材质效果的影响

创建一个球体。

打开材质编辑器，展开贴图卷展栏，勾选漫反射颜色复选框，数量选择 100，单击对应长条形按钮，在材质/贴图浏览器中双击贴图列表中的位图，选择一个位图文件，单击打开，这时材质编辑器的活动部分会发生变化。展开位图参数卷展栏，将位图按钮上的文件拖到场景中的球体上，渲染后得图 8.21（a）。

单击编辑材质工具栏中的转到父级按钮，重设数量为 30，单击长条形按钮，重新将位图文件拖到球体上。渲染后得图 8.21（b）。

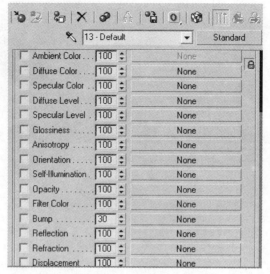

图 8.20　贴图卷展栏

（a）　　　　　　　　　　　（b）

图 8.21　贴图数量对材质效果的影响

（1）Ambient Color（环境光颜色）贴图

勾选环境光颜色复选框后指定的贴图对阴影区产生影响。只有未按下环境光颜色和漫反射颜色按钮之间的锁定按钮，环境光颜色贴图才会被激活。

（2）Diffuse Color（漫反射颜色）贴图

勾选漫反射颜色复选框后指定的贴图，对占表面绝大部分的过渡区产生影响，这是最常用的贴图区域。

【实例】进行漫反射颜色贴图

创建一个高度为 0 的正方体。如图 8.22（a）所示。

勾选贴图卷展栏中漫反射颜色复选框，单击右侧对应长条形按钮，在材质/贴图浏览器的列表框中，双击位图选项。指定一个贴图文件，单击材质编辑工具栏中的将材质赋给指定对象按钮。渲染后的结果如图 8.22（b）所示。

（3）Specular Level（高光级别）贴图

由此指定的贴图影响高光反射区高光反射的强度。贴图中的黑色完全消除反射高光，白色增强反射高光。

【实例】高光级别贴图对高光级别的影响

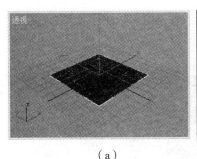

（a） （b）

图 8.22 漫反射颜色贴图

创建一个球体，并赋标准材质，选择高光级别为 100，光泽度为 10，渲染后得图 8.23（a）。
展开贴图卷展栏，勾选高光级别复选框，单击对应长条按钮，选择图 8.23（b）所示图形文件，单击打开。单击编辑材质工具栏中的将材质赋给选择对象按钮，得图 8.23（c）。从图中可以看出贴图对高光级别的影响。

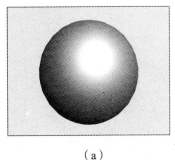

（a） （b） （c）

图 8.23 高光级别贴图对高光级别的影响

（4）Self-Illumination（自发光）贴图

自发光贴图对自发光的发光特性产生影响。黑色像素完全消除自发光效果，白色像素完全不消除自发光效果。

【实例】自发光贴图对自发光特性的影响

创建一个茶壶。

打开材质编辑器，选择一个示例对象。在 Blinn 基本参数卷展栏中勾选自发光复选框，设置自发光颜色为浅蓝色。单击材质编辑工具栏中将材质赋给选择对象按钮，得图 8.24（a）。

展开贴图卷展栏，勾选自发光贴图复选框，单击对应长条形按钮，将图 8.24（b）所示的位图文件指定为自发光贴图，单击材质编辑工具栏中将材质赋给选择对象按钮，得图 8.24(c)。从图中可以看出贴图对自发光特性的影响。

（5）Opacity Mapping（不透明度）贴图

不透明度贴图影响材质的透明特性。贴图的黑色像素完全不影响材质的透明特性，白色使材质变得完全不透明。

【实例】不透明贴图

创建一个长方体、一个球体、一个圆柱体，如图 8.25（a）所示。

打开材质编辑器，选择一个示例对象，在 Blinn 基本参数卷展栏中，选择不透明度为 30，单击材质编辑工具栏中将材质赋给选择对象按钮，得图 8.25（b）。

图 8.24　自发光贴图对自发光特性的影响

勾选贴图卷展栏中不透明度复选框，单击长条形按钮，双击材质/贴图浏览器贴图列表中的位图，选择一个位图文件，单击打开，将示例对象上的贴图拖到场景对象上，得图 8.25（c）。可以看到贴图文件中为黑色的部分使材质完全透明，白色部分使材质完全不透明。

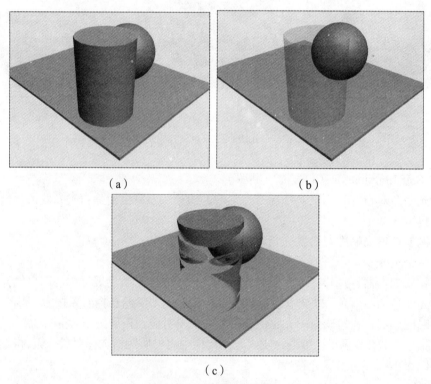

图 8.25　不透明度贴图

使用不透明贴图，可以将图像文件中的单个人、物取出置于场景中，并使其与场景融为一体。

【实例】将一个图像文件中的人物取出置于场景中

将图 8.26（a）彩色照片中的人物擦除，其他部分刷黑，得图 8.26（b）的图片。

在场景中创建一个高度为 0 的长方体。勾选贴图卷展栏中的不透明复选框，单击对应长条形按钮，双击材质/贴图浏览器贴图列表中的位图，选择图 8.26（b）的文件，单击材质编辑工具栏中的返回父级按钮，选择贴图卷展栏中的漫反射颜色复选框，单击对应长条形按钮，双击材质/贴图浏览器贴图列表中的位图，选择图 8.26（a）的文件，单击材质编辑器中将材质赋给选择对象按钮，渲染后得图 8.26（c）。

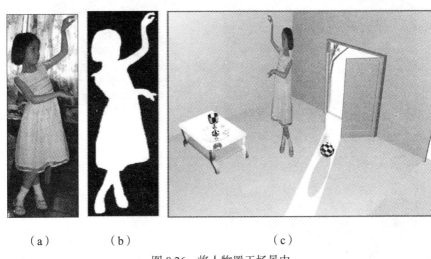

图 8.26　将人物置于场景中

（6）Filter Color（过滤色）贴图

过滤色贴图影响高级透明的过滤效果。贴图中的白色将不影响透明特性，黑色使材质变得完全不透明。

注意：只有在扩展参数卷展栏的高级透明勾选了透明过滤选项以后，贴图卷展栏中的过滤色贴图才会被激活。

（7）Bump Mapping（凹凸）贴图

贴图影响材质表面的凹凸效果。贴图中高亮度区产生凸起，低亮度区产生凹陷。

勾选凹凸复选框，单击对应长条形按钮，在材质/贴图浏览器的贴图列表中双击 Normal Bump（法线凹凸）或直接双击位图，单击 Additional Bump（附加凹凸）的长条形按钮，打开材质/贴图浏览器，双击贴图列表中的位图，选定一个贴图文件，单击打开，就会将贴图文件指定给示例对象。单击材质编辑工具栏的将材质赋给选择对象按钮，将贴图指定给对象。

【实例】凹凸贴图对材质效果的影响

创建一个茶壶。

打开材质编辑器，展开贴图卷展栏，勾选凹凸复选框，选择数量为 500，单击对应长条形按钮，选择图 8.27（a）图像文件，单击打开，将贴图文件指定给示例对象。单击材质编辑工具栏的将材质赋给选择对象按钮，将贴图指定给茶壶对象，得图 8.27（b）。

将另一个高亮度和低亮度刚好与图 8.25（a）相反的图像文件指定给长方体作贴图文件，得图 8.27（c）。

可以看出，长方体和茶壶产生的材质凹凸刚好相反，分别产生了一种雕刻阴、阳花纹图案的视觉效果。

先使用凹凸贴图，后进行漫反射颜色贴图，给球体贴上了一幅世界地图。如图8.27（d）所示。

图8.27　凹凸贴图对材质效果的影响

（8）Reflection（反射）贴图

反射贴图可以创建三种不同的反射效果：Reflect/Refract（反射/折射）、Flat Mirror（平面镜）和Raytrace（光线跟踪）。

反射/折射贴图只对曲面有效，反射能力不是很强，适合模拟金属表面等的反射效果。

平面镜贴图只对平面有效，反射能力很强。

光线跟踪贴图对任意表面有效，反射能力也很强。

【实例】创建平面镜贴图和光线跟踪反射贴图

创建一张茶几：茶几脚采用放样制作。脚的上端横截面大些，下端横截面小些，茶几面和中间隔板为长方体。

给茶几脚赋虫漆材质：漫反射颜色为浅黄色，高光反射颜色为白色。

给酒杯指定漫反射颜色贴图。

选定茶几面，选定一个示例对象，在贴图卷展栏中勾选漫反射颜色复选框，单击对应长条形按钮，双击材质/贴图浏览器贴图列表中的位图，选择一个位图文件，单击打开，就给示例对象指定了漫反射颜色贴图。

单击编辑材质工具栏中将材质赋给选择对象按钮，就给茶几指定了漫反射颜色贴图。

单击材质编辑工具栏中的返回父级按钮,在贴图卷展栏中勾选反射复选框,单击对应长条形按钮,双击材质/贴图浏览器贴图列表中的平面镜,就给示例对象指定了平面镜反射贴图。

单击编辑材质工具栏中将材质赋给选择对象按钮,就给茶几指定了平面镜贴图。

选定果盘,选定一个示例对象,在贴图卷展栏中勾选漫反射颜色复选框,单击对应长条形按钮,双击材质/贴图浏览器贴图列表中的位图,选择一个位图文件,单击打开,就给示例对象指定了漫反射颜色贴图。

单击编辑材质工具栏中将材质赋给选择对象按钮,就给果盘指定了漫反射颜色贴图。

单击材质编辑工具栏中的返回父级按钮,在贴图卷展栏中勾选反射复选框,单击对应长条形按钮,双击材质/贴图浏览器贴图列表中的光线跟踪,就给示例对象指定了光线跟踪反射贴图。

单击编辑材质工具栏中将材质赋给选择对象按钮,就给果盘指定了光线跟踪贴图。所得结果如图 8.28（a）所示。

创建平面镜贴图的过程如下:

创建一个长方体和一个茶壶。

选定长方体。在贴图卷展栏中勾选漫反射颜色复选框,单击对应长条形按钮,在材质/贴图浏览器中双击位图选项,指定一个位图文件。单击返回父级按钮,勾选反射复选框,单击对应长条形按钮,双击材质/贴图浏览器列表中的平面镜选项,单击编辑材质工具栏中将材质赋给选择对象按钮。渲染输出的结果如图 8.28（b）所示。

如果渲染后仍看不到反射效果,需勾选平面镜参数卷展栏中的应用于带 ID 的面复选框,渲染后才能有反射效果。如果渲染后就能看到反射效果,则可以不勾选这个复选框。

（a）　　　　　　　　　　　　　　（b）

图 8.28　平面镜与光线跟踪反射贴图

（9）Displacement（置换）贴图

转换贴图用于塑形对象表面,贴图文件高亮度部分能使材质产生向上凸起的视觉效果。置换贴图只能直接指定给贝济埃面片对象、可编辑网格对象和 NURBS 曲面对象。

【实例】为 NURBS 曲面指定置换贴图

创建一个 NURBS 曲面。在材质编辑器中选择一个示例对象,在贴图卷展栏中勾选置换复选框,选择数量为 10,单击对应长条形按钮,双击贴图列表中的位图,选择如图 8.29（a）所示的图像文件,单击打开,就给示例对象指定了贴图。将示例对象上的贴图拖到场景对象上。就得到了如图 8.29（b）所示的结果。

图 8.29（c）是使用凹凸贴图所得到的结果。

 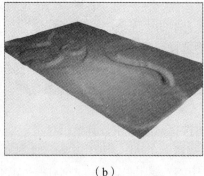 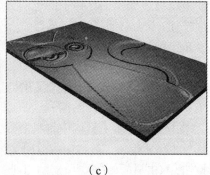

（a） （b） （c）

图 8.29　置换贴图

6. Dynamics Properties（动力学属性）卷展栏

动力学属性用于指定对象在运动过程中与其他对象作用时所表现出来的表面物理属性，如果对象不与其他对象作用，动力学属性的设置就没有什么价值。

8.3.2　Blend（混合）材质

混合材质用于将两种材质的像素色彩混合在一起。两种材质所占比例可以改变，而且可以记录成动画。也可为混合材质指定遮罩，遮罩文件中纯黑色的部分完全显示材质 1，纯白色的部分完全显示材质 2。

选定一个示例对象，打开材质/贴图浏览器，双击材质列表中的混合，材质编辑器的活动窗口部分变成如图 8.30 所示的内容。

Material 1（材质 1）：单击该按钮，就可设置混合材质中的第一个分材质。

Material 2（材质 2）：单击该按钮，就可设置混合材质中的第二个分材质。

Mask（遮罩）：单击该按钮，就可指定一个图像文件做遮罩。

材质 1、材质 2 和遮罩右边都有一复选框，只有勾选了复选框，对应材质才起作用。

Mix Amount（混合量）：用于指定两种材质在混合材质中所占比例。设定值为材质 2 所占比例，100 减设定值为材质 1 所占比例。如果对两个关键帧设置不同混合量，播放动画时，比例就会从一个设定值逐渐变换到另一个设定值，混合材质也会随之发生变化。

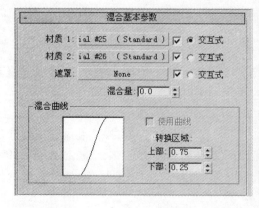 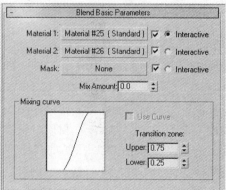

图 8.30　混合材质的参数卷展栏

【实例】混合材质与遮罩

创建一个高度为 0 的正方形。

打开材质编辑器。

打开材质/贴图浏览器，双击混合选项。

在混合基本参数卷展栏中单击材质 1 按钮，展开贴图卷展栏，勾选漫反射颜色复选框，单击对应长条形按钮，在材质/贴图浏览器的贴图列表中双击位图，选择如图 8.31（a）所示的位图文件。

单击编辑材质工具栏的返回父级按钮两次，就会返回混合基本参数卷展栏，设置混合量为 50。单击材质 2 按钮，指定图 8.31（b）所示的位图文件作漫反射贴图。

单击将材质赋给选择对象按钮，渲染后得图 8.31（c）所示的结果。

单击编辑材质工具栏的返回父级按钮两次，返回混合基本参数卷展栏。单击遮罩按钮，类似上述操作，指定一个图像文件做遮罩。勾选三个复选框，渲染后得图 8.31（d）所示的结果。

图 8.31 混合材质与遮罩

8.3.3 Composite（合成）材质

合成材质与混合材质的编辑思想基本相同，它是在一种基本材质的基础上，最多与另外九种材质合成，形成一种综合材质效果。这 10 种材质所占比例可以指定。合成材质也可根据不同关键帧合成比例的不同制作出动画。

双击材质/贴图浏览器材质列表中的合成，材质编辑器的活动部分就会变成如图 8.32 所示的内容。

Base Material（基础材质）：单击该按钮，可以指定基础材质。

Mat.1-Mat.9（材质 1 到材质 9）：单击任意一个按钮，都可以指定合成材质中的子级材质。最多能指定 9 种子级材质。每种子级材质左边有一个复选框，只有勾选了的材质才在合成中起作用。

Composite Type（合成类型）：合成类型有 3 种选择。

A：采用 Additive colors（加色）合成方式。

S：采用 Subtractive colors（减色）合成方式。

M：采用 Mix 合成方式，利用右侧的数量数码框中指定的值，控制各子级材质在合成材质中所占的比例。

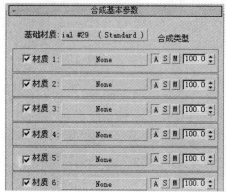 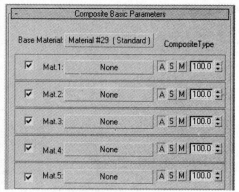

图 8.32　合成基本参数卷展栏

【实例】用合成材质创建材质变化动画——鹰变飞机

用 Photoshop 准备两个图像文件。一个图像文件中有一只鹰，如图 8.33（a）所示。将一架飞机移入同一个背景制成另一个图像文件，如图 8.33（b）所示。

在顶视图中创建一个高度为 0 的长方体，大小要覆盖整个视图。

双击材质贴图浏览器中合成材质选项。

在材质编辑器的合成基本参数卷展栏中，单击材质 1 按钮，在材质/贴图浏览器的材质列表中双击标准，勾选位图卷展栏中的漫反射颜色复选框，单击长条形按钮，双击材质/贴图浏览器贴图列表中的位图，选定如图 8.33（a）所示的图像文件，单击打开。

单击编辑材质工具栏的返回父级按钮两次，返回合成基本参数卷展栏。单击材质 2 按钮，在材质/贴图浏览器的材质列表中双击标准，勾选位图卷展栏中的漫反射颜色复选框，单击长条形按钮，双击材质/贴图浏览器贴图列表中的位图，选定如图 8.33（b）所示的图像文件，单击打开。

单击材质编辑器中将材质赋给选择对象按钮，将材质赋给长方体。

选择顶视图，打开自动关键帧按钮，将时间滑动块放在 10 帧处，材质 1 的数量设置为 100，材质 2 的数量设置为 0。

将时间滑动块移到 90 帧处，材质 1 数量设置为 0，材质 2 数量设置为 100。

渲染后，播放动画，可以看到一只鹰变成了一架飞机。

图 8.33（c）是截取的第 40 帧画面。

图 8.33　合成材质——鹰变飞机

8.3.4　Double-Sided（双面）材质

双面材质可以给一个曲面的两个面指定不同的材质，而且正面材质还可以设置透明效果，这样，从正面也可隐约看到背面的材质。

双击材质/贴图浏览器材质列表中的双面，材质编辑器的活动部分就会变成如图 8.34 所示的内容。

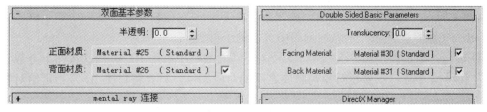

图 8.34　双面材质的参数卷展栏

【实例】给窗帘赋双面材质

使用放样创建一个窗帘。打开修改命令面板，选择变形卷展栏中的缩放按钮缩放窗帘。创建一个长方体，长、宽分段数均设置为 4。打开修改命令面板，在修改器列表中选择晶格修改器将长方体创建成窗户。如图 8.35（a）所示。

打开材质编辑器，单击获取材质按钮，在材质/贴图浏览器的列表框中，双击双面选项，在双面基本参数卷展栏中，单击正面材质按钮，展开贴图卷展栏，勾选漫反射颜色复选框，选择一个位图文件作为正面材质的贴图。

单击返回父级按钮两次，在双面基本参数卷展栏中，单击反面材质按钮，展开贴图卷展栏，勾选漫反射颜色复选框，选择一个位图文件作为反面材质的贴图。

将窗帘复制一份，翻转 180°后向右侧收拢。

指定一个背景贴图做外景。

渲染输出的结果如图 8.35（b）所示。从图中可以看到，两扇窗帘的花纹图案不一样。左窗帘是曲面的正面，右窗帘是曲面的反面。

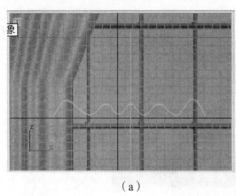 

（a）　　　　　　　　　　　　　　（b）

图 8.35　双面材质

8.3.5　Multi/Sub-Object（多维/子对象）材质

多维/子对象材质是将多个子材质分布在一个对象的不同子对象选择集上，这样就可得到一个对象的表面由多种不同材质组合而成的特殊效果。

双击材质/贴图浏览器材质列表中的多维/子对象，材质编辑器的活动部分会变成如图 8.36 所示的内容。

Set Number（设置数量）按钮：单击该按钮，可以指定多维/子对象材质中包含子材质的个数。这个值显示在按钮左侧的数码框中。

Add（加入）按钮：单击一次该按钮，会在多维/子对象材质中增加一个空子材质。

Delete（删除）按钮：删除在列表中选定的子材质。

ID 按钮：单击该按钮，会按照 ID 号由小到大的顺序重排 ID 号。ID 按钮下方数码框中的值为 ID 号。材质 ID 号是对象与材质之间的对应编号。只要将材质 ID 号指定给对象，就能将这种材质指定给对象。

Name（名称）按钮：单击该按钮，就会按照升序重排材质名称。名称按钮下方的文本框中是由用户输入的材质名称。

On/Off（启用/禁止）：勾选下方的复选框，对应子材质才在多维/子对象材质中起作用。否则不起作用。

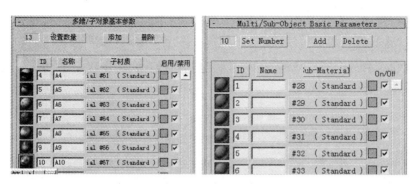

图 8.36 多维/子对象材质参数卷展栏

【实例】创建多维/子对象材质

创建一只小鸡。小鸡鸡身是一个椭球体。用编辑网格修改器拉出两个翅膀，头和两只眼睛都是用球体做成的，嘴是一个四棱锥。

选定鸡身，给鸡身指定漫反射颜色贴图。

选择修改命令面板，选择编辑网格修改器，在修改器堆栈中选择面子层级。在鸡身上选择一些三角面，双击材质/贴图浏览器材质列表中的多维/子对象，在多维/子对象基本参数卷展栏中，ID 号为 1 对应的名称文本框内输入一个名称，单击对应的子材质按钮，在位图卷展栏中勾选漫反射颜色复选框，单击对应长条形按钮，双击材质/贴图浏览器贴图列表中的位图，选择一个图像文件，单击打开。将位图参数卷展栏中位图按钮上的文件，拖到视图中选定的三角形子对象上，该子对象就被指定了选定的贴图。

两次单击材质编辑工具栏中的返回父级按钮，返回多维/子对象材质基本参数卷展栏。

重复上述操作（每次都要将贴图拖到选定的子对象上），为鸡翅膀和鸡头指定多维/子对象材质，就得到如图 8.37（a）所示的结果。

用 Photoshop 制作一个有母鸡的背景文件，将小鸡复制一个，并重新贴图。渲染后的结果如图 8.37（b）所示。

（a） （b）

图 8.37 创建多维/子对象材质

8.3.6 Shellac（胶合）材质

胶合材质用于在一种基础材质的基础上，使用另一种材质将基础材质胶合在一起，产生一种胶漆的视觉效果。双击材质/贴图浏览器材质列表中的胶合，材质编辑器的活动部分就变成图 8.38 所示的内容。

Shellac Color Blend（胶合颜色混合）：控制两种材质的混合量，为 0 时，只显示基础材质。该参数没有上限。

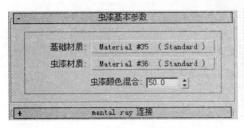 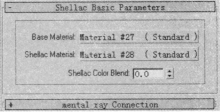

图 8.38　胶合材质参数卷展栏

【实例】创建胶合材质

创建胶合材质的操作步骤与混合材质相似。

图 8.39（a）只赋了基础材质。图 8.39（b）是胶合材质的贴图文件。图 8.39（c）是设置胶合颜色混合值为 50，创建了胶合材质的茶壶。

（a）　　　　　　　　　（b）　　　　　　　　　（c）

图 8.39　创建胶合材质

8.3.7　Top/Bottom（顶/底）材质

顶/底材质与双面材质在功能和操作上都有些相似。只是顶/底材质的一种材质在顶部，一种材质在底部，根据指定的混合参数，中间逐渐混合。

主要参数：

Blend（混合）：此值为顶材质和底材质在相交处混合的程度。为 0 时，完全不混合，两材质之间有一条明显的分界线。

Position（位置）：指定两材质分界线的位置。在 0~100 之间取值。0 和 100 分别只取顶材质和底材质。

【实例】创建顶/底材质

创建一个球体。

双击材质/贴图浏览器材质列表中的顶/底，分别给球体指定一种顶材质和底材质，位置设置为 50，混合设置为 0，得图 8.40（a）。

混合设置为 50，得图 8.40（b）。

（a）　　　　　　　　　　（b）

图 8.40　顶/底材质

8.3.8　Architectural（建筑）材质

使用建筑材质可以模拟出玻璃、金属、石材、纺织品等各种建筑材质效果。

双击材质/贴图浏览器材质列表中的建筑，材质编辑器活动部分变成如图 8.41 所示的内容。

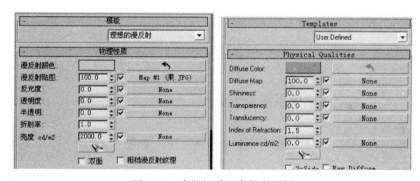

图 8.41　建筑材质的参数卷展栏

单击模板卷展栏中模板列表框的展开按钮，就会展开建筑材质模板列表，如图 8.42 所示。可以选择已有的模板，也可由用户自定义模板创建材质。

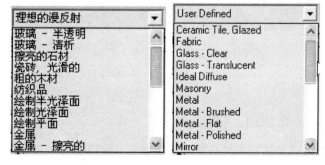

图 8.42　建筑材质模板

【实例】创建一个发光的灯泡

创建一个灯泡：灯泡由球体使用编辑网格修改器编辑而成。灯头由圆柱体使用扭曲修改器进行了 900° 的扭曲。如图 8.43（a）所示。

双击材质/贴图浏览器材质列表中的建筑，在模板列表中选择用户定义。

单击漫反射贴图对应的长条形按钮，双击材质/贴图浏览器贴图列表中的位图，选择一个图像文件，单击打开。这时漫反射颜色的　　　　按钮被激活。

单击材质编辑工具栏中的返回父级按钮，单击　　　　按钮，漫反射颜色会自动进行调整。

在物理性质卷展栏设置亮度为 2000，单击材质编辑工具栏中的将材质赋给选择对象按钮，渲染后得图 8.43（b）。

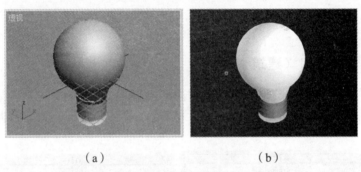

图 8.43　创建发光的灯泡

创建的灯泡本身已具有发光的视觉效果，但它并不能像真正的灯泡一样照亮场景中的其他对象。从图 8.44（a）可以看出，茶壶和球体并没受到灯泡灯光的照射。只有设置了光能传递（选择渲染菜单，选择高级照明中的光能传递命令设置光能传递），灯光才会照亮场景中其他对象。图 8.44（b）是已给场景设置了光能传递的渲染结果。

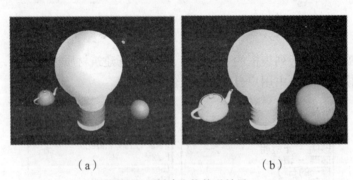

图 8.44　创建光能传递效果

8.3.9　Raytrace（光线跟踪）材质

光线跟踪材质能自动对场景光线进行跟踪计算，模拟出逼真的反射和折射效果，这种材质还支持雾、颜色密度、半透明和荧光等效果。

光线跟踪材质与标准材质中的光线跟踪贴图使用相同的光线跟踪器，并共享通用的参数设置。

双击材质/贴图浏览器材质列表中的光线跟踪，材质编辑器的活动部分变成如图 8.40 所示的内容。

1. Raytrace Basic Parameters （光线跟踪基本参数）卷展栏

Environment（环境）：在这里指定的环境贴图会替代在环境编辑器中指定的通用环境贴图。

Bump（凹凸）：类似于标准材质中的凹凸贴图。

2. Extended Parameters（扩展参数）卷展栏

Translucency（半透明）：用于创建半透明效果，半透明色是一种无方向性的漫反射。

Fluorescence（荧光）：可以产生荧光效果。荧光色不受场景中灯光环境的影响。增加荧光色的饱和度可以加大荧光效果，可以为动画角色的皮肤和眼睛设置轻微的荧光效果。

Fluor.Bias（荧光偏移）：当偏移量设定为 0.5 时，荧光就像对象的过渡色一样。高于 0.5 时会增加荧光的效果。

Density（密度）：密度用于控制透明材质，对不透明材质，密度不起作用。可以设置 Color（颜色）和 Fog（雾）的密度。

【实例】创建半透明塑料管

创建一条螺旋线，使用编辑样条线修改器修改曲线的形状。

创建一个圆环样条线做截面，使用放样创建出圆管。得图 8.45（a）。

双击材质/贴图浏览器材质列表中的光线跟踪，在光线跟踪基本参数卷展栏中设置漫反射颜色为浅黄色，发光度为浅蓝色，透明度为浅绿色。

在扩展参数卷展栏中设置附加光为浅黄色，半透明为浅绿色，荧光为淡红色，荧光偏移为 0.7。渲染后得图 8.45（b）。

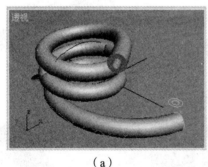 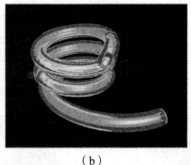

（a）　　　　　　　　　　　（b）

图 8.45　半透明塑料管

8.3.10　Matte/Shadow（不可见/投影）材质

具有不可见/投影材质的对象如同隐形物体一样，不遮挡背景图像，在渲染时也不会被看见，但却可以遮挡场景中的其他对象，在其他对象上投下阴影，也可接受其他对象投射来的阴影，因此，常用来将简单场景与复杂背景图像相结合，创建自然融合的特殊视觉效果。

要将场景和背景图像结合成一个自然的整体，操作过程如下：

创建好场景。必须创建灯光和一个接受投射阴影的对象，并开启阴影。

给接受投射阴影的对象指定不可见/投影材质。这时渲染，看不到接受投射阴影的对象，但可以看到阴影。

单击 Rendering（渲染）菜单下的 Environment（环境）命令，打开环境与效果对话框，单击环境贴图的长条形按钮，指定环境贴图文件。这时渲染，场景、阴影、背景就融为一体了。

不可见/投影材质的主要参数：

Opaque Alpha（不透明 Alpha 通道）：指定是否将具有 Matte 材质的对象渲染到 Alpha 通道中，取消勾选，不可见对象不包含在渲染图像的 Alpha 通道中。

Receive Shadows（接受阴影）：勾选该复选框，不可见对象表面才接受其他对象投射的阴影。注意，在创建灯光时要启用阴影。

【实例】创建不可见/投射材质——在荷花上歇脚的蜻蜓

创建一只蜻蜓。创建一个长方体，作为接受蜻蜓阴影的接受对象。在蜻蜓上方创建一盏泛光灯，并开启阴影。渲染后得图 8.46（a）。

选定长方体，双击材质/贴图浏览器材质列表中的不可见/投影，使用默认参数，直接单击将材质赋给选择对象按钮，长方体就被指定了不可见/投影材质。渲染后只能看到蜻蜓和阴影，看不到长方体了。如图 8.46（b）所示。

单击渲染菜单，选择环境命令打开环境和效果对话框，单击环境贴图的长条形按钮，指定环境贴图文件。本例中使用的环境贴图文件为图 8.46（c）。渲染后得图 8.46（d）。

图 8.46　创建不可见/投射材质——在荷花上歇脚的蜻蜓

8.3.11 Ink'n Paint（墨水手绘）材质

墨水手绘材质可以用来创建平面手绘卡通效果。创建平面卡通形象，主要包括勾边和填色。对象的边线、重叠区、子材质和平滑组的边界都可以用墨水线勾出。填充色可以使用单色，也可使用贴图。

在同一场景中，可以同时存在三维的真实对象和平面的手绘卡通对象。

Paint Controls（绘制控制）参数卷展栏：

Lighted（亮区）：勾选该复选框，就可为轮廓线内指定填充色或贴图。若不勾选该复选框，轮廓线内为默认色。注意：这里的轮廓是指曲线本身的边缘轮廓。

【实例】亮区颜色与轮廓颜色

创建一个圆。在渲染卷展栏中勾选在渲染中启用复选框。厚度设置为 5。将圆细分为 50。

选择一个示例对象，双击材质/贴图浏览器材质列表中的 Ink'n Paint 材质。

在材质编辑器的绘制控制卷展栏中勾选亮区复选框，并设置颜色为黄色。

在墨水控制卷展栏中，勾选轮廓复选框，并指定轮廓颜色为红色，墨水宽度为 3。渲染后的结果如图 8.47 所示。

图 8.47　亮区颜色与轮廓颜色

Shaded（阴影区）：指定对象未被光照射区域的颜色或贴图。

Highlight（高光区）：指定对象高光区域的颜色或贴图。

Ink Controls（墨水控制）卷展栏：

Width（墨水宽度）：若勾选墨水宽度的 Variable（可变宽度）复选框，就可由用户指定轮廓线的宽度。

Outline（轮廓）：勾选该复选框，可以指定轮廓线的颜色或贴图。若不勾选，则不显示轮廓线。

【实例】创建墨水手绘材质——卡通鸟

在前视图中，使用曲线勾画出卡通鸟的轮廓。

选择一个示例对象，双击材质/贴图浏览器材质列表中的 Ink'n Paint 材质，在材质编辑器的墨水控制卷展栏中，指定轮廓线的颜色和宽度。如果各轮廓线要指定不同颜色，多次重复这一操作，不同颜色要选择不同示例对象。得图 8.48（a）。

给每条封闭曲线指定挤出修改器，挤出成厚度为 0 的曲面。

选定一个曲面，选择一个示例对象，在绘制控制卷展栏中指定各曲面的颜色。渲染后，得图 8.48（b）。

（a） （b）

图 8.48 创建墨水手绘材质——卡通鸟

8.4 贴图

8.4.1 贴图概述

3ds max9 提供了以下 5 种类型的贴图：

2Dmaps（二维贴图）：二维贴图类型使用现有的图像文件，这些图像文件可以由摄像设备获取，也可由其他图像处理程序创建。图像文件可以通过贴图，直接投影到对象表面，也可作为环境贴图创建场景背景。

3Dmaps（三维贴图）：三维贴图类型通过各种参数的控制由计算机自动随机生成贴图。这种贴图类型不需要指定贴图坐标，而且贴图不仅仅局限于对象表面，对象从内到外都进行了贴图指定。

Compositors（合成器）：用于合成其他色彩与贴图。

Color Modifiers（颜色修改器）：用于改变对象表面材质像素的颜色。

Other（其他）：主要是一些具有反射、折射效果的贴图。

贴图坐标是对象表面用于指定如何进行贴图操作的坐标系统。创建对象时，如果在参数卷展栏中勾选了生成贴图坐标复选框，对象会被自动指定默认的贴图坐标。3ds max9 还提供了几个贴图坐标修改器，使用这些修改器，可以方便地将对象与贴图部位对齐，还可为不同次级对象选择集指定不同贴图坐标与材质 ID 号。

8.4.2 二维贴图

二维贴图包括有：Bitmap（位图）、Checker（棋盘格）、Gradient（渐变）、Gradient Ramp（渐变坡度）、Swirl（漩涡）、Tiles（瓷砖）和 Combustion（燃烧）贴图。

在材质/贴图浏览器的 2D 贴图列表中，双击任何一种贴图，在激活的材质编辑器活动部分都有 Coordinates（坐标）参数卷展栏，该卷展栏决定了贴图在对象表面如何分布。

Offset（偏移）：该值用来调整贴图在对象表面 UV 坐标方向的位置。

Tiling（平铺）数码框：该值决定了贴图在 UV 坐标方向重复平铺的次数。

Mirror（镜像）：勾选该复选框，在 UV 方向会呈现互为镜像的 2 个贴图。

Tile（平铺）复选框：只有勾选了该复选框，平铺数码框的指定才有效。

Rotate（旋转）按钮和数码框：单击该按钮，会打开旋转贴图坐标对话框，拖动鼠标，就会旋转贴图坐标。这时数码框中会显示旋转的角度。也可直接在数码框中输入旋转的角度。

Blur（模糊）：该值决定了贴图的模糊程度。

【实例】贴图坐标的设定

创建一个长方体。

在材质编辑器中选择一个示例对象，展开贴图卷展栏，勾选漫反射颜色复选框，单击对应长条形按钮，在材质/贴图浏览器中选择2D贴图类型，双击贴图列表中的位图，本例打开了一个猫的位图文件，单击材质编辑工具栏中将材质赋给选择对象按钮，就将贴图指定给了长方体。

在坐标卷展栏中，设置UV平铺均为3，得图8.49（a）。

设置UV平铺均为1，勾选U轴镜像复选框，得图8.49（b）。

设置UV平铺均为1，未勾选镜像复选框，单击旋转按钮，拖动鼠标旋转了一定角度，得图8.49（c）。

设置UV平铺均为1，未勾选镜像复选框，未旋转，设置模糊为10，得图8.49（d）。

图8.49　贴图坐标的设定

1. Bitmap（位图）贴图

位图贴图是使用位图文件作为贴图，这种贴图能产生想要得到的各种真实材质效果。

这种贴图方式支持的文件格式有：AVI、BMP、CIN、IFL、JPEG、MOV、PNG、PSD、RGB、RLA、TGA、TIF、YUV等。

Bitmap Parameters（位图参数）卷展栏：

Bitmap（位图）：单击右侧长条形文件名称按钮，可以为贴图指定新的贴图文件。将按钮上的文件拖到场景对象上就为该对象指定了贴图。

Reload（重新加载）按钮：如果贴图文件被修改了，单击该按钮，就会以原文件名，原路径重新加载到场景对象上。

RGB Intensity（RGB 强度）：若选择该选项，则影响贴图效果的是位图文件红、绿、蓝三个通道的强度。位图的彩色信息被忽略，只有像素的亮度值起作用。

Alpha：若选择该选项，则使用位图文件的 Alpha 通道强度影响贴图效果。

Cropping/Placement（剪切/放置）选区：若选择剪切选项，可以在该选区指定剪切尺寸剪切贴图图像，这样剪切后的图像只对贴图产生影响，不影响源图像文件。若选择放置选项，可以在该选区指定放置位置，以改变缩小了的贴图图像在场景对象中的位置。注意：只有勾选了 Apply（应用）复选框，剪切和放置才起作用。

View Image（查看图像）：单击该按钮，会弹出 Specify Cropping/Placement（指定裁剪/放置）窗口，如图 8.50 所示。该窗口可以方便地实现贴图文件的剪切与放置。

图 8.50　指定裁剪/放置窗口

【实例】剪切与放置贴图图像

创建一个高度为 0 的长方体。

勾选材质编辑器贴图卷展栏中的漫反射颜色复选框，单击对应长条形按钮，双击材质/贴图浏览器贴图列表中的位图。选择一个图像文件，单击打开，单击材质编辑工具栏中的将材质赋给选择对象按钮，对顶视图渲染后得图 8.51（a）。

在位图参数卷展栏的剪切/放置选区选择剪切选项，勾选应用复选框，单击查看对象按钮打开指定裁剪/放置窗口，拖动虚线框，缩小图像尺寸。渲染后得图 8.51（b）。

选择放置选项，将鼠标指向图像待变成 后将图像拖到左上角，渲染后得图 8.51（c）。

（a）　　　　　　　　　　（b）　　　　　　　　　　（c）

图 8.51　剪切与放置贴图图像

Time（时间）卷展栏：
Loop（循环）：勾选该复选框，播放到动画贴图的最后一帧后，返回到第一帧继续重复播放动画贴图。
PingPong（往复）：勾选该复选框，播放到动画贴图的最后一帧后，从最后一帧反向播放动画贴图。
Hold（保持）：勾选该复选框，播放到动画贴图的最后一帧后，将最后一帧保持为静态图像，直到动画结束为止。
Output（输出）卷展栏：
Inver（反转）：选择该复选框，则图像的白色变成黑色，黑色变成白色输出。相当于输出照片的底片。
Alpha from RGB（来自 RGB 强度的 Alpha）：Alpha 通道的强度来自于位图文件红、绿、蓝三个通道的强度。

【实例】位图贴图的输出选择
图 8.52（a）是对一个高度为 0 的长方体，使用位图贴图后渲染所得的结果。
图 8.52（b）是勾选了输出卷展栏中的反转复选框后渲染所得结果。
图 8.52（c）是同时勾选了反转和来自 RGB 强度的 Alpha 两个复选框后渲染所得结果。

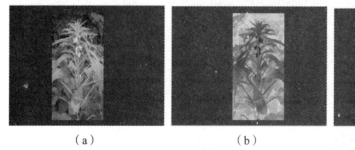

（a） （b） （c）

图 8.52　位图贴图的输出选择

2. Tiles（瓷砖）贴图

瓷砖（平铺）贴图可以设置瓷砖图案，纹理颜色或贴图、砖缝颜色或贴图、粗糙度等。
选定一个示例对象，在材质编辑器的贴图卷展栏中勾选漫反射颜色复选框，单击对应长条形按钮，双击材质/贴图浏览器的瓷砖，设置参数后，单击材质编辑工具栏的将材质赋给选择对象按钮，就将瓷砖贴图指定给了选定的对象。

主要参数：
Preset Type（预设类型）：单击该列表框的展开按钮，会展开瓷砖铺设图案列表，可以选择现成图案，也可自定义图案。
Texture（纹理）：为瓷砖指定纹理颜色或贴图。
Horiz.Count（水平数）：控制瓷砖在水平方向的重复次数。
Vert.Count（垂直数）：控制瓷砖在垂直方向的重复次数。
Color Variance（颜色变化）：控制瓷砖在拼接过程中瓷砖和瓷砖之间的颜色变化。
Fade Variance（淡出变化）：控制瓷砖颜色深浅的变化。
Mortar Setup（砖缝设置）选区：为砖缝指定颜色或贴图，设置砖缝宽度。

Horizontal Gap（水平间距）：控制砖缝水平方向的宽度。
Vertical Gap（垂直间距）：控制砖缝垂直方向的宽度。

【实例】创建瓷砖贴图

创建一个高度为 0 的长方体。

选择一个示例对象，在材质编辑器的贴图卷展栏中勾选漫反射颜色复选框，单击对应长条形按钮，双击材质/贴图浏览器贴图列表中的平铺。

选择预设类型为连续砌合，纹理颜色为白色，得图 8.53（a）。

选择预设类型为英式砌合，纹理指定了一幅松鼠贴图，砖缝颜色为白色，得图 8.53（b）。

选择预设类型为常见荷兰式砌合，纹理指定为浅黄色，砖缝颜色为浅蓝色，颜色变化为 2，淡出变化为 0.1，得图 8.53（c）。

设置参数后，单击材质编辑工具栏的将材质赋给选择对象按钮，就将瓷砖贴图指定给了选定的对象。

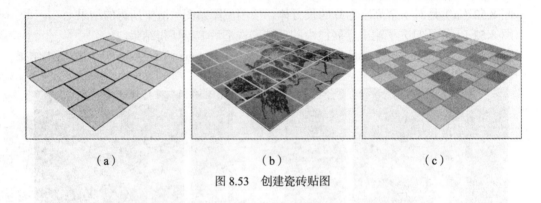

图 8.53　创建瓷砖贴图

3. Checker（棋盘格）贴图

默认的棋盘格贴图图案类似于国际象棋黑白相间正方形构成的棋盘。如图 8.54 所示。可以为黑白两种不同棋盘格指定不同的颜色或贴图。

图 8.54　棋盘格贴图

【实例】创建棋盘格贴图

创建一个高度为 0 的长方体。

在材质编辑器的贴图卷展栏中勾选漫反射颜色复选框,单击对应长条形按钮。在材质/贴图浏览器中选择 2D 贴图选项,双击棋盘格贴图。

在材质编辑器的坐标卷展栏中,设置 U、V 平铺均为 4。

在棋盘格参数卷展栏中单击贴图的第一个按钮,为棋盘格指定一个贴图文件。渲染后的结果如图 8.55(a)所示。

单击返回父级按钮,在棋盘格参数卷展栏中单击贴图的第二个按钮,为棋盘格指定另一个贴图文件。渲染后的结果如图 8.55(b)所示。

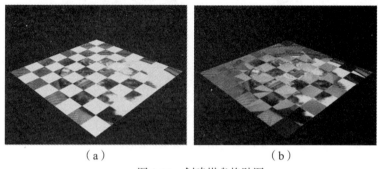

图 8.55 创建棋盘格贴图

4. Gradient(渐变)贴图

渐变贴图可以创建三种颜色构成的渐变色,程序会在两种颜色之间插入过渡色彩。也可用贴图代替单一的颜色。

Color 2 Position(颜色 2 位置):控制中间色彩的偏移位置。

Linear(线性):勾选该选项,颜色成条状,并顺着直线逐渐变化。

Radial(径向):勾选该选项,颜色成环状,并顺着半径方向逐渐变化。

【实例】创建渐变贴图——太阳

创建一个高度为 0 的长方体。

勾选材质编辑器贴图卷展栏中的漫反射颜色复选框,单击对应长条形按钮,双击材质/贴图浏览器材质列表中的渐变选项。

创建太阳:对颜色#1 指定贴图,贴图文件如图 8.56(a)所示。对颜色#2 设为黄色,对颜色#3 设为大红色。渐变类型选择径向选项,颜色 2 位置设为 0.1。

渲染后的结果如图 8.56(b)所示。

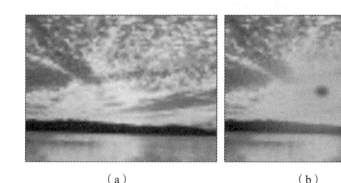

图 8.56 渐变色贴图

5. GradientRamp（渐变坡度）贴图

渐变坡度贴图与渐变贴图一样，也是产生颜色渐变的视觉效果，但该类贴图允许指定更多的元素颜色，控制参数也多一些，且大多数参数都可以设置动画。

渐变坡度参数卷展栏如图 8.57 所示。

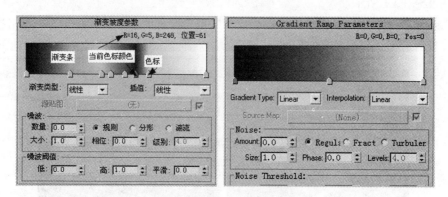

图 8.57　渐变坡度参数卷展栏

渐变条显示的是当前设置的颜色和渐变效果。渐变条下边缘默认的有三个色标。单击渐变条，在相应位置会增加一个色标，最多能设置 100 个色标。绿色色标为当前色标，左右拖动色标，对应颜色会随之移动。右单击色标，会弹出如图 8.58 所示的快捷菜单。

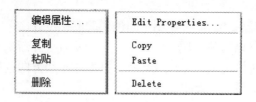

图 8.58　色标的快捷菜单

Edit Properties（编辑属性）：选择该命令，会弹出 Flag Properties（标志属性）窗口，通过该窗口可以设置纹理贴图，当前颜色等。

色标的复制、粘贴、删除也是通过这个菜单。

在渐变条中右单击，会弹出如图 8.59 所示的快捷菜单。通过该菜单可以重置渐变条为默认状态，加载渐变色设置文件、位图文件等。

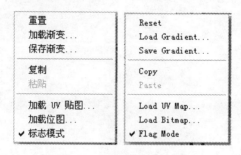

图 8.59　渐变条的快捷菜单

【实例】创建渐变坡度贴图——UFO

创建圆、圆环、椭圆、星形并挤出得到 4 个对象。

创建一个高度为 0 的长方体和一个圆柱体。

勾选材质编辑器贴图卷展栏中的漫反射颜色复选框，单击对应长条形按钮，双击材质/贴图浏览器材质列表中的渐变坡度，给不同对象进行渐变坡度贴图。每个对象的渐变坡度贴图设置的色标数目，色标颜色、渐变类型和插值方法均不同。

对不同对象创建不同动画：平移动画、旋转动画、缩放动画、改变色标颜色动画。渲染输出，可以看到各种 UFO 在山谷中作各种运动和颜色的变化。

图 8.60（a）是截取的第 10 帧。图 8.60（b）是截取的第 80 帧。

（a） （b）

图 8.60 创建渐变坡度贴图

6. Swirl（漩涡）贴图

漩涡贴图是二维程序贴图。

主要参数：

Color Contrast（颜色对比度）：控制基本与漩涡的颜色对比度。

Swirl Intensity（漩涡强度）：控制漩涡的波动混合程度。

Swirl Amount（漩涡量）：控制漩涡元素波动混合到基础元素的数量。

图 8.61（a）是使用默认参数，在一个高度为 0 的长方体上创建的漩涡贴图。图 8.61（b）是设置了颜色对比度为 4，并为基础指定了一个贴图文件得到的结果。

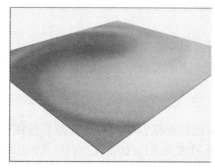 

（a） （b）

图 8.61 漩涡贴图

8.4.3 三维贴图

三维贴图是在三维空间中进行的贴图，贴图不仅仅局限在对象的表面，对象从内到外都进行了贴图。三维贴图虽然种类很多，但创建过程大同小异。一般贴图的操作步骤是：

在材质编辑器的贴图卷展栏中，勾选漫反射颜色复选框，单击对应长条形按钮，在材质/贴图浏览器中，双击 3D 贴图列表中的一种贴图，单击材质编辑器中的将材质赋给选择对象按钮。

【实例】创建 3D 贴图

在材质编辑器的贴图卷展栏中，勾选漫反射颜色复选框，单击对应长条形按钮，在材质/贴图浏览器中，双击 3D 贴图列表中的木材选项，选择颗粒密度为 30，单击材质编辑器中的将材质赋给选择对象按钮。渲染后的木材贴图如图 8.62（a）所示。

类似地可以进行其他各种 3D 贴图。

图 8.62（b）是选择了碎片选项，并设置大小为 25 创建的细胞贴图。图 8.62（c）是选择大小为 400，强度为 100 创建的凹痕贴图。

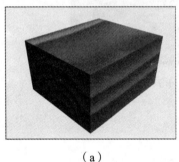
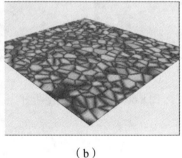
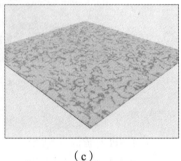

（a） （b） （c）

图 8.62　三维贴图

8.4.4　Compositor（合成器）贴图

合成器贴图用于合成多个颜色与贴图。

1. Composite（合成）贴图

合成贴图利用贴图图像自身的 Alpha 通道将两个和两个以上的贴图合成在一起。

Set Number（设置数量）：单击该按钮，可以指定要合成贴图的数量。

2. Mask（遮罩）贴图

遮罩贴图是利用遮罩图像的不同亮度控制贴图图像的显隐。

Invert Mask（反转遮罩）：若勾选该复选框，则遮罩图像的显隐作用刚好相反。

【实例】遮罩贴图

创建一个长方体。

勾选材质编辑器贴图卷展栏中的漫反射颜色复选框，单击对应长条形按钮，双击材质/贴图浏览器贴图列表中的遮罩，单击遮罩卷展栏中的贴图按钮，双击材质/贴图浏览器贴图列表中的位图，选择图 8.63（a）的图像文件作贴图文件。

单击材质编辑工具栏中的返回父级按钮，单击遮罩按钮，双击材质/贴图浏览器贴图列表中的位图，选择图 8.63（b）的文件做遮罩。

单击材质编辑工具栏中的将材质赋给选择对象按钮,渲染后得图 8.63(c)。
勾选反转遮罩复选框,渲染后得图 8.63(d)。

图 8.63 遮罩贴图

3. RGB Multiply(RGB 相乘)贴图

RGB 相乘贴图常用于凹凸贴图、不透明贴图等贴图中,两个贴图的 RGB 相乘会增大贴图的凹凸程度、透明程度等效果,也会增大贴图的对比度,两个贴图颜色的反差越大效果越明显。

Multiply Alphas(相乘 Alpha):若勾选该选项,则输出两个 Alphas 通道相乘的结果。

【实例】比较不透明贴图与 RGB 相乘贴图的透明效果

在另外一间房的门背后放置一张圆桌和一个茶壶。

选定门,在材质编辑器的贴图卷展栏中勾选不透明复选框,单击对应长条形按钮,在材质/贴图浏览器中双击平铺贴图选项,单击将材质赋给选择对象按钮,渲染后的结果如图8.64(a)所示。

选定门,在材质编辑器的贴图卷展栏中勾选不透明复选框,单击对应长条形按钮,在材质/贴图浏览器中双击 RGB 相乘贴图选项。

在 RGB 相乘参数卷展栏中,单击 1#贴图按钮,打开一幅位图文件。

单击材质编辑器中的返回父级按钮,在 RGB 相乘参数卷展栏中,单击 2#贴图按钮,打开另一幅位图文件。单击将材质赋给选择对象按钮,渲染后的结果如图 8.64(b)所示。从渲染结果可以看出,RGB 相乘贴图比不透明贴图的透明效果要好些。

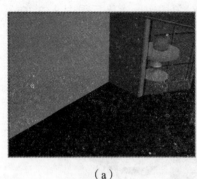 

（a） （b）

图 8.64　比较不透明贴图与 RGB 相乘贴图的透明效果

8.4.5　（其他）贴图

其他贴图主要包括反射、折射类贴图。

1.（平面镜）贴图

平面镜贴图只能创建同一平面内的次级面选择集的反射效果。

Use Environment Map（使用环境贴图）：勾选该复选框，则镜面反射自动对场景环境进行反射计算。

Apply to Faces with ID（应用于带 ID 的面）：若勾选该选项，则依据对象整个面的材质 ID 号指定镜面反射贴图。

【实例】创建平面镜反射贴图

图 8.65（a）：创建一个高度为 1 的长方体。勾选材质编辑器贴图卷展栏中的漫反射复选框，单击对应长条形按钮，双击材质/贴图浏览器贴图列表中的平面镜，在平面镜参数卷展栏中勾选应用于带 ID 的面复选框，单击材质编辑工具栏中的将材质赋给选择对象按钮，就为长方体的一个面指定了平面镜贴图。在长方体上放置一个已贴图的球体，就可看到平面镜的反射效果。

图 8.65（b）：创建一个圆柱体。打开修改命令面板，选择编辑网格修改器，在圆柱体顶部选择部分次级面，为其指定平面镜贴图。在平面镜参数卷展栏中不要勾选应用于带 ID 的面复选框，单击材质编辑工具栏中的将材质赋给选择集，就为选择的次级面选择集指定了平面镜贴图。在圆柱体顶部放置一个已贴图的球体，就可看到已贴图次级面的反射效果。

 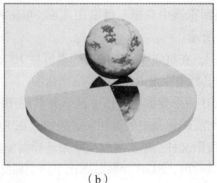

（a） （b）

图 8.65　平面镜贴图

2. （光线跟踪）贴图

光线跟踪贴图用于创建对象表面的反射、折射效果。光线跟踪贴图与光线跟踪材质共享通用的参数，使用相同的渲染器。它们的主要区别是：可以将光线跟踪贴图指定到任何材质上。光线跟踪贴图包含的衰减控制参数更多一些，渲染的速度更快一些。

光线跟踪不能很好地作用于正视图。

使用反射跟踪模式指定光线跟踪贴图的反射效果更好一些。

【实例】创建光线跟踪贴图

创建一个长方体。在长方体上创建一个球体并贴图。

勾选贴图卷展栏中的漫反射颜色复选框，单击对应度条形按钮，在材质/贴图浏览器中双击光线跟踪贴图选项。

在光线跟踪器参数卷展栏中选择跟踪模式为反射。

单击将材质赋给选择对象按钮。渲染后的结果如图 8.66 所示。

图 8.66　光线跟踪贴图

3. （薄壁折射）贴图

薄壁折射用于模拟具有一定厚度玻璃的折射效果。使用折射方式的薄壁折射贴图，折射效果最强。

图 8.67 中有两个完全一样的球体，在左球体的前面挡有一个长方体，给长方体在漫反射颜色方式下指定了薄壁折射贴图。

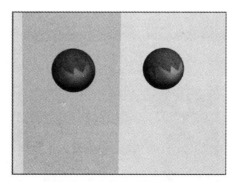

图 8.67　薄壁折射贴图

思考与练习

一、思考与练习题

1. 如何打开材质编辑器？
2. 如何打开材质/贴图浏览器？
3. Get Material（获取材质）按钮在材质编辑器的什么位置？它有何作用？
4. Assign Material to Selection（将材质赋给选定对象）按钮在材质编辑器的什么位置？它有何用？
5. Show Map in Viewport（在视图中显示贴图）按钮在材质编辑器的什么位置？它有何作用？
6. Get to Parents（转到父级材质）按钮在材质编辑器的什么位置？它有何作用？
7. 怎样给一个对象赋给自发光材质？怎样才能用赋了自发光材质的对象照亮别的对象？
8. Blinn Basic Parameters（Blinn 基础参数）卷展栏中的 Opacity（不透明度）参数有何作用？
9. Extended Parameters（扩展参数）卷展栏中的相加、相减选项有何作用？
10. Opacity Mapping（不透明度贴图）的操作步骤是怎样的？
11. 怎样进行 Bump Mapping（凹凸贴图）？
12. Reflection（反射）贴图有哪三种？各有何特点？
13. 如何进行 Displacement（置换）贴图？
14. 给一个圆柱体指定 Multi/Sub-Object（多维/子对象）材质。
15. 如何创建一个发光的灯泡？如何才能照亮周围的对象？
16. 如何使用光线跟踪材质创建半透明塑料管？
17. Matte/Shadow（不可见/投影）材质有何作用？
18. 如何改变贴图的重复次数和旋转贴图的方向？
19. 如何剪切与放置贴图的图像？
20. 如何创建棋盘格贴图？如何指定纹理？
21. 如何创建 Gradient（渐变色）贴图？
22. 如何创建 Swirl（漩涡）贴图？
23. 如何进行三维贴图？
24. 遮罩贴图有何作用？
25. 如何创建平面镜反射贴图？

二、上机练习题

使用建筑材质创建日光灯。如图 8.68 所示。

图 8.68

第9章 后期制作

本章介绍了如何渲染场景，制作特效，进行视频合成。如何合并场景和合并动画以及 Authorware 等多媒体软件在后期处理中的应用。

9.1 渲染

无论是静态效果图或是三维动画都要渲染输出，这是制作过程的最后一步，也是非常重要的一步，只有渲染输出的文件才能在播放器中播放。通过渲染会显著改善作品的视觉效果，并且还可以加入各种特效。有些效果，如阴影等，只有通过渲染才能显示出来。

在创建场景的过程中，为了了解当前场景中部分或全部对象的输出效果，常常采用 Quick Render（快速渲染）。快速渲染是指使用默认参数的渲染或只作简单指定的渲染，输出结果保存在事先已指定的文件中。若事先未指定保存文件，则不保存渲染结果。

9.1.1 渲染输出的一般操作步骤

渲染输出的一般步骤：

单击渲染菜单，选择渲染命令就会打开渲染场景对话框。

在对话框中选择公用选项卡。若只输出某一帧画面，就要将时间滑动块移到需要渲染的帧，时间输出选择单帧选项。若要输出动画，就要选择范围选项或活动时间段选项，输入渲染的起始帧和结束帧。若要输出不连续的帧，就要选择帧选项，并指定要渲染的帧。单击文件按钮，指定保存文件的位置、文件名和文件类型。无论是输出成图像文件还是动画文件，都有多种类型可供选择，究竟选择哪种文件类型以及所选类型设置怎样的参数，完全取决于输出的文件用在什么地方。例如输出文件要用于印刷，则最好输出成 .tif 文件，而且每英寸点数最好设置为 300，这样的图像文件在印刷时可以达到比较好的效果。

通过渲染场景对话框选择渲染器和其他输出设置。单击渲染按钮就能渲染输出所需要的文件。

9.1.2 快速渲染

在主工具栏右端有三个按钮用于渲染。

Quick Render（快速渲染）：单击该按钮，就会使用默认设置对当前场景进行渲染。

视图 渲染区域选择列表框：单击渲染区域列表框展开按钮，会展开渲染区域选择列表，如图 9.1 所示。通过列表可以选择要渲染的区域或对象。

图 9.1 渲染范围选择列表

View（视图）：选择该选项，则渲染整个视图。如图 9.2（a）所示。

Selected（选定对象）：选择该选项，则只渲染选定的对象。如图 9.2（b）所示。

Crop（裁剪）：选择该选项，单击快速渲染按钮时，在视图中会显示一个裁剪框，调整裁剪框大小，单击视口中右下角的确定按钮，就会渲染裁剪框内的场景。如图 9.2（c）所示。

Render Scene Dialog（渲染场景对话框）：单击该按钮，会弹出渲染场景对话框。

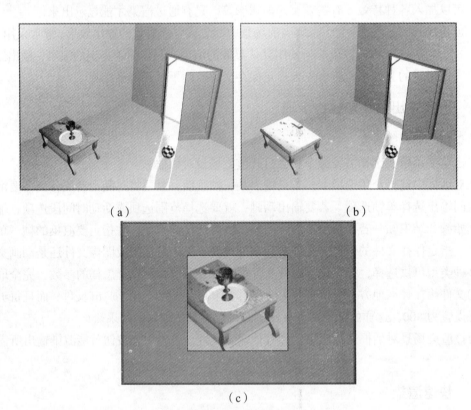

图 9.2 选择不同区域的渲染

9.2 Render Scene（渲染场景）对话框

选择 Rendering（渲染）菜单，单击 Render（渲染）命令就会弹出 Render Scene（渲染场景)对话框。如图 9.3 所示。

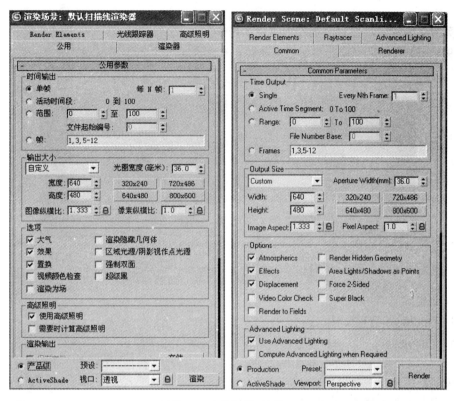

图 9.3 渲染场景对话框

9.2.1 Common(公用)选项卡

1. Common Parameters(公用参数)卷展栏

(1) Time Autput(时间输出)选区

Singl(单帧):选择该选项,可将当前帧渲染为单幅图像。

Active Time Segment(活动时间段):渲染从时间标尺起始帧到终止帧的所有帧。

Range(范围):渲染指定范围内各帧。

File Number Base(文件起始编号):用于设定逐帧保存图像文件的起始编号。

Every Nth Frame(帧):用于指定每隔多少帧渲染一帧。

Frame(帧):指定要渲染的不连续帧,如:1,3,5~12。

(2) Output Size(输出大小)选区

该选区用于指定渲染输出图像的大小。

Aperture Width(光圈宽度):用于指定渲染输出使用的摄影机光圈宽度,该值同时改变场景摄影机的镜头参数。

Width(宽度):指定渲染输出图像的宽度,单位为像素。

Height(高度):指定渲染输出图像的高度,单位为像素。

Image Aspect(图像纵横比):指定图像宽与高像素数目之比。这个比值与高度、宽度和像素纵横比有关。

Pixel Aspect（像素纵横比）：指定一个像素的高与宽尺寸之比。这个值影响图像纵横比的大小。

【实例】像素纵横比对渲染输出结果的影响

图 9.4（a）是像素纵横比为 1 的渲染结果，图 9.4（b）是像素纵横比为 0.5 的渲染结果。

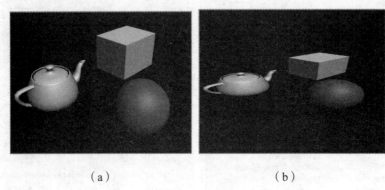

（a） （b）

图 9.4　像素纵横比对渲染输出结果的影响

（3）Options（选项）选区

Atmospherics（大气）：用于渲染场景中设置的大气效果。

Effects（效果）：若勾选该复选框，则渲染时，设置了的特效起作用，否则不起作用。

【实例】是否勾选效果复选框对渲染的影响

单击渲染菜单，选择效果命令项，就会打开效果对话框。通过效果对话框设置模糊效果。

图 9.5（a）为未勾选渲染对话框中的效果复选框的渲染结果。图 9.5（b）为勾选了渲染对话框中的效果复选框的渲染结果。

（a） （b）

图 9.5　是否勾选效果复选框对渲染的影响

Force 2-sided（强制双面）：若勾选该复选框，则渲染曲面的两个面，否则只渲染曲面的正面。

【实例】是否勾选强制双面复选框对渲染结果的影响

通过自定义菜单设置的强制双面，只是在视图显示时可以看到曲面的两个侧面。若要在渲染输出时，能看到曲面的两个侧面，还必须在渲染场景对话框中设置强制双面。

用放样创建一个曲面并指定一幅贴图。

图 9.6（a）为未勾选强制双面复选框的渲染结果。图 9.6（b）为勾选了强制双面复选框的渲染结果。

（a） （b）

图 9.6 是否勾选强制双面复选框对渲染的影响

Render Hidden（渲染隐藏几何体）：若勾选该复选框，则渲染隐藏的几何体，否则不渲染隐藏的几何体。

Render to Fields（渲染为场）：若勾选该复选框，则将动画渲染输出为电视视频的扫描场而不是帧。

（4）Advanced Lighting（高级照明）选区

Use Advanced Lighting（使用高级照明）：若勾选该复选框，则设置的高级照明才被渲染，否则不渲染。

（5）Render Output（渲染输出）选区

Files（文件）按钮 文件 ：单击该按钮，会弹出渲染输出文件对话框，如图 9.7（a）所示。该对话框可以将渲染输出图像保存为磁盘文件。

Devices（设备）按钮 设备 ：单击该按钮，会弹出选择图像输出设备对话框，渲染结果直接输出到输出设备。如图 9.7（b）所示。

（a） （b）

图 9.7 输出位置对话框

Net Render（网络渲染）：若勾选该复选框，就可以使用多台计算机同时渲染一个动画。单击 Render（渲染）按钮 渲染 ，会弹出 Network Job Assignment（网络作业分配）对话框进行作业分配。如图 9.8 所示。

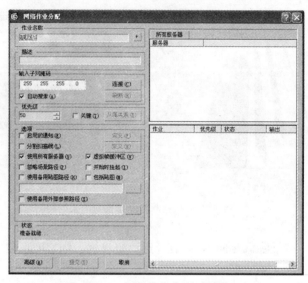

图 9.8　网络作业分配对话框

Skip Existing Images（跳过现有图像）：若勾选该复选框，则不再渲染已经渲染了的图像序列。

2. Assign Renderer（指定渲染器）卷展栏

Production（产品级）：指定产品级渲染输出使用的渲染器。单击右侧的浏览按钮，会打开 Choose Renderer（选择渲染器）窗口，如图 9.9 所示。3ds max9 的默认渲染器为 Default Scanline Renderer（默认扫描线渲染器），通过选择窗口，可以选择 mental ray Renderer（mental ray 渲染器）、VUE File Renderer（VUE 文件渲染器）。

在选项卡的底部有两个选项，选择 Production（产品级）选项，在 Preset（预设）列表框中可以选择预设的文件名和文件类型。选择 Active Shade（动态渲染）选项会切换渲染场景对话框进行动态渲染设置。

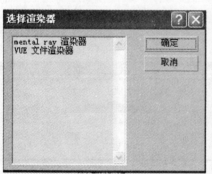 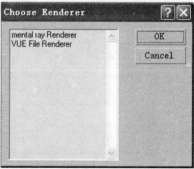

图 9.9　选择渲染器窗口

Viewport（视口）：在视口列表中选择渲染的视图。

【实例】选择不同视图渲染

不论工作区的当前视图是哪一个视图，在渲染输出时，可以通过渲染场景对话框中的视口列表框选择需要渲染的视图。

图 9.10（a）为选择透视图选项的渲染结果。图 9.10（b）为选择顶视图选项的渲染结果。图 9.10（c）为选择左视图选项的渲染结果。

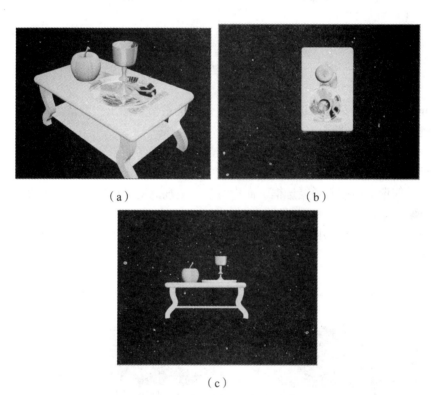

图 9.10　在不同视图中的渲染

Render（渲染）按钮 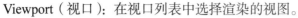：单击该按钮，就能按照设置的参数渲染。

9.2.2　Renderer（渲染器）选项卡

1. Options（选项）选区

Mapping（贴图）：只有勾选了该选项，贴图才会被渲染，否则不渲染贴图。默认为勾选。

【实例】是否勾选贴图复选框对渲染结果的影响

给对象贴图后，渲染输出时通常都能看到贴图效果。这是因为渲染场景对话框渲染器选项卡中的贴图复选框默认为勾选状态。如果不勾选，即使指定了贴图，渲染输出时也是看不到贴图效果的。

创建一个茶壶并指定一幅贴图。

图 9.11（a）为未勾选贴图复选框的渲染结果。图 9.11（b）为勾选了贴图复选框的渲染结果。

（a）　　　　　　　　　　（b）

图 9.11　是否勾选贴图复选框对渲染结果的影响

Shadows（阴影）：只有勾选了该选项，阴影才会被渲染输出，默认为勾选。

【实例】Shadows（阴影）复选框的作用

创建一个长方体、一个圆柱体和一盏泛光灯，并启用了阴影。

在创建灯光时，如果未在常规参数卷展栏中勾选启用阴影复选框，渲染输出就不会得到阴影。但如果勾选了启用阴影复选框，而没有在渲染场景对话框的渲染器选项卡中勾选阴影复选框，渲染时是依然不会有阴影的。

图 9.12（a）为未勾选阴影复选框的渲染结果。图 9.12（b）为勾选了阴影复选框的渲染结果。

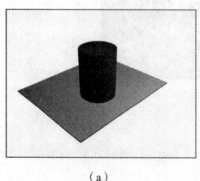 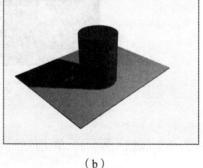

（a）　　　　　　　　　　（b）

图 9.12　是否勾选阴影复选框对渲染结果的影响

Auto-Reflect/Refract and Mirrors（自动反射/折射与平面镜反射）：只有勾选了该复选框，反射/折射/平面镜反射贴图的效果才被渲染输出。对光线跟踪材质和贴图该复选框不起作用。默认为勾选。

【实例】创建平面镜反射

创建一个长方体。在长方体上方创建一个茶壶，并使用拉伸修改器拉伸茶壶。

展开材质编辑器中的贴图卷展栏。勾选漫反射颜色复选框，为长方体指定一幅位图文件作贴图。单击返回父级按钮，勾选反射复选框，给长方体指定平面镜贴图。单击将材质赋给选定对象按钮，就会将创建的贴图指定给长方体。

不勾选渲染场景对话框中渲染器选项卡的自动反射/折射与平面镜反射复选框，渲染输出的结果如图9.13（a）所示，长方体没有反射效果。

勾选渲染场景渲染器选项卡中的自动反射/折射与平面镜反射复选框，渲染输出的结果如图9.13（b）所示。渲染输出的长方体具有反射效果。

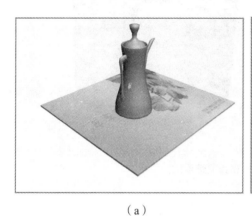 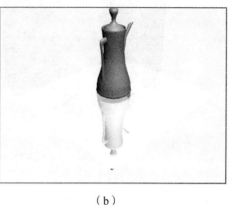

（a） （b）

图9.13 创建平面镜反射

Force Wireframe（强制线框）：若勾选了该选项，则会以线框方式渲染输出对象，线的粗细在线框厚度数码框中指定。图9.14是勾选了强制线框复选框，指定线框厚度为5的渲染输出结果。

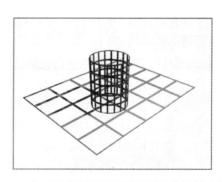

图9.14 勾选了强制线框复选项后的渲染输出结果

2. Anti Aliasing（抗锯齿）选区

Anti Aliasing（抗锯齿）：勾选该复选框后会开启抗锯齿功能，平滑对象的渲染输出边缘。

Filter（过滤器）：单击过滤器列表框展开按钮展开过滤器列表，可以选择不同的过滤器。

【实例】勾选与不勾选抗锯齿复选框的渲染效果

锯齿是指渲染输出对象边缘出现的一种锯齿状波纹。为了消除锯齿，3ds max9提供了防锯齿功能。

创建一个圆柱体。

图9.15（a）为未勾选抗锯齿复选框的渲染结果。从图中可以明显地看出边缘呈锯齿状。图9.15（b）为勾选了抗锯齿复选框的渲染结果，从图中可以看出边缘变光滑了。

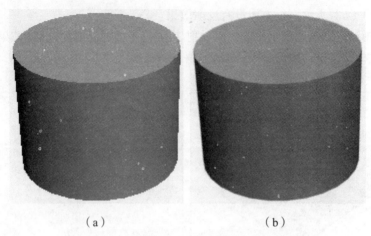

（a） （b）

图9.15 勾选与不勾选抗锯齿复选框的渲染效果

3. Auto Reflect/Refract Maps（自动反射/折射贴图）选区

Rendering Iterations（渲染迭代）：用于设置对象间相互反射/折射的重复次数。

9.3 Mental Ray 渲染器

3ds max9 的默认渲染器是 Default Scanline Renderer（默认扫描线渲染器），这种渲染器是从上至下逐行扫描渲染的。

Mental Ray 渲染器是一种全局光渲染器。它已完全嵌入 3ds max9 中。这种渲染器采用的是分块渲染方式，从数据传输量最小的一块开始，逐块渲染。

Mental Ray 渲染器通过模拟光线中的光子传播来进行光影计算，这样花费的时间更多，但渲染出的场景更接近真实世界。Mental Ray 可以非常真实地表现玻璃、液体等的折射和散焦效果，也可以很好地渲染出薄雾、动态模糊和照相机景深等特殊效果，还可以用来制作 360° 的全景渲染图。

选择 Rendering（渲染）菜单，单击 Render（渲染）命令就会弹出 Render Scene（渲染场景）对话框。选择 Common（公用）选项卡，展开 Assign Renderer（指定渲染器）卷展栏，单击 Production（产品级）右侧的浏览按钮，会打开 Choose Renderer（选择渲染器）窗口，选择 Mental Ray Renderer（Mental Ray 渲染器），就得到了 Mental Ray 渲染器的渲染场景对话框。

下面通过一些实例来比较默认扫描线渲染器与 Mental Ray 渲染器的渲染效果。

【实例】比较两种渲染器输出时的反射/折射效果

创建两个果盘，两个酒杯和三个苹果。两个果盘和两个绿苹果赋了折射材质。

图 9.16（a）为使用默认扫描线渲染器渲染的效果。参数选择：自动反射/折射贴图选区中迭代次数为 10。

图 9.16（b）为使用 Mental Ray 渲染器渲染的效果。参数选择：Trace Depth（跟踪深度）选区中的 Max.Depth（最大深度）、Max.Reflections（最大反射）、Max.Refractions（最大折射）均为 10。

显然 Mental Ray 渲染器渲染后的反射/折射效果要强得多。

（a）　　　　　　　　　　　　（b）

图 9.16　反射/折射效果的比较

9.4　Environment and Effects（环境和效果）

打开（渲染）菜单，选择（环境）命令就会打开环境和效果对话框，如图 9.17 所示。

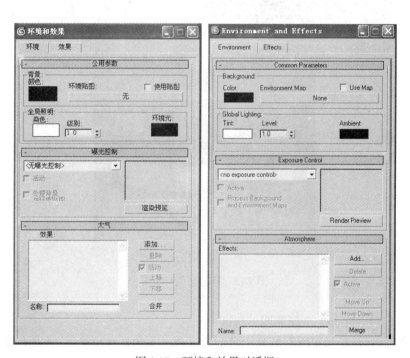

图 9.17　环境和效果对话框

9.4.1　Environment（环境）选项卡

1. Common Parameters（公用参数）卷展栏

（1）Background（背景）选区

Color（颜色）：指定渲染输出场景的背景颜色。单击颜色样本按钮会打开（颜色选择器）窗口，通过窗口选择背景颜色。默认背景色为黑色。

Environment Map（环境贴图）：环境贴图即背景贴图。单击下方的长条形按钮会打开材质编辑器，使用材质编辑器可以指定渲染输出的背景贴图。只有勾选了使用贴图复选框，贴图才起作用。

Use Map（使用贴图）：若勾选了该复选框，渲染输出使用背景贴图，否则使用背景颜色。

【实例】指定背景颜色和贴图

创建一幅场景，指定背景色为浅黄色，指定一幅环境贴图，在场景中看不到颜色，也看不到贴图的影响。如图9.18（a）所示。在环境选项卡中未勾选使用贴图复选框，渲染输出的图像背景色与设置的背景色相同，如图9.18（b）所示。在环境选项卡中勾选了使用贴图复选框，渲染输出的图像背景与设置的背景相同，如图9.18（c）所示。

图9.18　环境颜色与贴图

（2）Global Lighting（全局照明）选区

Tint（染色）：对场景中所有灯光指定颜色基调（不包括环境光）。该颜色变化过程可以记录成动画。

Level（级别）：用于同时增大场景中所有灯光对象亮度的倍数值，该参数的变化过程可以记录成动画。

Ambient（环境光）：指定环境灯光的颜色，环境灯光颜色的变化可以记录成动画。

2. Exposure Control（曝光控制）卷展栏

曝光控制卷展栏和 Exposure Control Parameters（曝光控制参数）卷展栏用来控制渲染输出场景的 Brightness（亮度）、Contrast（对比度）、Exposure Value（曝光值）等。

3. Atmosphere（大气）卷展栏

大气卷展栏可以创建的大气效果有：Fire（火焰）、Fog（雾）、Volume Fog（体积雾）和 Volume（体积光）。

Effect（效果）列表框中显示用户添加的大气效果。

Add（添加）：单击该按钮，会弹出 Add Atmosphere Effect（添加大气效果）对话框，通过对话框选择要添加的大气效果。

Active（活动）：若勾选该复选框，则效果列表框中选定的大气效果才起作用。

Merge（合并）：单击该按钮会弹出打开对话框，通过对话框可选择一个场景文件合并到当前场景中来。

4. Fire Effect Parameters（火效果参数）卷展栏

使用火效果可以创建动态火焰、烟和爆炸等效果。

只能在透视图和摄影机视图中渲染火焰效果。

火焰效果不支持完全透明的对象。

在使用火效果之前，先要使用辅助对象命令面板创建一个辅助线框，用以限定火效果的作用范围。辅助线框可以是长方体线框、球体线框和圆柱体线框。线框可以进行变换，但不能进行修改。

火效果不能照亮场景，要能照亮场景，需在火中加入灯光。

在列表后面的火焰会遮挡列表前面的火焰。利用列表框右边的上移、下移按钮，可以调整列表的顺序。

（1）Gizmos（线框）选区

Pick Gizmo（拾取线框）：选定一个已创建火焰的线框，激活该按钮，单击另外一个未设置火焰的空线框，就能将火焰复制给目标线框，这时在右侧的列表框中会显示复制的火焰名称。

Remove Gizmo（移除线框）：能将右侧列表中的火焰删除。

（2）Colors（颜色）选区

Inner Color（内部颜色）：指定火焰内部的颜色。

Outer Color（外部颜色）：指定火焰外部的颜色。

Smoke Color（烟雾颜色）：指定烟的颜色。该设置只有勾选了 Explosion（爆炸）和 Smoke（烟）复选框后才起作用。

图 9.19（a）选择的默认颜色。图 9.19（b）内部颜色选择的蓝色。

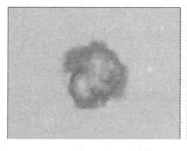 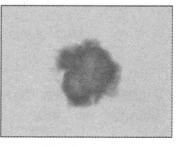

（a）　　　　　　　　　　（b）

图 9.19　火焰颜色的设置

（3）Shape（形状）选区

Tendril（火舌）：创建具有方向性的锐角火舌火焰。

Fireball（火球）：创建球体膨胀的火焰效果。

Stretch（拉伸）：沿线框的 Z 轴方向缩放火焰。

Regularity（规则性）：该值取 1 时，火焰完全填充线框。若小于 1 则部分填充。

（4）Characteristics（特性）选区

Flame Size（火焰大小）：指定线框内部子火焰的大小。

图 9.20（a）火焰大小为 35，图 9.20（b）火焰大小为 5。

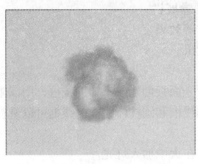 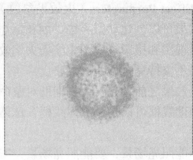

（a）　　　　　　　　　　　　　（b）

图 9.20　火焰大小对火焰效果的影响

Density（密度）：指定火焰的亮度和不透明度。

图 9.21（a）火焰密度为 15，图 9.21（b）火焰密度为 115。

（a）　　　　　　　　　　　　　（b）

图 9.21　火焰密度对火焰效果的影响

（5）Motion（运动）选区

Phase（相位）：控制火焰变化的速度。相位的变化可录制成动画。

图 9.22（a）火焰相位为 100，图 9.22（b）火焰相位为 200。

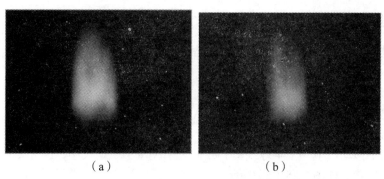

(a)　　　　　　　　（b）

图 9.22　火焰密度对火焰效果的影响

Drift（漂移）：指火焰沿 Z 轴方向漂移的快慢。

图 9.23（a）火焰漂移为 5，图 9.23（b）火焰漂移为 100。

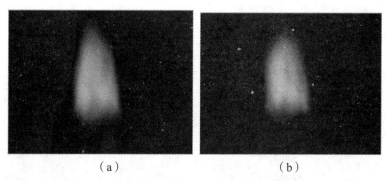

(a)　　　　　　　　（b）

图 9.23　火焰漂移对火焰效果的影响

（6）Explosion（爆炸）选区

Explosion（爆炸）：若勾选该复选框，会按照相位的变化自动为大小、密度、颜色参数创建动画。

Smoke（烟）：指定爆炸过程中是否创建烟。

图 9.24（a）火焰相位为 135，图 9.24（b）火焰相位为 185。图 9.24（c）火焰相位为 243。

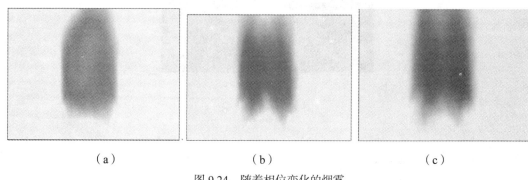

(a)　　　　　（b）　　　　　（c）

图 9.24　随着相位变化的烟雾

9.4.2 创建火焰

下面通过一个实例，说明创建火焰的过程。

【实例】创建有火的火盆

创建一个火盆。火盆与创建火焰无关。

打开创建命令面板的辅助对象子面板，单击对象类型列表框的展开按钮，选择大气装置，选择球体 Gizmo，勾选半球复选框。

在透视图中拖动产生一个半球线框。线框大小决定了火焰大小，因此要根据需要适当调整线框大小和形状。如图 9.25（a）所示。

选定辅助对象，选择修改命令面板，在大气和效果卷展栏中单击添加按钮，这时会弹出添加大气对话框，选择火效果，单击确定。渲染场景就能看到创建的火焰。如果火焰达不到需要的效果，可以使用火效果参数卷展栏，设置适当参数后再渲染。本例选择了火苗选项。得图 9.25（b）。

这盆火显然缺乏真实感，火烧得那么旺，火盆的内沿却是黑的。本例在盆底中央放了一盏泛光灯，泛光灯可以照亮火盆内沿，这样看上去就很逼真了。如图 9.25（c）所示。

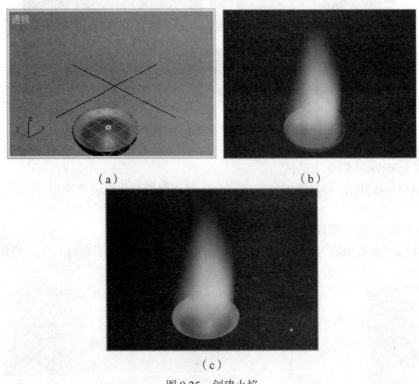

图 9.25 创建火焰

9.4.3 创建 Fog（雾）

雾特效用来模拟自然界中的雾、烟、蒸气。标准雾按对象与摄影机之间的距离变化逐渐遮盖淡化对象。层雾按离地平面的高度变化逐渐遮盖淡化对象。

选择渲染菜单，单击环境命令打开环境和效果对话框，选择环境选项卡。

单击大气卷展栏中的添加按钮,选择雾,单击确定,环境选项卡中就会打开相应的 Fog Parameters(雾参数)卷展栏,如图 9.26 所示。

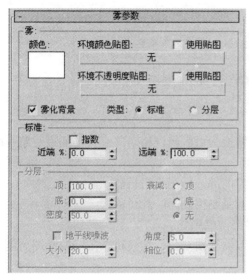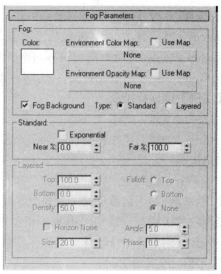

图 9.26　雾参数卷展栏

1. Fog(雾)选区

Color(颜色):指定雾的颜色。雾和颜色变化可录制成动画。

Environment Color Map(环境颜色贴图):指定背景贴图。只有勾选了 Use Map(使用贴图)复选框,贴图才起作用。

Environment Opacity Map(环境不透明度贴图):增加该贴图能改变雾的密度。

Fog(雾化背景):若勾选了该复选框,则背景也被雾化,否则只雾化对象,不雾化背景。

【实例】是否雾化背景的比较

创建一个二足角色。指定一幅背景贴图。

未设置雾化的渲染结果如图 9.27(a)所示。

设置了雾化,但未勾选雾化背景复选框的渲染结果如图 9.27(b)所示。

设置了雾化,雾化类型选择分层选项,且勾选了雾化背景复选框的渲染结果如图 9.27(c)所示。

　　　　(a)　　　　　　　　　　　(b)　　　　　　　　　　　(c)

图 9.27　是否雾化背景的比较

2. Standard（标准）选区

Exponential（指数）：勾选该选项以后，可以设置 Near（近端）和 Far（远端）雾的密度。

3. Layered（分层）选区

Top（顶）：设置层雾的最高坐标值。
Bottom（底）：设置层雾的最低坐标值。
Density（密度）：设置整个层雾的密度。
Horizon Noise（地平线噪波）：为层雾水平方向的密度加入噪波处理。

【实例】创建标准雾

创建一架飞机：

创建一个油罐对象作机身。将油罐对象转换为可编辑网格对象。移动油罐对象一端的顶点，做出机头。

创建一个油罐对象。将油罐对象移到机身前部，做出飞机机舱。

使用放样和布尔运算创建一片机翼。镜像复制得到另一片机翼。

复制一片机翼，旋转90°并移到机身尾部做成尾舵。

将各部件附加成一个整体。选择平滑修改器平滑对象，给飞机指定一幅贴图。创建的飞机如图9.28（a）所示。

复制两架飞机。选择一幅位图文件作环境贴图。渲染结果如图9.28（b）所示。

选择渲染菜单，单击环境命令打开环境和效果对话框，选择环境选项卡。

单击添加按钮打开添加大气效果对话框，选择雾。

将一幅有云彩的图像文件指定为环境颜色贴图，并勾选使用贴图复选框。在雾参数卷展栏中选择标准选项，勾选指数复选框，近距值设为0，远距值设为100，不勾选雾化背景复选框，其他参数为默认值，渲染后的结果如图9.28（c）所示。从图中可以看出，雾可以用来模拟远距离观察物体的效果，距离越远物体也越模糊。

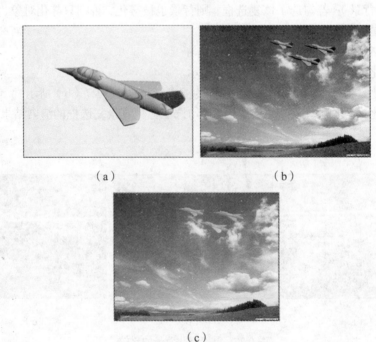

图9.28 创建雾

9.4.4 创建 Volume Fog（体积雾）

体积雾能产生一种雾团效果。常用来模拟呼出的热气、云团等。

创建局部范围的体积雾和创建火焰的操作步骤基本相同。在整个场景中创建体积雾，需要使用大气卷展栏中的添加按钮指定体积雾。

【实例】创建体积雾

使用 NURBS 曲面通过修改创建一个高山顶。

打开创建命令面板的辅助对象子面板，单击辅助对象列表框的展开按钮，选择大气装置，选择球体 Gizmo。

在透视图中拖动产生一个球体线框。线框大小决定了体积雾的大小，因此要根据需要适当调整线框大小和形状。

在不同位置共创建四个这样的线框，如图 9.29（a）所示。

选定辅助对象，选择修改命令面板，在大气和效果卷展栏中单击添加按钮，这时会弹出添加大气对话框，选择体积雾，单击确定。对每个线框都指定体积雾。渲染场景就能看到创建的体积雾。如图 9.29（b）所示。看上去似云雾缭绕。

使用 Photoshop 移入一个山头，处理后的图像更具有真实感。如图 9.29（c）所示。

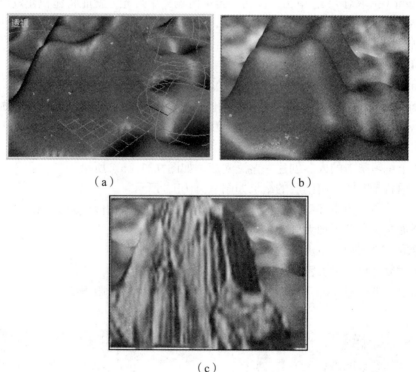

（a） （b）

（c）

图 9.29 体积雾

9.4.5 创建 Volume Light（体积光）

体积光用于模拟真实世界中光线穿过质量不好的大气，或早晚光线昏暗时的视觉效果。

选择体积光后，环境选项卡中会打开体积光参数卷展栏。如图 9.30 所示。

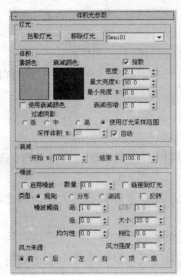 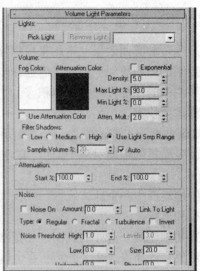

图9.30 体积光参数卷展栏

1. Lights（灯光）选区

Pick Light（拾取灯光）：单击该按钮，再单击场景中灯光，就能将体积光效果赋给灯光。

Remove Light（移除灯光）：单击该按钮，能删除右侧列表框中的已赋给灯光的体积光效果（不会删除场景中灯光）。

2. Volume（体积）选区

Fog Color（雾颜色）：指定体积光的颜色。

Exponential（指数）：若勾选该复选框，则体积光密度按距离成指数增加，否则成线性增加。

Density（密度）：指定体积光密度，密度越大，能见度越小。

【实例】创建体积光——晨练

创建两个练习拳击的人。创建一盏泛光灯。如图9.31（a）所示。

指定一幅背景贴图。渲染后的结果如图9.31（b）所示。

选择渲染菜单，单击环境命令打开环境和效果对话框。选择环境选项卡。

单击添加按钮打开添加大气效果对话框，选择体积光。

单击拾取灯光按钮，单击场景中的泛光灯。

勾选指数复选框，设置密度为2，雾颜色选择为浅灰色。

渲染结果如图9.31（c）所示。看上去似清晨，似黄昏，似阴天。

（a） （b） （c）

图9.31 体积光——晨练

9.5 场景特效

9.5.1 Effects（效果）选项卡

环境和效果对话框中的效果选项卡如图 9.32 所示。

通过环境选项卡可以为场景添加以下效果：Lens Effects（镜头效果）、Blur（模糊）、Brightness and Contrast（亮度和对比度）、Color Balance（色彩平衡）、Depth of Field（景深）、File Output（文件输出）、Film Grain（胶片颗粒）、Motion Blur（运动模糊）。

Add（添加）：单击添加按钮会打开添加效果对话框，通过对话框选择要添加的效果，选择的效果会显示在左侧的效果列表框中。

Delete（删除）：用于删除效果列表框中效果。

Merge（合并）：从其他场景文件合并渲染效果。

Show Original（显示原状态）：单击该按钮，渲染未添加效果的场景。

Update Scene（更新场景）：单击该按钮，渲染添加了效果的场景效果。

Update Effect（更新效果）：单击该按钮，渲染更新了的效果。

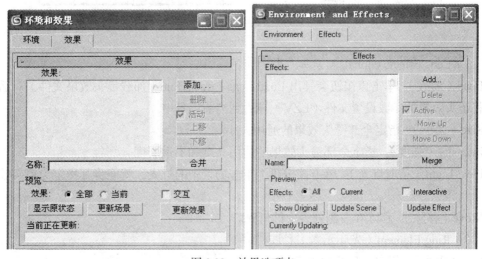

图 9.32　效果选项卡

9.5.2 Lens Effects（镜头效果）

镜头效果通常与摄影机配合使用，切换到摄影机视图，可以模拟真实的镜头效果。

可以模拟的镜头效果有：Glow（发光）、Ring（光环）、Ray（射线）、Auto Secondary（自动二级光斑）、Manual Secondary（手动二级光斑）、Star（星形）、Streak（条纹）。

1. 模拟 Ring（光环）特效

单击添加按钮选择镜头效果后，在 Lens Effects Parameters（镜头效果参数）卷展栏的列表框中就会显示镜头效果列表。选择光环效果，单击 > 按钮将其添加到右侧已选择效果列表框中。光环参数选择卷展栏如图 9.33 所示。

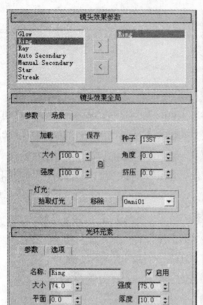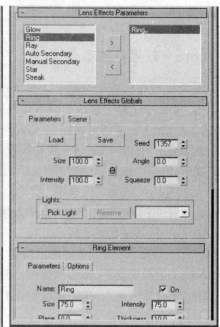

图 9.33　光环参数选择卷展栏

（1）Lens Effects Globals（镜头效果全局）卷展栏

Load（加载）：单击该按钮会弹出 Load Lens Effects File（加载镜头效果文件）对话框，可以将镜头效果的参数设置文件（LZV）导入到当前场景中。

Size（大小）：指定全部镜头效果的通用大小。

Intensity（强度）：指定全部镜头效果的通用亮度和不透明度。

Pick Light（拾取灯光）：单击该按钮，单击场景中的灯光，就能将其指定为镜头效果的来源。

Move（移除）：移除在右侧列表中的灯光。

（2）Ring Element（光环元素）卷展栏

Size（大小）：指定光环的大小。

Plane（平面）：指定光环平面偏移的值。

Thickness（粗细）：指定光环的粗细，单位为像素。

Intensity（强度）：指定光环的亮度和不透明度。

Glow Behind（背面发光）：当镜头光环在场景对象背面时也依然显示。

Radial Color（径向颜色）：光环内圈和外圈的颜色。

Circular Color（环绕颜色）：环绕颜色使用东、南、西、北四个颜色为光环四个象限的颜色，这个设置必须在混合数码框中输入的值不为 0 时才有效。

Mix（混合）：指定径向颜色和环绕颜色的混合比例，为 0 只有径向颜色，为 100 只有环绕颜色。

【实例】模拟光环效果

创建一架飞机，一盏泛光灯，给场景指定一幅背景贴图。如图 9.34（a）所示。

渲染后得图 9.34（b）。

选择效果选项卡，在效果卷展栏中单击添加按钮，在弹出的添加效果对话框中，选择镜头效果。

选定效果列表框中的镜头效果，在镜头效果参数卷展栏中选择 Ring（光环），单击右移按钮，将其添加到已选择效果列表框中。

激活拾取灯光按钮，单击场景中泛光灯。

调整参数，渲染后得图 9.34（c）。

还可在场景中创建一台摄影机，将摄影机对准飞机，并切换到摄影机视图。使用摄影机视图控制按钮，可以模拟真实摄影机的各种功能。

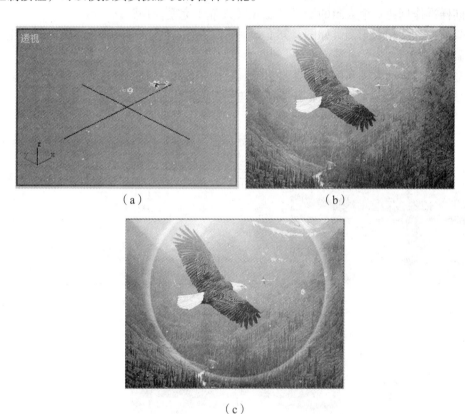

图 9.34　模拟光环特效

2. 模拟 Glow（发光）特效

创建发光特效的步骤如下：

创建一盏泛光灯。给场景指定一幅背景贴图。

选择效果选项卡，在效果卷展栏中单击添加按钮，在弹出的添加效果对话框中，选择镜头效果。

选定效果列表框中的镜头效果，在镜头效果参数卷展栏中选择 Glow（发光），单击右移按钮，将其添加到已选择效果列表框中。

激活拾取灯光按钮，单击场景中泛光灯，就能创建出一个发光体。

【实例】创建太阳升起的动画

指定一幅环境贴图。如图 9.35（a）所示。

创建两盏泛光灯，一盏用来创建太阳，另一盏用来创建太阳的倒影。

选择效果选项卡，在效果卷展栏中单击添加按钮，在弹出的添加效果对话框中，选择镜头效果。

选定效果列表框中的镜头效果，在镜头效果参数卷展栏中选择 Glow（发光），单击右移按钮，将其添加到已选择效果列表框中。

激活拾取灯光按钮，单击场景中作太阳用的泛光灯。

在光晕元素卷展栏中，单击衰减曲线按钮，在径向衰减对话框中编辑衰减曲线，编辑结果如图 9.35（b）所示。这样所得到的太阳轮廓就更清晰一些。

用同样操作创建一个太阳的倒影。Glow（发光）完全使用默认参数。

渲染后的太阳和太阳倒影如图 9.35（c）所示。从渲染结果可以看出，太阳倒影比太阳要模糊些。

在竖直方向移动太阳和倒影创建日出动画。为了使得太阳升起更具真实感，可以使用不透明度贴图，将树移至太阳前面，让太阳从树后升起。

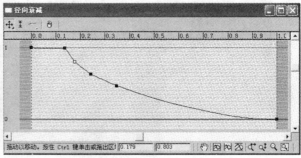

（a）　　　　　　　　　　　　　　　　（b）

（c）

图 9.35　模拟发光特效

3. 模拟其他特效

图 9.36（a）同时模拟 Glow（发光）与 Star（星形）特效。

图 9.36（b）模拟 Streak（条纹）特效。

图 9.36（c）模拟 Auto Secondary（自动二级光斑）特效。

图 9.36（d）模拟 Ray（射线）特效。

图 9.36 模拟各种特效

9.5.3 Depth of Field（景深）效果

真实摄影机只能清晰对焦有限的空间范围，在对焦范围之外的景物距离越远越模糊。景深效果就是用来模拟真实摄影机的这一特点的。

Pick Cam（拾取摄影机）：单击该按钮，再单击要进行景深模拟的摄影机，就拾取了该摄影机。

Pick Node（拾取焦点）：单击该按钮，再单击要对准的焦点对象，渲染时该对象处于最清晰位置。

【实例】模拟景深特效

创建三架飞机，飞机置于远处。创建一个扛着火箭筒的人，置于近处。创建一台目标摄影机。如图 9.37（a）所示。

指定一幅背景贴图。还未创建景深效果时渲染的结果如图 9.37（b）所示。

选择效果选项卡，在效果卷展栏中单击添加按钮，在弹出的添加效果对话框中，选择景深效果。

激活拾取摄影机按钮，单击场景中摄影机。

单击拾取焦点按钮，单击扛火箭筒者。

渲染后得图 9.37（c）。从图中可以看到近处扛火箭筒的人是清晰的，飞机越远越模糊。

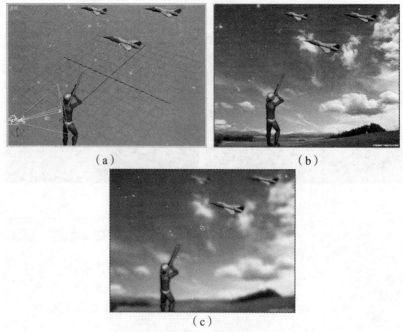

图 9.37 模拟景深效果

9.6 Video Post（视频合成）

单击渲染菜单，单击 Video Post 命令就会打开视频合成器窗口。

视频合成器如图 9.38 所示。

视频合成器是个功能强大的视频合成工具，它的功能有两个：一是合成场景、图像、动画等事件，并对这些事件进行非线性编辑，分段组合；二是对合成加入一些特效。如动画的淡入、淡出特效。

参与合成的事件是按层级叠加的，合成事件显示窗口中事件序列下面的层级会遮挡上面的层级。如果使用 Alpha 通道合成器合成，外层的图像并不会完全遮挡内层的图像，因为外层的白色区域完全不透明，而黑色区域完全透明，过渡区域则有程度不等的透明效果，电影中的特技很多就是利用这一特点创建出来的。

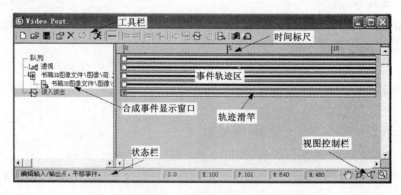

图 9.38 视频合成编辑器

1. 合成事件显示窗口

合成事件显示窗口中以层级列表的方式列出了所有视频合成事件的名称。每个事件在事件轨迹区显示为一个轨迹滑竿。在渲染输出时，合成事件显示窗口中排在后面的事件会覆盖前面的事件。因此，背景贴图只能排在最上面。事件的排列顺序是可以改变的。双击窗口中任一事或事件对应的轨迹滑竿会打开事件的编辑窗口。

2. 工具栏

New Sequence（新建序列）按钮：单击该按钮，可以清除当前编辑窗口中的事件序列，并创建新的事件序列。

Open Sequence（打开序列）按钮：打开已有的事件序列文件（VPX）。

Save Sequence（保存序列）按钮：将当前序列以 VPX 格式保存。

Edi Current Event（编辑当前事件）按钮：单击该按钮会打开当前事件的编辑窗口，通过窗口可以重设参数，也可双击当前轨迹滑竿或显示窗口中的事件名称。

Delete Current Event（删除当前事件）按钮：删除选定的事件。要删除的事件可以是激活的，也可以是未激活的。

Swep Event（交换事件）按钮：交换选定的两个相邻事件的顺序。

Execute Sequence（执行序列）按钮：单击该按钮，就会弹出 Execute Video Post（执行 Video Post）对话框，如图 9.39 所示。选择 Singl（单帧）选项，则只渲染右侧数码框中指定的帧；选择 Range（范围），则渲染指定范围内的每一帧。Output Size（输出大小）选区用来指定输出图像的宽度和高度。

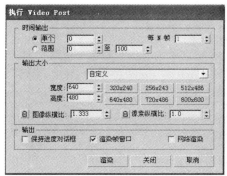 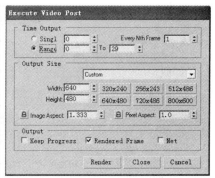

图 9.39　Execute Video Post（执行 Video Post）对话框

Edit Range Bar（编辑时间滑竿）按钮：激活该按钮，可以左右拖动时间滑杆；移动时间滑竿的两个端点改变时间范围起点和结束点；双击时间滑竿，可以选择并编辑对应事件；按住 Ctrl 键不放可以同时选择多个事件。

Add Scene Event（添加场景事件）按钮：单击该按钮会打开 Add Scene Event（添加场景事件）对话框，如图 9.40 所示。用该对话框可以编辑添加当前场景。

Add Image Input Event（添加图像输入事件）按钮：单击该按钮会打开添加图像输入事件对话框，单击对话框中 File（文件）按钮，可以选择一个图像文件添加到事件序列中来。

Add Image Filter Event（添加图像过滤事件）按钮：用于添加特殊的滤镜效果。

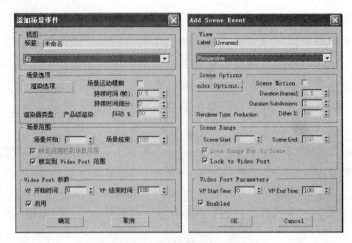

图 9.40　添加场景事件对话框

Add Image Layer Event（添加图像层事件）按钮：选定两个事件，这时该按钮就会被激活，单击该按钮，会弹出 Add Image Layer Event（添加图像层事件）对话框，如图 9.41 所示。展开层插件列表框中列表，可以选择一种合成器。如果希望前一层有一定的透明效果，可以选择 Alpha 合成器。

Add External Event（增加外部事件）按钮：增加外部的程序事件。

Add Loop Event（增加循环事件）按钮：选定事件序列中的一个事件，单击该按钮，能将该事件变为循环事件。

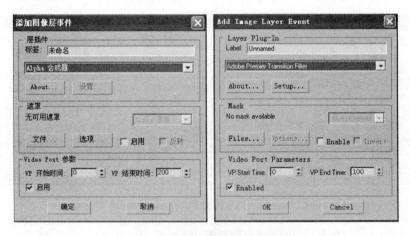

图 9.41　添加图像层事件对话框

【实例】视频合成——奔跑在大草原上

创建一个奔跑的人。如图 9.42（a）所示。

单击渲染菜单，单击 Video Post 命令打开 Video Post 对话框。

单击工具栏中 Add Scene Event（增加场景事件）按钮，打开增加场景事件对话框，在视图列表框中选择透视图，单击确定。

单击 Add Image Input Event（增加图像输入事件）按钮，打开增加图像输入事件对话框，在对话框中，单击文件名按钮，弹出打开对话框，选择一个背景图像文件，单击确定。

在事件显示窗口的事件序列中，同时选择场景和背景文件两个事件，单击 Swap Event（交换事件）按钮，将两个事件的层级互换。

单击 Add Image Layer Event（增加图像层事件）按钮，打开增加图像层事件对话框，在 Layer Plug-In（层插件）栏中选择 Alpha Compositor（Alpha 通道），单击确定。

单击 Execute Video Post（执行队列）按钮，选择 Single（单张）选项，单击 Render（渲染）按钮。得图 9.42（b）。

（a）　　　　　　　　　　　（b）

图 9.42　视频合成——奔跑在大草原上

9.7　预演动画

在编辑动画的过程中，经常需要浏览动画效果。渲染输出一幅动画需要很长时间，在定稿之前不可能反复做这样的工作，3ds max 提供了预演动画功能。

单击 Animation（动画）菜单，单击 Make Preview（生成预览）命令就会打开生成预览对话框，如图 9.43 所示。

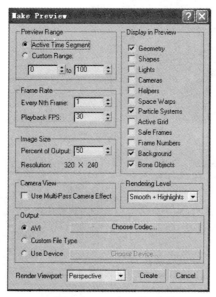

图 9.43　生成预览对话框

预演动画结束后会自动弹出媒体播放器，使用媒体播放器可以播放生成的预览文件。
Preview Range（预览范围）选区用来指定预演动画的时间范围。
Frame Tate（帧速率）选区用来指定播放动画的帧速率。
Image Size（图像大小）选区用来指定预演动画大小为最后渲染输出大小的百分数。
Output（输出）选区用来选择预演动画输出保存的文件类型或输出设备。AVI 为默认文件格式，单击右侧 Choose Codec 按钮，可以为 AVI 文件指定压缩编码方式。
Display in Preview（在预览中显示）选区用来指定要预览的对象类型。
Render Viewport（渲染视图）用来选择要渲染的视图。

9.8　Merge（合并）文件

合并命令可以将其他.MAX 文件的全部或部分对象合并到当前场景中来。

单击 File（文件）菜单，单击 Merge（合并）命令就会弹出 Merge File（合并文件）对话框，指定要合并的 3ds max 文件，单击打开会弹出 Merge（合并）对话框，通过对话框，可以指定要合并的对象，单击确定就能将其合并到当前视图中来。

【实例】合并文件

打开一个.MAX 文件。在这个文件中创建了一个算盘。指定了背景文件。如图 9.44（a）所示。

单击文件菜单，选择合并命令，就会打开合并文件对话框，选定一个.MAX 文件，单击打开按钮，就会弹出合并列表框，如图 9.44（b）所示。在列表框中选择要合并的对象，单击确定，就会弹出重复名称对话框，如图 9.44（c）所示。选择合并或其他按钮，就能将选定对象合并到当前场景中。

合并的场景如图 9.44（d）所示。渲染结果如图 9.44（e）所示。

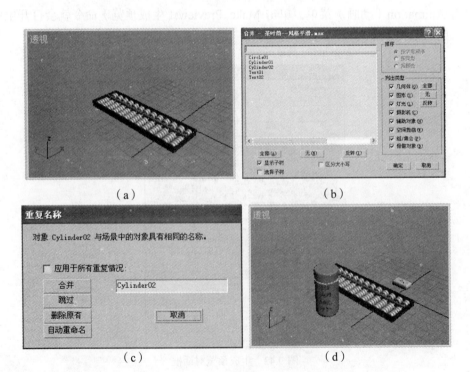

（e）

图 9.44　合并文件

环境特效不能使用该菜单命令合并，只能在环境对话框中使用合并操作。

9.9　Merge Animation（合并动画）

合并动画命令可以将其他动画文件中对象的运动轨迹，指定给当前视图中的对象或取代当前视图中对象的运动轨迹。

合并动画命令也可将源对象的部分或全部运动轨迹，粘贴到目标对象的指定帧，成为目标对象运动轨迹的一部分。

合并动画命令还可将当前视图中一个对象的运动轨迹指定给同视图中的另一对象。

合并动画只能在源对象和目标对象的同一层级中进行。

单击 File（文件）菜单，单击 Merge Animation（合并动画）命令，就会弹出合并动画对话框。如图 9.45 所示。

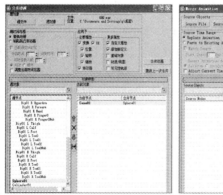

图 9.45　合并动画对话框

Source Objects（源文件）：单击该按钮，会弹出源文件对话框，选定一个动画文件，单击打开，源文件所有对象就会分层级地显示在合并动画对话框中的 Source Nodes（源节点）列表框中。

Source Object（源对象）：单击该按钮，就会打开 Select Objects（选择对象）对话框，对话框中显示有当前视图中的所有对象,选择源对象,单击确定,源对象就会同时显示在源节点和 Current Nodes(当前节点)的列表框中,这样的源对象既可做源节点,将自己的运动轨迹合并给别的对象,也可做当前节点,接受来自别的对象的运动轨迹。

Merge Animation(合并动画):单击该按钮,就能将 Merge Nodes(合并节点)列表中对象的运动轨迹,合并到对应当前节点上,并给出合并已完成的提示。

Replace Animation(替换动画):若选择该选项,则使用源对象的运动轨迹完全替换目标对象轨迹或完全指定给一个没有动画的对象。

Paste to Existing Animation(粘贴到已有动画):若选择该选项,就会激活图 9.46 所示区域中的选项,要求用户指定源对象运动轨迹的起止时间和粘贴到目标对象的哪一帧。

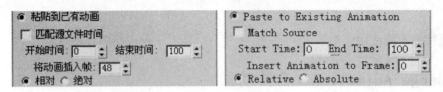

图 9.46　源对象运动轨迹插入目标对象轨迹中的参数选择区域

Main Attributes(主要属性)选区和 More Attributes(更多属性)选区列出了可以合并的动画属性。只有勾选了的属性才能合并动画。

【实例】通过合并动画给没有动画的对象创建动画

创建一个源文件,源文件中有一个球体。对球体创建了移动动画。如图 9.47(a)所示。

创建一个目标文件(当前文件),目标文件中有一架飞机,未创建动画。如图 9.47(b)所示。

打开目标文件。

单击文件菜单,单击合并动画命令,打开合并动画对话框。

单击合并动画对话框中源文件按钮,打开源文件对话框,选择源文件,单击打开,合并动画对话框的源节点和当前节点。如图 9.47(c)所示。

将源节点列表中的 Sphere01 拖到当前节点列表中的 OilTank01 上,这时节点列表如图 9.47(d)所示。

使用默认设置,单击合并动画按钮,就将球体的动画合并给了飞机。播放目标文件可以看到,飞机也具有和源文件中球体相同的平移动画。

合并后的动画如图 9.47(e)所示。

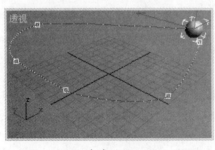

(a)　　　　　　　　　　　　　　　(b)

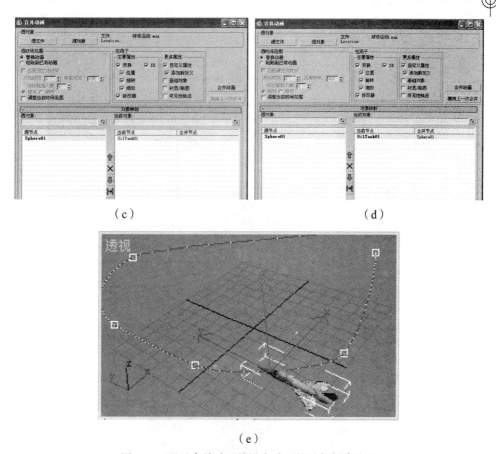

（c）　　　　　　　　　　　　　　　（d）

（e）

图 9.47　通过合并动画给没有动画的对象创建动画

【实例】在已有动画的中间粘贴源文件中另一对象的动画

创建一个源文件。源文件中有一个球体，对球体创建沿 Z 轴上下移的位移动画。如图 9.48（a）所示。

创建一个目标文件（当前文件）。目标文件中有一个圆环，对圆环创建了沿 Z 轴的旋转动画。如图 9.48（b）所示。

单击文件菜单，单击合并动画命令，打开合并动画对话框。在合并动画对话框中选择粘贴到已有动画选项，开始时间选择 20，结束时间选择 60，将动画插入帧选择 50。选择绝对选项。勾选调整当前时间范围复选框。如图 9.48（c）所示。

将源节点中的 Sphere01 拖到当前节点的 Torus01 上，这时的合并动画对话框如图 9.48（d）所示。

单击合并动画按钮，就将球体动画中的 20~60 帧插入到了圆环的第 50 帧。播放目标文件动画可以看到，目标文件中圆环的 50~60 帧叠加了球体的动画，其他帧动画未变。

如果选择相对选项，播放目标文件动画时，可以看到目标文件的 50~90 帧叠加了球体的动画。

合并后目标文件的动画如图 9.48（e）所示。

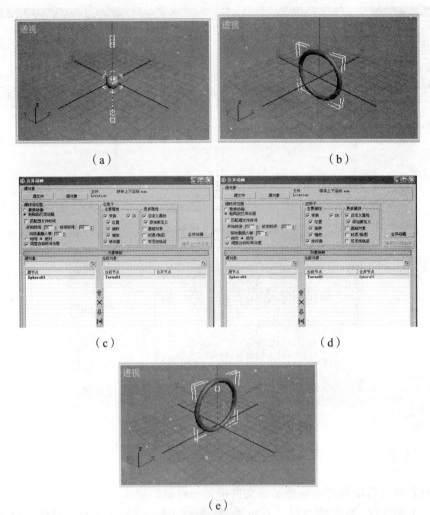

图 9.48　在已有动画的中间粘贴源文件中另一对象的动画

【实例】将当前视图中圆锥体的运动指定给同视图中的茶壶

创建一个茶壶和一个圆锥体。0~60 帧为茶壶创建移动动画。0~50 帧为圆锥体创建移动动画。茶壶和圆锥体的运动轨迹如图 9.49（a）所示。

选择 Cone（圆锥）做源对象，Teapot（茶壶）做目标对象。

选定茶壶，单击文件菜单，单击合并动画命令，就会打开合并动画对话框。

在对话框中，选择粘贴到已有动画选项，勾选匹配源文件时间复选框，将动画插入帧设置为 60，选择绝对选项。

单击源对象按钮，选择 Cone 作源对象，这时 Cone 就会显示在源节点列表中。

选定 Cone，单击自动名称映射按钮，Cone 就会显示在合并节点列表中。

单击合并动画按钮，就会将圆锥体的动画合并到茶壶的第 60 帧。

合并动画后的运动轨迹如图 9.49（b）所示。

设置参数后的合并动画对话框如图 9.49（c）所示。

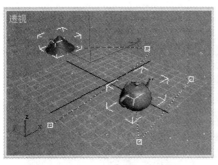 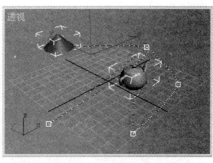

（a） （b）

（c）

图 9.49　将当前视图中圆锥体的运动指定给同视图中的茶壶

9.10　Import（导入）文件

文件菜单中的 Import（导入）文件命令可以向 3ds max 中导入*.DWG、*.3DS、*.XML 等类型的文件。导入的文件通常都能使用 3ds max 再进行编辑。

【实例】制作全套房平面图

这个实例将创建由一间客厅、一间餐厅、一间卧室、一间卫生间、一间厨房、一个矩形阳台和一个弧形阳台组成的一整套生活用房。实际房间布局如图 9.50 所示。长度单位为米。房间高度为 3.2 米。客厅与室外、客厅与卫生间、客厅与卧室、厨房与餐厅之间均为单开简易门。客厅与矩形阳台之间有一个滑动塑钢玻璃门和一个固定塑钢玻璃窗。客厅与餐厅之间有一个中式门窗和一个艺术品陈列橱窗。卧室与弧形阳台之间有一个双开玻璃门和一个固定玻璃窗。厨房和卫生间的外墙上各有一个窗户。

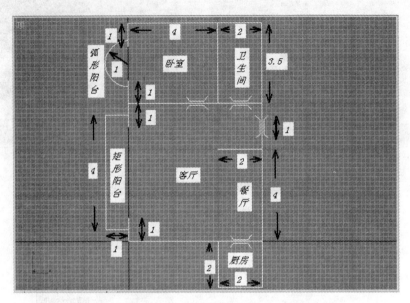

图 9.50　实际房间布局图

1. 使用 CAD 创建平面图

全套房的平面图可以使用 CAD 创建，然后导入到 3ds max 中来，导入到 3ds max 中的图形属于可编辑样条线。对导入图形中的样条线进行轮廓操作，选择挤出修改器挤出轮廓后的样条线就做成了墙体。如果图形比较复杂不能直接进行轮廓操作，则需要先断开一些点后再进行轮廓操作。

打开 CAD，选择格式菜单，单击单位命令，就会打开图形单位对话框，在长度选区设置类型为小数，精度为 0，在插入比例选区，设置用于缩放插入内容的单位为毫米。图形单位对话框如图 9.51 所示。

图 9.51　图形单位对话框

绘制有一间客厅、一间餐厅、一间卧室、一间卫生间、一间厨房、一个直角阳台和一个弧形阳台的平面图。绘制的平面图如图 9.52 所示。保存制作的文件，文件类型选择.dwg。

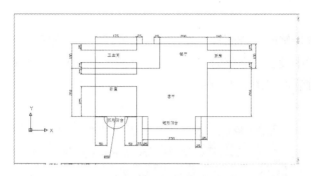

图9.52 用CAD绘制的平面图

2. 导入*.dwg 文件

打开 3ds max，选择文件菜单，单击导入命令就会打开选择要导入的文件对话框，文件类型选择*.dwg，选定要打开的平面图文件，单击打开按钮就会将指定的文件导入到3ds max中来。选择要导入的文件对话框如图9.53所示。

图9.53 选择要导入的文件对话框

3. 重新编辑导入的图形

导入到3ds max 中的 CAD 图形属于可编辑样条线，对样条线的各种编辑工具一般都可以用来编辑导入的图形。

本实例中的图形已经比较复杂，不能直接进行轮廓操作，通过键盘输入创建墙体时，也不能直接拾取，因此要先断开各连接点，使一条样条线只包含一条线段。

刚导入时的顶点分布如图9.54（a）所示。断开所有交叉点后的图形如图9.54（b）所示。

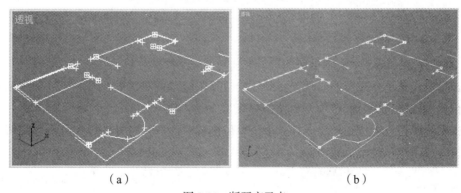

（a） （b）

图9.54 断开交叉点

4. 轮廓样条线

选定平面图，选择修改命令面板，展开修改器堆栈，选择样条线子层级，选定一条样条线，在几何体卷展栏中设置轮廓值为 5，单击轮廓按钮就会创建出样条线的一条轮廓线。对所有样条线进行轮廓后所得图形如图 9.55 所示。

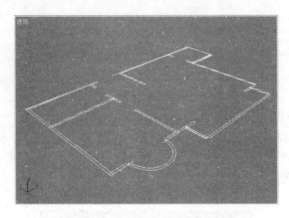

图 9.55　对所有样条线进行轮廓

5. 挤出成墙体

选定所有样条线，选择挤出修改器，设置挤出值为 160，就得到了所有墙体，如图 9.56 所示。

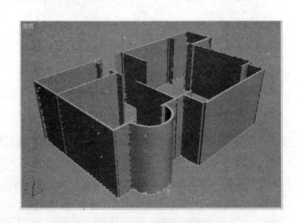

图 9.56　挤出成墙体

6. 直接在 3ds max 中绘制平面图

单击自定义菜单，选择单位设置命令就会打开单位设置对话框，如图 9.57（a）所示。在显示单位比例选区选择公制选项，单位选择毫米。

单击系统单位设置按钮，就会打开系统单位设置对话框，如图 9.57（b）所示。将系统单位比例设置成 1 个单位=1.0 毫米。

　　　　　　（a）　　　　　　　　　　　　　（b）

图9.57　设置单位比例

选择图形子面板,在对象类型卷展栏中选择线按钮。在创建方法卷展栏中选择角点选项。

展开键盘输入卷展栏,按照实际房间大小,将以米为单位的值乘以 50 作为创建线段端点的值。

在 Z 为 0 的平面内创建第一条曲线的（X, Y）坐标依次如下：（0, 50）、（0, 0）、（300, 0）、（300, 475）、（0, 475）、（0, 425）,每输入一组值就单击一下添加点按钮。

创建第二条曲线的（X, Y）坐标依次如下：（0, 250）、（0, 350）。

创建第三条曲线的（X, Y）坐标依次如下：（0, 300）、（300, 300）。

创建第四条曲线的（X, Y）坐标依次如下：（200, 300）、（200, 475）。

创建第五条曲线的（X, Y）坐标依次如下：（300, 200）、（200, 200）。

创建第六条曲线的（X, Y）坐标依次如下：（200, 0）、（200, −100）、（300, −100）、（300, 0）。

创建矩形阳台曲线的（X, Y）坐标依次如下：（0, 25）、（−50, 25）、（−50, 275）、（0, 275）。将矩形阳台曲线命名为矩形阳台轮廓线。

创建弧形阳台曲线的（X, Y）坐标为（0, 377.5）,半径为 50,从 90°~270°。将弧形阳台曲线命名为弧形阳台轮廓线。

用 3ds max 创建的平面图如图 9.58 所示。

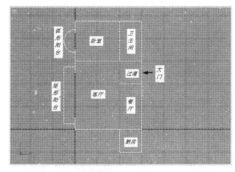

图 9.58　用 3ds max 创建的平面图

9.11 使用其他多媒体软件进行后期处理

虽然 3ds max9 有很强的三维建模功能和动画制作功能，但是也有很多多媒体方面的处理功能不如别的多媒体软件。例如对贴图文件进行加工、给动画配音、动画的人机交互等。因此，在后期处理中，往往会借助其他多媒体软件。例如图像编辑软件 Photoshop 和多媒体编辑软件 Authorware，这两个软件有各自的独到功能，也属于优秀的多媒体软件。关于 Photoshop 和 Authorware 在 3ds max 后期处理中的应用，已在彭国安主编（武汉大学出版社出版）的《3ds max7 实训教程》中有较详细的介绍，本书不再重复。下面仅给出两个简单实例。《3ds max9 实训教程》尚需一段时间才能出版。

9.11.1 Photoshop 在 3ds max 后期处理中的应用

Photoshop 在 3ds max9 后期处理中的应用，主要包括用 Photoshop 编辑背景文件和贴图文件，对 3ds max9 的效果图和动画进行后期处理。

【实例】用 Photoshop 制作雪景背景文件

打开 Photoshop，打开一幅图像文件。打开的图像文件如图 9.59（a）所示。

单击选择菜单，选择色彩范围命令就会打开色彩范围对话框。展开对话框的选择列表，选择列表中的中间调。展开选区预览列表，选择快速蒙板选项。单击好按钮，需要处理的部分被选定。删除选定区域。单击选择菜单，选择取消选择命令。编辑出的雪景如图 9.59（b）所示。

从图像中可以看出，不论是否该有雪的地方都有了雪。

使用磁性套索工具按钮，将不该有雪的部分选出，使用移动工具按钮将其拖到雪景图像中，这样就得到了更接近真实雪景的图像。如图 9.59（c）所示。

（a）　　　　　　　　　　　　　（b）

（c）

图 9.59　用 Photoshop 制作雪景文件

【实例】用 Photoshop 对 3ds max 效果图和动画进行后期处理

在 3ds max 的后期处理中，可以使用 Photoshop 的拖拽操作，将人物、花草等置于场景中。

图 9.60（a）是使用 3ds max 创建的一幅效果图。图 9.60（b）是一个位图文件。

使用 Photoshop 的磁性套索工具将荷花选定，使用移动按钮将选定的荷花拖入效果图中。所得结果如图 9.60（c）所示。

图 9.60　使用 Photoshop 对 3ds max 效果图进行后期处理

9.11.2　Authorware 在 3ds max 后期处理中的应用

Authorware 在 3ds max 后期处理中的应用主要包括：创建有人机交互的效果图、连接 3ds max 动画和给动画配音。

【实例】使用 Authorware 创建有人机交互的全套房效果图

创建好主卧室、儿童房、客厅、卫生间和厨房的效果图。

打开 Authorware，创建有热区域交互的程序。在分支中的显示图标中，导入各效果图。如图 9.61（a）所示。

双击全套房平面图显示图标，在演示窗口中创建全套房的平面图。如图 9.61（b）所示。

运行程序，只要鼠标指向平面图的某一区域，演示窗口中就会显示相应房间的效果图。

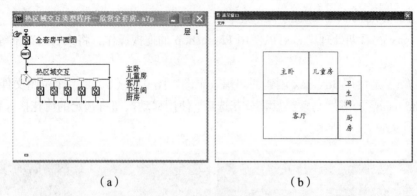

图 9.61　使用 Authorware 创建有人机交互的全套房效果图

【实例】用 Authorware 连接动画和给动画配音

本实例是一个微型动画片——火烧赤壁。其制作过程大致如下：

使用 3ds max 和 Flash 制作出所需的动画片段。

使用 Authorware 编程，将动画片段和片头、片尾连接起来。如图 9.62（a）所示。

编辑声音文件，并将声音文件存储在程序中。

图 9.62（b）是用 Flash 制作的动画中的一幅画面。图 9.62（c）是用 3ds max 制作的动画中的一幅画面。

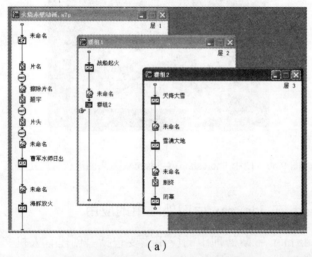

(a)

(b)

(c)

图 9.62　用 Authorware 连接动画和给动画配音

9.11.3 在3ds max9中导入Poser人物和动画

Poser是专门制作人物和人物动画的软件，里面内置了许多模型和形态，可以通过参数调节产生各种变化。制作简单，制作速度快，适用于大批量的，要求不高的人物模型制作。将模型导入到3ds max9后可再作进一步的加工处理。

【实例】在3ds max9中导入Poser人物和动画

用Poser创建一个女人。如图9.63（a）所示。将创建的女人导出成3DS文件。

将Poser人物导入3ds max9中，指定一个背景文件，渲染后的结果如图9.63（b）所示。

用Poser创建一个男人，导出成3DS文件。如图9.63（c）所示。

将Poser人物导入3ds max9中，指定一个背景文件。渲染后的结果如图9.63（d）所示。

（a）　　　　　　　　（b）

（c）　　　　　　　　（d）

图9.63　在3ds max9中导入Poser人物

9.11.4 将3ds max9动画导入到Flash中

Flash是美国Macromedia公司推出的针对Web的交互式二维矢量动画制作软件。由于它功能丰富，易学易用，制作的动画文件容量小，因此，受到了广大网页设计爱好者的青睐。Flash也可用来制作广告、开发游戏软件等。Flash本身不具备三维模型和动画的制作功能。但Flash可以导入MOV、AVI、MPEG文件和用3ds max9制作并渲染输出的动画文件，以及其他格式的视频剪辑。

图 9.64（a）中的动画是用 3ds max9 制作出来的。将其渲染输出成 AVI 文件。使用 Flash 的导入命令将 AVI 文件导入到 Flash 中。图 9.64（b）是上传到 www 网页中后截取下来的一幅画面。

（a）　　　　　　　　　　（b）

图 9.64　将 3ds max9 动画导入到 Flash 中

思考与练习

一、思考与练习题

1. 如何快速渲染场景？
2. 如何渲染场景中部分区域？
3. 如图 9.65 所示，说明渲染场景对话框中各选项和参数的作用。

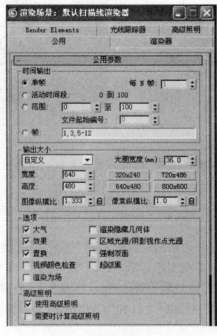

图 9.65

4. 如何选择渲染的背景颜色？
5. 如何指定渲染的背景贴图？如何才能渲染输出背景贴图？
6. 如何创建以下大气效果：Fire（火焰）、Fog（雾）和 Volume Fog（体积雾）等?
7. 如何创建光环特效？
8. 如何创建景深特效？
9. Video Post（视频合成）有什么作用？如何合成场景和图像文件？
10. 如图 9.66 所示，说明 Video Post（视频合成）对话框中按钮的作用。

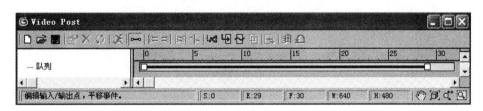

图 9.66

11. 如何合并场景文件？
12. 如何合并动画？

二、上机练习题

1. 创建光环特效。
2. 创建景深特效。
3. 创建火焰效果。
4. 合成场景和图像文件。

第二篇 3ds max9 动画

3ds max9 具有很强的动画制作功能。为了能模拟出自然界各种各样的运动，如机械的、生物的等运动，3ds max9 设计了一系列灵活多变的动画制作方法。本篇对这些动画制作方法都做了系统介绍。

本篇主要内容包括：关键帧动画的制作、约束动画、动画控制器、粒子系统与动画、空间扭曲与动画、reactor 动画、二足角色与动画。

第10章 动画技术

创建效果图和创建三维动画是 3ds max9 的两大功能。

3ds max9 不仅可以用动画控制区和轨迹视图-曲线编辑器创建动画，也可以使用各种动画控制器创建动画。对象的位移、旋转、缩放可以创建出动画，参数的修改也可以创建出动画。这就是本章所要介绍的内容。

10.1 使用轨迹栏和动画控制区创建动画

10.1.1 轨迹栏与动画控制区

轨迹栏与动画控制区位于主界面下方，轨迹栏如图 10.1 所示。

时间标尺用来显示运动的时间或帧数。

时间滑动块可以通过鼠标拖动或通过移动按钮移动，在滑动块上显示了运动的当前帧或当前时间和总帧或总时间。

彩色小方块为关键帧标记。通过动画控制区和轨迹视图创建的动画，其关键帧是由用户创建的，两关键帧之间的过渡帧是计算机通过差补计算出来的。

迷你曲线编辑器也就是轨迹视图-曲线编辑器，是创建和修改动画的重要工具。

图 10.1 轨迹栏

对准关键帧右单击会弹出一个快捷菜单，如图 10.2 所示。

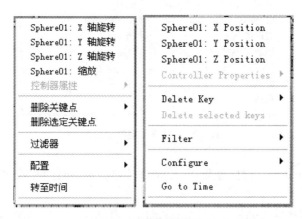

图 10.2 关键帧快捷菜单

Delete Key（删除关键帧）：可以只删除选定关键帧的一个或两个轴向的运动，而不删除关键帧，也可删除选定的整个关键帧。

Delete Selected Keys（删除选定关键帧）：删除选定的关键帧。

动画控制区如图 10.3 所示。

图 10.3　动画控制区

Auto Key（自动关键帧）：激活该按钮，就开始录制动画。直至关闭该按钮为止。

Set Key（设置关键帧）：激活该按钮可以手动设置关键帧，每设置一个关键帧，必须要单击左侧的锁定关键帧按钮锁定。能否设置有效关键帧还受右侧的关键帧过滤器控制。

Lock Key（锁定关键帧）：在使用设置关键帧按钮设置关键帧时，必须单击该按钮确认。

Go To Start（转至开头）：单击这个按钮，能使时间滑动块移到时间标尺的起始端。

Go To End（转至结尾）：单击该按钮，能使时间滑动块移到时间标尺的结束端。

和 按钮通过 按钮切换，前者单击一下，使时间滑动块向箭头方向移动一关键帧，后者移动一帧。

Play（播放）：按下该按钮开始播放所有创建的动画。

Play Selected（仅播放选择）：按下该按钮，只播放选择对象的动画。

和 Stop（停止）：停止播放动画。

Key Filters（关键帧过滤器）：单击该按钮会弹出设置关键帧对话框，如图 10.4 所示。只有勾选了的复选项才能设置动画。

图 10.4　设置关键帧对话框

Time Configuration（时间配置）：单击该按钮会弹出时间配置对话框。时间配置对话框如图 10.5 所示。

Key Mode（转换关键帧模式）：控制移动时间滑动块按钮的功能。右单击也会弹出 Time

Configuration（时间配置）对话框。

　　Frame Rate（帧速率）：选区用来选择播放动画的帧速率。
　　NTSC：美国和日本使用的电视视频制式，帧速率为 30 帧/秒。
　　PAL：中国和欧洲使用的电视视频制式，帧速率为 25 帧/秒。
　　Film（电影）：电影播放的帧速率为 24 帧/秒。
　　Custom（自定义）：在 FPS 数码框中由用户输入播放的帧速率。
　　Time Display（时间显示）：选区用来选择时间标尺的刻度单位。
　　Frames（帧）：以帧为刻度单位。
　　SMPTE：以分：秒：帧的方式显示时间。
　　FRAME:TICKS(帧：滴答)：TICKS 是系统时钟振荡的单位时间。1秒钟等于 4800TICKS。对于 NTSC 制式，1 帧等于 160TICKS。对于 PAL 制式，1 帧等于 192TICKS。
　　MM:SS:TICKS（分：秒：滴答）：以分：秒：滴答的方式显示时间。
　　Playback（播放）：选区可以选择播放的方式和速度。
　　Real Time（实时）：在动画播放过程中，保持设定的速率，当达不到速率要求时，自动跳帧播放。
　　Active Viewport Only（仅活动视口）：仅在当前激活视图中播放动画。
　　Loop（循环）：循环播放当前动画。
　　Speed（速度）：指定播放的速度。
　　Direction（方向）：指定重复播放的方向。实时播放该选择项不起作用。可以选择的重复方向有：
　　Forward（向前）：总是从起始点到终止点重复播放动画。
　　Reverse（反转）：总是从终止点到起始点重复播放动画。
　　Ping-Pong（乒乓）：从前向后，再从后向前地循环播放动画。

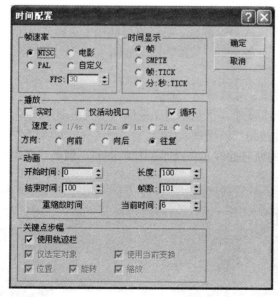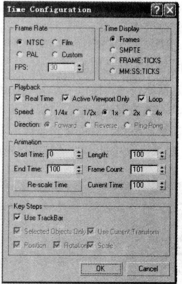

图 10.5　时间配置对话框

Animation（动画）：选区可以选择动画播放的开始时间、结束时间和动画长度。
Start Time（开始时间）：指定时间标尺的起始时间。
End Time（结束时间）：指定时间标尺的结束时间。
Length（长度）：从起始到终止的时间。
Frame Count（帧数）：从起始帧到终止帧的总帧数。

10.1.2 创建动画

1. 激活自动关键帧按钮创建动画

将时间滑动块移到起始位置。

选定要创建动画的对象，单击激活自动关键帧按钮，开始录制动画。

移动关键帧和变换对象交替进行，直至创建完最后一个关键帧。移动、旋转、缩放三种变换可以单独设置成动画，也可同时设置成动画。

单击播放按钮，就可看到创建的动画。

2. 激活设置关键帧按钮创建动画

将时间滑动块移到起始位置。

选定要创建动画的对象，激活设置关键按钮，开始录制动画。

移动关键帧和变换对象交替进行，每次移动关键帧和变换对象之后，要单击一次锁定按钮。直至创建完最后一个关键帧。

单击播放按钮，就可看到创建的动画。

【实例】创建一个投篮动画。要求篮球的运动轨迹是抛物线，且必须投中。

这个问题要做到满足条件，仅凭直觉手工移动是很费劲的。

为了练习，下面介绍一种比较费时的方法。实际解决这个问题的简便方法很多。

创建一个篮板和一个篮球。如图 10.6（a）所示。

创建一条抛物线，这条抛物线一端在篮圈中点，一端在篮球中点。

创建曲线最好在顶视图中进行。首先从篮圈中点到篮球中点创建一条直线，再将直线通过细分修改操作将其细分成 10 段。选择修改命令面板，在修改器堆栈中选择节点子层级，在透视图中始终沿 Z 轴移动曲线上的点，使之成为一条抛物线。如图 10.6（b）所示。

将时间滑动块移到起始位置。

选定篮球，单击激活自动关键帧按钮，开始录制动画。

移动一次关键帧就顺着曲线移动一次篮球，直至创建完最后一个关键帧。

单击播放按钮，就可看到篮球沿着抛物线被投进篮中。

图 10.6（c）中的黑线是篮球运动的轨迹曲线，白线是创建的曲线。两条线基本重合。

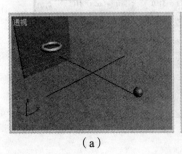　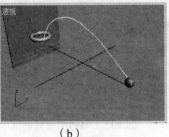　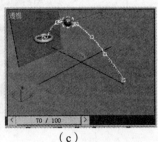

（a）　　　　　　　　　　（b）　　　　　　　　　　（c）

图 10.6　投篮动画

10.1.3 删除动画

删除动画是通过删除关键帧实现的。删除动画可以使用快捷菜单,也可以使用动画菜单。

1. 使用快捷菜单删除动画

选定要删除动画的对象,这时可以在时间轴上看到创建的关键帧。对准关键帧右单击,就会弹出快捷菜单。如图 10.7 所示。在删除关键帧列表中选择要删除的选项,就可以有选择地删除部分关键帧的部分动画。

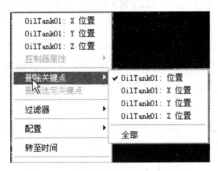

图 10.7 删除关键帧的快捷菜单

2. 使用动画菜单删除动画

选定要删除动画的对象,单击动画菜单,选择 Delete Selected Animation(删除选定动画)命令,就可以删除所选对象的所有动画。

10.2 Motion(运动)命令面板

运动命令面板用于指定动画控制器和控制选定对象的动画过程。该面板有两个选项按钮:参数和轨迹。

10.2.1 Parameters(参数)

打开运动命令面板,单击参数按钮,就得到如图 10.8 所示的运动命令面板。该运动命令面板用于指定运动控制器及其参数。

图 10.8 选择参数按钮的运动命令面板

1. Assign Controller（指定控制器）卷展栏

Assign Controller（指定控制器）按钮：单击该按钮会弹出指定控制器对话框，该对话框用来选择动画控制器。在该按钮下方有一个控制器类型列表框，在控制器类型列表中选择一种控制器类型，选择的类型不同，指定控制器对话框中的控制器也不同。

图10.9是选定变换位置后打开的指定位置控制器对话框。

2. PRS Parameters（位置/旋转/缩放参数）卷展栏

该卷展栏用于创建和删除关键帧。

单击创建关键帧列表中的按钮，就会将当前帧创建为关键帧。创建的位置关键帧为红色，旋转关键帧为绿色，缩放关键帧为蓝色。

如果当前帧是关键帧，删除关键帧列表中的相应按钮就会被激活，单击该按钮，就能删除这个关键帧。

卷展栏下方的三个按钮，确定在 Key Info（关键帧信息）卷展栏中显示的内容。

图10.9 指定位置控制器对话框

10.2.2 Trajectories（轨迹）

单击轨迹按钮，就得到如图10.10所示的运动命令面板，同时在视图中显示选定对象的位移轨迹曲线。

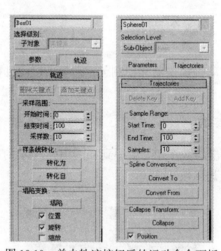

图10.10 单击轨迹按钮后的运动命令面板

Sun-Object（子对象）：单击该按钮后，就处于轨迹曲线子对象编辑层级，这时可以在轨迹曲线上添加关键帧，删除关键帧和利用主工具栏中的移动按钮移动关键帧。

Delete Key（删除关键帧）：单击该按钮，能删除轨迹曲线上选定的关键帧。

Add Key（添加关键帧）：单击该按钮，就可在轨迹曲线上添加关键帧。

Convert To（转换为）：单击该按钮，就能将位移轨迹曲线转换出一条样条线，原来的轨迹曲线依然存在。如图10.11所示。

Convert From（转换自）：单击该按钮，就能将曲线转换为位移轨迹曲线，原来的曲线依然存在。如图 10.12 所示。实际上，在上一节创建的投篮动画，只需将创建的曲线转换成轨迹曲线就行了。

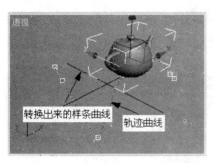 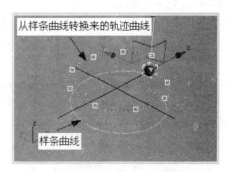

图 10.11　轨迹曲线和转换出来的样条线　　　图 10.12　样条曲线和转换来的轨迹曲线

Collapse（塌陷）：单击该按钮，塌陷选定对象的变换动画控制器。

【实例】通过将曲线转换为轨迹曲线创建动画

创建一架飞机。创建一条 3 圈的螺旋线。如图 10.13（a）所示。

选定飞机，打开运动命令面板，选择轨迹选项卡。单击转换自按钮，单击螺旋线，螺旋线转换出一条形状相近的轨迹曲线。如图 10.13（b）所示。

播放动画，可以看到飞机沿着轨迹曲线运动。仅由这样创建的动画并不能令人满意，因为飞机机身方向并不总是与飞行方向保持一致。为了解决这个问题，可以选定飞机，打开自动关键帧按钮，在轨迹曲线的各关键帧位置旋转飞机方向，让飞机机身方向总是与飞行方向保持一致。如图 10.13（c）所示。

指定一幅背景贴图，渲染输出动画。图 10.13（d）是动画中截取的一幅画面。

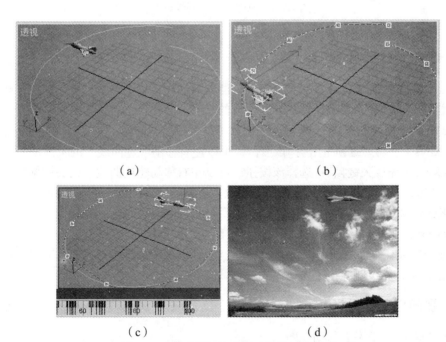

（a）　　　　　　　　　　　（b）

（c）　　　　　　　　　　　（d）

图 10.13　由曲线转换成轨迹曲线创建动画

10.3 Track View-Curve Editor（轨迹视图-曲线编辑器）

轨迹视图-曲线编辑器是编辑动画的一个重要工具，它可用来创建和编辑动画。轨迹视图的信息与动画文件一起保存。

单击图表编辑器菜单，选择轨迹视图-曲线编辑器命令就能打开轨迹视图-曲线编辑器。

轨迹视图-曲线编辑器的结构如图10.14所示。

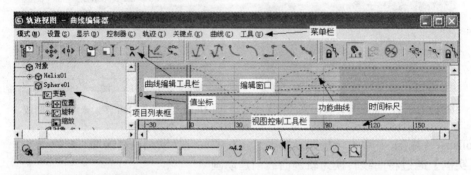

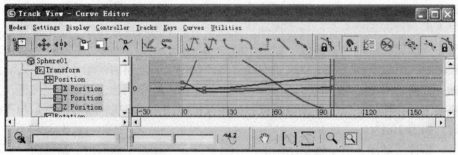

图10.14　轨迹视图-曲线编辑器

10.3.1 编辑曲线工具栏

Filters（过滤器）：单击该按钮，会打开过滤器对话框。过滤器对话框主要用于控制项目列表框中层级结构的显示及编辑窗口功能曲线的显示。

Move Keys（移动关键帧）：选择该按钮，可以朝任意方向移动轨迹曲线上的关键帧。

Slide Keys（滑动关键帧）：选择该按钮，可以左右移动轨迹曲线上的关键帧。

Scale Keys（缩放关键帧）：选择该按钮，可以左右移动轨迹曲线上的关键帧。

Scale Values（缩放值）：选择该按钮，可以上下移动轨迹曲线上的关键帧。

Add Keys（添加关键帧）：单击该按钮，单击轨迹曲线可以插入关键帧。

Draw Curve（绘制曲线）：单击该按钮，可以在编辑窗口绘制功能曲线。

Reduce Keys（减少关键帧）：单击该按钮，会弹出减少关键帧对话框，通过对话框指定域值，单击确定，就可删除指定域值内的关键帧。

10.3.2 视图控制工具栏

Pan（平移）：上下左右移动视图。

Zoom（缩放）：这是个按钮组，选择其中不同按钮，可以在水平方向或竖直方向缩放视图。

Zoom Values（缩放值）：在垂直方向缩放视图。

10.3.3 如何编辑轨迹曲线

要编辑轨迹曲线，首先要在项目列表框中选择要编辑的项目。选定了的项目呈黄色显示。单击 ⊕ 可以展开子项目列表。

图 10.15（a）的曲线编辑器中轨迹曲线是用虚线显示的，这样的轨迹曲线是不能进行编辑的，这是因为还没有选择待编辑项目的缘故。

图 10.15（b）的曲线编辑器中轨迹曲线是以实线显示的，且曲线上有关键帧标记，这样的轨迹曲线才能编辑。在这个曲线编辑器中选择了编辑的对象是 Sphere01，要编辑的项目是 X 和 Y 两个轴向的位移动画曲线。

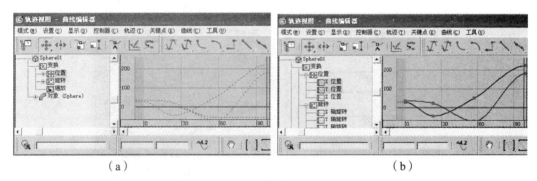

图 10.15　不同轨迹曲线

【实例】用轨迹曲线编辑器编辑投篮动画

使用移动变换输入浮动窗口可以得到篮圈的坐标是（39，162，－13），篮球的坐标是（69，－42，－95）。

在曲线编辑器中可以一个一个轴地编辑动画，因此使得编辑变得简单。根据要求，X 轴向和 Y 轴向的运动轨迹都应是直线，而 Z 轴方向的轨迹应是抛物线。编辑直线只要确定起始和终止两个关键帧就行了，抛物线需多设置几个关键帧。

X 轴向起始帧为 69，终止帧为 39，直线。y 轴向起始帧为 －42，终止帧为 162，直线。Z 轴起始帧为 －95，终止帧为 －13，抛物线，设置 10 个关键帧。

打开轨迹视图-曲线编辑器。在项目列表框中选择 Sphere01，变换位置选择 X 位置。单击曲线编辑工具栏中添加关键帧按钮，在 X 轴向轨迹曲线的 0 帧和 100 帧处单击添加两个关键帧。单击移动按钮，移动两个关键帧到指定位置。单击将切线设置为直线按钮 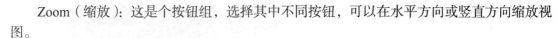，将轨迹曲线变成直线。

按类似操作过程编辑 Y 轴向的轨迹曲线。

选择 Z 位置，添加 10 个关键帧，左端稍密，右端稍稀。选择移动按钮，移动关键帧，使曲线变成抛物线。

投篮动画在轨迹视图-曲线编辑器中的编辑结果如图 10.16（a）所示，在透视图中的轨迹曲线如图 10.16（b）所示。

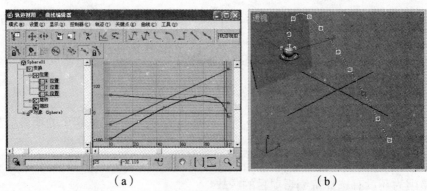

图 10.16 投篮动画的轨迹曲线

【实例】创建一面钟

创建一个圆，参数选择如图 10.17（a）所示。创建的圆如图 10.17（b）所示。

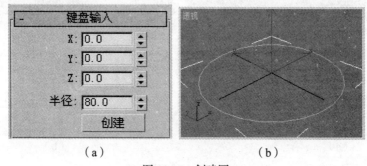

图 10.17 创建圆

通过放样创建钟的边框。放样用的横截面图形和放样结果如图 10.18 所示。

图 10.18 通过放样创建钟的边框

创建一个圆柱体做钟的底盘。圆柱体参数如图 10.19（a）所示，颜色设为白色。底盘如图 10.19（b）所示。

选定钟边框，打开修改命令面板。在表皮参数卷展栏中设置路径步数为 50，这样能使边框变得更圆滑。给边框贴图。

创建一个圆心在坐标原点，半径为 70 的圆。创建一个球体，使用工具菜单中的间隔工具命令沿圆复制 60 个小球作秒刻度。如图 10.20（a）所示。

每隔 14 个球体放置一个长方体，并将其设置为红色作 3、6、9、12 小时刻度。如图 10.20（b）所示。

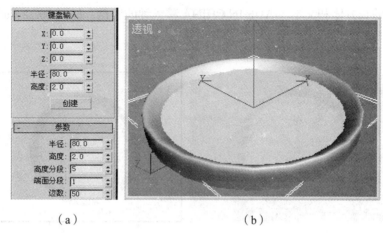

图 10.19 创建钟的底盘

图 10.20 创建钟的刻度

创建一个长方体作时针，将轴心点移到距长方体末端 5 个单位处。

将长方体定位到坐标原点。旋转复制两个长方体，并改变它们的长度和粗细作分针和秒针。

在坐标原点创建一个小球作指针轴。创建的指针和轴如图 10.21（a）所示。

创建文本 MADE IN CHINA，并挤出成立体文字。创建一个长方体并贴图作商标。如图 10.21（b）所示。

图 10.21 创建指针和商标

将作商标的长方体和文本 MADE IN CHINA 移入钟的底盘,如图 10.22(a)所示。给边框贴图,渲染一帧所得结果如图 10.22(b)所示。

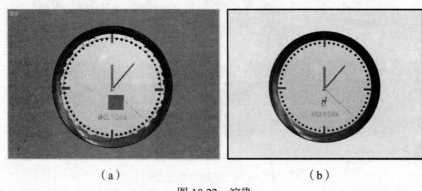

(a)　　　　　　　　　　　　(b)

图 10.22　渲染

创建钟的动画:

将时间轴的长度设为 300 帧,播放速率设为每秒 1 帧。

打开自动关键帧按钮,将时间滑动块移到 300 帧处,沿 Z 轴旋转秒针 1880°,分针 30°,时针 2°(近似)。

关闭自动关键帧按钮。渲染动画。

10.4　约束动画

创建约束动画可以使用动画菜单,也可以使用运动命令面板。使用动画菜单创建约束动画和使用运动命令面板创建约束动画的操作步骤有些差异,但创建出的动画效果是相同的。下面分别用两种不同方法创建各种约束动画。

10.4.1　Path Constraint(路径约束)动画

路径约束动画是将一个对象的移动约束在一条曲线上或者约束在多条曲线的平均位置上。路径可以是各种类型的曲线。

为路径指定了约束对象之后,路径本身也可设置动画。

主要参数:

Add Path(添加路径):单击该按钮,可以为对象添加一条约束路径。

Weight(权重):该值决定了约束对象对被约束对象影响力的大小。

%Along Path(%沿路径):指定对应 0 帧时对象在约束路径上的位置。

Follow(跟随):若勾选该复选框,则对象的局部坐标系总是对齐路径的切线方向。

Bank(倾斜):若勾选该复选框,则允许按指定倾斜量沿路径轴向倾斜。

Allow Upside Down(允许翻转):若勾选该复选框,则允许对象沿路径轴各倾斜一个角度。

Relative(相对):若勾选该复选框,则对象会偏离原来位置作约束运动。

【实例】创建一条约束路径的路径约束动画

创建一个有 10 圈的螺旋线和一个球体,如图 10.23(a)所示。

选定球体。

选择 Animation（动画）菜单，指向 Constraints（约束）下的 Path Constraint（路径约束）单击，当鼠标移入视图中时，鼠标与球体之间会有一条虚线相连，如图 10.23（b）所示。单击螺旋线，动画就创建好了。

单击时间配置按钮，打开时间配置对话框。不勾选实时播放复选框，方向选择往复。

播放动画，就会看到球体沿着螺旋线旋转向上，再旋转向下的重复运动。

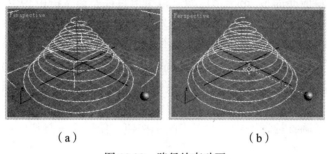

（a）　　　　　　　　　　（b）

图 10.23　路径约束动画

【实例】创建有两条约束路径的路径约束动画——在公路上行驶的坦克车队

创建两条曲线，形成一条公路状。创建一辆坦克。如图 10.24（a）所示。

选定坦克。

选择 Motion（运动）命令面板，展开 Assign Controller（指定控制器），选择 Position（位置）选项。

单击 Assign Controller（指定控制器）按钮，弹出 Assign Position Controller（指定位置控制器）对话框，选择 Path Constraint（路径约束）选项，单击确定。

在 Path Parameters（路径参数）卷展栏中单击 Add Path（添加路径）按钮，选择 Loop（循环）复选框，接连单击两条曲线，选择两条曲线的权重均为 50。

勾选跟随复选框。

播放动画，可以看到坦克沿马路中间行驶。仅由这样创建的动画并不能令人满意，因为坦克车身的方向是不变的，拐弯后就不能与运动方向保持一致了。为了解决这个问题，可以打开自动关键帧按钮，在每个拐弯处，将车身方向旋转到与运动方向一致。

复制两辆坦克。

对每辆坦克设置沿路径值分别为：8、20、32。

播放动画，可以看到三辆坦克构成的车队在马路上行驶。如图 10.24（b）所示。

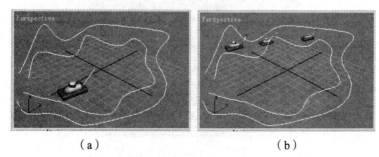

（a）　　　　　　　　　　（b）

图 10.24　两条约束路径的路径约束动画

10.4.2 Surface Constraint（曲面约束）动画

曲面约束控制器可以将一个对象的移动约束在一个目标对象的表面。目标对象必须具有参数化的表面。能作为目标对象的对象类型有：球体、锥体、圆柱体、圆环、放样对象、NURBS曲面。

主要参数：

Pick Surface（拾取曲面）：单击该按钮，再单击目标对象，可以指定一个约束曲面。
U Position（U 位置）：指定被约束对象在约束表面 U 方向的位置。
V Position（V 位置）：指定被约束对象在约束表面 V 方向的位置。
Flip（翻转）：若勾选该复选框，则对象局部坐标的 Z 轴方向翻转 180°。

为被约束对象指定曲面约束控制器后，被约束对象的轴心点紧贴目标对象表面，如果轴心点不在对象底部，对象的下部就会被没入目标对象内。为了不被没入目标对象内，可打开层次命令面板，选择调整轴卷展栏中的仅影响轴按钮，使用主工具栏的移动按钮，就可将轴心点移到对象底部。

【实例】创建曲面约束动画——馋嘴老鼠

创建一个球体和一只老鼠。如图 10.25（a）所示。

为老鼠指定曲面约束控制器：

选定老鼠。

选择 Motion（运动）命令面板，展开 Assign Controller（指定控制器），选择 Position XYZ（位置）选项。

单击 Assign Controller（指定控制器）按钮，弹出 Assign Position Controller（指定位置控制器）对话框，选择 Surface（曲面）选项，单击确定。

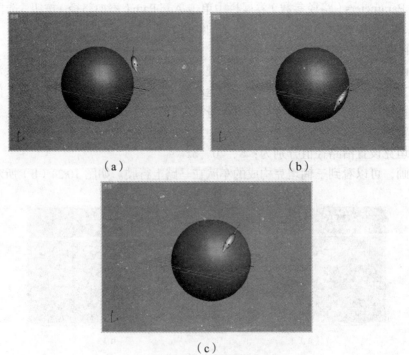

图 10.25　曲面约束动画

在 Surface Controller Parameters（曲面控制器参数）卷展栏中单击 Pick Surface（拾取表面）按钮，单击球体。

为老鼠指定曲面约束控制器后，老鼠就不能独立移动了。

创建曲面约束动画：

将时间滑动块拖到 0 帧处，单击自动关键帧按钮，在 V Position（V 位置）和 U Position（U 位置）分别输入一个值。本例中分别为 100 和 0。

将时间滑动块拖到 50 帧处，在 V Position（V 位置）和 U Position（U 位置）输入另一组不同的值，本例中分别为 0 和 200。

将时间滑动块拖到 100 帧处，在 V Position（V 位置）和 U Position（U 位置）输入另一组不同的值，本例中分别为 300 和 100。

选择对齐到 U 选项，勾选翻转复选框。

播放动画，就可以看到老鼠沿球体表面乱窜。

图 10.25（b）为截取第 30 帧的画面，图 10.25（c）为截取第 80 帧的画面。

10.4.3 Look-At Constraint（注视约束）动画

注视约束控制器可以使一个对象的朝向始终对准目标对象，被约束对象再不能独立旋转。

一个对象可以有多个目标对象，多个对象也可共一个目标对象。

主要参数：

Add Look At Target（添加注视目标）：单击该按钮，再单击目标对象，就能为被约束对象指定新的注视目标。一个被约束对象可以有多个注视目标对象。

Weight（权重）：指定目标对象的权重。一个目标对象的权重决定了这个目标影响力的大小。

Viewline Length（视线长度）：指定从被约束对象到目标对象的注视连线（一条虚线）长度。若不想看到注视连线，可将其设置为 0。

Set Orientation（设置方向）：单击该按钮，可以采用手动旋转调整被约束对象的朝向。调整结束后再单击该按钮。

Reset Orientation（重置方向）：恢复被约束对象原来的朝向。

【实例】高射炮打飞机

创建一架飞机和一门高射炮，如图 10.26（a）所示。

选定高射炮。

选择 Motion（运动）命令面板，展开 Assign Controller（指定控制器）卷展栏，选择 Euler XYZ（旋转）选项。

单击 Assign Controller（指定控制器）按钮，弹出 Assign Euler Controller（指定旋转控制器）对话框，选择 Look At Constraint（注视约束）选项，单击确定按钮。

单击 Add Look At Target（添加注视目标）按钮，单击飞机。

播放动画，可以看到高射炮随着飞机的移动而旋转，始终朝向飞机。如图 10.26（b）所示。

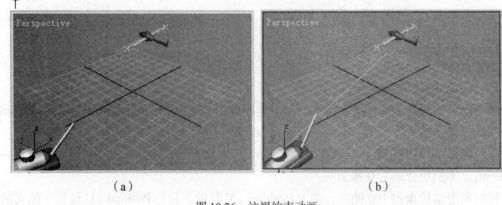

图 10.26 注视约束动画

【实例】创建直升机动画

创建一个圆,并将其转换为可编辑样条线。移动圆中的一个节点,使之变成直升机机身横截面的形状。如图 10.27(a)所示。

将样条线转换成 NURBS 曲线,并绕 X 轴旋转 90°,沿 Y 轴复制 7 个。如图 10.27(b)所示。

调整各横截面曲线的大小。如图 10.27(c)所示。

选择 U 轴放样,得到直升机机身。如图 10.27(d)所示。

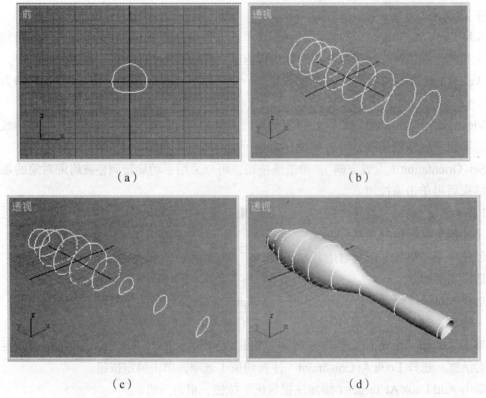

图 10.27 创建直升机机身

复制一个机身以备制作玻璃。

用布尔运算给直升机机身制作门窗。将复制的机身赋透明材质,并将其衬托在机身中。如图 10.28(a)所示。

创建发动机和螺旋桨桨叶,并将桨叶链接到发动机上。如图 10.28(b)所示。

将桨叶和发动机复制一份并缩小作尾部螺旋桨。如图 10.28(c)所示。

创建一门高射炮,在 0~100 帧对高射炮创建注视约束动画,注视目标是直升机。创建一发炮弹,在 20 帧时发射。如图 10.28(d)所示。

在 0~100 帧对两个螺旋桨创建旋转动画,对整个直升机创建平移动画。

在 101 帧炮弹击中直升机,101~120 帧直升机爆炸。图 10.28(e)是截取爆炸前的一幅画面,图 10.28(f)是截取爆炸后的一幅画面。

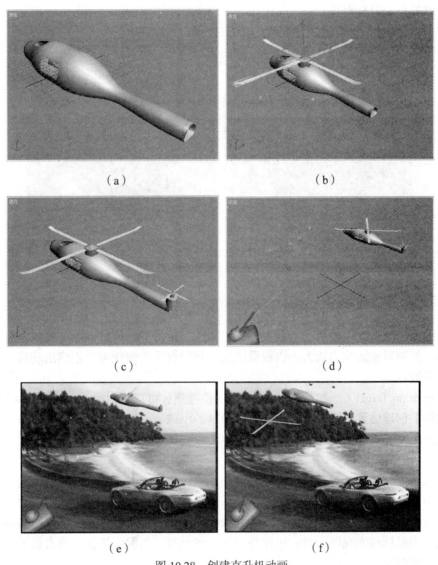

图 10.28　创建直升机动画

10.4.4 Orientation Constraint（方向约束）动画

方向约束控制器可以使用目标对象，控制一个或多个对象的方向，即被控制对象随目标对象的旋转而旋转。若多个目标对象控制一个对象，目标对象的影响力大小由权重来确定。

主要参数：

Add Orientation（添加方向目标）：单击该按钮，可以为对象添加目标对象。

【实例】方向约束动画——会转动的眼球

创建一个球体做大头。两只眼睛是由两个白色椭球中嵌上两个黑色球体并组合成组而成。茶壶为控制眼球旋转的目标对象。如图10.29（a）所示。

选定一只眼睛。

选择Animation（动画）菜单，指向Constraints（约束）下的Orientation Constraint（方向约束）单击，当鼠标移入视图中时，鼠标与茶壶之间会有一条虚线相连，单击茶壶，茶壶就成了眼球的控制目标对象。

用类似操作为另一只眼球也指定方向约束控制器。

旋转茶壶，两个眼球就会随着转动。如图10.29（b）所示。

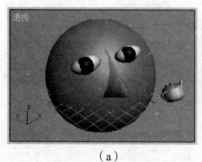
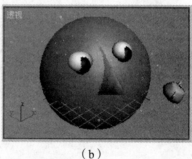

（a）　　　　　　　　　　　（b）

图10.29　方向约束动画

10.4.5 Position Constraint（位置约束）动画

位置约束控制器可以用一个对象去控制另一个对象的空间位置。一个对象也可以被多个对象控制，控制对象影响力的大小由权重决定。利用权重的变化可以创建出动画。

主要参数：

Add Position Target（添加位置目标）：单击该按钮，可以为对象添加位置约束目标对象。

【实例】创建位置约束动画——在桌上弹跳的小球

创建一个桌子，桌上放一个小球，小球上方放一个长方体。将三个对象对齐。如图10.30（a）所示。

为小球指定位置控制对象：

选定小球。

选择Animation（动画）菜单，指向Constraints（约束）下的Position Constraint（位置约束）单击，当鼠标移入视图中时，鼠标与球体之间会有一条虚线相连。单击桌子，桌子就成了小球的控制对象。

创建弹跳动画：

单击自动关键帧按钮,开始记录动画。

选择 0、20、40、60、80、100、120 为关键帧。

对应这些帧,长方体的权重为 0、100、0、80、0、60、0。

对应这些帧,桌子的权重为 100、0、100、20、100、40、100。

隐藏长方体。

播放动画,可以看到小球在桌上弹跳,弹跳高度逐渐减小。图 10.30(b)是截取的第 60 帧。

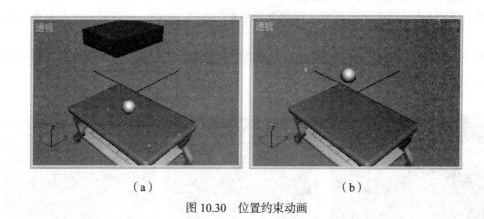

图 10.30 位置约束动画

10.4.6 Attachment Constraint(附着约束)动画

附着动画控制器用于将一个对象贴附在另一个对象的表面。附着约束对目标对象的类型没有特殊要求。

附着约束和曲面约束都能创建表面约束动画,它们的区别在于附着约束动画的运动轨迹是由手工移动控制的,曲面约束动画的运动轨迹是通过设置参数控制的。

主要参数:

Pick Object(拾取对象):单击该按钮,单击目标对象,可以将选定对象贴附在目标对象表面。

Align to Surface(对齐到曲面):勾选该复选框,被约束对象的局部坐标始终与目标对象表面对齐。如果被约束对象的轴心点不在对象的底部,轴心点以下的部分就会没入目标对象内。如果不希望没入,可选择层次命令面板,展开调整轴卷展栏,单击仅影响轴按钮,将轴心点移到对象底部。

Set Position(设置位置):激活该按钮,能将被约束对象沿目标对象表面移动到任意位置。移动不需使用主工具栏中的移动按钮,这一功能可用来制作附着约束动画。

【实例】创建附着约束动画——汽车在山地行驶

创建一个 NURBS 曲面,并使用修改命令面板,将其编辑得起伏不平。创建一辆汽车。如图 10.31(a)所示。注意,如果汽车的轴心点不在汽车底部,一定要事先移到底部,不然,可能指定附着约束后,汽车全没入曲面下了。

创建附着约束:

选定汽车。

选择 Animation（动画）菜单，指向 Constraints（约束）下的 Attachment Constraint（附着约束）单击，当鼠标移入视图中时，鼠标与汽车之间会有一条虚线相连，单击曲面，附着约束就创建好了。

创建附着约束动画：

选定汽车，激活设置位置按钮。

移动一次时间滑动块，就移动一次汽车，直至设置完最后一个关键帧。关闭设置位置按钮。

播放动画，就能看到汽车沿山地行驶。

图 10.31（b）是勾选了对齐到曲面复选框后截取的第 78 帧，可以看到汽车与曲面已经对齐。

图 10.31（c）是未勾选对齐到曲面复选框截取的第 78 帧，可以看到汽车与曲面并不对齐，汽车的方向不受约束。

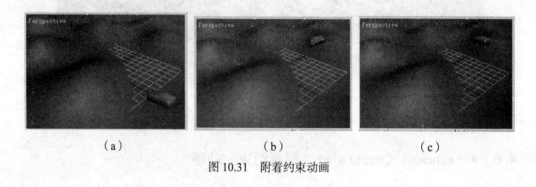

图 10.31 附着约束动画

10.4.7 Link Constraint（链接约束）动画

链接约束控制器可以将选定对象的动画过程从一个目标对象链接到另一个目标对象上，选定对象继承目标对象的变换属性。

主要参数：

Add Link（添加链接）：单击该按钮，可以添加一个新的目标对象。

Link to World（链接到世界）：单击该按钮，将选定对象链接到世界坐标系。

【实例】使用链接约束创建将球钩到头顶上的动画

创建一个二足角色和一个球体。如图 10.32（a）所示。

指定链接约束控制器：

选定球体。

选择 Animation（动画）菜单，指向 Constraints（约束）下的 Link Constraint（链接约束）单击，当鼠标移入视图中时，鼠标与球体之间会有一条虚线相连，单击小腿，球体和小腿就链接到一起了。

如图 10.32（b）所示。

时间滑动块移到第 80 帧，将球向上拉过头顶，两手继续张开，腿开始还原。

时间滑动块移到第 86 帧，将球置于头顶，两手完全张开，腿回到原位。如图 10.32（c）所示。

时间滑动块移到第 100 帧，略移动手臂，目的只是为了创建一个关键帧。

时间滑动块移到第 86 帧，略移动手臂，目的也是为了创建一个关键帧。

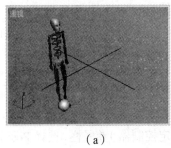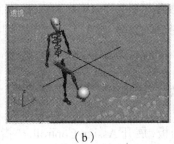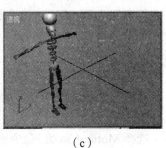

（a）　　　　　　　　　　（b）　　　　　　　　　　（c）

图 10.32　创建链接约束动画

播放动画，可以看到将球踢上头顶的过程。图 10.33（a）是截取的第 50 帧，图 10.33（b）是截取的第 70 帧，图 10.33（c）是从第 86~100 帧看到的画面。

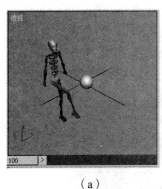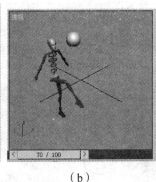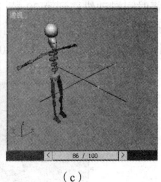

（a）　　　　　　　　　　（b）　　　　　　　　　　（c）

图 10.33　播放链接约束动画

10.5　动画控制器

除了上节介绍的约束动画控制器以外，3ds max9 还提供一些其他用途的动画控制器，本节有选择地介绍几个动画控制器。

打开运动命令面板，选择参数按钮，单击指定控制器按钮，就会打开指定控制器对话框，在对话框中可以选择需要的控制器。

10.5.1　Spring Controller（弹力控制器）

弹力控制器可以用于创建具有质量、拉力、张力和阻尼的运动系统，这样的系统更能准确地模拟真实世界。

【实例】创建弹簧运动系统及动画

创建一个倒角圆柱体做基座。选择几何体动力学对象中的弹簧按钮，创建一个 10 圈的弹簧。创建一个球体。如图 10.34（a）所示。

将三个对象绑定到一起：

选定弹簧。打开修改命令面板，展开 Spring Parameters（弹簧参数）卷展栏，选择 Bound to Object Pivots（绑定到对象轴）选项。

单击 Pick Top Object（拾取顶部对象）按钮，单击球体，弹簧被绑定到球体轴心点上。

单击 Pick Bottom Object（拾取底部对象）按钮，单击圆柱体，弹簧被绑定到圆柱体轴心点上。

创建动画：

激活自动关键帧按钮，开始录制动画。

选择球体。

选择 Motion（运动）命令面板，展开 Assign Controller（指定控制器）卷展栏，选择 Position（位置）选项。

单击 Assign Controller（指定控制器）按钮，弹出 Assign Position Controller（指定位置控制器）对话框，选择 Spring（弹簧）选项，单击确定，就会弹出弹簧属性对话框，质量指定为 3000，其他使用默认参数。

将时间滑动块移到第 10 帧，向上拉伸弹簧到适当位置。

将时间滑动块移到第 20 帧，向下压缩弹簧到适当位置。

播放动画，就会看到球体随着弹簧作上下振动，振幅越来越小。

图 10.34（b）是截取的第 40 帧，图 10.34（c）是截取的第 60 帧。

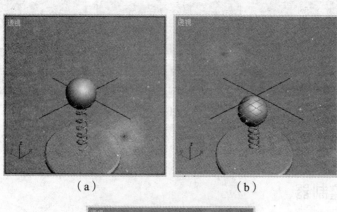

图 10.34　弹簧运动系统

10.5.2 Noise Controller（噪波控制器）

噪波控制器用于创建随机的位移、旋转、缩放运动，这样创建的运动只受参数影响，不设置关键帧。

在创建噪波动画时，会弹出噪波控制器对话框。位置噪波控制器对话框如图 10.35 所示。

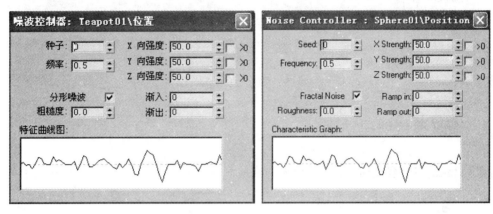

图 10.35 位置噪波控制器

噪波控制器参数：

Seed（种子）：输入的种子数不同产生的噪波特征曲线也不同。

Strength（强度）：噪波的输出强度。

Ramp In（淡入）：噪波由初始状态逐渐变到最强所需时间。

Ramp Out（淡出）：噪波由最大逐渐减弱到 0 所需时间。

Roughness（粗糙度）：噪波波形的粗糙程度。

【实例】创建强地震下的茶壶

强地震下的茶壶主要是随机位移和旋转运动。

创建一个茶几和一个茶壶。如图 10.36（a）所示。

设置位置噪波：

选定茶壶。

选择 Motion（运动）命令面板，展开 Assign Controller（指定控制器），选择 Position（位置）选项。

单击 Assign Controller（指定控制器）按钮，弹出 Assign Position Controller（指定位置控制器）对话框，选择 Noise Position（噪波位置）选项，单击确定就会弹出噪波控制器对话框。

指定种子为 5。

用类似操作设置旋转噪波。

播放动画，可以看到茶壶的无规则位移和旋转运动。

图 10.36（b）是截取的第 36 帧。

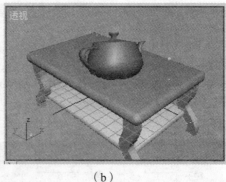

（a） （b）

图 10.36 噪波动画

10.6 修改参数创建动画

很多对象的参数变化均可记录成动画，在前面章节中已有一些介绍，下面再介绍几个实例。

10.6.1 变形放样对象创建动画

创建放样对象后，选择修改命令面板，展开变形卷展栏。变形卷展栏中的每个按钮均可变形放样对象。

打开自动关键帧按钮，在两个不同帧分别对放样对象进行不同的变形。播放动画，就能看到变形放样对象的动画。

【实例】通过修改放样参数创建动画

用放样创建两块幕布。打开修改命令面板，选择变形卷展栏中的缩放按钮。

打开自动关键帧按钮，在 0 帧时，将两块幕布收拢；在 100 帧时，将两块幕布完全展开。播放动画，可以看到幕布徐徐合拢的动画效果。

图 10.37（a）是截取的 0 帧画面，图 10.37（b）是截取的第 40 帧画面。

（a） （b）

图 10.37 通过修改放样参数创建动画

10.6.2 修改布尔运算创建动画

布尔运算的并集和相减都能创建动画。

创建一个圆柱体和两个大小不等的五角星,让五角星下部没入圆柱体中。如图10.38(a)所示。

对圆柱体和五角星进行相减运算,得图10.38(b)。

选择修改命令面板,在堆栈中选择运算对象子层级。

激活自动帧按钮,开始录制动画。

交替移动时间滑动块和已减去的五角星,直至设置完最后一个关键帧。

播放动画,可以看到两个减去了的五角星在圆柱体中移动。

图10.38(c)是截取的第95帧。

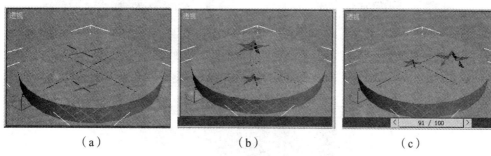

图10.38 修改布尔运算创建的动画

相减布尔运算的最后显示结果与在显示/更新卷展栏中选择的显示选项有关。

选择结果选项,所得结果如图10.39(a)所示。

选择操作对象选项,所得结果如图10.39(b)所示。

选择结果+隐藏的操作对象选项,如果是网格对象,则呈网格显示。

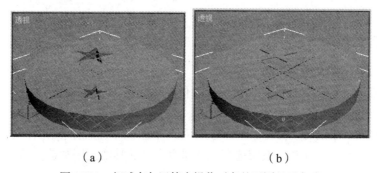

图10.39 相减布尔运算中操作对象的不同显示方式

10.6.3 修改门的参数创建动画

修改门的参数,如门打开的角度,也可以创建成动画。

【实例】创建门打开的动画

创建两面墙，一个双开门，一个地面。

门外设有一个 IES 太阳光。室内设有一盏泛光灯。太阳光设置阴影，泛光灯不设置阴影。

创建一个高脚酒杯，酒杯中放有一个球体。如图 10.40（a）所示。

打开自动关键帧按钮。

在 0 帧设置门的打开角度为 30°。渲染的结果如图 10.40（b）所示。

在 100 帧设置门的打开角度为 70°。渲染的结果如图 10.40（c）所示。

播放动画，可以看到门逐渐打开，投进屋内的太阳光束越来越宽。

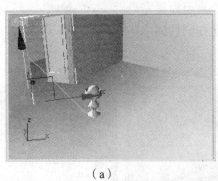

（a） （b）

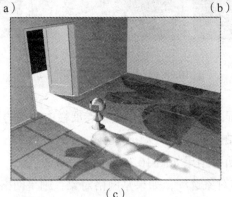

（c）

图 10.40 修改门的参数创建动画

10.6.4 修改雾参数创建动画

修改大气效果雾的参数可以创建动画。

【实例】修改标准雾的指数近端值和远端值创建动画

创建三架飞机，指定一幅背景贴图。如图 10.41（a）所示。

单击渲染菜单，单击环境命令，创建雾效果，指定一幅环境颜色贴图，设置类型为标准，近端值设为 0，远端值设为 70，不勾选雾化背景复选框，其他使用默认参数。如图 10.41（b）所示。

打开自动关键帧按钮，将时间滑动块移到 100 帧处，近端值设为 0，远端值设为 95。将飞机向 X 轴、Y 轴正向移动，同时缩小飞机。如图 10.41（c）所示。

图 10.41（d）是截取的第 50 帧画面。

渲染输出动画。播放时，可以看到飞机越飞越远，轮廓越来越模糊。

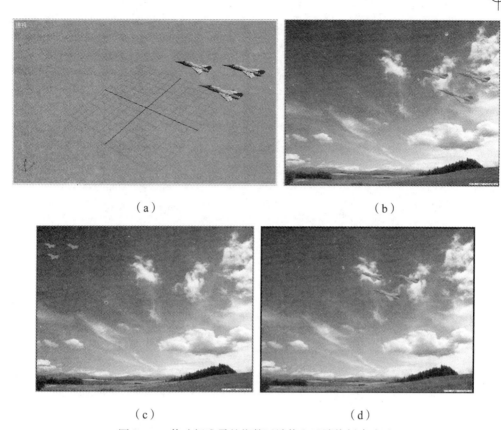

(a)　　　　　　　　　　　　　　（b）

（c）　　　　　　　　　　　　　　（d）

图 10.41　修改标准雾的指数近端值和远端值创建动画

10.6.5　修改曲线变形（WSM）修改器参数创建动画

修改曲线变形（WSM）修改器参数均可以创建动画。

【实例】用路径变形书写汉字

选择创建命令面板中的图形子面板。选择样条线中的线按钮。选择创建方法卷展栏中的平滑选项。在顶视图中书写要写的汉字。如图 10.42（a）所示。

创建一个圆柱体，高度分段数设置为 300。使用工具菜单中的对齐命令将圆柱体与汉字曲线对齐。如图 10.42（b）所示。

选定圆柱体，选择修改命令面板，选择路径变形（WSM）修改器。单击拾取路径按钮，单击汉字样条线，这时圆柱体会自动对齐到样条线的首笔起点。如图 10.42（c）所示。

单击转到路径按钮，这时圆柱体的拉伸就会沿样条线延展。拉伸值为 50 时的结果如图 10.42（d）所示。

打开自动关键帧按钮。在 0 帧时，拉伸值设置为 0。在 100 帧时，拉伸值大小的设置以字写完为准。

渲染输出动画。

播放动画，可以看到像笔一样的写字过程。第 60 帧的画面如图 10.42（e）所示。第 100 帧的画面如图 10.42（f）所示。

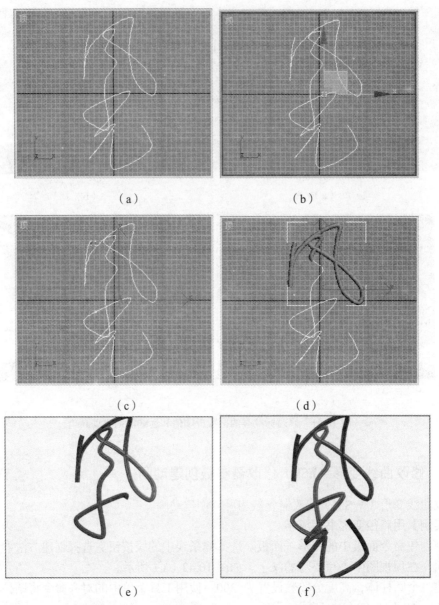

图 10.42　使用曲线变形（WSM）创建写字动画

10.7　使用摄影机创建动画

3ds max9 中的摄影机和已打开的真实摄影机一样，当摄影机运动或摄影机镜头前景物自身发生变化时，也能把景物的变化过程记录下来。重新播放这一变化过程，所看到的就是摄影机创建的动画。

摄影机的运动可以通过手工推拉、平移、环绕、摇动、侧滚等操作实现，也可将摄影机链接到虚拟对象或其他对象上，和其他对象一起运动。将摄影机约束在曲线、曲面上，可以创建摄影机约束动画。

【实例】分别使用目标摄影机和自由摄影机创建环绕茶壶正侧面观察的动画

使用目标摄影机：

创建一个茶壶，并调整透视图的坐标，使视线正对茶壶侧面。如图 10.43（a）所示。

创建一个目标摄影机。将摄影机目标点与茶壶中心对齐。调整摄影机在 Z 轴方向的高度，使之与摄影机目标点保持一致。如图 10.43（b）所示。

将透视图切换到摄影机视图。

打开自动关键帧按钮。在视图控制区中选择环游摄影机按钮。交替移动时间滑动块和在同一 Z 轴高度拖动摄影机，直至创建完动画。播放动画，可以看到茶壶绕 Z 轴旋转。

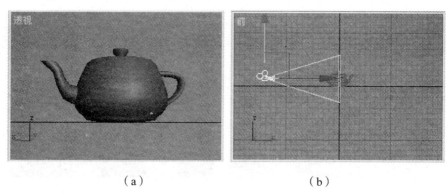

（a）　　　　　　　　　　　　（b）

图 10.43　使用目标摄影机创建环绕茶壶正侧面观察的动画

使用自由摄影机：

创建一个茶壶，并调整透视图的坐标，使视线正对茶壶侧面。

创建一个自由摄影机。将自由摄影机与茶壶中心对齐。在 XY 平面内将摄影机移到茶壶的一侧。如图 10.44（a）所示。

创建一个虚拟对象，并将虚拟对象与茶壶中心对齐。

将自由摄影机与虚拟对象链接，虚拟对象为父对象。如图 10.44（b）所示。

将透视图切换到摄影机视图。

打开自动关键帧按钮。绕 Z 轴旋转虚拟对象。播放动画，可以看到茶壶绕 Z 轴旋转。

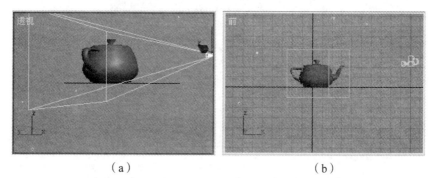

（a）　　　　　　　　　　　　（b）

图 10.44　使用自由摄影机创建环绕茶壶正侧面观察的动画

【实例】用自由摄影机创建环视房内四周的动画

创建一个房间：四面墙、一道单开门、一道双开门、两扇窗户、一个圆桌、一个落地花瓶、两幅字画、贴有瓷砖的地面。给场景中各对象赋材质。

创建一个自由摄影机，将自由摄影机移到房间中间。如图10.45（a）所示。

将自由摄影机绕X轴旋转90°。如图10.45（b）所示。

将透视图切换到摄影机视图。如图10.45（c）所示。

打开自动关键帧按钮，每隔20帧推拉和摇移一次摄影机，让摄影机扫视室内各个部分。

播放动画，就可看到房间内四周的物体。

渲染输出动画。第10帧时所看到的画面如图10.45（d）所示。第90帧时所看到的画面如图10.45（e）所示。

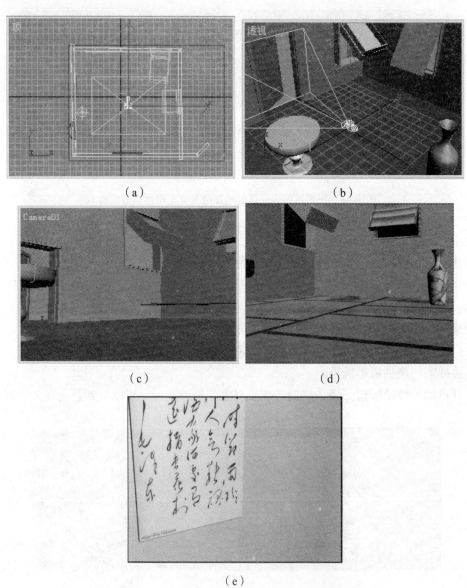

图10.45 用自由摄影机创建环视房内四周的动画

【实例】创建自由摄影机路径约束动画

在视图中创建一条直排文本，挤出成立体字，并沿 Z 轴方向竖起来。

与直排文本平行，创建一条直线，长短和文本的高度一致。如图 10.46（a）所示。

创建一个自由摄影机。绕 X 轴旋转 90°。如图 10.46（b）所示。

对自由摄影机创建路径约束动画。

将透视图切换为摄影机视图。选择环游摄影机按钮，旋转摄影机使其正对文本。选择旋转按钮，在 Z 轴方向旋转文本，使其正面朝外。如图 10.46（c）所示。

播放动画，可以看到文本由下向上移动。

渲染输出动画。由输出结果中截取的一幅画面如图 10.46（d）所示。

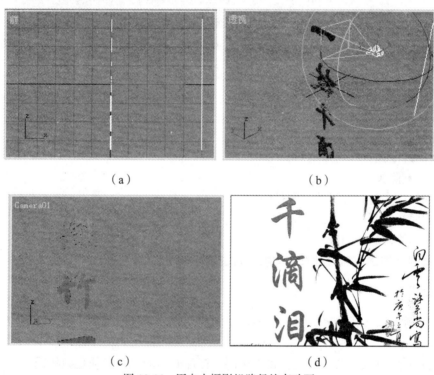

图 10.46　用自由摄影机路径约束动画

思考与练习

一、思考与练习题

1. 说明图 10.47 中各按钮的作用。

图 10.47

2. 如何使用自动关键帧按钮创建动画？

3. 如何使用设置关键帧按钮创建动画？
4. 如何使用 Track View-Curve Editor（轨迹视图-曲线编辑器）创建和修改动画？
5. 叙述 Track View-Curve Editor（轨迹视图-曲线编辑器）对话框中各按钮的作用。如图 10.48 所示。

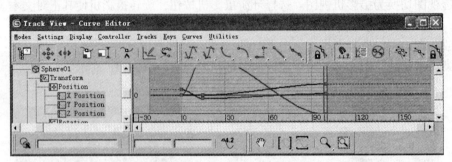

图 10.48

6. 如何才能看到运动轨迹？
7. 如何将曲线转换为轨迹曲线？
8. 运动命令面板有何作用？
9. 如何删除关键帧？
10. 如何扩大时间标尺的时间范围？
11. 如何在时间标尺上显示时间而不是帧？
12. 如何修改轨迹曲线？
13. 复制已创建动画的对象，动画是否也会复制？

二、上机练习题

1. 创建地球绕太阳旋转，月亮绕地球旋转的动画。要求地球转一圈，月球转 10 圈，而且要转速均匀。
2. 创建投篮动画。要求一定要投中篮圈，篮球的运动轨迹必须是抛物线。
3. 创建 Path Constraint（路径约束）动画。
4. 创建 Surface Constraint（曲面约束）动画。
5. 创建 Look-At Constraint（注视约束）动画。
6. 创建 Attachment Constraint（附着约束）动画。
7. 用 Spring Controller（弹力控制器）创建弹簧的运动。
8. 用 Noise Controller（噪波控制器）创建动画。
9. 创建开、关窗帘的动画。
10. 创建水波浪动画。
11. 创建修改混合材质参数的动画。
12. 创建摄影机动画。

第11章 reactor 动力学对象与动画

reactor（反应器）可以用来创建各种具有动力学效果的对象和动画。可以为 reactor 的对象指定真实的物理属性：质量、弹力、摩擦力。Havok 公司先进的物理模拟技术完全按照真实世界的物理规律计算对象的运动状态，自动为场景中对象提供动态环境下的动画效果，这样设计的动画不仅效果逼真，而且极大地减少了动画设计工作者设计动画的工作量。

reactor 支持所有 3ds max9 标准功能，reactor 的对象都以传统对象作为源对象，能在一个场景中同时编辑传统动画和 reactor 动力学动画。

reactor（反应器）对象一共分为 5 类：Rigid Body Collection（刚体类对象）、Cloth Collection（布料类对象）、Soft Body Collection（柔体类对象）、Rope Collection（绳索类对象）、Deforming Mesh Collection（变形网格类对象）。

reactor（反应器）的辅助对象有：Spring（弹簧）、Plane（平面）、Linear Dashpot（直线缓冲器）、Angular Dashpot（角度缓冲器）、Motor（发动机）、Wind（风）、Toy Car（玩具汽车）、Fracture（破碎）、Water（水）。

reactor（反应器）的约束器有：Constraint Solver（约束解算）、Rag Doll Constraint、Hinge Constraint（枢轴约束器）、Point-Point Constraint（点对点约束器）、Prismatic Constraint（棱约束器）、Car-Wheel Constraint（车轮约束器）、Point-Path Constraint（点对轨迹约束器）。

11.1 Create Rigid Body Collection（创建刚体类对象）

11.1.1 刚体类对象概述

刚体类对象是在相互作用过程中形状、大小不会改变的对象。它用来模拟自然界中实际的刚体。

刚体类对象的源对象可以是简单几何体，也可以是组对象和复合体。

指定了 Mass（质量）、Elasticity（弹力）、Friction（摩擦力）等物理属性的刚体，生成的动画具有自然界真实物体相同的运动效果。

11.1.2 刚体类对象属性

单击 Utilities（工具）命令面板，单击 Utilities（工具）卷展栏中的 reactor（反应器）按钮，可以展开 Properties（属性）卷展栏，通过该卷展栏设置刚体属性。

单击 reactor（反应器）菜单，单击 Open Property Editor（打开属性编辑器）命令就可弹出 Rigid Body Properties（刚体对象属性）对话框，使用该对话框也能设置刚体属性。

或者单击 reactor（反应器）工具栏中的 Open Property Editor（打开属性编辑器）按钮，也可弹出 Rigid Body Properties（刚体对象属性）对话框。

1. Properties（属性）卷展栏

通过 Properties（属性）卷展栏或者 Rigid Body Properties（刚体对象属性）对话框都可以设置刚体属性。

属性卷展栏包括 Physical Properties（物理属性）、Simulation Geometry（几何模拟）和 Display（显示）三个选项区。如图 11.1 所示。

图 11.1 物理属性卷展栏

（1）Physical Properties（物理属性）选项区

Mass（质量）：刚体对象的质量。质量只能取大于或等于 0 的值。若质量为 0，则刚体绝对不动。

Elasticity（弹力）：该值决定具有一定运动速度的两个对象在碰撞时的弹性效果。两个相互碰撞的对象的弹力参数共同构成相互之间的弹性系数。

Friction（摩擦力）：两个相互接触对象的摩擦力参数共同构成相互之间的摩擦系数。

Inactive（不激活）：若勾选该复选框，则刚体对象在动画模拟中处于不激活状态。

Disable All Collisions（取消所有碰撞）：若勾选该复选框，选定对象不会与场景中任何刚体对象发生碰撞，而直接穿越所遇到的对象。

Unyielding（坚硬）：若勾选该复选框，则该对象只创建非 reactor 动画，而不能创建 reactor 动画。

【实例】Unyielding（坚硬）复选项对动画的影响

创建一个长方体和一个球体，将球体沿 Z 轴上移一段距离，如图 11.2（a）所示。

创建非 reactor 动画：单击自动关键帧按钮，时间滑动块置于 50 帧，将球体上移一段距离，时间滑动块置于 100 帧，球体斜下移。

创建 reactor 动画：选定球体，单击 Utilities（工具）命令面板，单击 Utilities（工具）卷展栏中的 reactor（反应器）按钮，展开 Properties（属性）卷展栏。在 Physical Properties（物理属性）选区设置 Mass（质量）为 2，Elasticity（弹力）为 1.3。

选定长方体，设置 Mass（质量）为 0，Elasticity（弹力）为 0.3。

在 Properties（属性）卷展栏中勾选 Unyielding（坚硬）复选框，单击 reactor（反应器）菜单，单击 Preview Animation（预览动画）命令，按 P 键就会看到球体沿图 11.2（b）所示的运动轨迹运动。

在 Properties（属性）卷展栏中不勾选 Unyielding（坚硬）复选框，单击 reactor（反应器）菜单，单击 Preview Animation（预览动画）命令，按 P 键就会看到球体按动力学规律自由下落，落点如图 11.2（c）所示。

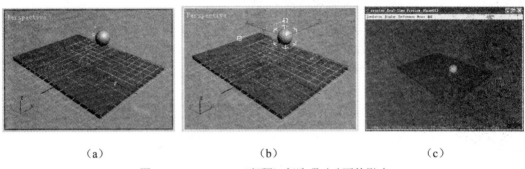

(a)   (b)   (c)

图 11.2　Unyielding（坚硬）复选项对动画的影响

Phantom（幻影）：勾选该复选框后，当前对象在动画模拟过程中将作为不具有物理属性的幻影对象，其他对象与之碰撞时，将不受任何影响的穿过它，但穿越过程会被记录成碰撞信息。

（2）Simulation Geometry（几何模拟）选项区

几何模拟卷展栏如图 11.3 所示。

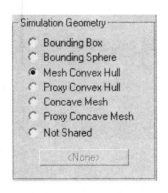

图 11.3　Simulation Geometry（几何模拟）卷展栏

Bounding Box（束缚边界盒）：用一个长方体模拟当前对象，长方体边界盒的大小依据当前对象外轮廓的大小。

2. Preview & Animation 卷展栏

Preview & Animation 卷展栏如图 11.4 所示。该卷展栏用于设置与预览和创建动画有关的参数。

Start Frame（起始关键帧）：指定动画的起始关键帧。
End Frame（结束关键帧）：指定动画的结束关键帧。
Frames/Key（帧数/关键帧）：每个关键帧中包含的帧数。
Create Animation 按钮 `Create Animation`：单击该按钮可以将 reactor 动画创建成普通动画。这个按钮的作用与 reactor 菜单中的 Create Animation 命令的作用相同。
Preview in Window 按钮 `Preview in Window`：单击该按钮就打开预览窗口，在这个窗口中可以预览 reactor 动画。这个按钮的作用与 reactor 菜单中的 Preview Animation 命令的作用相同。

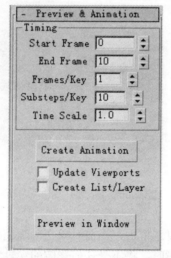

图 11.4 Preview & Animation 卷展栏

11.1.3 Create Rigid Body Collection（创建刚体类对象）

创建刚体类对象的步骤：

选定刚体类对象的源对象，单击 Utilities（工具）命令面板，单击 Utilities（工具）卷展栏中的 reactor（反应器）按钮，展开 Properties（属性）卷展栏。在 Physical Properties（物理属性）选区设置 Mass（质量）、Elasticity（弹力）、Friction（摩擦力）等属性。

单击 reactor（反应器）工具栏中的 Create Rigid Body Collection（创建刚体类对象）按钮。

【实例】创建刚体类对象——篮球坠落楼梯上

创建一个楼梯，创建一个球体做篮球，并将篮球移到楼梯上方。如图 11.5（a）所示。

选定篮球，单击 reactor（反应器）工具栏中的 Create Rigid Body Collection（创建刚体类对象）按钮将篮球创建成刚体。单击 Utilities（工具）命令面板，单击 Utilities（工具）卷展栏中的 reactor（反应器）按钮，展开 Properties（属性）卷展栏。在 Physical Properties（物理属性）选区设置 Mass（质量）为 1，Elasticity（弹力）为 0.93。

选定楼梯，单击 reactor（反应器）工具栏中的 Create Rigid Body Collection（创建刚体类对象）按钮将楼梯创建成刚体。设置 Mass（质量）为 0，Elasticity（弹力）为 0.93。

选定楼梯栏杆，单击 reactor（反应器）工具栏中的 Create Rigid Body Collection（创建刚体类对象）按钮将楼梯创建成刚体。设置 Mass（质量）为 0，Elasticity（弹力）为 0.93。

注意扶手通过扶手路径创建，并且不要将扶手创建成刚体。

单击 reactor（反应器）菜单，单击 Preview Animation（预览动画）命令就会弹出 Reactor Real-Time Preview 窗口。单击该窗口中的 Simulation（模拟）菜单，单击 Play/Pause（播放/暂停）命令（也可按 P 键）就能看到篮球弹跳着从楼梯上滚下来。如图 11.5（b）所示。

按 R 键或单击 Reactor Real-Time Preview 窗口中的 Simulation（模拟）菜单，单击 Reset（复位）命令，运动对象会恢复到初始状态。

单击 reactor（反应器）菜单，单击 Create Animation（创建动画）命令创建关键帧。

渲染输出动画。

播放动画，从播放器中截取的画面如图 11.5（c）所示。

注意：两个刚体类对象的边界盒不能重合，否则在碰撞时一个刚体会穿透另外一个刚体。

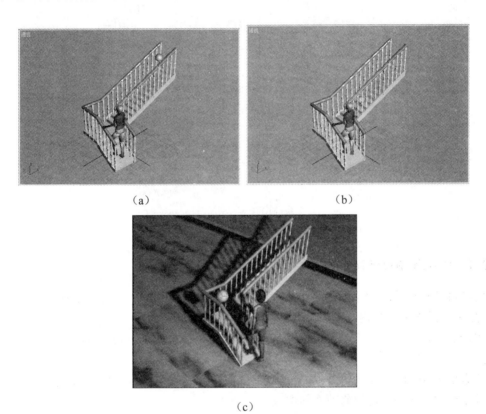

图 11.5　创建刚体类对象——篮球坠落在楼梯上

11.2　Create Cloth Collection（创建布料类对象）

Reactor（反应器）中的布料类对象可用于模拟各种布料用品、纸张及薄金属片等。

布料类对象的源对象可以是曲面，也可以是几何体。

图 11.6（a）中创建了一个长方体作布料的源对象，一个圆柱体作刚体的源对象，长方体的长、宽、高分段数均为 10。将长方体创建成布料后，截取的第 60 帧如图 11.6（b）所示。

图 11.6（c）中创建了一个 Plane（平面）和一个圆柱体，平面的长、宽分段数均为 14。将平面创建成布料后，截取的第 80 帧如图 11.6（d）所示。

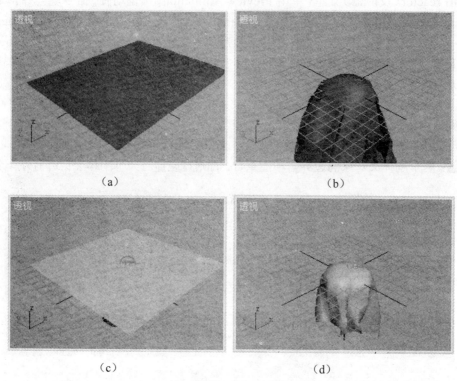

图 11.6　分别用长方体和平面创建布料

11.2.1 Cloth Modifier（布料修改器）

将布料类对象的源对象创建成布料类对象，首先要为其指定 Cloth Modifier（布料修改器）。用下面操作可以指定布料修改器：

单击 reactor 菜单，指向 Apply Modifier（使用修改器）下的 Cloth Modifier（布料修改器）命令后单击。

或者单击 reactor 工具栏中的 Apply Cloth Modifier（使用布料修改器）按钮。

使用修改命令面板可以修改布料参数。

Rel Density（相对密度）：指定布料的相对浮力属性。默认设置为 1，是水的密度。该参数只在布料放入水中时才起作用。

Air Resistance（空气阻力）：指定空气对布料阻碍作用的大小。

Simple Force Model（简单受力模式）：这是默认的布料受力模式，这种模式耗费的模拟计算时间相对少些。

Stiffness（硬度）：指定布料的硬度。

Damping（阻尼）：布料在变形时所受到的阻碍作用。

Complex Force Model（复杂受力模式）：这是对布料受力进行更精确计算的模式，因此耗时也多。

Stretch（伸展）：指定布料拉伸时的抵抗力。

Bend（弯曲）：指定布料弯曲时的抵抗力。

Fold Stiffness（折叠硬度）：布料在折叠时的抵抗力。

None（无）：指定布料无折叠硬度。

Avoid Self-Intersections（避免自交叉）：指定布料在模拟过程中不发生自交叉现象。

11.2.2 创建布料类对象

创建布料类对象的操作步骤如下：

创建布料类对象的源对象。

选定布料类对象源对象，单击 reactor 菜单，指向 Apply Modifier 下的 Cloth Modifier 命令后单击，就给布料类对象加上了布料修改器。

单击 reactor 工具栏中的 Create Cloth Collection（创建布料类对象）按钮。布料类对象的源对象就被创建成了布料类对象。

【实例】创建布料类对象——床罩

用放样创建一个床头靠背。

创建一个长方体做床架。创建一个切角长方体做席梦思床垫。枕头和被子也是用切角长方体创建而成的。

创建一个 NURBS 曲面作床罩源对象，NURBS 曲面的长、宽点数均选择为 14。如图 11.7（a）所示。

选定 NURBS 曲面，单击 reactor 菜单，指向 Apply Modifier（使用修改器）下的 Cloth Modifier（布料修改器）命令后单击，给布料类对象加上布料修改器，选择 Mass 为 1.5。

单击 reactor 工具栏中的 Create Cloth Collection（创建布料类对象）按钮创建布料。

选定整个床，单击 reactor 工具栏中的创建刚体类对象按钮，将其创建为刚体，选择 Mass（质量）为 0。

将布料移到床上方，调整大小，使之刚好能盖满床。

单击 reactor 菜单，单击 Preview Animation 命令，按键盘上的 P 键，就得到图 11.7（b）。

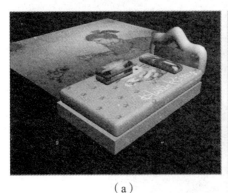

（a） （b）

图 11.7 创建布料类对象——床罩

11.3 Create Soft Body Collection（创建柔体类对象）

柔体类对象用来模拟又湿又软的对象，如果冻、糨糊等。

11.3.1 创建柔体类对象

创建柔体类对象的操作步骤如下：

选定要创建柔体类对象的源对象，单击 reactor 菜单，指向 Apply Modifier（使用修改器）下的 Soft Body Modifier（柔体修改器）命令后单击，给柔体类对象加上柔体修改器，在修改命令面板中指定或修改参数。注意柔体类对象的参数要在该修改器中设置，而不要在 reactor 工具面板下的参数卷展栏中设置。

单击 reactor 工具栏中的 Create Soft Body Collection（创建柔体类对象）按钮，源对象就被创建成柔体对象。

【实例】创建果冻

创建一个圆柱体做果冻的源对象，创建一个长方体做桌面的源对象。将圆柱体沿 Z 轴略向上提高一点。

选择圆柱体，单击 reactor 菜单，指向 Apply Modifier（适用修改器）下的 Soft Body Modifier（柔体修改器）命令后单击，给柔体类对象加上柔体修改器。选择默认参数。

单击 reactor 工具栏中的 Create Soft Body Collection（创建柔体类对象）按钮。将圆柱体创建成柔体类对象。如图 11.8（a）所示。

选定长方体，单击 reactor 工具栏中的 创建刚体类对象按钮，将其创建为刚体，选择 Mass（质量）为 0。

单击 reactor 菜单，单击 Preview Animation 命令，按键盘上的 P 键，就得到图 11.8（b）。

图 11.8（c）是一个已创建成刚体的小球砸在柔体类对象上的画面。

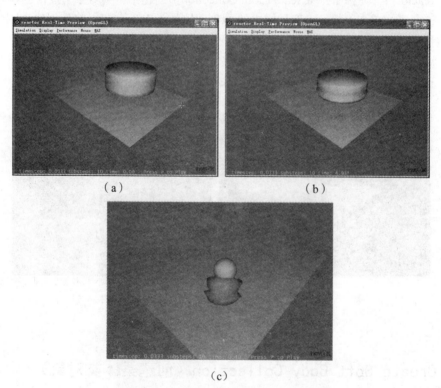

图 11.8 果冻

11.3.2 Soft Body Modifier（柔体修改器）

Soft Body Modifier（柔体修改器）的修改命令面板由两个卷展栏组成，如图 11.9 所示。

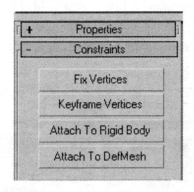

图 11.9 Soft Body Modifier（柔体修改器）的修改命令面板

1. Properties（参数）卷展栏

对柔体类对象的动画有两种计算模式：MESH-BASED 模式和 FFD-BASED 模式。

MESH-BASED 模式：以对象表面的节点进行变形计算。

FFD-BASED 模式：使用 FFD（自由变形）网格进行变形计算。

Avoid Self-Intersections（避免自交叉）：若勾选该复选框，则对象在模拟过程中不发生自交叉。

2. Constraints（约束）卷展栏：

Fix Vertices（固定顶点）：选择该按钮，能将柔软类对象（布料、柔体、绳索）的选定节点固定在世界坐标中。操作步骤是：在修改器堆栈中选择柔软对象的 Vertex（顶点）子层级，在柔软对象上选定要固定的点，单击该按钮，在预览动画时，可以看到该点相对世界坐标固定不动。

Keyframe Vertices（关键帧节点）：选择该按钮，能将柔软类对象（布料、柔体、绳索）的选定节点在动画中固定不动。操作步骤是：在修改器堆栈中选择柔软类对象的 Vertex（顶点）子层级，在 reactor 对象上，选定要固定的点。在 Constraints（选择固定位置）卷展栏中，选择该按钮，这时在列表框中就会显示 Keyframe。单击 reactor 菜单，选择 Create Animation 创建动画。

Attach To Rigid Body（固定到刚体）：选择该按钮，能将柔软类对象（布料、柔体、绳索）的选定节点固定在刚体上。操作步骤是：在修改器堆栈中选择柔软类对象的 Vertex（顶点）子层级，在柔软对象上，选定要固定的点。在 Constraints（选择固定位置）卷展栏中，选择该按钮，这时在列表框中就会显示 Attach To Rigid Body。在列表框中选定 Attach To Rigid Body 选项，这时会新增一个 Attach To Rigid Body 卷展栏，单击 None 按钮，单击作固定物体的刚体，就能将柔软对象固定到刚体。选定刚体，在 Properties 卷展栏中，勾选 Unyielding 复选框，选择 reactor 菜单，选择 Create Animation 命令重新创建动画，柔软类对象就会随刚体一起运动。

【实例】创建顶点固定的柔体类对象

创建一个圆柱体。

单击 reactor 菜单，指向 Apply Modifier（适用修改器）下的 Soft Body Modifier（柔体修改器）命令后单击，给柔体类对象加上柔体修改器。选择 Mass（质量）为 1，Stiffness（硬度）为 0。

在修改器堆栈中选择 Vertex（顶点）层级，在柔体类对象上选定圆柱体端面中点，单击 Fix Vertices（固定顶点）按钮。

单击 reactor 工具栏中的 Create Soft Body Collection（创建柔体类对象）按钮。创建的柔体类对象如图 11.10（a）所示。

单击 reactor 菜单，单击 Preview Animation 命令，按键盘上的 P 键，就得到图 11.10（b）。

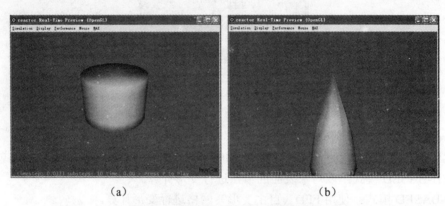

图 11.10　创建顶点固定的柔体类对象

Keyframe Vertices：所选择的节点或 FFD 控制点按照对象所具有的动画进行运动，未选择部分则可以跟随对象的运动而发生柔体变形。

Attach To Rigid Body（固定到刚体上）：所选择的节点或 FFD 控制点被固定在所选择的刚体上。

【实例】创建柔体固定到刚体上并随刚体一起运动的动画

创建一个圆柱体，并创建成刚体，质量设置为 0。勾选 Unyielding（坚硬）复选框。

创建一个球体，并创建成柔体。选择默认参数。如图 11.11（a）所示。

对圆柱体下端创建左右摆动的动画。

选定球体。选择修改命令面板。展开修改器堆栈中的 reactor Soft Body，选择 Vertex 子层级，在球体上选择一个节点。

单击 Attach To Rigid Body（固定到刚体上）按钮，这时在修改命令面板中会增加 Attach To RigidBody 卷展栏。如图 11.11（b）所示。单击 None 按钮，单击作固定物的圆柱体，就能将柔体固定到圆柱体上。

单击 reactor 菜单，选择 Create Animation 命令，就能为整个场景动画创建关键帧。单击播放按钮，就能看到球体作为柔体对象随圆柱体一起摆动。

图 11.11（c）是摆动到左侧的一幅画面。图 11.11（d）是摆动到右侧的一幅画面。

Attach To DefMesh：所选择的节点或 FFD 控制点被黏在 DefMesh 变形对象上，未选择的部分则可以跟随 DefMesh 变形对象发生柔体运动。

第 11 章 reactor 动力学对象与动画

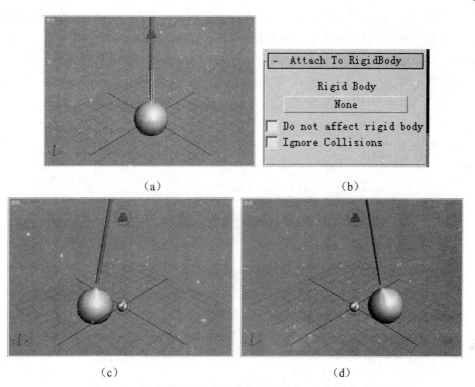

图 11.11 创建柔体固定到刚体上并随刚体一起运动的动画

11.4 Create Rope Collection（创建绳索类对象）

任何样条线都可作为绳索类对象的源对象。

创建绳索类对象的操作步骤如下：

选定要创建绳索类对象的源对象，单击 reactor 菜单，指向 Apply Modifier（使用修改器）下的 Rope Modifier（绳索修改器）命令后单击，给绳索类对象加上绳索修改器，在修改命令面板中指定或修改参数。

单击 reactor 工具栏中的 Create Rope Collection（创建绳索类对象）按钮。

像柔体类对象一样，绳索类对象也可以选择节点加以固定。

【实例】创建两端固定的绳索类对象——蹦极

创建一条样条线做绳索类对象的源对象。转换成可编辑样条线后，将其细分成 20 段。在渲染卷展栏勾选在渲染中启用复选框。

创建一个球体做刚体类对象的源对象。如图 11.12（a）所示。

选定样条线。单击 reactor 菜单，指向 Apply Modifier（适用修改器）下的 Rope Modifier（绳索修改器）命令后单击，给绳索类对象加上绳索修改器。

单击 reactor 工具栏中的 Create Rope Collection（创建绳索类对象）按钮，样条线就被创建成了绳索类对象。

选定绳索类对象，在修改器堆栈中选择 reactor Rope 的 Vertex（节点）子层级。

选择曲线上端节点，单击 Fix Vertices（固定顶点）按钮，绳索顶端就被固定在视图中。

选定球体，单击 reactor 工具栏中的 Create Rigid Body Collection（创建刚体类对象）按钮，设置质量为 1。球体就被创建成了刚体类对象。

选定绳索类对象，在修改器堆栈中选择 reactor Rope 的 Vertex（节点）子层级。

选择曲线下端节点，单击 Attach To Rigid Body（固定到刚体上）按钮，这时在修改命令面板中会增加 Attach To RigidBody 卷展栏。单击 None 按钮，单击作固定物的球体，就能将绳索固定到球体上。

单击 reactor 菜单，单击 Preview Animation 命令，按键盘上的 P 键，就可看到绳子的晃动。图 11.12（b）是预览时截取的一幅画面。

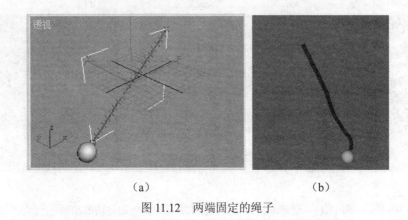

(a)　　　　　　　　　　　　　(b)

图 11.12　两端固定的绳子

在创建成绳索之前，将样条线的厚度（粗细）设置为 2，勾选在渲染中启用复选框。

创建一个 Biped。将人链接到球体上。如图 11.13（a）所示。

隐藏球体。

单击 reactor 菜单，单击 Create Animation 命令创建关键帧。

在 Preview & Animation 卷展栏中，设置 End Frame 为 200 帧。渲染输出动画。

第 30 帧的画面如图 11.13（b）所示。

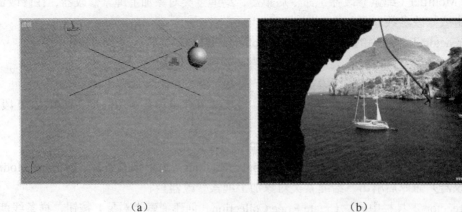

(a)　　　　　　　　　　　　　(b)

图 11.13　创建蹦极动画

11.5 Create Deforming Mesh Collection（创建变形网格类对象）

变形网格类对象的源对象可以是任何网格对象。对变形网格类对象也可以设置质量、弹力和摩擦力，但这些参数对物体间的相互作用没有影响。

创建变形网格类对象的操作步骤：

选择变形网格类对象的源对象，单击 reactor 工具栏中的 ✨Deforming Mesh Collection（变形网格类对象）按钮。

【实例】创建变形网格类对象——小球沿坡地滚动

创建一个厚度为零的长方体，使用编辑网格修改器将长方体变形。单击 reactor 工具栏中的 ✨Deforming Mesh Collection（变形网格类对象）按钮，长方体就成了变形网格类对象。

创建一个球体。将球体指定为刚体，质量设置为 1。如图 11.14（a）所示。

单击 reactor 菜单，单击 Preview Animation 命令，按键盘上 P 键，就可看到球体沿坡地滚动。图 11.14（b）是截取的第 80 帧的画面。

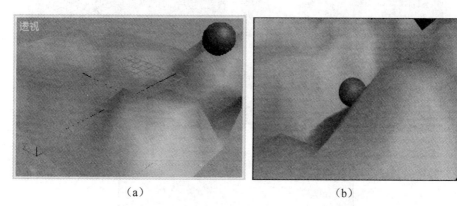

（a） （b）

图 11.14 创建变形网格类对象——小球沿坡地滚动

11.6 Create Plane（创建平面）

创建 reactor 中平面的操作步骤如下：

选择 reactor 工具栏中的 ▪Create Plane（创建平面）按钮，在视图中单击，就能创建一个 reactor 平面。单击 ▪Create Rigid Body Collection（创建刚体类对象）按钮，将 reactor 平面指定为刚体。

单击辅助对象子面板，单击辅助对象列表框的展开按钮，在列表中选择 reactor，单击 Plane（平面）按钮，在视图中单击，也能创建 reactor 平面。单击 ▪Create Rigid Body Collection（创建刚体类对象）按钮，将 reactor 平面指定为刚体。

reactor 平面是一种辅助对象，在视图中只能看到一个图标，在预览中也无显示。在动画中，它是一个固定的面积无限大的刚体。它的正面能阻止对象的下落，反面能被对象穿透。像其他刚体一样，也可设置弹力和摩擦力，由于在动画中它总是固定不动，因此设置的质量和 Unyielding 属性已无意义。

【实例】创建 reactor 平面

选择 reactor 工具栏中的 Create Plane（创建平面）按钮，在视图中单击创建一个 reactor 平面，弹力设置为 0.35。单击 Create Rigid Body Collection（创建刚体类对象）按钮，将 reactor 平面指定为刚体。如图 11.15（a）所示。

创建一个球体，单击 Create Rigid Body Collection（创建刚体类对象）按钮，将其创建成刚体，设置质量为 1，弹力设置为 3.5。

单击 reactor 菜单，单击 Preview Animation 命令，按键盘上的 P 键，就可看到小球下落到 reactor 平面时被反弹回来。如图 11.15（b）所示。

给视图指定一幅背景贴图。

单击 reactor 菜单，单击 Create Animation 命令，为 reactor 动画指定关键帧。

渲染输出创建的动画。

图 11.15（c）是反弹回来一段后截取的画面。

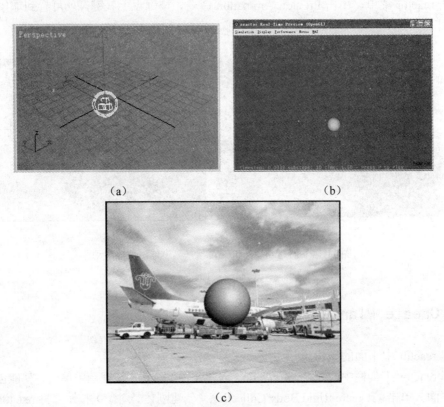

图 11.15　创建 reactor 平面

11.7　Create Spring（创建弹簧）

Create Spring 按钮 可以用来创建弹簧。reactor 弹簧也是一种辅助对象，它能模拟真实的弹簧，但在视图和预览中都不可见。只有在弹簧的一端绑定一个固定的对象，而另一端绑定一个可运动的对象，通过可运动对象的运动才能联想到弹簧的存在。

主要参数：

Stiffness（刚性）：该值越大，在相同力的作用下变形越小。
Rest Length（拉伸长度）：弹簧达到平衡后的拉伸长度。
Damping（衰减）：振幅衰减的速度，该值越大，衰减越快，即越容易达到平衡。
Act on Extension：若勾选该复选框，则在指定拉伸范围内振荡。
Disabled（失效）：若勾选该复选框，则弹簧失去作用。

下面通过一个实例说明如何创建 reactor 弹簧。

【实例】创建 reactor 弹簧和动力学弹簧

创建一个长方体和一个球体，长方体作为固定对象，球体作为运动对象。

将长方体和小球在 Z 轴方向对齐，这样就能保证小球只作沿 Z 轴方向的上下振动。

选定长方体和球体，单击 reactor 工具栏中 Create Spring（创建弹簧）按钮，这时在两个对象之间就指定了一个连接弹簧。如图 11.16（a）所示。

选定长方体和球体，单击 reactor 工具栏中 Create Rigid Body Collection（创建刚体类对象）按钮，设置长方体的质量为 0，球体质量为 2。

单击 reactor 菜单，单击 Preview Animation 命令，按键盘上的 P 键，就可看到小球在重力和弹簧弹力作用下，上下振动。图 11.16（b）是在小球回弹时截取的一幅画面。

在几何体子面板的对象类型列表中选择动力学对象，单击弹簧按钮，设置圈数为 10。在场景中创建一个弹簧。将弹簧与长方体对齐。如图 11.16（c）所示。

将弹簧的一端固定在长方体上，另一端固定在球体上。

渲染输出创建的动画。图 11.16（d）是渲染后截取的一幅画面。

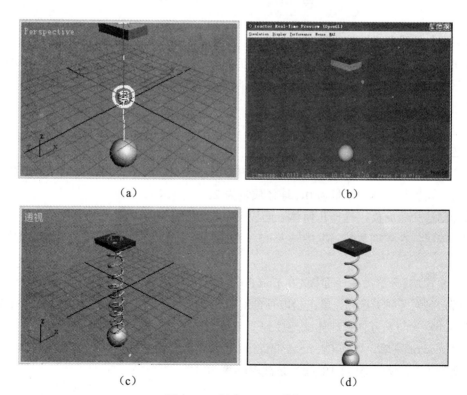

图 11.16 创建 reactor 弹簧

【实例】创建气压计

创建一个长方体、一个小球和一根圆形管状体。给管状体赋上透明材质。将长方体、小球和管状体沿 Z 轴对齐。隐藏长方体。

选定长方体和球体，单击 reactor 工具栏中 Create Spring（创建弹簧）按钮，这时在两个对象之间就指定了一个连接弹簧。

选定长方体和球体，单击 reactor 工具栏中 Create Rigid Body Collection（创建刚体类对象）按钮，设置长方体的质量为 0，球体质量为 1。

隐藏长方体。

选择 reactor 菜单，单击 Create Animation 命令创建成动画。单击播放按钮，可以看到小球沿圆管上下振动，就像气压计中悬浮在玻璃管中的小球的跳动。如图 11.17 所示。

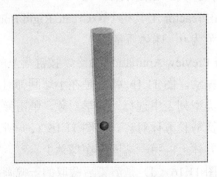

图 11.17　玻璃管中跳动的小球

【实例】创建有弹性的软管

创建一根软管，将软管的两端分别与长方体和小球连接起来。小球的振动带动软管伸缩，给人的感觉就像是软管本身的弹性造成小球的运动。具体操作如下：

创建一个长方体和一个球体。

选定长方体和球体，单击 reactor 工具栏中 Create Spring（创建弹簧）按钮，这时在两个对象之间就指定了一个连接弹簧。

选定长方体和球体，单击 reactor 工具栏中 Create Rigid Body Collection（创建刚体类对象）按钮，设置长方体的质量为 0，球体质量为 2。

选择创建命令面板，选择几何体子面板，单击列表框中的展开按钮，选择扩展几何体，单击软管按钮，在周期数数码框中输入 15，在透视图中拖动鼠标创建一根软管。如图 11.18（a）所示。

选定软管，打开修改命令面板，在 End Point Method（端点方法）选区选择 Bound to Object Pivot（绑定到对象轴）选项，单击拾取顶部对象按钮，单击长方体；单击拾取底部对象按钮，单击球体，软管与长方体和球体就连接到了一起。如图 11.18（b）所示。

选择 reactor 菜单，单击 Create Animation 命令，单击播放按钮，可以看到球体和软管共同作用所产生的运动。图 11.18（c）是截取的第 30 帧。

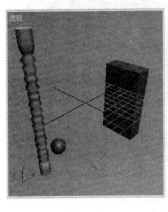 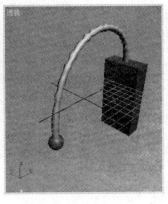 

(a) (b) (c)

图 11.18 软管的应用

11.8 Create Linear Dashpot（创建直线缓冲器）

Create Linear Dashpot 按钮 可以在两个刚体之间创建一个直线连接的辅助对象，就像在两个刚体之间拴上了一根直绳一样。

主要参数：

Strength（力量）：直线缓冲器施加给目标对象力量的大小。此值要根据外力的大小来设置，不宜过大，也不宜过小。例如下面实例中，如果将该值设为 0.001，深红色球体就会挣脱直线缓冲器而坠落。

Damping（衰减）：在模拟动画中，运动衰减的速度。值越大，衰减越快。

创建直线缓冲器的操作步骤如下：

选定两个几何对象，单击 reactor 工具栏中 Create Rigid Body Collection（创建刚体类对象）按钮。为两个刚体设置参数。

选定两个刚体对象，单击 reactor 工具栏中 Linear Dashpot（直线缓冲器）按钮。为直线缓冲器指定参数。

【实例】创建直线缓冲器

在 XY 平面上创建两个球体。

选定两个球体，单击 reactor 工具栏中 Create Rigid Body Collection（创建刚体类对象）按钮，设置浅红色球体的质量为 0，深红色球体的质量为 2。

选定两个球体，单击 reactor 工具栏中 Linear Dashpot（直线缓冲器）按钮，在两个球体之间建立直线缓冲器。

选择缓冲器参数：Strength 为 20，Damping 为 0.1。如图 11.19（a）所示。

单击 reactor 菜单，单击 Preview Animation 命令，按键盘上的 P 键，就可看到深红色球体以浅红色球体为圆心，绕浅红色球体来回摆动，摆幅逐渐减小。

图 11.19（b）和图 11.19（c）是摆动到左右两侧分别截取的两幅画面。

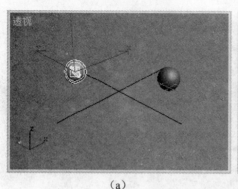
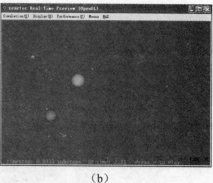

(a)   (b)

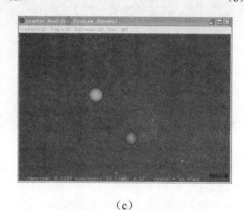

(c)

图 11.19 创建直线缓冲器

【实例】使用直线缓冲器创建一条蜈蚣

创建一个切角长方体和两条样条线，通过复合运算，得到蜈蚣的一节身体。如图 11.20（a）所示。

复制 15 节组成蜈蚣的躯干。给躯干贴图，贴图文件以红色为主。

创建一个切角长方体做蜈蚣的头。给头贴图，贴图文件以黑色为主。

创建一个切角长方体做蜈蚣的尾部。使用编辑网格修改器，拉出尾部的两个触角。给尾部贴图，贴图文件以黑色为主。

创建两个球体做蜈蚣的眼睛。创建一个六角星形，挤出后与眼睛进行布尔并集运算。六角星形的两个角为蜈蚣头部的钳子。为眼睛和钳子指定建筑材质，亮度设置为 1000。如图 11.20（b）所示。

将所有对象创建为刚体，质量均设置为 1。头的摩擦力设置为 0，其他刚体的摩擦力设置为 0.1。

选定所有对象，单击 reactor 工具栏中 Linear Dashpot（直线缓冲器）按钮，在所有刚体之间建立直线缓冲器。

创建一个 reactor 平面，并且旋转平面，使其朝蜈蚣右前方作小角度倾斜。

指定一幅背景贴图。

渲染输出动画。由于蜈蚣的动作较慢，一共渲染了 700 帧。

播放动画，可以看到蜈蚣慢慢朝右前方蠕动。

图 11.20（c）是截取的第 40 帧，图 11.20（d）是截取的第 150 帧。

图 11.20　使用直线缓冲器创建蜈蚣

11.9　Create Angular Dashpot（创建角度缓冲器）

　　Create Angular Dashpot（角度缓冲器）按钮 的作用是用创建角度缓冲器。角度缓冲器就像是在两个刚体之间加上了一个角度固定装置，在动力学模拟中，这两个刚体的相对位置和这两个刚体的整体角度不管如何变化，两个对象之间的夹角始终保持不变。

　　主要参数：

　　Strength（力量）：角度缓冲器施加给目标对象力量的大小。

　　Damping（衰减）：在模拟动画中，运动衰减的速度。值越大，衰减越快。

　　创建角度缓冲器的操作步骤如下：

　　选定两个几何对象，单击 reactor 工具栏中 Create Rigid Body Collection（创建刚体类对象）按钮。为两个刚体设置参数。

　　选定两个刚体对象，单击 reactor 工具栏中 Angular Dashpot（角度缓冲器）按钮。为角度缓冲器指定参数。

　　【实例】创建角度缓冲器

　　创建两个长方体，使它们之间保持一定角度，如图 11.21（a）所示。

　　选定两个长方体，单击 reactor 工具栏中 Create Rigid Body Collection（创建刚体类对象）按钮。指定黄色长方体的质量为 6，红色长方体的质量为 22。

　　选定创建的两个刚体对象，单击 reactor 工具栏中 Angular Dashpot（角度缓冲器）按钮。使用默认参数。

创建一个 reactor 平面，并沿 Z 轴下移一段距离，以观察两个长方体下落的结果。

单击 reactor 菜单，单击 Preview Animation 命令，按键盘上的 P 键，可以看到两个长方体的相对位置和整体角度发生了变化，但两个长方体的夹角没变。如图 11.21（b）所示。

重新设置两个长方体的质量，将它们的质量互换。单击 reactor 菜单，单击 Preview Animation 命令，按键盘上的 P 键重新预演动画，可以看到黄色长方体着地了，但两个长方体之间的夹角依然没变。如图 11.21（c）所示。

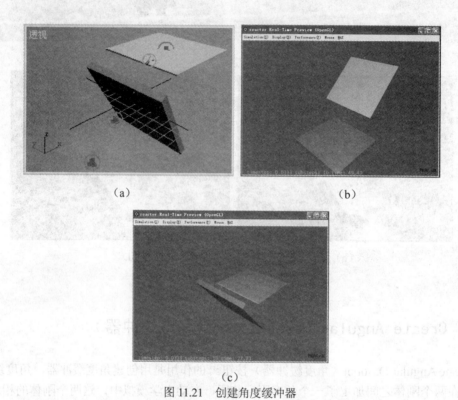

图 11.21　创建角度缓冲器

11.10　Create Motor（创建发动机）

Create Motor（创建发动机）按钮 可以用来创建发动机。发动机是一种具有动力的辅助装置，它能模拟真实的发动机，带动对象旋转。

Ang Speed（转速）：旋转速度。

Gain：发动机的马力大小。

Rotation Axis（旋转轴）：指定旋转的轴向。

【实例】创建发动机——在桥上行驶的拖拉机

创建一个圆柱体做车轮。用布尔运算在圆柱体上打三个洞，以便于看到旋转效果。复制一个车轮。创建一个长方体做车轴。将两个车轮和长方体对齐。用布尔运算将两个车轮和长方体相并在一起成为车轮组。如图 11.22（a）所示。

复制一组车轮并适当缩小做车前轮。

创建一个长方体做地面。单击 reactor 工具栏中 Create Rigid Body Collection（创建刚体类对象）按钮，将其创建成刚体，质量设置为 0。如图 11.22（b）所示。

创建拖拉机底盘。底盘由一个长方体，一个方向盘组成。底盘上站立一个人。

选定车轮，单击 reactor 工具栏中 Create Rigid Body Collection（创建刚体类对象）按钮。指定车轮的质量为 5。

选定车轮，单击 reactor 工具栏中的 Motor（发动机）按钮，使用默认参数，车轮就被创建成马达。如图 11.22（c）所示。

隐藏作地面的长方体。指定一幅背景贴图。调整车轮方向，使车轮正好在桥面上滚动。

按车轮滚动的速度和方向创建人和平板的动画，使之与车轮协调一致。渲染输出动画。播放动画时，可以看到拖拉机沿桥面向前行驶。图 11.22（d）是从动画中截取的一幅画面。

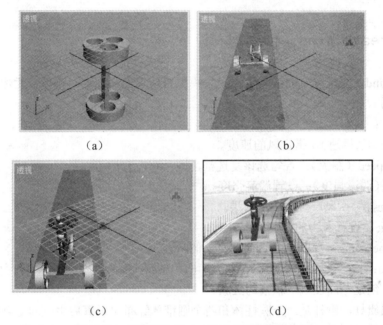

图 11.22 创建发动机——在桥上行驶的拖拉机

【实例】创建互相咬合旋转的两个齿轮

选定 reactor 工具栏中的 Create Plane（创建平面）按钮，在视图中单击创建一个 reactor 平面。选定 reactor 平面，单击 Create Rigid Body Collection（创建刚体类对象）按钮，将 reactor 平面指定为刚体。

创建一个星形，选择挤出修改器挤出成齿轮。

复制一个齿轮。将两个齿轮创建成刚体，质量均设置为 2。

选定齿轮，单击 reactor 工具栏中的 Motor（发动机）按钮，使用默认参数，就给齿轮加上了马达。这时两个马达的力矩方向相同，如图 11.23（a）所示。

单击 reactor 菜单，单击 Preview Animation 命令，按键盘上的 P 键，这时可以看到两个齿轮绕轴旋转。由于马达的力矩方向相同，因此齿轮都做顺时针方向旋转。

同时选定一个齿轮和这个齿轮的马达，绕 X 轴或 Y 轴旋转 180°。这时两个马达的力矩方向变得相反，如图 11.23（b）所示。预览动画，可以看到两个齿轮正常咬合旋转。

渲染输出动画。图 11.23（c）是播放器中截取的一幅画面。

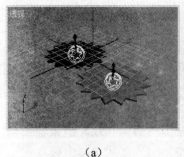
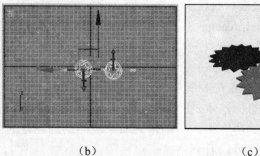
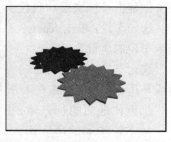

（a）　　　　　　　　　　　（b）　　　　　　　　　　　（c）

图 11.23　创建咬合旋转的齿轮

11.11　Create Wind（创建风）

Create Wind（创建风）按钮 可以用来模拟自然界的风，它对刚体、柔体、布料和绳索都能产生作用。

主要参数：

Wind Speed（风速）：指定风的速度。

Perturb Speed（湍流）：若勾选该复选框，则风存在有湍流。

Variance（湍流强度）：设置湍流强度。

Ripple（涟漪）：风产生的涟漪效果。

Use Range：设置风力的影响范围。

Enable Sheltering：控制风是否受到对象的阻拦。

Applies to：指定风力作用的对象类型。可以选择刚体、柔体、布料和绳索。

【实例】创建一面在风中飘扬的红旗

创建一根旗杆，旗杆是一个圆柱体和两个圆锥体经布尔运算后生成的复合对象。

选择几何体子面板，在对象类型卷展栏中选择平面按钮，设置长度和宽度分段数均为 14，创建一个平面做旗帜，颜色选为红色。

将平面的左边对齐旗杆。

选定旗杆，单击 reactor 工具栏中 Create Rigid Body Collection（创建刚体类对象）按钮，将其创建成刚体，质量设置为 0，勾选 Unyielding 复选框。

选定平面，单击 reactor 菜单，指向 Apply Modifier（适用修改器）下的 Cloth Modifier（布料修改器）命令后单击，给布料类对象加上布料修改器，选择 Mass 为 1。

单击 reactor 工具栏中的 Create Cloth Collection（创建布料类对象）按钮将平面创建成布料。

选定平面，单击修改命令面板，在修改器堆栈中选择节点子层级，选定平面左侧一列的所有节点，单击 Attach To Rigid Body（固定到刚体）按钮。在列表框中选定 Attach To Rigid Body，在 Attach To Rigid Body 卷展栏中，单击 none 按钮，单击旗杆。旗帜的边缘就被固定到了旗杆上。如图 11.24（a）所示。

单击 reactor 工具栏中的 Wind（风）按钮，单击平面。将风的图标移到红旗的左侧。风的参数设置如图 11.24（b）所示。

单击 reactor 菜单，单击 Preview Animation 命令，按键盘上的 P 键，这时可看到红旗飘飘。如图 11.24（c）所示。

单击时间配置按钮，设置时间标尺从 0~200 帧。在 Preview & Animation 卷展栏中，设置 End Frame 为 200 帧。单击 reactor 菜单，单击 Create Animation 命令创建关键帧。

渲染输出动画。在第 50 帧截取的画面如图 11.24（d）所示。

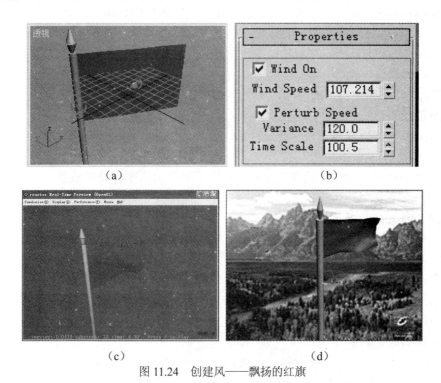

图 11.24　创建风——飘扬的红旗

11.12　Create Toy Car（创建玩具汽车）

Create Toy Car（创建玩具汽车）按钮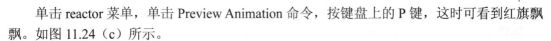可以用来模拟汽车的运动。创建的汽车至少要有一个底盘和一个车轮。

Toy Car Properties（玩具汽车参数）卷展栏：

Chassis（底盘）：单击右侧的长条形按钮，再单击作为底盘的对象（车身），这时选定的对象名称会显示在按钮上。

Wheels（车轮）：在该列表框中显示作为车轮的对象名称。

Pick（拾取）：单击该按钮后，可以直接在场景中单击拾取作为车轮的对象。

Add（添加）：单击该按钮，会弹出选择车轮对话框，通过对话框选择作为车轮的对象。

Spin Wheels（旋转车轮）：只有勾选了该复选框，下面两个参数才会被激活，通过设置这两个参数，决定车轮旋转的速度。

Ang Speed（角速度）：车轮旋转的角速度，单位为弧度/秒。

Gain（增量）：由静止到达最大速率的加速度。

Reset Default Values（重置默认参数）：单击该按钮，Toy Car 的参数恢复为默认值。

创建 Toy Car（玩具汽车）的操作步骤：

创建一个做底盘的对象和至少一个做车轮的对象。

选定底盘和车轮，单击 reactor 工具栏中 Create Rigid Body Collection（创建刚体类对象）按钮，将其创建成刚体，并给每个对象设置大于 0 的质量。

单击 reactor 工具栏中的 Toy Car（玩具汽车）按钮，在场景中单击产生一个 Toy Car 图标。

在 Toy Car Properties（玩具汽车参数）卷展栏中，单击 Chassis（底盘）右侧的长条形按钮，再单击作为底盘的对象车身，这时选定的对象名称会显示在按钮上。

单击 Add（添加）按钮，在对话框中选择作为车轮的对象，这时车轮的名称会显示在车轮列表框中。

旋转 Toy Car 图标中汽车的方向，该方向决定了车轮旋转的方向。该方向设置得不恰当，汽车不能正常运动。

勾选 Spin Wheels（旋转车轮）复选框，设置 Ang Speed（角速度）和 Gain（增量）两个参数。

创建一个 reactor 平面，并沿 Z 轴下移一段距离，作为汽车行驶的地面。

单击 reactor 菜单，单击 Preview Animation 按钮，按键盘上的 P 键，这时可看到汽车的运动。

【实例】创建 Toy Car（玩具汽车）

创建一个汽车模型，它由一个车身和四个车轮组成。

选定底盘和四个车轮，单击 reactor 工具栏中 Create Rigid Body Collection（创建刚体类对象）按钮，将其创建成刚体，并给每个车轮设置质量为 1，车身质量为 5。

单击 reactor 工具栏中的 Toy Car（玩具汽车）按钮，在场景中单击产生一个 Toy Car 图标。

在 Toy Car Properties（玩具汽车参数）卷展栏中，单击 Chassis（底盘）右侧的长条形按钮，再单击作为底盘的车身。

单击 Add（添加）按钮，在对话框中选择四个车轮对象。

旋转 Toy Car 图标中汽车的方向，使其朝着汽车前进的方向。

勾选 Spin Wheels（旋转车轮）复选框，设置 Ang Speed（角速度）为 20、Gain（增量）为 12。

创建一个 reactor 平面，并沿 Z 轴下移一段距离，作为汽车行驶的地面。

创建的玩具汽车和地面如图 11.25（a）所示。

单击 reactor 菜单，单击 Preview Animation 命令，按键盘上的 P 键，这时可看到汽车的运动。

图 11.25（b）是渲染后截取的一帧画面。

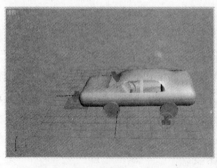

(a)　　　　　　　　　　　　　(b)

图 11.25　创建 Toy Car

11.13 Create Water（创建水）

Create Water（创建水）按钮：选择该按钮，在视图中拖动就可以创建一个水对象。这样创建的水可以用来模拟自然界的水效果。

Parameters（参数）卷展栏：

Size（大小）：水面在 X 轴和 Y 轴两个方向的大小。

Landscape（地形）：若勾选该复选框，单击右侧的长条形按钮，在场景中单击对象，就可选定该对象作地形用。作为地形的对象必须与水面相交。在相交处水波可以和地形产生冲击。作为地形的对象必须创建为刚体，且质量要设置为 0，不然就形成了漂浮在水上的物体。

Wave Speed（波速）：水波的速度。

Min/Max Ripple（最小/最大涟漪）：水面波纹的最小值和最大值。

Density（密度）：水的密度。密度越大，水的比重越大。

Viscosity（黏稠度）：水的黏稠度。该值越大，物体在水中运动的阻力越大。

Depth（深度）：水的深度。默认为不勾选。若勾选该复选框，且设置的深度不够大时，物体可以穿过水对象而继续下落。

【实例】创建水

创建一个碗，并创建成刚体，质量设置为 0。

创建大小不同的两个蛋，并创建成刚体，质量设置为 0。将蛋刚好放在碗底上。

单击 reactor 工具栏中 Create Water（创建水）按钮，在透视图中拖动鼠标，创建 Water（水）对象。X 轴和 Y 轴方向 Size（大小）调到刚好盖住碗。如图 11.26（a）所示。

单击 reactor 菜单，单击 Preview Animation 命令，这时就能看到水的效果。如图 11.26（b）所示。

 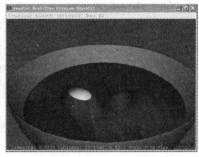

(a) (b)

图 11.26 创建水

【实例】创建物体掉落水中的动画

单击 reactor 工具栏中 Create Water（创建水）按钮，在透视图中拖动鼠标，创建 Water（水）对象。X 轴和 Y 轴方向 Size（大小）均设置为 1000，Wave Speed（波速）设置为 139，Max Ripple（最大涟漪）设置为 139，其他使用默认参数。

创建一个蛋，并创建成刚体，质量设置为 200。将其沿 Z 轴向上移动一段距离，以便观察蛋落到水面的情形。

创建一个几何体平面。长、宽均为1000，长、宽分段数均设置为40。给平面赋标准材质，不透明度设置为30，漫反射颜色设置为浅绿色。

选定平面，选择绑定到空间扭曲按钮，单击水，将平面绑定到水。如图11.27（a）所示。指定一幅有水面的背景贴图。

单击reactor菜单，单击Create Animation命令创建关键帧。

渲染输出动画。图11.27（b）是截取的一帧画面。

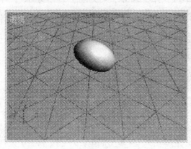 

（a） （b）

图11.27 创建蛋掉落水中的动画

【实例】创建有堤岸阻挡的水

创建一个茶壶，并创建成刚体，质量设置为50。将茶壶沿Z轴上移一定距离。

创建一个圆环，将圆环创建成刚体，质量设置为0。

单击reactor工具栏中Create Water（创建水）按钮，在透视图中拖动鼠标，创建Water（水）对象。

选定水对象，选择修改命令面板，勾选Landscape（地形）复选框，单击右侧的长条形按钮，单击圆环将其指定为地形。

选定圆环，选择工具命令面板。在工具卷展栏中选择reactor按钮。

展开Properties卷展栏，在Concave选区选择Use Mesh选项。

单击reactor菜单，单击Preview Animation命令，按键盘上的P键，这时可以看到茶壶掉落到水面并激起波浪。在圆环的阻挡下，波浪并不波及圆环以外的地方，就像堤岸阻挡着水浪一样。

图11.28（a）和图11.28（b）为茶壶掉落水面后，截取的两幅画面。

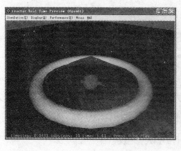 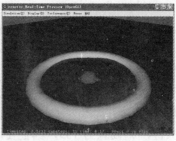

（a） （b）

图11.28 创建水和地形

11.14 Create Constraint Solver（创建约束解算）

使用约束可以限定对象在动画中运动的可能性。任何一个刚体对象存在六个运动的自由度，即沿三个轴向的移动和绕三个轴向的旋转。Reactor 中的约束器可以约束对象的一个或多个运动自由度。

reactor（反应器）的约束器有：Rag Doll Constraint（Rag Doll 约束器）、Hinge Constraint（枢轴约束器）、Point-Point Constraint（点对点约束器）、Prismatic Constraint（棱约束器）、Car-Wheel Constraint（车轮约束器）、Point-Path Constraint（点对轨迹约束器）。无论哪种约束器，都要加上 Constraint Solver（约束解算）才能起作用。

创建约束解算的操作如下：

在为要指定约束器的对象指定了约束器后，接着单击 reactor 工具栏中 Create Constraint Solver（创建约束解算）按钮，在修改命令面板中单击 RB Collection 下方按钮，单击约束对象。

11.15 Create Rag Doll Constraint（创建 Rag Doll 约束器）

Rag Doll Constraint（Rag Doll 约束器）是一种角度约束器，它可以模拟一些能够发生相对旋转或扭曲的关节效果。

Properties（参数）卷展栏：

Parent（父对象）：勾选该复选框，就会激活右侧两个长条形按钮，单击父对象按钮，单击场景中一个对象，就能将其指定为 Rag Doll Constraint 父对象，这时对象名称会显示在该按钮上。如果不勾选该复选框，则 Rag Doll Constraint 系统中只包含一个对象。

Child（子对象）：单击子对象按钮，单击场景中一个对象，就能将其指定为 Rag Doll Constraint 子对象，这时对象名称会显示在该按钮上。

Lock Relative Transform（锁定相对变换）：若勾选该选项，则父、子级之间的相对变换关系被锁定。

Limits（界限）选区：

Twist Min（扭曲最小）：绕扭曲轴旋转的最小角度。可以取负值。

Twist Max（扭曲最大）：绕扭曲轴旋转的最大角度。可以取负值。

Cone Min（圆锥最小）：限定圆锥的最小值。

Cone Max（圆锥最大）：限定圆锥的最大值。圆锥最小值和圆锥最大值之间的空间，是子对象扭曲轴相对于父对象的旋转空间。

Reset Default Values（恢复为默认设置）：将所有参数恢复为默认值。

创建 Rag Doll Constraint 的步骤如下：

创建两个要指定约束的对象，将其创建为刚体，且至少有一个的质量不为 0。

选择层级命令面板，单击轴按钮，在调整轴卷展栏中单击仅影响轴按钮，将两个对象的轴心点移到两个对象的接合处。

选定两个对象，单击 reactor 工具栏中创建 Rag Doll Constraint 按钮，接着单击 reactor 工具栏中创建 Constraint Solver（约束解算）按钮，在修改命令面板中单击 RB Collection 下方按钮，单击约束对象。

【实例】创建 Rag Doll Constraint（Rag Doll 约束器）

创建一个长方体，并创建成刚体，质量设置为 0，将其当作地面。

创建两个圆柱体，将其创建为刚体，上面一个的质量设置为 1，下面一个设置为 5。

选择层次命令面板，单击轴按钮，在调整轴卷展栏中单击仅影响轴按钮，将两个圆柱体的轴心点移到它们的接合处。

选定两个圆柱体，单击 reactor 工具栏中创建 Rag Doll Constraint 按钮，接着单击 reactor 工具栏中创建 Constraint Solver（约束解算）按钮，在修改命令面板中单击 RB Collection 下方按钮，单击上面圆柱体。

在场景中选择 Rag Doll Constraint 图标，单击修改命令面板，勾选 Parent（父对象）复选框，就会激活右侧两个长条形按钮，单击父对象按钮，单击场景中下面一个圆柱体，将其指定为 Rag Doll Constraint 父对象；单击 Child（子对象）按钮，单击场景中上一个圆柱体，将其指定为 Rag Doll Constraint 子对象。

将两个圆柱体沿 Z 轴向上移动一段距离，以观察两个圆柱体落到地面时的情形。所得场景如图 11.29 所示。

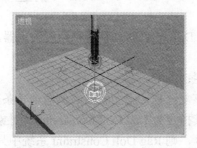

图 11.29　创建 Rag Doll Constraint 的场景

单击 reactor 菜单，单击 Preview Animation 命令，按键盘上的 P 键，可看到创建了 Rag Doll Constraint 的两个圆柱体掉落地面时始终连在一起，上面一个圆柱体可以绕结合处转动。图 11.30（a）和图 11.30（b）是落地后截取的两幅画面。

也可单击 reactor 菜单，单击 Create Animation 命令创建成动画后，单击播放按钮播放动画。

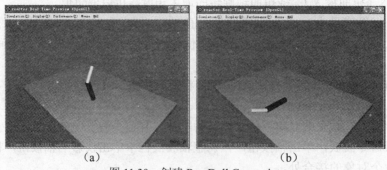

（a）　　　　　　　　　　　　（b）

图 11.30　创建 Rag Doll Constraint

11.16 Create Hinge Constraint（创建枢轴约束器）

Hinge Constraint（枢轴约束器）可以约束对象绕指定轴向旋转。

创建 Hinge Constraint（枢轴约束器）的操作步骤如下：

创建两个对象，并将其创建成刚体，指定大于 0 的质量。

选定两个对象，单击 reactor 工具栏中创建 Hinge Constraint 按钮，接着单击 reactor 工具栏中创建 Constraint Solver（约束解算）按钮，在修改命令面板中单击 RB Collection 下方按钮，单击其中一个对象。

在场景中选择 Hinge Constraint 图标，单击修改命令面板，勾选 Parent（父对象）复选框，就会激活右侧两个长条形按钮，单击父对象按钮，单击场景中作父对象的对象，将其指定为 Hinge Constraint 父对象；单击 Child（子对象）按钮，单击场景中作子对象的对象，将其指定为 Hinge Constraint 子对象。

选定父对象，单击 reactor 工具栏中的 Motor（发动机）按钮，使用默认参数，将父对象创建成发动机。

单击 reactor 菜单，单击 Preview Animation 命令，按键盘上的 P 键，可看到子对象在父对象带动下绕指定轴旋转。

【实例】创建 Hinge Constraint（枢轴约束器）

创建两个纺锤体，并创建成刚体，小纺锤体的质量指定为 1，大纺锤体指定为 10。

将大纺锤体的轴心点移到靠近横截面边缘的地方。

选定两个纺锤体，单击 reactor 工具栏中创建 Hinge Constraint 按钮，接着单击 reactor 工具栏中创建 Constraint Solver（约束解算）按钮，在修改命令面板中单击 RB Collection 下方按钮，单击小纺锤体。

在场景中选择 Hinge Constraint 图标，单击修改命令面板，勾选 Parent（父对象）复选框，单击父对象按钮，单击大纺锤体，将其指定为 Hinge Constraint 父对象；单击 Child（子对象）按钮，单击场景中小纺锤体，将其指定为 Hinge Constraint 子对象。

选定 Hinge Constraint 图标，单击修改命令面板，设置 Min Angle（最小角度）为-175，Max Angle（最大角度）为 175。

选定父对象，单击 reactor 工具栏中的 Motor（发动机）按钮，使用默认参数，将父对象创建成发动机。

创建一个长方体，并创建成刚体，质量设置为 0。

如图 11.31（a）所示。

单击 reactor 菜单，单击 Preview Animation 命令，按键盘上的 P 键，可看到小纺锤体在大纺锤体带动下一起旋转。

图 11.31（b）和图 11.31（c）是在运动过程中截取的两幅画面。

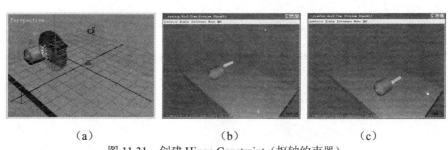

(a)　　　　　　　　(b)　　　　　　　　(c)

图 11.31　创建 Hinge Constraint（枢轴约束器）

思考与练习

一、思考与练习题

1. 如何创建刚体类对象？
2. 如何创建布料类对象？
3. 如何创建绳索类对象？

二、上机练习题

1. 创建桌子和桌布。
2. 创建行驶的汽车。

第12章 粒子系统与动画

粒子系统是一种特殊的参数化对象，可以用来模拟水花、雨景、雪景、云雾、满树花果、成群动物等。

选择创建命令面板，单击几何体按钮，单击几何体列表框中的展开按钮，在列表中选择 Particle Systems（粒子系统），就会切换到创建粒子系统命令面板。选择一种粒子类型，在视图中拖动就能创建粒子系统。

创建粒子系统后，单击动画播放按钮，粒子系统就会按照设置的参数发射粒子。

粒子系统有 7 种：PF Source、Spray（喷射）、Snow（雪）、Blizzard（暴风雪）、PCloud（粒子云）、PArray（粒子阵列）和 Super Spray（超级喷射）。

12.1 Spray（喷射）

Spray（喷射）粒子系统的粒子是连续喷射的，从开始直到动画播放结束。这种粒子系统适合模拟下雨、喷泉等。

Properties（参数）卷展栏：

Viewport Count（视口数量）：在视图中显示的粒子数量。

Render Count（渲染数量）：在渲染输出时的粒子数量。视口数量和渲染数量的设置互不影响。图 12.1（a）是设置视口数量为 300 在视图中看到的结果，图 12.1（b）是设置渲染数量为 100，同一帧渲染输出的结果。两图中粒子数明显不同。

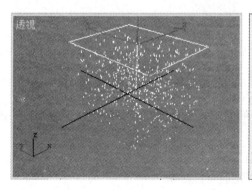 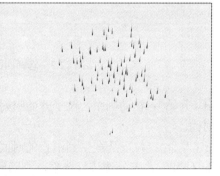

（a）　　　　　　　　　　　　　　（b）

图 12.1 粒子数量

Drop Size（水滴大小）：一个粒子渲染输出时的大小。

Speed（速度）：每个粒子发射的速度。

Variation（变化）：粒子大小、运动速度和方向的变化。图 12.2（a）是设置变化为 0 的结果，图 12.2（b）是设置变化为 20 的结果。

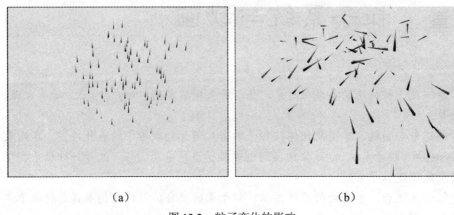

(a)　　　　　　　　　　　　　　(b)

图 12.2　粒子变化的影响

Tetrahedron（四面体）：以细长四面体渲染输出粒子。

Facing（面）：以正方形面渲染输出粒子。图 12.3（a）是选择四面体渲染输出的结果，图 12.3（b）是选择面渲染输出的结果。

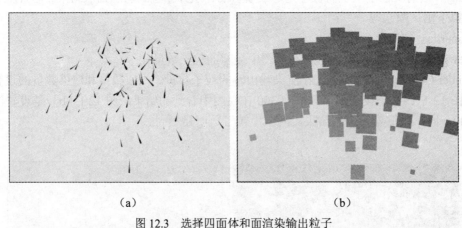

(a)　　　　　　　　　　　　　　(b)

图 12.3　选择四面体和面渲染输出粒子

Start（开始）：在动画中，粒子开始喷射的时间，即从第几帧开始喷射。这类粒子没有结束喷射时间。

Life（寿命）：粒子从产生到消亡的时间。

Hide（隐藏）：若勾选该复选框，则隐藏发射器虚线框。

【实例】用喷射粒子系统对象创建下雨

在顶视图中创建一个喷射粒子系统对象，大小要能覆盖整个顶视图，X、Y、Z 坐标分别为：0、0、75。粒子颜色设置为白色。其他参数设置如图 12.4（a）所示。

指定一幅背景贴图。渲染后的结果如图 12.4（b）所示。

给粒子对象赋标准材质。不透明度设置为 50，漫反射颜色设置为白色。

在顶视图中创建两组泛光灯。一组三盏，Z 坐标为 0。另一组也是三盏，Z 坐标为 60。如图 12.4（c）所示。

渲染结果如图 12.4（d）所示。

在顶视图中创建空间扭曲对象风。风的图标大小也要求能覆盖整个顶视图。将风绕 X 轴旋转 140°。风的强度设置为 5。湍流设置为 10。将喷射粒子对象绑定到风上。渲染结果如图 12.4（e）所示。这时可以看到雨的下落路径被吹斜了。

图 12.4　用喷射粒子系统创建下雨

【实例】给粒子贴图创建天赐的玫瑰动画

在顶视图中创建一个喷射粒子系统对象，大小要能覆盖整个顶视图，X、Y、Z 坐标分别为：0、0、75。粒子颜色设置为白色，渲染计数设置为 200，Drop Size（水滴大小）选择为 5，选择 Facing（面）选项。如图 12.5（a）所示。

为了给粒子贴图，先要准备一朵玫瑰的位图文件，如图 12.5（b）所示。制作玫瑰的黑白图像文件。如图 12.5（c）所示。

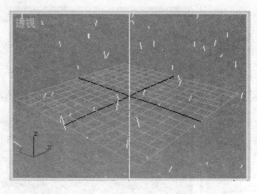

(a)

(b)

(c)

图 12.5　贴图用的位图文件和黑白图形文件

选定粒子系统对象，打开材质编辑器，展开贴图卷展栏，选择不透明度贴图，将黑白玫瑰图像文件赋给粒子系统，选择漫反射颜色贴图将玫瑰位图文件赋给粒子系统。渲染后得图12.6（a）。

指定一幅背景贴图。渲染输出动画。播放动画，可以看到玫瑰花从天上飘落下来。图12.6（b）是截取的第50帧。

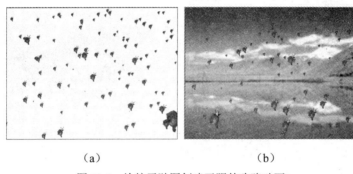

（a）　　　　　　　　　（b）

图 12.6　给粒子贴图创建天赐的玫瑰动画

12.2　Snow（雪）

Snow（雪）也是一种连续发射的粒子系统，其功能、参数设置和操作与Spray（喷射）粒子系统差不多。主要差别是雪的粒子形状和运动状态更像雪一些。

图 12.7 是创建的雪。参数设置是：视口计数为 1000，速度为 5，变化为 3，翻滚为 1，寿命为 150。

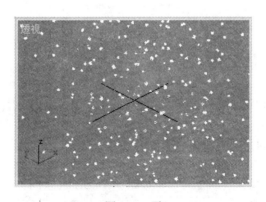

图 12.7　雪

【实例】创建一棵苹果树

创建一棵美洲榆。如图 12.8（a）所示。

创建一个 Snow（雪）粒子对象。参数选择：雪花大小为 3，渲染选项选择面，其他选择默认参数。

为了给粒子贴图，先准备一个苹果的位图文件，并制作出对应的苹果黑白图像文件。

在贴图卷展栏中选择不透明贴图,将苹果黑白图像文件指定给粒子系统。使用漫反射颜色贴图将苹果位图文件指定给粒子系统。

图12.8(b)是贴图以后的粒子系统。

适当调整粒子系统的大小和位置。得如图12.8(c)所示的苹果树。

指定一幅背景贴图。渲染后的结果如图12.8(d)所示。

图12.8　创建苹果树

12.3　Blizzard(暴风雪)

Blizzard(暴风雪)粒子系统有比较多的参数供用户选择,用它能创建出更接近真实的雪景、雨景等。

暴风雪粒子系统的创建命令面板如图12.9所示。

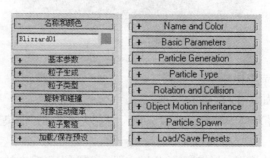

图12.9　暴风雪粒子系统创建命令面板

1. Basic Parameters（基本参数）卷展栏

Percentage of Particles（粒子百分比）：显示在视图中粒子数占最大粒子数的比值。渲染输出的粒子数与该参数无关。

图 12.10（a）选择的粒子百分比为 100%，图 12.10（b）选择的粒子百分比为 10%。

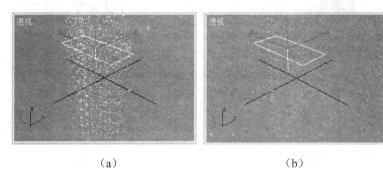

（a）　　　　　　　　　（b）

图 12.10　粒子百分比对粒子数的影响

2. Particle Generation（粒子生成）卷展栏

Speed（速度）：粒子运动的平均速度。

Variation（变化）：粒子初始速度的变化量。

Tumble（翻滚）：粒子运动中翻滚的程度。

Emit Start（发射开始）：动画中，开始发射粒子的帧。

Emit Stop（发射结束）：动画中，粒子停止发射的帧。

Life（寿命）：粒子存在的平均帧数。

在 Particle Size（粒子大小）选区中，可以设置粒子的 Size（大小），粒子大小的 Variation（变化）程度。

3. Particle Type（粒子类型）卷展栏

粒子类型有三种：Standard Particles（标准粒子）、MetaParticles（变形球粒子）和 Instanced Geometry（关联几何体）。

Standard Particles（标准粒子）的形状有三角形等八种，其形状是不能改变的。图 12.11（a）的粒子类型为 Constant（恒定），图 12.11（b）的粒子类型为 Cube（立方体），图 12.11（c）的粒子类型为 SixPoint（六角形）。

（a）　　　　　　　　（b）　　　　　　　　（c）

图 12.11　标准粒子的三种不同形状

MetaParticles（变形球粒子）可以选择不同的 Tension（张力）等参数改变其形状。图 12.12（a）设置的张力为 0.1，图 12.12（b）设置的张力为 1.0。

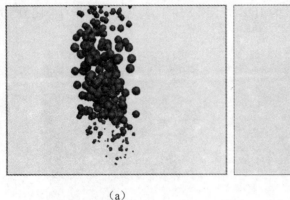
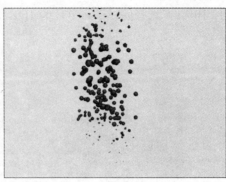

　　　　　（a）　　　　　　　　　　　　　（b）

图 12.12　不同张力下的变形球粒子

Instanced Geometry（关联几何体）可以指定场景中的几何体作为粒子的形状。

【实例】用暴风雪粒子系统创建草原上的雄鹰

创建一个暴风雪粒子系统对象。将粒子发射器放大到整个场景。

在场景中创建一个厚度为 0 的长方体。

准备一张鹰的位图文件，并制作出相应的黑白图像文件。

使用不透明贴图将鹰的黑白图像文件赋给长方体，使用漫反射颜色贴图将鹰的彩色图像文件指定给长方体。

在暴风雪创建（或修改）命令面板中的 Particle Type（粒子类型）卷展栏中选择 Instanced Geometry（关联几何体）选项。

单击拾取对象按钮，单击场景中已贴图的长方体。

单击材质贴图和来源选区中的材质来源按钮，单击场景中已贴图的长方体。

渲染后的结果如图 12.13（a）所示。

指定一幅背景贴图，渲染后的结果如图 12.13（b）所示。

　　　　　（a）　　　　　　　　　　　　　（b）

图 12.13　创建的群鹰

4. Rotation and Collision（旋转和碰撞）卷展栏

Spin Time（自旋时间）：粒子旋转一周所需的帧数。

Variation（变化）：粒子旋转速度变化的百分数。

Spin Axis Controls（旋转轴控制）选区：该选区可以指定旋转轴是随机的，还是由用户指定。

Interparticle Collisions（粒子碰撞）选区：该选区可以选择粒子是否碰撞有效。

Enable（启用）：若勾选该选项，则粒子碰撞计算有效，而 Particle Spawn（粒子繁殖）卷展栏无效。

5. Object Motion Inheritance（对象运动继承）卷展栏

运动继承是指发射器运动时，将粒子自身的运动与发射器的运动迭加起来，作为粒子的运动。

Influence（影响）：指定运动粒子受发射器运动影响的程度。

6. Particle Spawn（粒子繁殖）卷展栏

在未勾选 Rotation and Collision（旋转和碰撞）卷展栏中 Enable（启用）复选框时，该卷展栏才被激活。

Spawns（繁殖数）：一个父粒子繁殖的子粒子数。图 12.14（a）为选择消亡后繁殖选项，繁殖数为 1 的渲染结果。图 12.14（b）为选择消亡后繁殖选项，繁殖数为 10 的渲染结果。

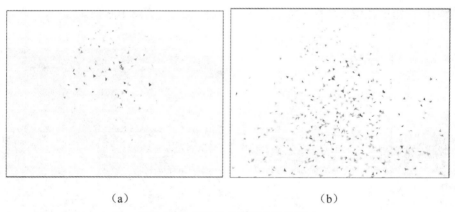

图 12.14　繁殖数对粒子个数的影响

Multiplier（倍增）：粒子繁殖数乘倍数为总繁殖数。

Direction Chaos（方向混乱度）选区：该选区用来指定粒子运动方向沿父粒子运动方向变化的混乱程度。

Speed Chaos（速度混乱度）选区：该选区用来设置速度的混乱程度。

Scale Chaos（缩放混乱度）选区：该选区用来指定粒子相对父粒子缩放变化的混乱程度。图 12.15（a）是方向混乱度、速度混乱度和缩放混乱度均设置为 1 时的渲染结果。图 12.15（b）是方向混乱度、速度混乱度和缩放混乱度均设置为 40 时的渲染结果。

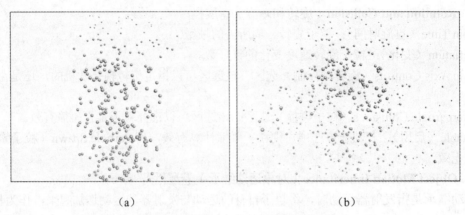

图 12.15 粒子混乱度对粒子运动的影响

【实例】创建下雪动画

使用 Photoshop 制作一个雪景位图文件。如图 12.16（a）所示。

创建一个暴风雪粒子对象：速度设置为 3，发射开始为 0，发射停止为 100，寿命为 100，粒子大小为 5。消亡后繁殖，繁殖数为 1000，倍增为 5。颜色为白色。

在顶视图中创建两组泛光灯。一组三盏，Z 坐标为 0。另一组也是三盏，Z 坐标为 60。如图 12.16（b）所示。

渲染输出：渲染范围为 30~100。图 12.16（c）是截取的第 100 帧。

图 12.16 创建下雪动画

12.4 PCloud（粒子云）

PCloud（粒子云）可以由用户指定粒子在空间的分布造型，选择可渲染的三维对象做粒子发射器，它可以用来创建云团、烟雾、鸟群、羊群等效果。

1. Basic Parameters（基本参数）卷展栏

PCloud（粒子云）的发射器有：Box Emitter（长方体发射器）、Sphere Emitter（球体发射器）、Cylinder Emitter（圆柱体发射器）和 Object-Based Emitter（基于对象的发射器）。

Pick Object（拾取对象）按钮：如果选择了基于对象的发射器，单击该按钮，单击场景中的一个三维对象，该对象就转换成了粒子云发射器。

【实例】选择场景中对象做粒子发射器

创建一个粒子云对象，参数选择：粒子运动速度为10，发射停止设为100，粒子大小选择为3，粒子类型选择标准类型中的球体，粒子繁殖选择消亡后繁殖，并且繁殖数设为10。单击播放动画按钮，粒子云对象就会发射粒子。如图12.17（a）所示。

创建一个圆锥体，圆锥体顶端放一个小球。

选择粒子云对象，选择 Object-Based Emitter（基于对象的发射器）选项，单击 Pick Object（拾取对象）按钮，单击小球，小球就变成了粒子发射器。播放动画可以看到粒子从球体中喷出。如图12.17（b）所示。

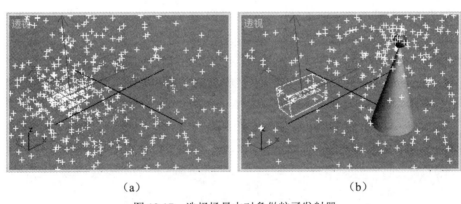

（a）　　　　　　　　　　（b）

图12.17　选择场景中对象做粒子发射器

2. Particle Generation（粒子生成器）卷展栏

Random Direction（随机方向）：若选择该选项，粒子方向随机变化。

Enter Vector（方向向量）：若选择该选项，则粒子方向由指定的 X、Y、Z 三个值的大小决定，值越大，对粒子方向的影响力也越大。利用三个值的变化，可模拟探照灯光柱的摇动。

Reference Object（参考对象）：若选择该选项，这时会激活 Pick Object（拾取对象）按钮，单击拾取对象按钮，单击视图中的一个几何体，这时粒子的运动方向受该几何体局部坐标的 Z 轴方向控制。

【实例】创建冒烟的烟头

创建一个烟灰缸、一截烟头和一个红色球体。球体放在烟头末端用来做烟的燃烧部位，使用球体冒烟，即发射粒子。

创建一个圆柱体作参考对象，并使圆柱体倾斜一定角度，准备用它控制烟的方向。如图12.18（a）所示。

创建一个粒子云对象。

设置粒子云参数：粒子类型设置为恒定，颜色选择为灰色，粒子大小选择为10，粒子运动速度选择10，速度变化为5，停止发射选择100，粒子繁殖选择消亡后繁殖，繁殖数选择1000，方向混乱度选择50，寿命设置为100。粒子云发射器发射粒子的场景如图12.18（b）所示。

 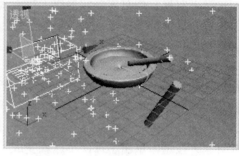

（a） （b）

图 12.18 粒子云发射器和场景

选定粒子云对象，选择 Object-Based Emitter（基于对象的发射器）选项，单击拾取按钮，单击红色小球，这时小球就成了粒子发射器。小球发射的粒子如图 12.19（a）所示。

在 Particle Generation（粒子生成）卷展栏中选择（参考对象）选项，这时拾取对象按钮被激活，单击拾取对象按钮，单击作为参考对象的圆柱体，这时可以看到粒子的发射方向与圆柱体局部坐标轴的 Z 轴方向保持一致。如图 12.19（b）所示。

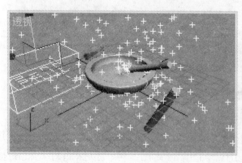 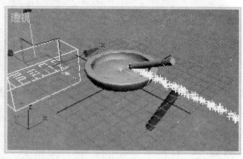

（a） （b）

图 12.19 将烟头创建成粒子发射器

给烟赋标准材质。自发光颜色选择为灰色。

给粒子赋标准材质，不透明度设置为90，自发光颜色选择为深灰色。

在烟灰缸上方创建一盏泛光灯。

单击自动关键帧按钮,将作参考对象的圆柱体绕轴心点旋转创建成动画。单击动画播放按钮,可以看到烟雾的方向,随着作参考对象的圆柱体 Z 轴方向的改变而改变。

隐藏作参考对象的圆柱体。

渲染输出动画。图 12.20(a)是截取的第 50 帧,图 12.20(b)是截取的第 80 帧。

 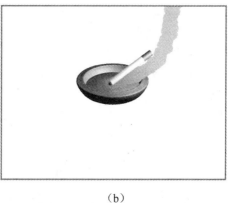

(a)　　　　　　　　　　　　　　(b)

图 12.20　创建冒烟的烟头

Speed(速度):粒子运动的速度,当速度为 0 时,粒子集聚在发射器的框架内。若发射器是一个平面场景对象,则粒子分布在平面的表面。图 12.21(a)的粒子集聚在发射器框架内,图 12.21(b)的粒子集聚在平面场景对象的表面。

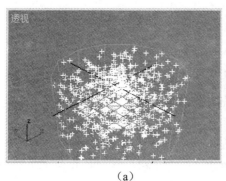 

(a)　　　　　　　　　　　　　　(b)

图 12.21　速度为 0 的粒子分布

【实例】创建烟雾

创建一个圆柱体,并使圆柱体倾斜一定角度,用它做控制烟雾方向的参考对象。创建一个球体,用它发射粒子。创建一个粒子云对象。如图 12.22(a)所示。

设置粒子云参数:粒子类型选择标准粒子中的恒定,粒子大小设置为 15,变化设置为 20,粒子运动速度选择 10,速度变化为 20,开始发射设置为 0,停止发射选择 100,寿命设置为 50,参考对象的变化设置为 5,粒子繁殖选择消亡后繁殖,繁殖数选择 1000,方向混乱度选择 50。

选定粒子云对象,选择 Object-Based Emitter(基于对象的发射器)选项,单击拾取按钮,单击球体,这时球体就成了粒子发射器。

在 Particle Generation（粒子生成）卷展栏中选择（参考对象）选项，这时拾取对象按钮被激活。单击拾取对象按钮，单击圆柱体，这时可以看到粒子的发射方向与圆柱体局部坐标轴的 Z 轴方向保持一致。

单击自动关键帧按钮，交替移动时间滑动块和旋转圆柱体，将烟雾方向的变化记录成动画。单击播放按钮，可以看到烟雾的方向随圆柱体 Z 轴方向的改变而改变。

为粒子创建烟雾贴图：选定粒子对象，在贴图卷展栏中勾选反射复选框，单击对应长条形按钮，在材质/贴图浏览器的贴图列表中双击烟雾，在烟雾参数卷展栏中设置颜色#1 为黑色，颜色#2 为深灰色。

创建一团火，使烟从火的顶部冒出。火的密度设置为 30。

隐藏圆柱体。

渲染输出动画。图 12.22（b）是在动画中截取的一幅画面。

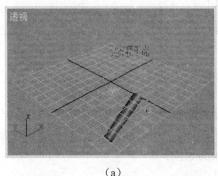
（a）

（b）

图 12.22　创建烟雾

12.5　PArray（粒子阵列）

PArray（粒子阵列）将场景中三维对象作为发射器向外发射粒子。该粒子系统可以很方便地模拟物体的爆炸。

1. Basic Parameters（基本参数）卷展栏

Pick Object（拾取对象）按钮：创建 PArray（粒子阵列）后，单击该按钮，单击场景中一个对象，该对象就成了粒子发射器。

Over Entire Surface（在整个曲面）：若选择该选项，则在拾取对象的整个表面随机发射粒子。

Along Visible Edges（沿可见边）：沿拾取对象的所有可见边随机发射。

At All Vertices（在所有的顶点）：从拾取对象的所有顶点随机发射。

At Distinct（在特殊点）：若选择该选项，就会激活 Total（总数）数码框，数码框中的值决定了发射的顶点数。

At Face Centers（在面的中心）：从拾取对象表面每个三角子级面的中心发射粒子。

Use Selected SubObject（使用选定子对象）：若勾选该选项，则从拾取对象表面选定的子层级对象上发射粒子。

【实例】在拾取对象的特殊点发射粒子——创建喷花

创建三个 PArray（粒子阵列）对象和三个圆锥体。

创建一个圆形管状体做形式上的发射筒。

选择粒子阵列对象，单击基本参数卷展栏中 Pick Object（拾取对象）按钮，单击圆锥体，圆锥体就变成了粒子发射器。粒子分布选择在特殊点上选项。发射点总数设置为 1。粒子类型为球体。如图 12.23（a）所示。

粒子大小设置为 1，粒子速度设置为 3，终止发射设置为 100，寿命设置为 100，粒子繁殖效果选择消亡后繁殖，繁殖数目为 1000，倍增为 5。

三种粒子设置三种不同颜色。

渲染输出。播放动画时可以看到粒子从发射筒喷出。第 100 帧的画面如图 12.23（b）所示。

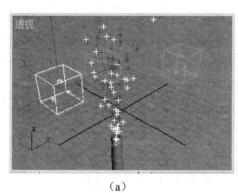

图 12.23　在拾取对象的特殊点发射粒子——创建喷花

2. Particle Generation（粒子生成）卷展栏

Speed（速度）：粒子运动的速度。

Variation（变化）：粒子速度的变化量。

Divergence（分散）：粒子运动方向与发射器法线方向的角度变化量。

Emit Start（发射开始）：指定粒子开始出现的帧。

Emit Stop（发射停止）：指定粒子发射完的帧。

Life（寿命）：粒子从发射到消亡的帧数。

Emitter Translation（发射器平移）：如果发射器设置了平移动画，就要勾选该复选框，这样能避免粒子堆积。

Emitter Rotation（发射器旋转）：如果发射器设置了旋转动画，就要勾选该复选框，这样能避免粒子堆积。

3. Particle Type（粒子类型）卷展栏

Standard Particles（标准粒子）：在标准粒子选区指定的粒子。

MetaParticles（变形球粒子）：这种粒子在喷射过程中可以互相融合。

Object Fragments（对象碎片）：以对象爆炸破裂的碎片作为发射的粒子。碎片只在发射开始帧产生。选择该选项后，会激活 Object Fragment Controls（对象碎片控制）选区，在选区中可选择碎片 Thickness（厚度），也可设置碎片数量。选择 All Faces（所有面）选项时，对象的所有三角面都会分裂成粒子。选择 Number of Chunks（碎片数量）选项时，在相应数码框中指定粒子数量。

Instanced Geometry（关联几何体）：在场景中选择一个现有的对象作为粒子。选择该选项后，会激活关联参数选区，单击选区中 Pick Object（拾取对象）按钮，单击场景中对象，就能拾取场景对象作为粒子。通过给场景对象贴图可以创建群鸟等场景和动画。

【实例】手雷爆炸

创建一个 PArray（粒子阵列）对象。

创建一个几何球体，参数选择八面体。复制一个几何球体。

创建一个长方体做地面。

场景如图 12.24（a）所示。

选定粒子阵列对象，单击基本参数卷展栏中 Pick Object（拾取对象）按钮，单击一个球体，这个球体就成了粒子发射器。

设置粒子参数：

粒子类型选择 Object Fragments（对象碎片），这时会激活 Object Fragment Controls（对象碎片控制）选区，在选区中选择碎片 Thickness（厚度）为 2，选择 All Faces（所有面）选项。

在粒子生成卷展栏中，选择散度为 50，变化为 50，发射开始为 20，显示时限为 100，寿命为 100。

在基本参数卷展栏的视口显示选区，选择网格选项。

创建爆炸动画：

隐藏发射粒子的球体。

另外一个球体在 0 帧抛出，经抛物线，在第 19 帧落到发射粒子的球体处。

在第 20 帧移动到地面之下。第 20 帧手雷爆炸。如图 12.24（b）所示。

第 25 帧可以看到碎片四散飞出，如图 12.24（c）所示。

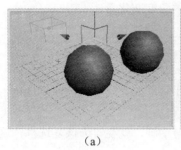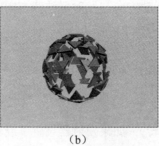

（a）　　　　　　　　　（b）　　　　　　　　　（c）

图 12.24　手雷爆炸

4. Bubble Motion（气泡运动）卷展栏

Amplitude（幅度）：粒子在晃动过程中，相对于运动路径的偏移距离。

Period（周期）：粒子完成一次晃动所需帧数。

【实例】使用粒子阵列对象创建倒酒动画

创建一个茶壶，选择拉伸修改器，设置拉伸为 1，放大为 1.5，就将茶壶拉伸成了酒壶。

创建一个酒杯，一个圆桌，圆桌上蒙有桌布。如图 12.25（a）所示。

创建一个 PArray（粒子阵列）对象。粒子大小为 5，速度为 2，散度为 5，粒子发射开始为 0，发射停止为 100，寿命为 10，粒子类型为标准粒子中的恒定，消亡后繁殖，繁殖数量为 1000。

给粒子赋标准材质，不透明度为 30，漫反射颜色为浅绿色。

在 Basic Parameters（基本参数）卷展栏中，选择 At All Vertices（在所有的顶点），并勾选 Use Selected SubObject（使用选定子对象）复选框。

选定酒壶，选择编辑网格修改器，选择顶点子层级，选定壶嘴尖上一点作粒子发射点。

选择粒子阵列对象，单击基本参数卷展栏中 Pick Object（拾取对象）按钮，单击酒壶，酒壶就成了粒子发射器。

调整酒壶的位置和角度，使酒刚好倒入酒杯中。如图 12.25（b）所示。

创建一个半球体做酒杯中的酒。给半球体设置成浅绿色，并加上噪波修改器。对半球体创建沿 Z 轴放大的动画。

从 30~100 帧渲染输出动画。播放动画可以看到酒壶中不断有酒倒出，酒杯中的酒不断涨高并伴有酒面的波动。第 90 帧的画面如图 12.25（c）所示。

（a） （b）

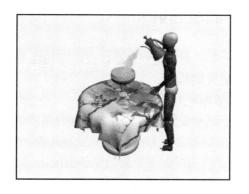

（c）

图 12.25 倒酒

5. Load/Save Presets（加载/保存预设）卷展栏

加载/保存预设卷展栏如图 12.26 所示。

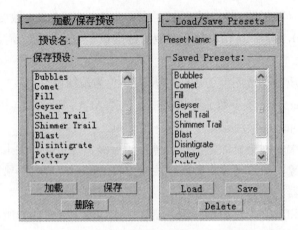

图 12.26 加载/保存预设卷展栏

选定粒子阵列对象，单击基本参数卷展栏中 Pick Object（拾取对象）按钮，单击几何球体，这个球体就成了粒子发射器。在保存预设列表中选择不同的选项，单击加载按钮，就能将该选项加载给粒子发射器。图 12.27 中三图是选择不同选项所得结果。

（a）　　　　　　　　　　（b）　　　　　　　　　　（c）

图 12.27 选择不同选项所得结果

12.6 Super Spray（超级喷射）

Super Spray（超级喷射）的发射源是一个点，发射方向性很强的粒子流，适合于模拟焰火、飞机发动机和火箭喷射的火焰等。

1. Basic Parameters（基本参数）卷展栏

Off Axis（轴偏离）：粒子流与发射器 Z 轴方向偏移的角度。

Spread（扩散）：粒子在发射器 Z 轴方向偏移扩散的角度。

Off Plane（面偏移）：粒子流与发射器平面的位移程度。

Spread（扩散）：粒子在发射器平面方向的偏移角度。

【实例】观察参数对粒子分布的影响

创建一个 Super Spray（超级喷射）对象，粒子大小设置为 5，其他为默认参数。发射的粒子如图 12.28（a）所示。

设置 Off Axis（轴偏离）为 50，其他为默认值，发射的粒子如图 12.28（b）所示。

设置 Spread（扩散）为 50，其他为默认值，发射的粒子如图 12.28（c）所示。

设置 Spread（扩散）为 50，Off Plane（面偏移）为 50，发射的粒子如图 12.28（d）所示。

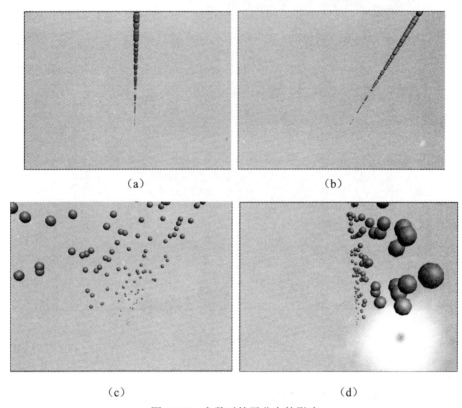

图 12.28 参数对粒子分布的影响

【实例】潜水动画

创建一个二足角色作潜水员。潜水员的头部赋标准材质，不透明度设置为 60，漫反射颜色设置为黑色。骨盆赋标准材质，不透明度设置为 50，漫反射颜色设置为蓝色。身体的其余部分赋标准材质，不透明度设置为 30，漫反射颜色设置为白色。

创建两个 Super Spray（超级喷射）粒子对象。

粒子对象参数设置：

第一个粒子对象发射开始设置为 0，发射结束设置为 20，大小设置为 5，速度设置为 5，显示时限为 20，寿命为 10。轴偏离中的扩散设为 30。粒子类型为球体。

第二个粒子对象发射开始设置为 50，发射结束设置为 80，大小设置为 5，速度设置为 5，显示时限为 80，寿命为 5，轴偏离中的扩散设为 30。粒子类型为球体。

给两个粒子对象赋光线跟踪材质，透明度设置为 96，漫反射颜色设置为浅绿色。如图 12.29（a）所示。

创建潜水员动画。播放时，可以看到潜水员间断地吐出气泡。如图 12.29（b）所示。

指定一幅背景贴图。渲染输出动画。第一次呼气的画面如图 12.29（c）所示。第二次呼气的画面如图 12.29（d）所示。

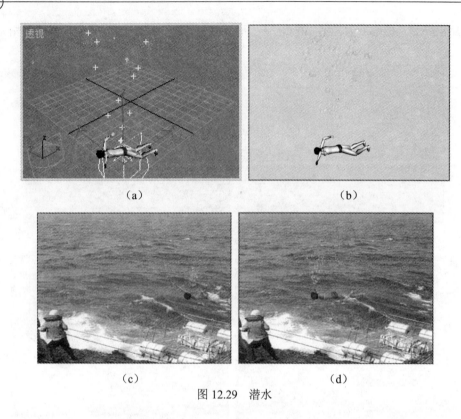

图 12.29 潜水

12.7 PF Source（粒子流源）

Particle Flow Source（粒子流源）采用事件驱动机制，通过流程图来控制粒子和粒子的运动。

单击对象类型卷展栏中的 PF Source 按钮，在 Setup（设置）卷展栏中单击 Particle View（粒子视图）按钮，就会弹出 Particle View（粒子视图）窗口，如图 12.30 所示。通过该窗口创建和编辑流程图。

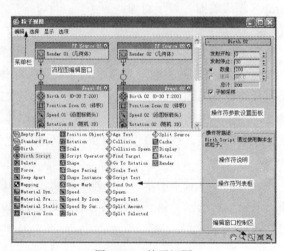

图 12.30 粒子视图

在粒子视图的操作符列表框中，显示有操作符和测试工具列表。

使用 Particle View（粒子视图）窗口编辑流程图的操作步骤如下：

在粒子系统的对象类型卷展栏中，单击 PF Source 按钮，在场景中拖动就会产生一个 PF Source 对象。这时在粒子视图的编辑窗口会显示一个标准流程。

编辑标准流程，粒子的运动会随编辑过程而变化。

Birth（生成）：控制粒子生成的操作符。将其拖到流程图编辑窗口，并选择该操作符，在操作符说明框中，会显示说明该操作符功能的文本，在操作符参数设置面板中会显示与该操作符有关的参数。如图 12.31 所示。Birth 只能放在第一个事件的前面，一个 Particle Flow Source 只能具有一个 Birth 操作符。

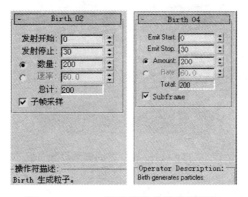

图 12.31　Birth 操作符的参数设置面板

Birth Script：采用脚本来控制粒子的产生。

Delete（删除）：删除粒子操作符。该操作符的参数设置面板和功能说明如图 12.32 所示。如果不指定一个删除粒子选项删除粒子，粒子的寿命将无限长。

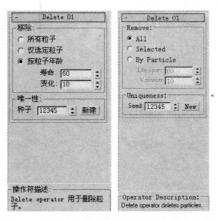

图 12.32　删除粒子操作符的参数设置面板

Force（力量）：这是给粒子添加外力的操作符。将 Force 拖到流程图编辑窗口以后，选定 Force，参数设置面板和功能说明文本如图 12.33 所示。单击（添加）按钮，单击场景中的一个空间扭曲对象，就能将该对象添加到粒子系统中。

Position Icon：使用 PF Source 图标控制粒子发射位置的操作符。

Position Object：让粒子可以从任意对象上发射的操作符。
Rotation：控制粒子转动角度的操作符。
Spin：控制粒子自转的操作符。
Scale：控制粒子缩放的操作符。
Shape：控制粒子大小和外形的操作符。
Shape Facing：控制粒子朝向的操作符。

图 12.33　Force 操作符的参数设置面板

Shape Instance：指定对象代替粒子的操作符。
Speed：控制粒子速度和发射方向的操作符。
Speed By Icon：利用图标来控制粒子速度和运动方向的操作符。
Speed By Surface：利用指定场景对象来控制粒子速度和运动方向的操作符。
Display：控制粒子在视图中显示的操作符。
Render：控制粒子渲染时形态的操作符。

在操作符列表框中，除显示有操作符外，图标呈黄色菱形显示的为测试工具，测试结果为粒子从一个事件进入另一个事件提供条件。

Age Test：测试粒子年龄。参数面板如图 12.34 所示。

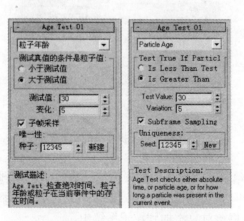

图 12.34　Age Test 参数面板

【实例】使用（粒子视图）创建一个粒子系统。要求粒子从 50 帧开始发射，到 80 帧停止发射，粒子大小为 5，粒子形状为立方体，寿命为 80 帧。

在粒子系统类型卷展栏中选择 PF Source 按钮，在场景中拖动鼠标产生一个 PF Source。

在 Setup（设置）卷展栏中单击 Particle View（粒子视图）按钮，打开粒子视图窗口，这时在编辑窗口显示有一个 Standard Flow（标准流程）。

在标准流程中选定 Birth 操作符，在参数设置面板中选择发射开始为 50，发射结束为 80。

在标准流程中选定 Shape 操作符，在参数设置面板中选择图形参数为立方体，大小为 5。

单击编辑菜单，指向 Insert Before（插入前面）下的 Operator（操作符）中 Delete 后单击，选择按粒子年龄选项，在寿命数码框中输入 80。

单击动画播放按钮，可以看到粒子的运动与实例要求一致。

编出的流程图如图 12.35 所示。

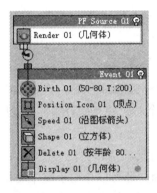

图 12.35 流程图

思考与练习

一、思考与练习题

1．粒子系统有何作用？
2．如何创建喷射粒子系统对象？

二、上机练习题

1．创建群鸟飞翔。
2．创建茶壶爆炸。
3．创建果树。
4．创建茶壶倒水。

第13章 空间扭曲与动画

空间扭曲是一种不可渲染对象，它可以使绑定在一起的对象受到各种力的作用，这样创建出来的动画更接近于真实；也可以使绑定在一起的对象发生变形，创建出多种变形动画；还可以控制被绑定对象的运动方向，实现某些修改器的编辑修改操作等。

空间扭曲共有 6 类：Forces（力）、Deflectors（导向器）、Geometric/Deformable（几何/可变形）、Modifier-Based（基于修改器）、Particles & Dynamics（粒子和动力学）、reactor。

13.1 概述

在对象类型卷展栏中选定一个空间扭曲按钮，在视图中拖动鼠标就可产生一个空间扭曲对象。每个空间扭曲对象都有一个对应的支持对象类型卷展栏，在卷展栏中显示有该空间扭曲所支持的对象类型。

空间扭曲可以移动、旋转、缩放。

空间扭曲不仅可以作用于对象，还可以作用于整个场景。

多个对象可以同时绑定到一个空间扭曲上，空间扭曲将作用于每一个对象。多个空间扭曲也可以同时作用于一个对象，空间扭曲按加入的先后顺序依次排列在修改器堆栈中。

空间扭曲的参数变化可以用来创建动画，空间扭曲与对象之间的位置和角度变化也可用来创建动画。

创建空间扭曲的一般步骤：

选择创建命令面板。

选择 Space Warps（空间扭曲）子面板。

单击空间扭曲列表框的展开按钮，在列表中选择一种空间扭曲类型。

在对象类型卷展栏中选择一个空间扭曲按钮。

在场景中拖动鼠标就能创建一个空间扭曲对象。

将对象绑定到空间扭曲的一般操作步骤是：

创建一个空间扭曲对象，创建一个能被该空间扭曲作用的对象。

选定空间扭曲对象。

单击主工具栏中 Bind to Space Warp（绑定到空间扭曲）按钮。

按住鼠标左键，从被绑定对象拖到空间扭曲对象。

13.2 Forces（力）空间扭曲

Forces（力）空间扭曲分为9种：Push（推力）、Motor（马达）、Vortex（漩涡）、Drag（阻力）、PBomb（粒子爆炸）、Path Follow（路径跟随）、Displace（置换）、Gravity（重力）和Wind（风）。

13.2.1 Push（推力）

Push（推力）可以作用于Particle Systems（粒子系统）和Dynamic Effects（动力学对象）。
Parameters（参数）卷展栏：
On Time（开始时间）：空间扭曲开始作用的时间（帧）。
Off Time（结束时间）：空间扭曲结束作用的时间（帧）。
Basic Force（基本推力）：扭曲力的强度。值越大扭曲作用越大。
在Particle Effect Range（粒子影响范围）选区中，若勾选Enable（启用）复选框，就会激活Range（范围）数码框，该值为作用球形范围的半径。

【实例】将喷射粒子对象绑定到Push（推力）空间扭曲对象
创建一个喷射粒子对象。选择参数：视口计数为1000，水滴大小为10，其他为默认参数。如图13.1（a）所示。
创建一个Push（推力）空间扭曲对象。进行适当移动和旋转。选择参数：Off Time（结束时间）为100，Basic Force（基本推力）为100，勾选Enable（启用）复选框，Range（范围）为1000，其他为默认参数。
选定Push（推力）空间扭曲对象，单击绑定到空间扭曲按钮，将鼠标从粒子对象拖到空间扭曲对象后放开。
播放动画，可以看到粒子在推力作用下运动发生偏移。如图13.1（b）所示。

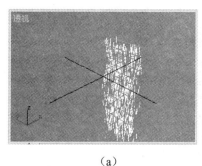
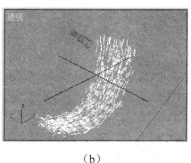

（a）　　　　　　　　　　　　（b）

图13.1　将喷射粒子对象绑定到Push（推力）空间扭曲对象

13.2.2 Motor（马达）

Motor（马达）空间扭曲可以产生一种绕轴旋转的转矩，它可以作用于Particle Systems（粒子系统）和Dynamic Effects（动力学对象）。
Parameters（参数）卷展栏：
On Time（开始时间）：空间扭曲开始作用的时间（帧）。

Off Time（结束时间）：空间扭曲结束作用的时间（帧）。

Basic Torque（基本扭矩）：马达空间扭曲对象产生扭矩的大小。

在 Particle Effect Range（粒子影响范围）选区中，若勾选 Enable（启用）复选框，就会激活 Range（范围）数码框，该值为作用球形范围的半径。

【实例】将喷射粒子对象绑定到 Motor（马达）空间扭曲对象

创建一个喷射粒子对象。选择参数：视口计数为 1000，水滴大小为 10，其他为默认参数。

创建一个 Motor（马达）空间扭曲对象。将其移动到与粒子发射器对齐。选择参数：Off Time（结束时间）为 100，Basic Torque（基本扭矩）为 100，勾选 Enable（启用）复选框，Range（范围）为 1000，其他为默认参数。

选定主工具栏中绑定到空间扭曲对象按钮。

选定 Motor（马达）空间扭曲对象，将鼠标从粒子对象拖到空间扭曲对象后放开。

播放动画，可以看到粒子在马达空间扭曲对象作用下运动粒子绕 Z 轴发生旋转。图 13.2（a）为顶视图效果，图 13.2（b）为透视图效果。

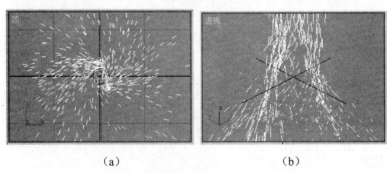

（a）　　　　　　　　　　　　　　（b）

图 13.2　将喷射粒子系统绑定到 Motor（马达）空间扭曲对象

【实例】加入了马达的火箭发射动画

创建圆柱体做火箭箭身，创建平行四边形做火箭尾舵。如图 13.3（a）所示。

将各部分对齐组成火箭。将所有对象组合成组。如图 13.3（b）所示。

创建一个超级喷射粒子对象。参数选择是：轴偏离 15°，扩散 5°，发射停止、显示时限和寿命均为 100，粒子大小为 10，粒子类型为标准粒子中的恒定，粒子繁殖选择消亡后繁殖，繁殖数目设置为 1000。将粒子对象置于火箭尾部，并将粒子对象与火箭组合成组。如图 13.3（c）所示。

给粒子对象赋标准材质：

打开材质编辑器，单击获取材质按钮，选择标准材质。

展开贴图卷展栏，勾选漫反射颜色复选框，单击对应长条形按钮，在材质贴图浏览器中选择粒子年龄贴图。粒子年龄贴图能够按照粒子生存期内的三个不同时段，给出三种不同颜色或贴图。

单击粒子年龄参数卷展栏中的颜色#1None 按钮，选择烟雾贴图。在烟雾参数卷展栏中，设置颜色#1 为浅红色，颜色#2 为白色。年龄#1 为 0%。

单击返回父级按钮，单击粒子年龄参数卷展栏中的颜色#2None 按钮，选择烟雾贴图。在烟雾参数卷展栏中，设置颜色#1 为红色，颜色#2 为白色。年龄#1 为 30%。

单击返回父级按钮,单击粒子年龄参数卷展栏中的颜色#3None 按钮,选择烟雾贴图。在烟雾参数卷展栏中,设置颜色#1 为浅灰色,颜色#2 为白色。年龄#3 为 40%。

打开空间扭曲子面板,创建一个马达,马达基本扭矩为 2,其他为默认参数。将马达与粒子系统对齐,并将马达绑定到粒子对象上。这样做的目的是使得喷出的烟雾更柔和。但要注意,马达必须对齐粒子对象,不然喷射方向会发生偏斜。

打开自动关键帧按钮,通过移动创建发射火箭的动画。可以看到火箭尾部喷出的火焰由白变红,再变成灰色。

渲染输出动画。

图 13.3 (d) 是截取的第 30 帧。图 13.3 (e) 是截取的第 60 帧。

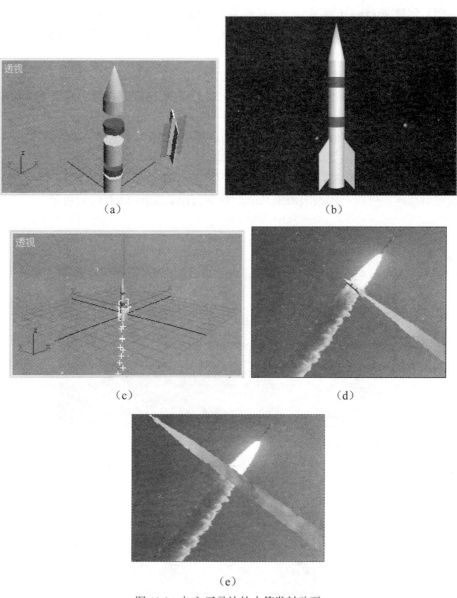

图 13.3　加入了马达的火箭发射动画

13.2.3 Vortex（漩涡）

Vortex（漩涡）空间扭曲可用来模拟漩涡的产生，这种空间扭曲只能作用于粒子系统。

Parameters（参数）卷展栏：

Unlimited Range（无限范围）：若勾选该复选框，漩涡空间扭曲的作用范围是无限的，不勾选该复选框，就会激活作用范围数码框，这时可由用户指定作用范围。

Axial Drop（轴向下拉）：粒子沿漩涡空间扭曲的轴向运动的速度，值越大，粒子沿轴向的运动越快。

Range（范围）：在空间扭曲轴向的作用范围。

Damping（阻尼）：对运动的阻碍作用。

【实例】创建 Vortex（漩涡）——被击中的战舰

创建一个 Vortex（漩涡）空间扭曲对象，绕 X 轴旋转 180°。参数设置如图 13.4（a）所示。

创建一个超级喷射粒子对象，轴偏离 50，扩散 30，平面偏离 80，扩散 10，发射停止设置为 100，粒子类型选择标准粒子中的恒定，大小设置为 15，选择消亡后繁殖，繁殖数设为 1000。

给粒子赋光线跟踪材质，透明度设置为 20，漫反射颜色设置为深灰色。

将粒子对象绑定到漩涡空间扭曲对象上，调整空间扭曲对象的位置，使空间扭曲对象与粒子对象的相对位置如图 13.4（b）所示。

渲染输出动画。可以看到滚滚浓烟从战舰顶部冒出。如图 13.4（c）所示。

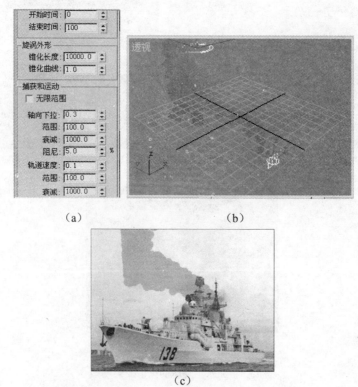

图 13.4 创建 Vortex（漩涡）——被击中的战舰

13.2.4 Drag（阻力）

Drag（阻力）空间扭曲只能作用于粒子系统，可以用来减慢粒子的运动，产生类似风的阻力等效果。

Linear Damping（线性阻尼）选区可以指定 X、Y、Z 三个轴向 Drag（阻力）空间扭曲对粒子的阻尼百分比。

Spherical Damping（球形阻尼）选区可以指定径向和切向 Drag（阻力）空间扭曲对粒子的阻尼百分比。

Cylindrical Damping（柱形阻尼）选区可以指定径向、切向和轴向 Drag（阻力）空间扭曲对粒子的阻尼百分比。

【实例】将粒子对象绑定到 Drag（阻力）空间扭曲

创建一个喷射粒子对象,选择视口粒子数和渲染粒子数均为 1000,大小为 10,寿命为 100。

创建一个 Drag（阻力）空间扭曲。

场景图如图 13.5（a）所示。

选定主工具栏中绑定到空间扭曲对象按钮。

将喷射粒子对象绑定到 Drag（阻力）空间扭曲。

选择线性阻尼，X 轴、Y 轴和 Z 轴阻尼均设为 0。得图 13.5（b）。

选择线性阻尼，Y 轴阻尼设为 200，X 轴、Z 轴阻尼设为 0。得图 13.5（c）。

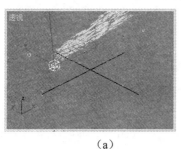 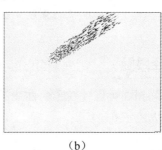 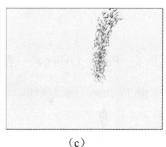

（a）　　　　　　　　　　（b）　　　　　　　　　　（c）

图 13.5　Drag（阻力）空间扭曲对粒子运动的影响

13.2.5 PBomb（粒子爆炸）

PBomb（粒子爆炸）空间扭曲可以产生瞬间冲击波，使得被绑定在一起的粒子系统的粒子被炸得四处飞溅。

Basic Parameters（基本参数）卷展栏：

Spherical（球体）：爆炸的作用区域为球体，粒子沿球体径向飞溅。

Cylindrical（柱体）：爆炸的作用区域为柱体，粒子沿柱面法线方向飞溅。

Planar（平面）：爆炸的作用区域为平面，粒子沿正面、负面法线方向飞溅。

Chaos（混乱度）：粒子飞出后的混乱程度。

Start Time（开始时间）：开始爆炸的时间（帧）。

Duration（持续时间）：粒子发射器发射粒子的持续时间（帧数）。

Strength（强度）：爆炸后粒子飞溅的速度。

【实例】创建 PBomb（粒子爆炸）空间扭曲的爆炸效果

创建两个喷射粒子对象。粒子大小为 10，渲染粒子数为 1000，寿命为 80。
创建两个爆炸空间扭曲对象。参数选择：Spherical（球体），Duration（持续时间）为 100，强度为 1000。
选定主工具栏中绑定到空间扭曲对象按钮。
分别将两个粒子对象绑定到两个空间扭曲对象上，并都沿 Y 轴旋转 180°。
将粒子系统对象与空间扭曲对象对齐，并适当调整粒子对象各轴向的大小。
渲染后的画面如图 13.6 所示。
注意：只有在设定的爆炸时间内才会爆炸。

图 13.6 粒子爆炸

13.2.6 Path Follow（路径跟随）

Path Follow（路径跟随）空间扭曲可以使粒子沿曲线给定的路径运动。
Basic Parameters（基本参数）卷展栏：
Pick Shape Object （拾取图形对象）：单击该按钮后，单击场景中一条曲线，可以将该曲线指定为粒子运动的路径。不论什么曲线均可作路径。
Stream Taper（粒子流锥化）：粒子运动过程中，逐渐偏离路径的程度。
【实例】创建 Path Follow（路径跟随）空间扭曲——抽水机抽水
创建一个圆形管状体作抽水机的出水管。创建一条 NURBS 曲线作路径。如图 13.7（a）所示。
创建一个暴风雪粒子对象。粒子大小选择 15，粒子类型选择恒定。0 帧开始发射，100 帧结束，寿命为 15，显示时限 100，速度为 10。粒子繁殖选择消亡后繁殖，繁殖数为 1000。
给粒子赋标准材质，漫反射颜色设为白色，不透明度为 35，光泽度为 50。
创建一个路径跟随空间扭曲对象。
选定路径跟随空间扭曲对象，单击主工具栏中绑定到空间扭曲按钮，从粒子对象拖到空间扭曲对象后放开。粒子对象就被绑定到空间扭曲上了。
选定路径跟随空间扭曲对象，选择修改命令面板，单击拾取图形对象按钮，单击曲线。
渲染输出动画，渲染范围从 30~100。播放动画，可以看到水源源不断地从抽水机出水口喷出。第 50 帧画面如图 13.7（b）所示。

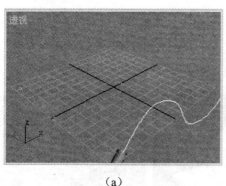 

　　　　(a)　　　　　　　　　　　(b)

图 13.7　创建 Path Follow（路径跟随）空间扭曲——抽水机抽水

13.2.7　Displace（置换）

　　Displace（置换）空间扭曲可以按照贴图图像灰度值挤出对象表面，灰度值不同，挤出的程度也不同。

　　置换空间扭曲可以作用任何可变形对象，也可作用于粒子系统。它与置换修改器类似，它能作用于与其绑定在一起的所有对象。

　　置换空间扭曲的效果，和空间扭曲对象与被绑定对象的相对位置和方向有关，也与被绑定对象表面的节点数有关。

　　Parameters（参数）：

　　Strength（强度）：强度越大，同样灰度值产生的挤出越大。强度为 0，则挤出效果为 0。

　　Bitmap（位图）按钮：单击该按钮，可以通过打开对话框指定一个位图文件作置换文件。这时在该按钮上会显示位图文件的文件名。

　　Map（贴图）按钮：单击该按钮，可以通过贴图指定一个位图文件作置换文件。这时在该按钮上会显示位图文件的文件名。

　　Planar（平面）：指定平面贴图置换方式。

　　U/V/W Tile（U/V/W 平铺）：指定贴图置换在三个不同轴向的重复次数。

　　创建置换空间扭曲效果的操作步骤：

　　创建一个被绑定对象。

　　创建一个置换空间扭曲对象。

　　选定空间扭曲对象，单击主工具栏中绑定到空间扭曲按钮，按住鼠标左键从被绑定对象拖到空间扭曲对象。

　　选定空间扭曲对象，打开修改命令面板，单击位图或贴图按钮，指定一个位图或贴图文件。选择不为 0 的强度值。根据需要选择其他参数值。

　　调整扭曲对象的位置和方向，直到满意为止。

　　【实例】使用置换空间扭曲创建浮雕效果

　　创建一个长方体，长、宽分段数均设置为 40，高度分段数设置为 10。

　　创建一个置换空间扭曲对象。

　　选定空间扭曲对象，单击主工具栏中绑定到空间扭曲按钮，按住鼠标左键从被绑定对象拖到空间扭曲对象。得到图 13.8（a）。

选定空间扭曲对象，打开修改命令面板，单击位图按钮，为置换指定图 13.8（b）的位图文件。设置强度值为 5。其他为默认参数。

渲染后得图 13.8（c）。

图 13.8　使用置换空间扭曲创建浮雕效果

【实例】创建置换空间扭曲动画

以上一个实例为基础，单击自动关键帧按钮，对应 0 帧，将空间扭曲对象移到被绑定对象的左侧，对应 100 帧，将空间扭曲对象移到被绑定对象的右侧。

播放动画，能看到大鹰从绑定对象左侧移向右侧的动画。

图 13.9（a）和图 13.9（b）分别对应第 60 帧和第 84 帧。

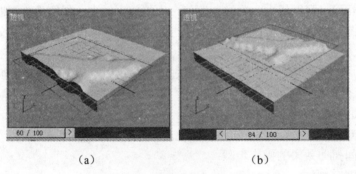

图 13.9　置换空间扭曲动画

13.2.8　Gravity（重力）

Gravity（重力）空间扭曲可以模拟出重力对物体的影响，它能作用于粒子系统，也能作用于动力学对象。

Parameters（参数）：

Strength（强度）：该值越大，重力的影响越大。强度也可为负值，这时的作用是反方向的。若为 0，则不起作用。

【实例】创建粒子在 Gravity（重力）空间扭曲作用下的抛物线运动——消防车

创建一个超级喷射粒子对象，粒子速度为 18，粒子大小为 8，粒子类型为恒定，粒子分布扩散为 5，发射停止为 100，显示时限为 100，寿命为 60，粒子繁殖选择消亡后繁殖，繁殖数为1000。将粒子对象绕X轴旋转35°。给粒子赋标准材质，不透明度设置为10，漫反射颜色和自发光颜色均为白色。

创建一个重力空间扭曲，强度为0.16。

创建一辆消防车，用一个管状体做喷射头，将管状体旋转35°。消防车指示灯由一个透明灯罩和一个长方体组成。给长方体赋标准材质，不透明度为100，自发光颜色和漫反射颜色均为红色，高光级别为999。

将粒子发射器置于管状体端口处。

所得场景如图13.10（a）所示。

选定主工具栏中绑定到空间扭曲对象按钮。将粒子对象绑定到重力空间扭曲上。如图13.10（b）所示。

给做指示灯的长方体创建旋转动画。

渲染输出动画。播放动画，可以看到消防车的指示灯在不定地旋转，喷射出的水柱，在重力作用下，成抛物线运动。如图13.10（c）所示。

图13.10　粒子在重力空间扭曲作用下成抛物线运动——消防车

13.2.9　Wind（风）

Wind（风）空间扭曲可以模拟出自然界的风作用于粒子系统和动力学对象的效果。Wind必须和被作用对象绑定到一起才起作用。

Parameters（参数）：

Strength（强度）：风空间扭曲作用效果的大小。

Turbulence（湍流）：在风空间扭曲的作用下产生的紊乱度。

【实例】风空间扭曲对飞机尾气的影响

创建一架飞机。

创建一个超级喷射粒子对象。参数设置为：粒子大小为15，粒子类型为标准粒子中的恒定，粒子颜色为白色，发射停止、显示时限和寿命均为100，粒子分布扩散设置为5，平面偏离扩散设置为5，粒子繁殖选择碰撞后繁殖，繁殖数目设置为1500。将粒子系统置于飞机尾部，并把粒子系统与飞机组合成组。移动飞机创建成动画。如图13.11（a）所示。渲染输出的结果如图13.11（b）所示。

创建一个风空间扭曲对象。将粒子对象绑定到风上。如图13.11（c）所示。渲染输出的结果如图13.11（d）所示。从图中可以看出，在风空间扭曲的作用下，飞机喷出的尾气被吹歪了。

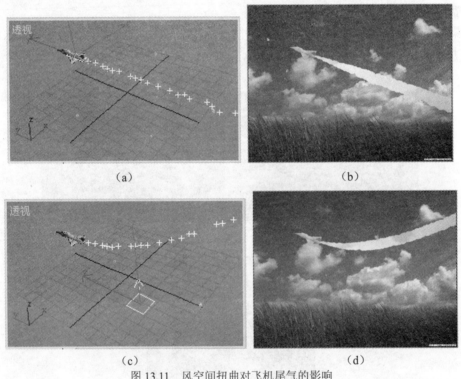

图 13.11　风空间扭曲对飞机尾气的影响

13.3　Deflectors（导向器）空间扭曲

Deflectors（导向器）用于控制粒子系统和动力学对象的运动方向。选择创建命令面板，选择空间扭曲子面板，单击空间扭曲列表框展开按钮，在列表中选择 Deflectors（导向器）选项就会打开导向器的命令面板。

Deflectors（导向器）有9种，它们是：PDynaFlect（动力学导向板）、SDynaFlect（动力学导向球）、POmniFlect（泛方向导向板）、SOmniFlect（泛方向导向球）、UDynaFlect（通用动力学导向器）、UOmniFlect（通用泛方向导向器）、SOmniFlect（导向球）、UDeflector（通用导向器）和 Deflector（导向板）。

不论何种导向器，都必须将被导向的对象绑定到导向器上，导向器才能起导向作用。

13.3.1 导向板导向器

导向板导向器包括 PDynaFlect（动力学导向板）、POmniFlect（泛方向导向板）和 Deflector（导向板）。这三种导向器都是以导向板来控制粒子系统中粒子的运动方向，操作步骤也基本相同，只是 PDynaFlect（动力学导向板）可以使粒子系统以动力学方式作用于对象。

Parameters（参数）：

Reflects（反射）：指定粒子碰到 PDynaFlect（动力学导向板）后反射的比率。若该值小于 100%，则有一部分粒子会穿过导向板。

【实例】使用导向板空间扭曲反射粒子

创建一个喷射粒子对象，设置视口计数为 1000，寿命为 100。

创建一个动力学导向板，绕 X 轴旋转适当角度，使入射粒子方向与反射粒子方向成一定的夹角。

创建一个长方体，使长方体与动力学导向板重叠。

选定动力学导向板。选择主工具栏中的绑定到空间扭曲按钮，从喷射粒子对象拖到动力学导向板放开，喷射粒子对象就和动力学导向板绑定到了一起。

设置反射为 100%时的粒子反射效果如图 13.12（a）所示，可以看到粒子全部被反射。设置反射为 50%时的粒子反射效果如图 13.12（b）所示，可以看到粒子只有部分被反射。这时有一部分粒子穿过了导向板。

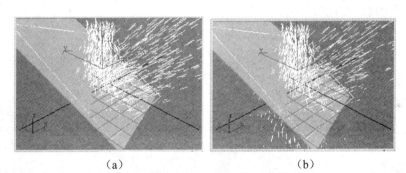

(a)　　　　　　　　　　(b)

图 13.12　反射参数对粒子运动的影响

Bounce（反弹）：粒子碰到导向器后反弹的力度。

图 13.13（a）设置反弹为 3，图 13.13（b）设置反弹为 1，可以看出前者的反弹力比后者大。

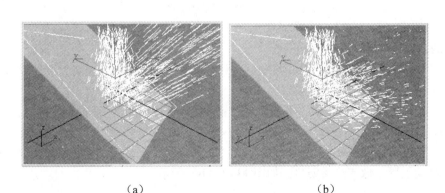

(a)　　　　　　　　　　(b)

图 13.13　反弹参数对粒子运动的影响

Chaos（混乱度）：粒子反射方向和反弹力度的混乱程度。

图 13.14（a）设置混乱度为 100%，图 13.14（b）设置混乱度为 0，可以看出前者的混乱度比后者大。

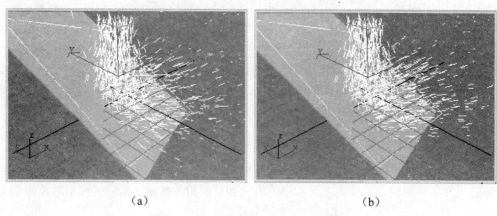

(a) (b)

图 13.14 混乱度参数对粒子运动的影响

Variation（变化）：粒子反射方向和反弹力度的变化。

图 13.15（a）设置变化为 100%，图 13.15（b）设置变化为 0，可以看出前者各粒子的反射方向和反弹力度的变化明显比后者大。

(a) (b)

图 13.15 变化参数对粒子运动的影响

【实例】创建洗澡动画

创建一个喷射粒子对象。视口计数和渲染计数均设置为 10000，水滴大小设置为 3。速度设置为 10，变化设置为 8，寿命设置为 100。

给喷射粒子对象赋标准材质。不透明度设置为 50，自发光颜色设置为灰色。如图 13.16（a）所示。

创建一个 Biped。Biped 的三角裤设置为蓝色，头发用一个黑色半球做成，其他部位设置为肉色。移动手臂，做成洗澡姿势。如图 13.16（b）所示。

创建一个洗澡盆。在洗澡盆内创建一个切角圆柱体,并给切角圆柱体赋标准材质,调整不透明度和自发光颜色,做成澡盆中的水。如图 13.16(c)所示。

创建三个导向板,两个置于头和肩的部位,另一个放置在脚盆底部。调节导向板的角度和参数,使出现适当角度和数量的反射粒子。如图 13.16(d)中白色线框所示。

创建一个重力空间扭曲对象。将三个导向板和重力空间扭曲对象都绑定到粒子对象上。

创建一个切角圆柱体做淋浴头。

渲染输出动画。播放动画,可以看到水淋到头上和肩上后,会向周围溅开。落到洗澡盆中的水也会溅出来。第 90 帧的画面如图 13.16(e)所示。

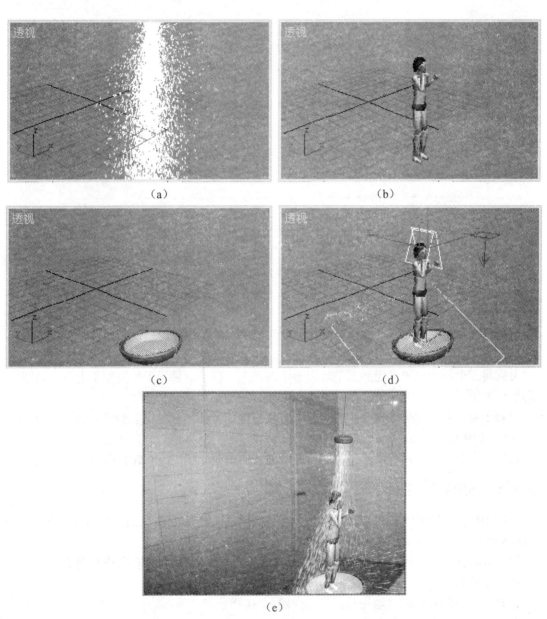

图 13.16 创建洗澡动画

13.3.2 导向球导向器

导向球导向器包括 SDynaFlect（动力学导向球）、SOmniFlect（泛方向导向球）和 SOmniFlect（导向球）。三种导向球的作用和操作都基本相同。

导向球导向器都是以导向球的球面作反射器，导向球内、外侧均具有反射作用。如果粒子系统包含在导向球内，粒子被导向球内侧反射，粒子不能射出球外。如果粒子系统在导向球外，粒子受导向球外侧反射，会产生粒子四溅的效果。

图 13.17（a）将粒子系统放在导向球内，图 13.17（b）将导向球放在粒子系统的正下方。

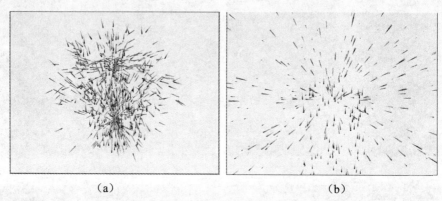

（a） （b）

图 13.17　SOmniFlect（导向球）对粒子系统的影响

【实例】利用 SDynaFlect（动力学导向球）创建焰火

创建三个喷射粒子对象。渲染计数和视口计数设置为 1000~1500，大小设置为 5~15，寿命设置为 30~60，速度设置为 5~10。

创建三个 SDynaFlect（动力学导向球）空间扭曲对象，均使用默认参数。

选定主工具栏中绑定到空间扭曲对象按钮。

分别将三个粒子对象绑定到三个动力学导向球上。粒子对象置于导向球正上方。如图 13.18（a）所示。

给每个粒子对象赋标准材质。三个粒子对象的自发光颜色和漫反射颜色分别设置为红、绿、黄。如图 13.18（b）所示。

指定一个背景贴图。渲染输出动画。最后一帧的画面如图 13.18（c）所示。

13.3.3 通用导向器

通用导向器包括 UDynaFlect（通用动力学导向器）、UOmniFlect（通用泛方向导向器）和 UDeflector（通用导向器）。

这三种导向器的作用和操作都相似，都可以指定一个可渲染场景对象作导向器。

操作步骤如下：

创建一个 UDynaFlect（通用动力学导向器）。选择适当参数。

创建一个粒子系统。选择适当参数。

创建一个可渲染场景对象。

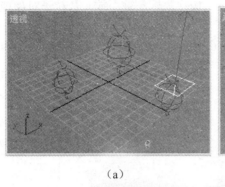

(a)　　　　　　　　　　　　　　(b)

(c)

图 13.18　利用 SDynaFlect（动力学导向球）创建焰火

选定通用动力学导向器，单击主工具栏中绑定到空间扭曲按钮。

选定通用动力学导向器，单击参数卷展栏中的拾取对象按钮，单击场景中一个可渲染场景对象，就能将该对象创建成导向器。

【实例】使用通用动力学导向器创建喷泉

创建一个喷射粒子对象。渲染计数设置 10000，大小设置为 8。将其旋转 180°，使用粒子朝上喷射。

创建一个 UDynaFlect（通用动力学导向器），使用默认参数。

创建一个圆锥体，锥尖朝下。

创建一个圆形管状体。

将喷射粒子对象、圆锥体、圆形管状体三者的中心沿 Z 轴对齐。

选定主工具栏中绑定到空间扭曲对象按钮，按住鼠标左键不放，从导向器拖到粒子对象放开。

选定导向器，单击属性卷展栏中拾取对象按钮，单击圆锥体。渲染后的结果如图 13.19（a）所示。

给粒子对象赋标准材质，不透明度选择为 50，漫反射颜色选择为白色，自发光颜色选择为白色。

创建一个 Gravity（重力）空间扭曲对象，设置强度为 0.4。

选定主工具栏中绑定到空间扭曲对象按钮，按住鼠标左键不放，从粒子对象拖到重力空间扭曲对象。渲染后的结果如图 13.19（b）所示。

加入背景贴图，渲染后的结果如图 13.19（c）所示。

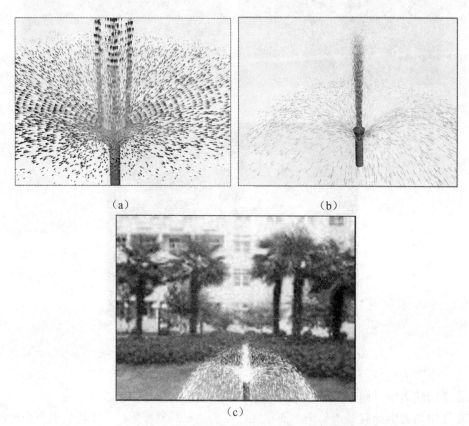

图 13.19　使用通用动力学导向器创建喷泉

13.4　Geometric/Deformable（几何/可变形）空间扭曲

Geometric/Deformable（几何/可变形）空间扭曲用于控制三维对象的形态。

选择创建命令面板，选择空间扭曲子面板，单击列表框展开按钮，在列表中选择 Geometric/Deformable（几何/可变形），这时就会打开相应命令面板。

Geometric/Deformable（几何/可变形）空间扭曲包括：FFD（长方体）、FFD（圆柱体）、Wave（波浪）、Ripple（涟漪）、Displace（置换）、Conform（一致）和 Bomb（爆炸）。

Geometric/Deformable（几何/可变形）中各空间扭曲与相应修改器的功能相似。

13.4.1　FFD（长方体）和 FFD（圆柱体）

FFD（长方体）和 FFD（圆柱体）空间扭曲通过变换自身控制点子层级，变形其他可变形对象。

操作步骤：

创建一个FFD（长方体）空间扭曲对象。

创建一个需要变形的对象。

选定空间扭曲对象，单击主工具栏中绑定到空间扭曲按钮，从需要变形的对象拖到空间扭曲对象。

将要变形的对象移动，使之包含在FFD（长方体）空间扭曲对象内。

选定FFD（长方体），在修改器堆栈中选择控制点子层级。对选定的控制点进行移动、旋转、缩放就能变形需要变换的对象。

【实例】用FFD（长方体）空间扭曲变形茶壶

创建一个FFD（长方体）空间扭曲对象。

创建一个茶壶。

选定空间扭曲对象，单击主工具栏中绑定到空间扭曲按钮，从茶壶拖到空间扭曲对象。

将茶壶移到FFD（长方体）中。

选定FFD（长方体），在修改器堆栈中选择控制点子层级。对选定的控制点进行移动后得到图13.20。

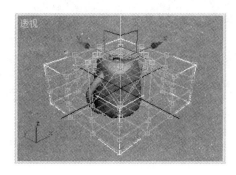

图13.20　使用FFD（长方体）变形茶壶

13.4.2　Wave（波浪）

Wave（波浪）空间扭曲可以使一切可变形对象按照空间扭曲发生变形。

【实例】使用Wave（波浪）空间扭曲创建蛇的运动

创建蛇：

创建一个圆柱体，将其转换为可编辑网格做蛇身。在圆柱体一端拉伸端面中间一点做成蛇尾。给圆蛇身贴图。

创建一条曲线做蛇颈，曲线厚度设置为5。

创建一个椭圆，挤出并施加平滑修改器做成蛇头。

创建两个球体做蛇眼睛。

将所有对象附加成一个整体就得到了蛇。如图13.21（a）所示。

创建一个Wave（波浪）空间扭曲对象，使用默认参数，将空间扭曲对象绕Y轴旋转90°。如图13.21（b）所示。

选定Wave（波浪）空间扭曲，单击主工具栏中绑定到空间扭曲按钮，从蛇拖到空间扭曲对象，蛇就被绑定到了空间扭曲上。如图13.21（c）所示。

打开自动关键帧按钮，顺着蛇身方向移动空间扭曲，就能创建成动画。

渲染输出动画。播放动画可以看到蛇的蠕动。图13.21（d）是播放动画时截取的一幅画面。

图13.21 使用Wave（波浪）空间扭曲创建蛇的运动

13.4.3 Ripple（涟漪）

Ripple（涟漪）空间扭曲能创建逼真的涟漪效果。

Parameters（参数）卷展栏：

Amplitude1（振幅1）：X方向振幅。

Amplitude2（振幅2）：Y方向振幅。

Wave Length（波长）：一个波的长度。

Circles（圈数）：Ripple（涟漪）空间扭曲对象的圈数。圈数越多，涟漪越密。

Segments（分段）：一圈的分段数。该值越大涟漪越密。

【实例】创建涟漪

创建一个Ripple（涟漪）空间扭曲对象。圈数设置为100，其他为默认值。

创建一个平面。长、宽分段数均设置为24。

选定主工具栏中绑定到空间扭曲对象按钮。

选定涟漪空间扭曲对象，将鼠标从平面拖到涟漪空间扭曲对象放开，平面就被绑定在涟漪空间扭曲对象上。如图13.22（a）所示。

打开自动关键帧按钮，将时间滑动块置于0帧，将空间扭曲拖到左侧。将时间滑动块置于100帧，将空间扭曲拖到右侧。播放动画就能看到涟漪效果。

隐藏空间扭曲，图 13.22（b）和图 13.22（c）是截取的第 30 帧和第 76 帧。

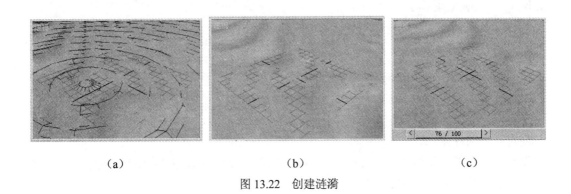

(a) (b) (c)

图 13.22 创建涟漪

13.4.4 Bomb（爆炸）

Bomb（爆炸）空间扭曲能将任何对象炸开成面子对象。

【实例】爆炸茶壶

创建一个爆炸空间扭曲对象。

创建一个茶壶。

选定主工具栏中绑定到空间扭曲对象按钮。

选定空间扭曲对象，将鼠标从茶壶拖到空间扭曲对象。

将爆炸空间扭曲对象置于茶壶内。

播放动画，可以看到茶壶的爆炸过程。

图 13.23（a）和图 13.23（b）是在爆炸过程中分别截取的两帧画面。

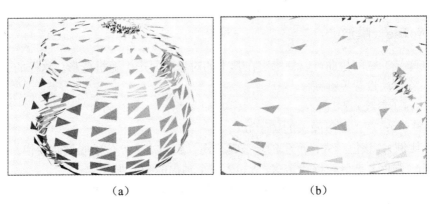

(a) (b)

图 13.23 爆炸

13.5 Modifier-Based（基于修改器）空间扭曲

Modifier-Based（基于修改器）的空间扭曲有 Skew（倾斜）、Noise（噪波）、Bend（弯曲）、Twist（扭曲）、Taper（锥化）、Stretch（拉伸）。

这些空间扭曲的作用效果与对应修改器相似。

13.5.1 Skew（倾斜）

Skew（倾斜）空间扭曲可以使绑定在其上的对象产生倾斜。

Parameters（参数）卷展栏：

Amount（数量）：指定倾斜的角度。

在该卷展栏中还可指定倾斜的方向和轴向。

【实例】使用倾斜空间扭曲使一个圆柱体产生倾斜

创建一个圆柱体。

创建一个倾斜空间扭曲：Amount（数量）选择为60。如图13.24（a）所示。

选定主工具栏中绑定到空间扭曲对象按钮。

从圆柱体拖到倾斜空间扭曲放开。所得结果如图13.24（b）所示。

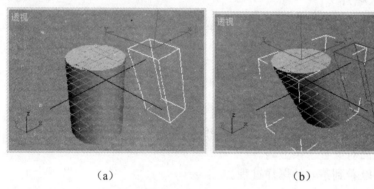

（a）　　　　　　　　　　　　　　（b）

图 13.24　倾斜空间扭曲

13.5.2 Noise（噪波）

Noise（噪波）空间扭曲可以使绑定在其上的对象表面产生随机变形。这样的变形可以指定成动画，且自动设置关键帧。

Parameters（参数）卷展栏：

Seed（种子）：产生随机噪波的种子数。

Scale（比例）：该值越大，产生的噪波越平滑；值越小，产生的噪波越尖锐。

Strength（强度）选区可以指定X、Y、Z三个轴向的噪波强度。

Animate Noise（动画噪波）：若勾选该复选框，则自动生成噪波动画。

【实例】创建噪波动画

选择创建命令面板，选择几何体子面板，单击对象类型卷展栏中的平面按钮，设置长度分段和宽度分段数均为14。在场景中拖动产生一个平面。

选择空间扭曲子面板，单击空间类型列表框的展开按钮，在列表中选择基于修改器类型。

单击对象类型卷展栏中的噪波按钮，设置种子数为3，强度的X值为10，Y为20，Z为30，在场景中拖动产生一个噪波空间扭曲对象。如图13.25（a）所示。

选定主工具栏中绑定到空间扭曲对象按钮。

选定噪波空间扭曲，从平面拖到噪波空间扭曲对象放开。
勾选动画噪波复选框，单击播放按钮，就能看到噪波动画。
图 13.25（b）和图 13.25（c）是截取的两帧画面。

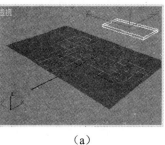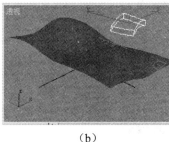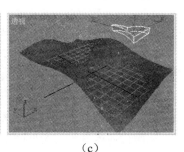

（a）　　　　　　　　　（b）　　　　　　　　　（c）

图 13.25　噪波动画

13.5.3　Bend（弯曲）

Bend（弯曲）空间扭曲能使绑定到其上的对象产生弯曲。弯曲也能指定动画。
Parameters（参数）卷展栏：
Angle（角度）：弯曲的角度。
在该卷展栏中还可指定弯曲的方向和弯曲轴。

13.5.4　Twist（扭曲）

Twist（扭曲）空间扭曲对象能将绑定在其上的对象扭曲一个角度。
Parameters（参数）卷展栏：
Angle（角度）：扭曲空间扭曲对象的扭曲角度。
【实例】创建扭曲空间扭曲的扭曲效果
创建一个长方体和一个扭曲空间扭曲对象。如图 13.26（a）所示。
选定扭曲空间扭曲对象，设置扭曲角度为 1000，扭曲轴为 Z。
选定主工具栏中绑定到空间扭曲对象按钮。
从长方体拖到扭曲空间扭曲对象放开。这时可看到长方体被扭曲，如图 13.26（b）所示。

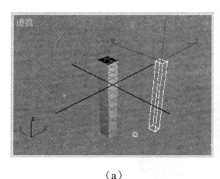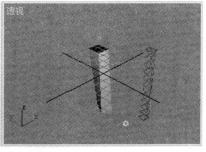

（a）　　　　　　　　　　　　　（b）

图 13.26　扭曲空间扭曲的扭曲效果

13.5.5 Taper（锥化）

Taper（锥化）空间扭曲能使绑定在其上的对象产生锥状变形。
Parameters（参数）卷展栏：
Amount（数量）：指定锥化的程度。
【实例】创建锥化空间扭曲的锥化效果
创建一个圆柱体和一个锥化空间扭曲对象。锥化空间扭曲对象的锥化数量设置为 0.8，其他为默认值。
选定锥化空间扭曲对象。
选定主工具栏中绑定到空间扭曲对象按钮。
从圆柱体拖到锥化空间扭曲放开。
分别使锥尖朝上和朝下所得锥化效果如图 13.27（a）和图 13.27（b）所示。

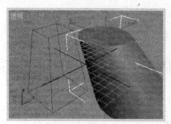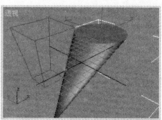

（a）　　　　　　　　　　（b）
图 13.27　锥化空间扭曲的锥化效果

13.5.6 Stretch（拉伸）

Stretch（拉伸）空间扭曲能使绑定在其上的对象产生拉伸变形。
Parameters（参数）卷展栏：
Stretch（拉伸）：指定拉伸的程度。
Amplify（放大）：设置次轴向的缩放倍数。
【实例】创建拉伸空间扭曲的拉伸效果
创建一个球体和一个拉伸空间扭曲对象。
设置 Stretch（拉伸）为 0.5，其他使用默认参数。
选定主工具栏中绑定到空间扭曲对象按钮。
从圆球体拖到拉伸空间扭曲放开。
拉伸效果如图 13.28 所示。

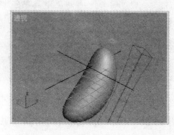

图 13.28　拉伸空间扭曲的拉伸效果

思考与练习

一、思考与练习题

1. 空间扭曲有何作用？
2. 如何创建 Motor（马达）空间扭曲的旋转效果？
3. 如何创建 Gravity（重力）空间扭曲的重力效果？
4. 如何创建 Wind（风）空间扭曲的风吹效果？

二、上机练习题

1. 创建喷泉，并加上重力空间扭曲。如图 13.29 所示。

图 13.29

2. 创建焰火。如图 13.30 所示。

图 13.30

第14章 二足角色与动画

Biped 是已经创建好了的二足角色。适当选择参数，可以创建出各种外形的二足角色和其他角色来。

使用 Biped 的足迹模式创建人的各种动画，既快捷，又准确，大大减轻了动画制作人员的工作量。

使用 Bones（骨骼）也可以创建角色动画，这时需要创建角色模型和骨骼系统，并将模型链接到骨骼系统上，虽然这个过程很费时，但是使用骨骼可以创建灵活多变的角色对象，特别是创建各种机械运动系统非常方便。

14.1 创建二足角色

选择 Create（创建）命令面板，选择 System（系统）子面板，单击 Biped（二足角色）按钮，设置参数后，在场景中拖动就能创建一个二足角色。

Create Biped（创建二足角色）卷展栏:

1. Creation Method（创建方法）选区

Drag Height（拖动高度）：若选择该选项，则通过在场景中拖动鼠标，产生一个拖出高度的二足角色。

Drag Position（拖动位置）：若选择该选项，则只要在场景中单击，就能按已有二足角色的高度创建一个二足角色，这些参数视结构源选区选择的选项不同，可以来自命令面板，也可来自二足角色文件。

2. Structure Source（结构源）选区

U/I Parameters：若选择该选项，则用 Drag Position（拖动位置）选项创建的二足角色大小，由命令面板中参数决定。

Recent .fig File（最近.fig 文件）：若选择该选项，则用 Drag Position（拖动位置）选项创建的二足角色高度由 Most Recent .fig File（最近.fig 文件）中二足角色大小决定。

Root Name（根名称）：在该文本框中，显示有当前创建或选定的二足角色根对象名称，用户可以将其更换成便于识别和记忆的名称。图 14.1（a）是原来的名称，图 14.1（b）是用户指定的名称。

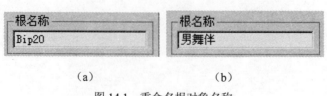

（a）　　　　　　（b）

图 14.1 重命名根对象名称

Body Type（躯干类型）：单击该列表框按钮，会展开躯干类型列表，通过列表选择要创建的二足角色的躯干类型。图 14.2 是分别选择骨骼、男性、女性、标准四种类型创建的二足对象。

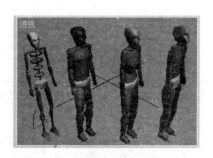

图 14.2　选择不同躯干类型创建的对象

Arms（手臂）：只有勾选了该复选框，创建的对象才有手臂。
Neck Links（颈部链接）：指定颈部的骨骼数。
Tail Links（尾部链接）：指定尾巴的骨骼数。0 为无尾巴。
图 14.3 中依次为无手、颈部链接为 5、尾部链接为 5 的三个二足角色对象。

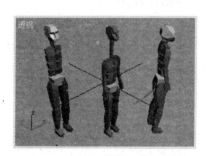

图 14.3　无手、颈部、尾巴设置

Ponytail 1/2 Links（马尾辫 1/2 链接）：指定马尾辫的链接数。
Fingers（手指数）：指定手指数。
Toes（脚趾数）：指定脚趾数。
Toe Links（脚趾链接）：指定一个脚趾的链接数。
图 14.4 中依次为手指数为 5、脚趾数为 5、两个马尾辫链接均为 5 的三个二足角色对象。

图 14.4　手指数、脚趾数、马尾辫设置

二足角色的根对象是其 Center of Mass（重心），它是在骨盆中心附近的一个八面体，如图 14.5 所示。移动、旋转重心，整个二足角色就可以一起移动、旋转。创建的第一个二足角色根对象默认名称为 Bip01。

图 14.5　重心

二足角色的重心可以链接到其他对象上，其他对象为父对象，二足角色为子对象。

二足角色两腿之间小黑圈是重心阴影，它可以和其他对象链接。

【实例】创建一个冲浪动画

创建一个平面，长、宽分段数均设为 40。

选择空间扭曲子面板，创建一个涟漪空间扭曲对象。

选定涟漪空间扭曲对象，单击主工具栏中绑定到空间扭曲按钮，从涟漪空间扭曲拖到平面，这时平面被绑定到涟漪空间扭曲。

创建一个球体，进行不对称缩放，制作成冲浪板。

创建一个二足角色，将其移到冲浪板上，并移动手、脚，使其适当张开。

选定二足角色，单击主工具栏中选择并链接按钮，从二足角色拖到冲浪板。

打开自动关键帧按钮，移动时间滑动块、冲浪板和涟漪空间扭曲，创建出涟漪动画和冲浪动画。如图 14.6 所示。

图 14.6　冲浪动画

14.2 足迹动画

足迹是 Biped 的重要工具，利用它可以很容易地创建和编辑关键帧，创建各种复杂的足迹动画。

14.2.1 Footstep Mode（足迹模式）

选定一个 Biped，选择 Motion（运动）命令面板，展开 Biped 卷展栏。Biped 卷展栏如图 14.7 所示。

图 14.7 Biped 卷展栏

选择 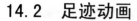Footstep Mode（足迹模式）按钮，这时会自动增加 Footstep Creation（足迹创建）和 Footstep Operations（足迹操作）两个卷展栏，如图 14.8 所示。

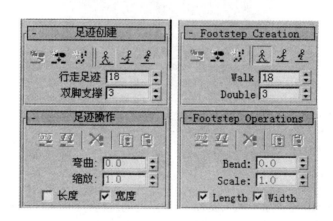

图 14.8 足迹创建和足迹操作卷展栏

Create Footsteps(append)（创建足迹：添加）：该按钮只有在已创建足迹后才会激活。选择该按钮，在场景中单击，可以添加足迹。

Create Footsteps(insert at current)（创建足迹：在当前帧）：选择该按钮，在场景中单击，可以为当前帧创建足迹。

Create Multiple（创建多个足迹）：选择该按钮，会根据所选二足角色的运动步伐，弹出对应对话框。对话框有：Create Multiple Footsteps:Walk（创建多个足迹：行走）对话框；Create Multiple Footsteps:Run（创建多个足迹：奔跑）对话框；Create Multiple Footsteps:Jump（创建多个足迹：跳跃）对话框。这三种对话框基本相同，行走对话框如图 14.9 所示。通过对话框可以自动创建多个足迹。

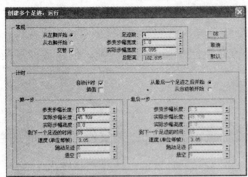 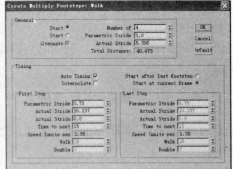

图 14.9 创建多个足迹：行走对话框

行走对话框主要参数有：

Start Left（从左脚开始）：创建的足迹序列从左脚开始。

Start Tight（从右脚开始）：创建的足迹序列从右脚开始。

Number of Footsteps（足迹数）：指定要创建的足迹数目。

Actual Stride Width（实际步幅宽度）：行走时两脚张开的宽度。图 14.10 中左边二足角色的步幅宽度设置为 3，右边的设置为 12。

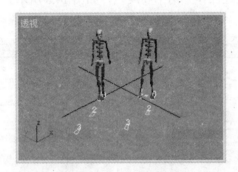

图 14.10 实际步幅宽度

Actual Stride Length（实际步幅长度）：一步走过的距离。图 14.11 中左边二足角色的步幅长度设置为 12，右边的设置为 48。

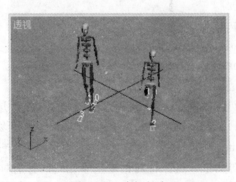

图 14.11 步幅长度

Walk（行走）：选择该按钮，则创建的步伐为行走。
　　Run（奔跑）：选择该按钮，则创建的步伐为奔跑。
　　Jump（跳跃）：选择该按钮，则创建的步伐为跳跃。
　　Create Keys for Inactive Footstep（为非活动足迹创建关键帧）：单击该按钮，就会为创建的足迹自动指定关键帧。
　　Deactivate Footsteps（取消激活足迹）：取消选定足迹的激活状态，即这些足迹不再产生动画，但足迹依然存在。
　　Delete Footsteps（删除足迹）：删除选定的足迹。
　　Copy Footsteps（复制足迹）：复制已激活的足迹。
　　Paste Footsteps（粘贴足迹）：将复制的足迹粘贴到场景中，粘贴的足迹处于非激活状态。若将其拖到激活足迹上且出现一个红色标记时，该足迹被激活。
　　Bend（弯曲）：指定足迹拐弯的角度。
　　Scale（缩放）：指定足迹宽度和长度的缩放比例。

14.2.2 创建足迹

　　选定一个二足角色，选择运动命令面板，展开 Biped 卷展栏，选择 Footstep Mode（足迹模式）按钮，这时会自动增加 Footstep Creation（足迹创建）和 Footstep Operations（足迹操作）两个卷展栏。

　　在 Footstep Creation（足迹创建）卷展栏中有三个可以创建足迹的按钮：
　　Create Footsteps(append)（创建足迹：添加）按钮。该按钮只有在已创建足迹后才会激活。选择该按钮，在场景中单击，可以添加足迹，添加的足迹接着原有足迹进行编号。
　　Create Footsteps(insert at current)（创建足迹：在当前帧）按钮。选择该按钮，在场景中单击，可以为当前帧创建足迹。
　　Create Multiple（创建多个足迹）按钮。选择该按钮，会根据所选二足角色的运动步伐，弹出对应对话框。通过对话框可以自动创建指定数量的足迹。

　　创建的足迹方向，是二足角色运动的方向。足迹的位置，是二足角色脚着地的位置。足迹方向可以通过旋转改变。足迹位置可以移动。
　　足迹在激活之前是不能产生动画的。

14.2.3 创建足迹动画

　　足迹动画有 Walk（行走）、Run（奔跑）、Jump（跳跃）三种方式。在创建足迹之前，要先选定一种足迹。创建好足迹后，单击 Footstep Operations（足迹操作）卷展栏中的 Create Keys for Inactive Footstep（为非活动足迹创建关键帧）按钮，就会为创建的足迹自动指定关键帧。单击播放动画按钮就可以播放足迹动画。
　　注意：如果要改变行走方向或步幅长度，就要旋转或移动足迹，移动和旋转足迹可以在为非活动足迹指定关键帧之前进行。如果已经为非活动足迹创建关键帧，则要先选定足迹模式按钮，才能改变足迹的方向和步幅长度。

　　【实例】创建行走动画——上楼梯
　　创建一个 L 型楼梯。
　　创建一个二足角色。旋转二足角色，使其正对楼梯。如图 14.12（a）所示。

选定二足角色。

选择运动命令面板，在 Biped 卷展栏中选择足迹模式。在足迹创建卷展栏中选择 Walk（行走）步伐方式，单击创建多个足迹按钮打开创建多个足迹对话框，输入足迹数为 14，单击确定就创建了 14 个足迹。如图 14.12（b）所示。

单击 Footstep Operations（足迹操作）卷展栏中的 Create Keys for Inactive Footstep（为非活动足迹创建关键帧）按钮，单击播放按钮，就能看到二足角色的行走动画。

为了便于移动足迹，冻结整个楼梯。

选定二足角色，选择运动命令面板，在 Biped 卷展栏中选择足迹模式。将足迹按照顺序移到各级楼梯上。注意足迹方向要指向上楼的正方向。如图 14.12（c）所示。

渲染输出动画。播放动画就能看到二足角色上楼的过程。第 150 帧的输出画面如图 14.12（d）所示。

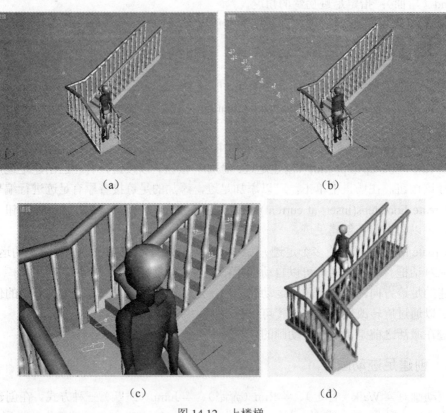

图 14.12　上楼梯

【实例】创建奔跑动画

创建一个二足角色。

选择运动命令面板，在 Biped 卷展栏中选择足迹模式。

在足迹创建卷展栏中选择 Run（奔跑）步伐方式，选择 Create Multiple（创建多个足迹）按钮，设置足迹数为 10，其他为默认设置。单击 OK 按钮。

单击 Footstep Operations（足迹操作）卷展栏中的 Create Keys for Inactive Footstep（为非活动足迹创建关键帧）按钮，单击播放按钮，就能看到二足角色奔跑。

这样创建出来的奔跑，看上去姿势不太优美，两腿拉开的距离太短，手的摆动幅度也太小。使用手动方法可以进行修改，其操作步骤如下：

选择创建命令面板。

激活自动关键帧按钮，将时间滑动块移到要修改姿势的关键帧，移动手和腿，改变原有姿势。图 14.13（a）是修改姿势后的画面。

给场景加上一个背景，渲染后的结果如图 14.13（b）所示。

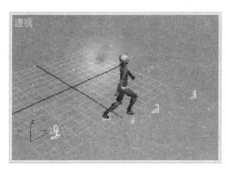 

（a）　　　　　　　　　　　　　　（b）

图 14.13　创建奔跑

14.2.4　体型模式

选定一个二足角色，单击运动命令面板，在 Biped 卷展栏中选择体型模式按钮 ，这时就可以对 Biped 的体型进行修改。

【实例】创建一个超级巨人和一个恐龙的骨骼

创建一个二足角色，单击运动命令面板，在 Biped 卷展栏中选择体型模式按钮 ，选定二足角色的腿、手臂和颈部，选择缩放按钮，沿 Z 轴放大，就得到了一个超级巨人。超级巨人的行走姿势如图 14.14（a）所示。

在前视图中创建一个平面，给平面贴一幅有恐龙的图像文件。创建一个二足角色。如图 14.14（b）所示。

选定二足角色，单击运动命令面板，在 Biped 卷展栏中选择体型模式按钮 ，展开结构卷展栏，设置颈部链接为 10，尾部链接为 15。通过旋转和缩放操作，将二足角色变形成恐龙骨骼。如图 14.14（c）所示。

（a）　　　　　　　　（b）　　　　　　　　（c）

图 14.14　创建一个超级巨人和一个恐龙的骨骼

14.3 创建二足角色复杂动画

使用足迹模式创建动画时,如果不加入身体各部位的动画,运动单调而又呆板。如何加入身体各部位的运动,如何创建更复杂的二足角色动画,下面来介绍这方面的内容。

14.3.1 二足角色动画的关键帧

为了说明问题,先创建一个二足角色的行走动画。

创建一个二足角色。

选择运动命令面板,在 Biped 卷展栏中选择足迹模式。

在足迹创建卷展栏中选择行走步伐方式,选择 Create Multiple(创建多个足迹)按钮,设置足迹数为 10,其他为默认设置。单击 OK 按钮。

单击 Footstep Operations(足迹操作)卷展栏中的 Create Keys for Inactive Footstep(为非活动足迹创建关键帧)按钮,非活动足迹被激活。

选择二足角色的重心,展开(轨迹选择)卷展栏,选择下面三个按钮之一,就会显示出行走动画的关键帧。

Body Horizontal(身体平行):若选择该按钮,则时间轴上只显示两足连线与身体平面平行,即两足并列时的关键帧。如图 14.15 上图所示。

Body Vertical(身体垂直):若选择该按钮,则时间轴上同时显示两足连线与身体平面垂直和两足连线与身体平面平行的关键帧。如图 14.15 中图所示。

Body Rotation(躯干旋转):若选择该按钮,则时间轴上显示两足角色旋转的关键帧。如图 14.15 下图所示。

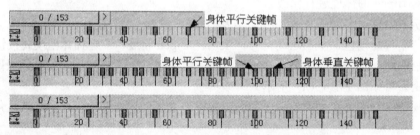

图 14.15 行走动画默认设置时的关键帧

除了起始和终止关键帧外,身体平行关键帧每两帧之间的差为 14 帧。

除了起始和终止关键帧外,身体垂直关键帧每两帧之间的差为 15 帧。身体垂直关键帧一组两个,相差 3 帧。

14.3.2 修改足迹动画

了解了上述关键帧的设置规律,就能有的放矢地设置身体各部位的动画。

【实例】创建大踏步行走

大踏步行走要求跨的步子大,两手摆动幅度也大。

创建一个二足角色。

选择运动命令面板。

在 Biped 卷展栏中选择足迹模式。

单击创建多个足迹按钮,设置足迹数为10,实际步幅长度为30,单击OK按钮,这样就能迈出大步。

单击为非活动足迹创建关键帧按钮激活所有关键帧。

激活自动关键帧按钮,二足角色每走一步,就设置一次手的摆动。

单击播放按钮,就能看到二足角色大踏步行走。

图14.16(a)和图14.16(b)是截取的相邻两步的画面。

(a)　　　　　　　　　　　　(b)

图14.16　大踏步行走

【实例】创建行走动画——绕圆桌倒退

在足迹动画中,人的行走方向和步幅宽度完全由足迹控制。因此,只要将每个足迹旋转一定的角度,就可以实现倒退。

创建一个圆桌。

创建一个二足角色。选择运动命令面板,创建15步足迹。旋转和移动足迹,使足迹环绕圆桌。旋转每一个足迹,使行走倒退。如图14.17(a)所示。

渲染输出动画。其中的一帧如图14.17(b)所示。

(a)　　　　　　　　　　　　(b)

图14.17　创建行走动画——绕圆桌倒退

14.4　Bones(骨骼)

Bones(骨骼)是由骨头单元和关节连接而成的骨架层级结构。

Bones(骨骼)常用于蒙皮角色的控制,以创建各种复杂动画。

14.4.1 创建 Bones（骨骼）

选择 Create（创建）命令面板，选择 System（系统）子面板，在对象类型卷展栏中单击 Bones（骨骼）按钮，在视图中重复单击并拖动鼠标就能产生一个骨骼对象，右单击结束创建。这样创建的骨骼系统，属正向运动学系统。

创建结束后会自动生成一个小骨头单元，它可用于设置 IK 链。

IK Chain Assignment（IK 链指定）卷展栏：

Assign To Children（指定给子对象）：将选定的 IK 解算器（又称控制器），指定到除根骨头以外的骨头单元上。

Assign To Root（指定给根）：将选定的 IK 解算器指定给整个骨骼对象。

Bone Parameters（骨骼参数）卷展栏：

Width（宽度）：骨头的宽度。

Height（高度）：骨头的高度。

Taper（锥度）：骨头的锥度。

【实例】创建不同大小的骨骼

宽度和高度均为 20，锥度为 100，创建的骨骼如图 14.18（a）所示。

宽度为 1 和高度为 20，锥度为 50，创建的骨骼如图 14.18（b）所示。

宽度和高度均为 10，锥度为 0，创建的骨骼如图 14.18（c）所示。

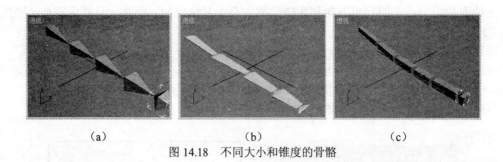

（a）　　　　　　　　（b）　　　　　　　　（c）

图 14.18　不同大小和锥度的骨骼

Side Fins（侧鳍）：给骨头加入侧鳍。勾选了侧鳍，且侧鳍设置为默认值。如图 14.19（a）所示。

Size（大小）：鳍的高度。

Start Taper（始端锥化）：侧鳍开始端锥化的程度。勾选了侧鳍复选框，并设置始端锥化，大小为 50，锥化为 90。如图 14.19（b）所示。

End Taper（末端锥化）：侧鳍结束端锥化的程度。勾选了侧鳍复选框，并设置末端锥化，大小为 50，锥化为 90。如图 14.19（c）所示。

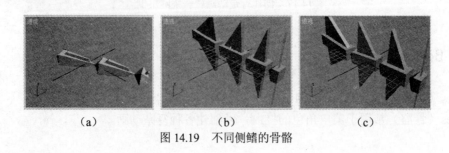

（a）　　　　　　　　（b）　　　　　　　　（c）

图 14.19　不同侧鳍的骨骼

Front Fin（前鳍）：给骨头加入前鳍。给骨头加入了前鳍，大小为 50，如图 14.20（a）所示。
Back Fin（后鳍）：给骨头加入后鳍。给骨头加入了后鳍，大小为 50，如图 14.20（b）所示。

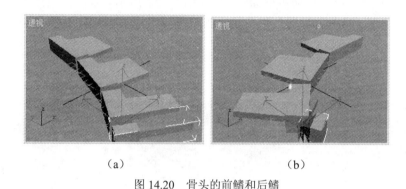

（a） （b）

图 14.20　骨头的前鳍和后鳍

14.4.2　创建骨骼分支

将鼠标指向已有骨骼中的某一骨头单元后，单击并拖动鼠标，就能从该骨头单元末端轴心点处产生一个分支。如图 14.21 所示。

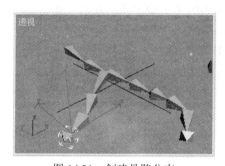

图 14.21　创建骨骼分支

14.4.3　正向运动学和反向运动学

在创建角色动画时，可以使用 Forward Kinematics（正向运动学）和 Inverse Kinematics（反向运动学）（简称 IK）两种操作方式。

对于正向运动学系统，子骨头单元从父骨头单元那里继承位置、旋转和缩放等变换属性，即父骨头单元的变换影响子骨头单元，反过来子骨头单元的变换不影响父骨头单元。创建的骨骼不需用户指定，默认为正向运动学系统。

反向运动学系统的父骨头单元的变换可以影响子层级骨头单元，子骨头单元的变换也可以影响父层级骨头单元。创建的骨骼必须由用户指定 IK 解算器，才能成为反向运动学系统。

14.4.4　使用 IK 解算器创建反向运动学系统

创建好骨骼对象，选定骨骼对象中某一层级的骨头单元，单击 Animation（动画）菜单，指向 IK Solvers（IK 解算器）下的 HI Solver（HI 解算器），这时鼠标和选定骨头单元之间会产生一根虚线连线，如图 14.22（a）所示。拖至更低骨头层级中的骨头单元单击，在这两个骨头单元之间就创建了反向运动学系统。如图 14.22（b）所示。

创建 HD Solver（HD 解算器）和 IK 肢体解算器的操作，与创建 HI Solver（HI 解算器）类似。

为骨骼指定了解算器以后，变换子对象，父对象就会受到影响。如图 14.22（c）所示。

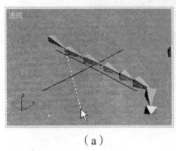 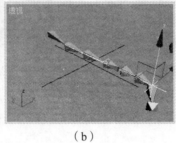 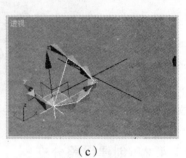

（a） （b） （c）

图 14.22 为骨骼指定解算器

【实例】反向运动学的应用——机械手

创建一个机械手：长方体为固定手臂，由三块骨头组成的骨骼为活动手臂，手掌上放有一茶壶。如图 14.23（a）所示。

选定骨骼的根骨头，单击主工具栏中的选择并链接按钮，由根骨头拖到长方体放开，骨骼就与长方体建立了链接，长方体为父对象。

选定手掌，单击主工具栏中的选择并链接按钮，由手掌拖到骨骼的小骨头放开，骨骼就与手掌建立了链接，骨骼为父对象。

选定根骨头，选择动画菜单，指向 IK 解算器下的 HI 解算器后单击，整个骨骼就被创建成了反向运动学系统。

将时间滑动块置于 0 帧，激活自动关键帧按钮。

将时间滑动块置于 80 帧，移动机械手活动臂的最后一块骨头，使活动臂抬起，这时整个活动臂及铁铲都会一起作相应的运动。如图 14.23（b）所示。

将时间滑动块置于 100 帧，旋转手掌，茶壶被倒出并下落。如图 14.23（c）所示。

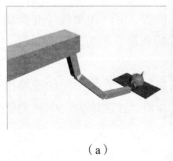 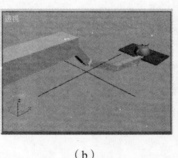 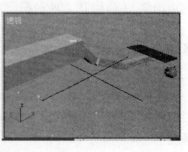

（a） （b） （c）

图 14.23 反向运动学的应用——机械手

14.4.5 渲染骨骼

选定要渲染的骨骼对象或骨头单元，对其右单击弹出快捷菜单，单击 Properties（属性）命令，在 General（通用）标签中勾选 Renderab（可渲染）复选框，单击 OK 按钮。

渲染整个骨骼对象后的结果如图 14.24（a）所示。

渲染其中两个骨头单元的结果如图 14.24（b）所示。

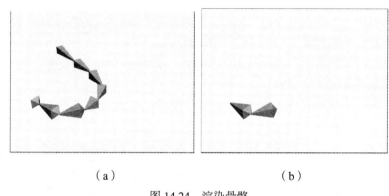

（a） （b）

图 14.24 渲染骨骼

14.4.6 制作角色动画

要制作角色动画，需要制作角色的模型和角色的骨骼，将骨骼和模型链接在一起，骨骼运动时，模型就会跟着一起运动。模型和骨骼的链接方式分为直接链接（又称刚性链接）方式和蒙皮链接方式两种。

1. 如何进行直接链接（刚性链接）

创建好模型及与模型相仿的骨骼系统，选定模型中的一个对象，单击主工具栏中的选择并链接按钮，鼠标指向模型对象后，再拖向对应骨头单击。逐一重复上述操作，将整个模型中的对象与对应骨头链接起来。

与骨骼进行直接链接的模型可以是任意方法创建的对象，如：基本几何体、放样对象、布尔运算对象、封闭曲面等。

若创建反向运动学系统的角色动画，则还要对骨骼系统指定 IK 解算器。

2. 骨骼蒙皮

使用封闭曲面创建模型，并创建对应的骨骼系统。

将骨骼装进模型的对应封闭曲面中，选定模型，单击修改命令面板，单击修改器列表框的展开按钮，选择 Skin（蒙皮）修改器，单击 Add（添加）按钮，弹出添加对象对话框，选择所有骨骼，单击选择按钮。

3. 调节权重

骨骼蒙皮以后，骨骼对模型的影响力是通过权重来控制的，只有将权重调节到适当大小，才能使得模型与骨骼作同样的运动。

控制影响力的封套范围框由几部分组成：红色框内为完全控制区，棕色框内为控制衰减区，从红色框到棕色框，影响力逐渐衰减至零，棕色框以外，完全不受影响。

选定表皮，选择修改命令面板，单击编辑表皮按钮，在面板内的骨骼框中选定要编辑的骨骼（选定后呈蓝色显示），这时骨骼外会出现体现影响力的封套，指向封套的适当位置后鼠标会变成空心十字形，这时拖动鼠标就能改变封套的大小。也可拖动封套上的控制点来改变封套大小。

4. 创建角色动画

创建好模型和骨骼，通过蒙皮修改器，可以将模型和骨骼结合成一个整体。只要移动或旋转骨骼，模型也会随着一起运动。

【实例】创建游动的鱼

用 UV 放样创建一条鱼的鱼身和鱼尾（这个内容在前面已经介绍）。如图 14.25（a）所示。

画出背鳍和侧鳍的轮廓线。如图 14.25（b）所示。

选择挤出修改器，将背鳍和侧鳍挤出 5 个单位。如图 14.25（c）所示。

创建两个黑色球体做鱼的眼睛。

调整鱼的背鳍、侧鳍和眼睛，得到鱼的模型。如图 14.25（d）所示。

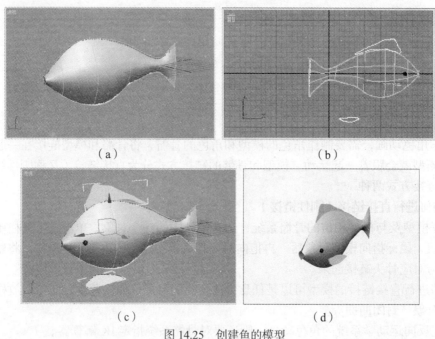

图 14.25　创建鱼的模型

对准鱼身右单击，在快捷菜单中选择转换为可编辑网格命令，将鱼身转换成可编辑网格对象。

选择顶点子层级，将鱼尾编辑成燕尾形。

将鱼身、背鳍、侧鳍附加成一个对象。

选定鱼身和鱼眼睛，将其组合成组。

对鱼的面子层级贴图。渲染后的结果如图 14.26（a）所示。

创建骨骼。调整骨骼大小，使之刚好与鱼体模型一致。如图 14.26（b）所示。

选定鱼体模型，选择蒙皮修改器，选择添加按钮，将所有骨骼添加到列表中。本实例中共创建了 6 块骨骼，只要左右移动第 5 块骨骼，就可以看到鱼尾的摆动。鱼尾摆动的结果如图 14.26（c）所示。

指定一幅有水面的背景贴图。

给鱼指定雾效果，雾的颜色与背景贴图的颜色相近，不勾选雾化背景复选框。这样能产生鱼处在水下的视觉效果，而背景又和真实背景相同。如图14.26（d）所示。

创建鱼游动的动画。播放动画，可以看到鱼就像在水下游动。

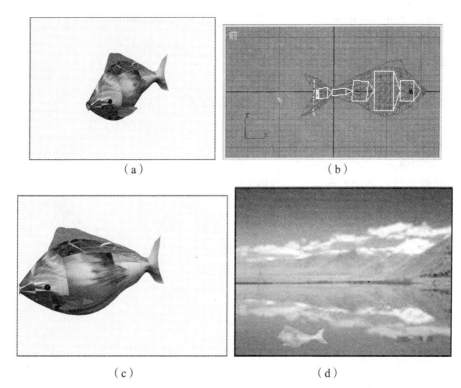

图 14.26 创建鱼游动的动画

将整个鱼复制两条，这时动画也被一起复制。

选定复制的鱼，单击动画菜单，选择删除选定动画命令，就会删除复制鱼的动画。

重新给复制的鱼创建动画。

渲染输出动画。图14.27（a）是第50帧渲染输出的画面。

播放动画，可以看到三条鱼在水下的嬉戏游动。图14.27（b）是播放时截取的一幅画面。

图 14.27 复制鱼和动画

思考与练习

一、思考与练习题

1. 如何创建出二足角色的五个手指？
2. 如何创建出二足角色的尾巴？
3. 如何添加足迹？
4. 如何自动创建多个足迹？
5. 足迹可以移动和旋转吗？如何操作？
6. 如何才能改变行走角色动画中的步幅长度？
7. 骨骼有何作用，如何创建？
8. 如何给一个骨骼系统指定 IK 解算器？
9. 如何创建分支的骨骼系统？
10. 骨骼可以渲染吗？如何才能渲染？

二、上机练习题

1. 创建一个行走动画。要求步子要迈大点。
2. 创建一个奔跑动画。要求加大步幅长度。

第15章 3ds max2009 简介

Autodesk 3ds max2009 是 3ds max 目前的最高版本。本章通过对比主菜单的方式，对 3ds max2009 的基本功能及 3ds max2009 与 3ds max9 的主要区别进行了简单的介绍。

15.1 3ds max2009 的安装

打开 3ds max2009 光盘，就会打开安装界面，如图 15.1 所示。

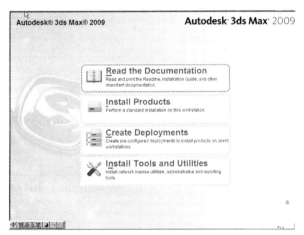

图 15.1 3ds max2009 安装界面

选择 Install Products 选项，就会打开安装内容选择列表。如图 15.2 所示。

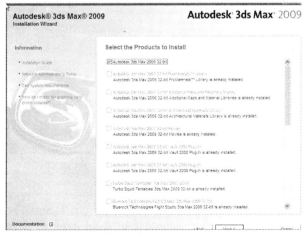

图 15.2 安装内容选择列表

选定要安装的内容，单击 Next 按钮，就会打开软件许可协议页面，如图 15.3 所示。

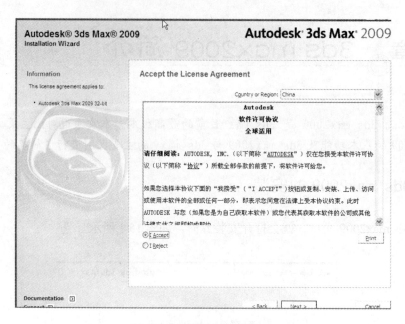

图 15.3　软件许可协议页面

选择 I Accept 选项，单击 Next 按钮，就会打开 Serial Number 输入对话框，如图 15.4 所示。

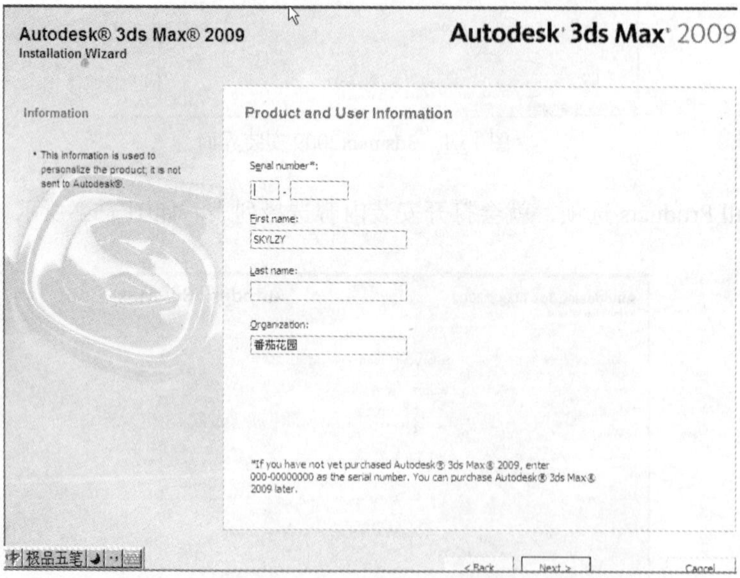

图 15.4　Serial Number 输入对话框

打开光盘中的 Crack 文件夹，在 Install.txt 文件中，给出了 Serial Number：653-12354321 or 666-98989898 or 666-69696969，在这些 Serial Number 中任选一个序列号输入。单击 Next

按钮，就会打开 Select a product to configure 对话框，选择 Autodesk 3ds max 2009 32-bit（默认），单击 Install 按钮，就会打开安装进度显示页面，如图 15.5 所示。

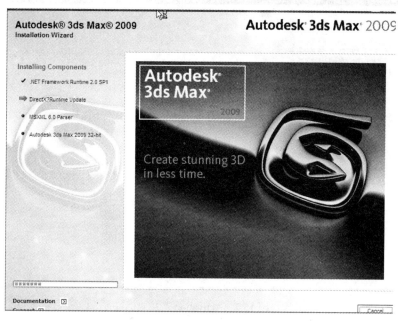

图 15.5　安装进度显示页面

安装结束后就会显示完成安装页面，如图 15.6 所示。单击 Finish 按钮，安装结束。

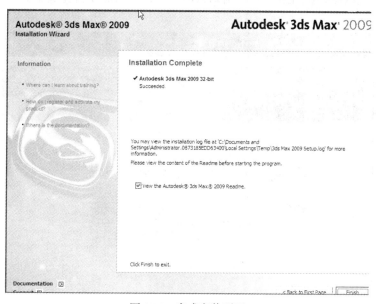

图 15.6　完成安装页面

在第一次打开 3ds max2009 时，会打开激活产品对话框，如图 15.7 所示。要求用户激活产品。

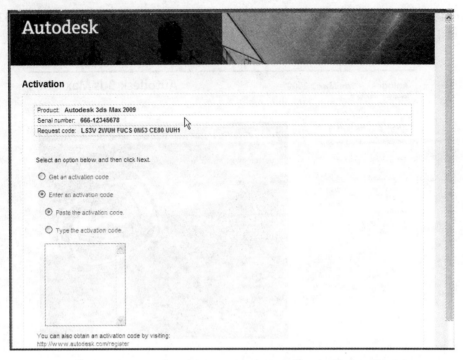

图 15.7 Activation 产品对话框

记下 Request code，打开 Crack 文件夹，运行 XF-MAX2k9-32bit-KG.exe 文件，就会打开激活码生成窗口，如图 15.8 所示。在 Request code 文本框中输入记下的申请码，单击 Calculate 按钮，就会生成激活码。将激活码复制到激活框中，激活操作就完成了。

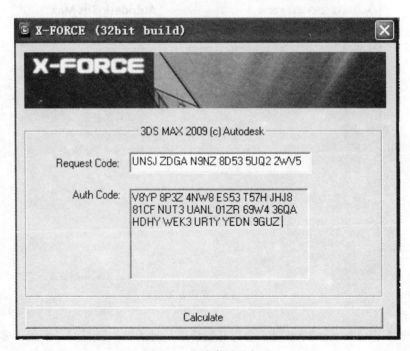

图 15.8 生成激活码窗口

15.2　3ds max2009 与 3ds max9 的比较

Autodesk 3ds max2009 是 2008 年推出的一款 3ds max 的最新版本。与 3ds max9 相比，3ds max2009 在窗口元素的布局上进行了较大的调整，但功能上的变化不是太大。

15.2.1　3ds max2009 的界面

Autodesk 3ds max2009 的界面如图 15.9 所示。从界面中可以看出 3ds max2009 的主菜单去掉了 reactor 菜单。3ds max2009 的 reactor 菜单合并到了 Animation 菜单的末尾，但功能没有什么改变。在 3ds max2009 的主菜单中增加了 Tentacles 菜单。

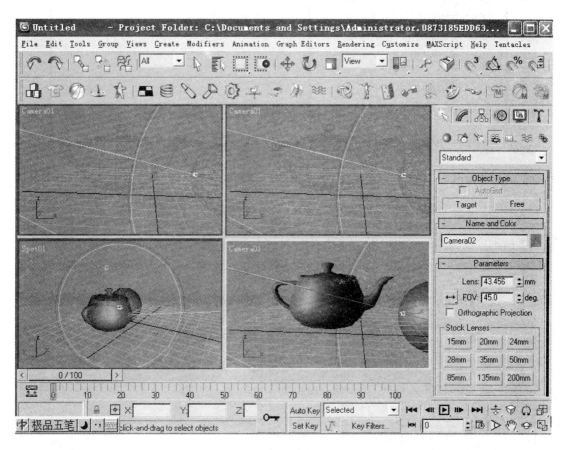

图 15.9　3ds max2009 的界面

15.2.2　Edit（编辑）菜单

3ds max2009 的 Edit（编辑）菜单如图 15.10（a）所示。3ds max9 的 Edit（编辑）菜单如图 15.10（b）所示。

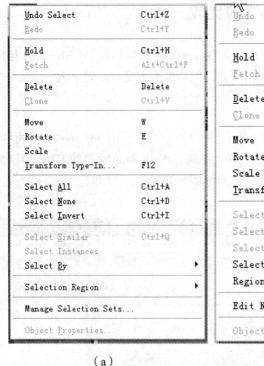

图 15.10 Edit（编辑）菜单

在 3ds max2009 中，选择 Select by Name 命令，打开的 Select From Scene 对话框如图 15.11（a）所示。在 3ds max9 中，选择 Select by Name 命令，打开的 Select From Scene 对话框如图 15.11（b）所示。两个对话框在功能上没有变化，但窗口元素的布局有了很大的改变。

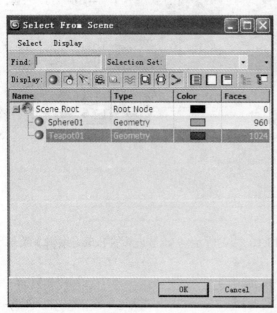
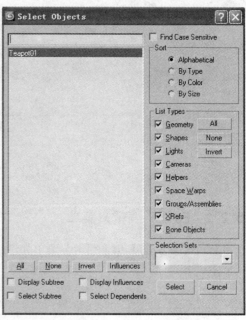

图 15.11 Select From Scene 对话框

15.2.3 Tools（工具）菜单

3ds max2009 的 Tools（工具）菜单如图 15.12（a）所示。3ds max9 的 Tools（工具）菜单如图 15.12（b）所示。

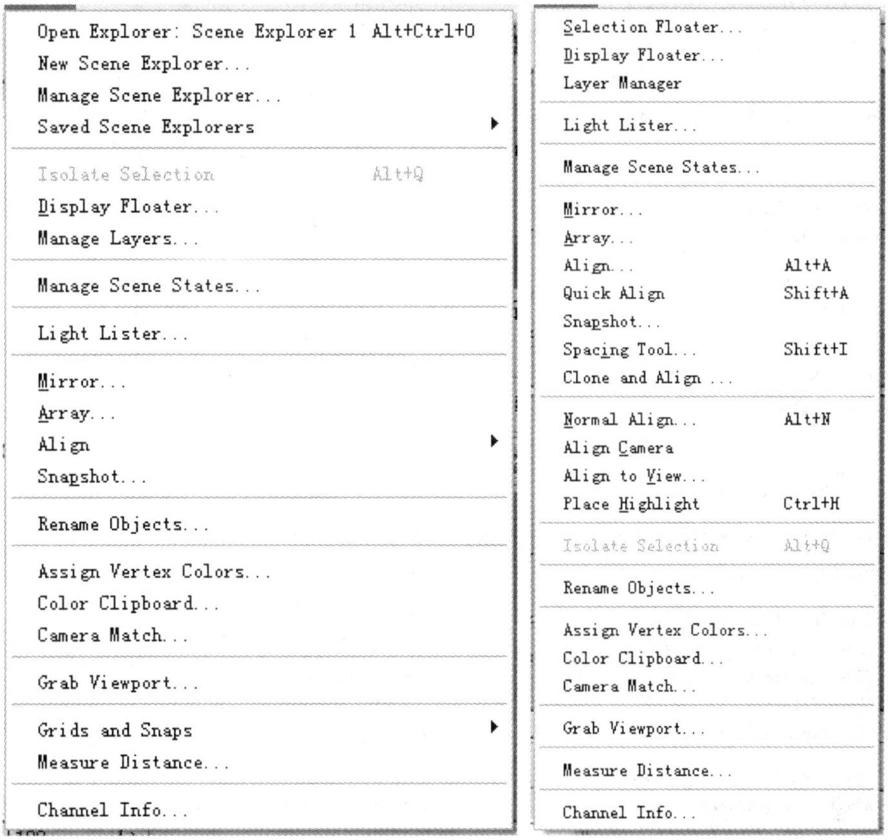

（a）　　　　　　　　　　　　（b）

图 15.12　Tools（工具）菜单

在 3ds max2009 中，Align 是一个子菜单，Align 菜单如图 15.13 所示。它集合了 3ds max9 Tools（工具）菜单中的相应命令项。

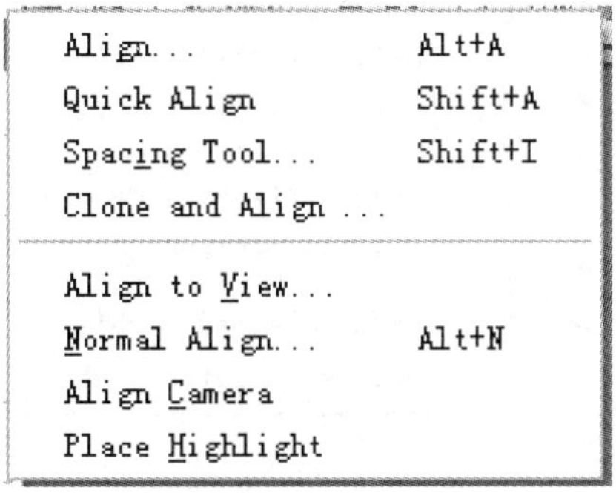

图 15.13　Align 菜单

15.2.4　Views（视图）菜单

3ds max2009 的 Views（视图）菜单如图 15.14（a）所示。3ds max9 的 Views（视图）菜单如图 15.14（b）所示。3ds max9 的 Views（视图）菜单中的 Grids 子菜单在 3ds max2009 中移入了 Edit 菜单。在 3ds max2009 的 Views（视图）菜单中，增加了 6 个子菜单，Set Active Viewport 子菜单如图 15.14（c）所示。Viewport Lighting and Shadows 子菜单如图 15.14（d）所示。

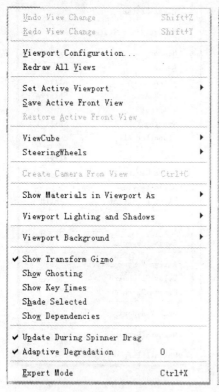

图 15.14　Views（视图）菜单

15.2.5 Create（创建）菜单

3ds max2009 的 Create（创建）菜单如图 15.15（a）所示。3ds max9 的 Create（创建）菜单如图 15.15（b）所示。

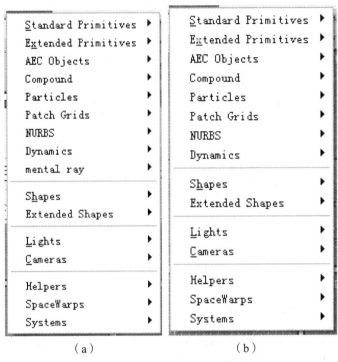

图 15.15　Create（创建）菜单

在 3ds max2009 的 Create（创建）菜单中增加了 nental ray 子菜单。这个子菜单只有命令 mr Proxy。

在 3ds max2009 中 Photometric 灯光合并成了 3 类，如图 15.16 所示。

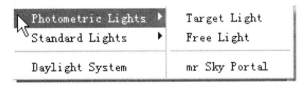

图 15.16　3ds max2009 中的 Photometric 灯光

15.2.6 Modifiers（修改器）菜单

3ds max2009 的修改器菜单如图 15.17（a）所示。3ds max9 的修改器菜单如图 15.17（b）所示。

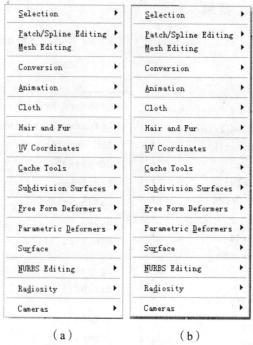

（a）　　　　　　　　（b）

图 15.17　Modifiers（修改）菜单

15.2.7　Animation（动画）菜单

3ds max2009 的 Animation（动画）菜单如图 15.18（a）所示。3ds max2009 的 Animation（动画）菜单如图 15.18（b）所示。

（a）　　　　　　　　（b）

图 15.18　Animation（动画）菜单

在 3ds max2009 的 Animation（动画）菜单中增加了 Walkthrough Assistant 命令和 reacter 子菜单。单击 Walkthrough Assistant 命令，会打开 Walkthrough Assistant 对话框。如图 15.19 所示。

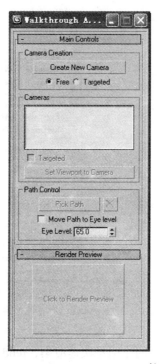

图 15.19　Walkthrough Assistant 对话框

15.2.8　Graph Editors（图表编辑）菜单

3ds max2009 的 Graph Editors（图表编辑）如图 15.20（a）所示。3ds max9 的 Graph Editors（图表编辑）如图 15.20（b）所示。

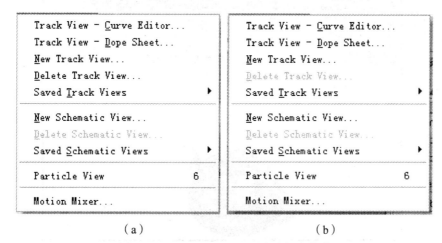

（a）　　　　　　　　　　（b）

图 15.20　Graph Editors（图表编辑）菜单

15.2.9 Rendering（渲染）菜单

3ds max2009 的 Rendering（渲染）菜单如图 15.21（a）所示。3ds max9 的 Rendering（渲染）菜单如图 15.21（b）所示。

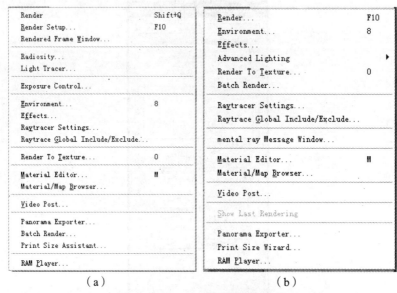

图 15.21　Rendering（渲染）菜单

在 3ds max2009 中 render 命令的作用是快速渲染，render setup 命令才能打开 render setup 对话框。

单击 Rendered Frame Window 命令就会打开 Perspective 窗口，如图 15.22 所示。窗口中新增了一个工具栏。单击窗口中的 Environment and Effects Dialog 按钮，可以打开 Environment and Effects（环境和效果）对话框。单击 Render Setup 按钮，可以打开 Render Setup 对话框。

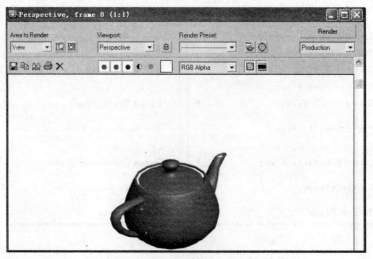

图 15.22　Perspective 窗口

15.2.10 Customize（自定义）菜单

3ds max2009 的 Customize（自定义）菜单如图 15.23（a）所示。3ds max9 的 Customize（自定义）菜单如图 15.23（b）所示。

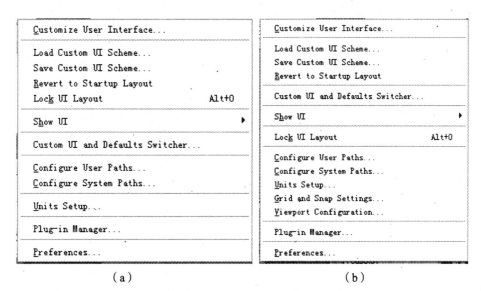

图 15.23　Customize（自定义）菜单

15.2.11 MAX Script（MAX 脚本）菜单

3ds max2009 的 MAX Script 菜单如图 15.24（a）所示。3ds max9 的 MAX Script 菜单如图 15.24（b）所示。

在 3ds max2009 的 MAX Script 菜单中增加了 MAX Script Editor 命令。

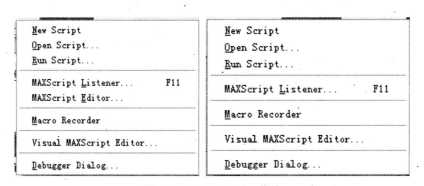

图 15.24　MAX Script 菜单

15.2.10. Customize（自定义）菜单

3ds max2009 的 Customize（自定义）菜单如图 15.22 所示，3ds max 的 Customize（自定义）菜单如图 15.23（b）所示。

Customize User Interface	
Load Custom UI Scheme	
Save Custom UI Scheme	
Revert to Startup Layout	
Lock UI Layout	Alt+0
Show UI	▶
Custom UI and Defaults Switcher	
Configure User Paths	
Configure System Paths	
Units Setup	
Plug-in Manager	
Preferences	

Custom UI and Defaults Switcher	
Load Custom UI Scheme	
Save Custom UI Scheme	
Revert to Startup Layout	
Lock UI Layout	Alt+0
Show UI	▶
Custom UI and Defaults Switcher	
Configure User Paths	
Configure System Paths	
Units Setup	
Grid and Snap Settings	
Viewport Configuration	
Plug-in Manager	
Preferences	

(a)   (b)

图 15.23 Customize（自定义）菜单

15.2.11. MAX Script（MAX 脚本）菜单

3ds max2009 的 MAX Script 脚本菜单如图 15.24（a）所示，3ds max9 的 MAX Script 菜单如图 15.24（b）所示。

（在 3ds max2009 中 MAX Script 被放到了新增的 MAX Script Editor 菜单。）

New Script		New Script
Open Script		Open Script
Run Script		Run Script
MAXScript Listener	F11	MAXScript Listener
		Macro Recorder
Visual MAXScript Editor		Visual MAXScript Editor
		Debugger Dialog

图 15.24 MAX Script 菜单

第三篇 3ds max9 实训

本篇介绍了 7 个实例。这些实例较大，需要的制作时间较多，适合在实训或课程设计中完成。考虑到在实训或课程设计前已学过相关基本知识，因此，实训中的实例只对难度较大的内容做了较详细的介绍。在后期处理中，涉及其他多媒体软件的内容未做详细介绍。要了解这部分内容，可以参考彭国安主编的《3ds max7 实训教程》(武汉大学出版社出版)。

第三篇 3ds max9 实训

实训一 象棋残局博弈——在露天体育场下棋

江湖八大象棋残局之一：火烧连营。如图1所示。

本实训要求制作一个大棋盘，制作16颗棋子，创建两个下棋的人。棋盘放在露天体育场中，由红、黑两个人推着棋子在棋盘中下棋。

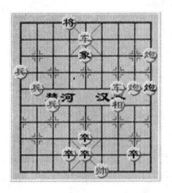

图1 象棋残局：火烧连营

一、制作棋盘

棋盘是使用样条线制作出来的，有横线、竖线、斜线、圆和半圆。样条线在渲染卷展栏中的设置如图2（a）所示。边框的宽度为2，其他横、竖线的宽度为1，斜线、圆和半圆的宽度为0.5。在两阵之间有楚河、汉界四个字。将所有样条线和文字组成了一个组。为了使得棋盘更醒目，给棋盘赋了标准材质，自发光颜色设置为白色。背景是一个大体育场。制作的棋盘如图2（b）所示。

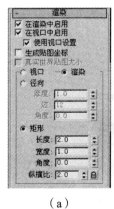

（a） （b）

图2 制作棋盘

二、制作棋子

创建一个球体和两个长方体，使用布尔运算将球体的上、下均切去一部分。所得结果如图 3（a）所示。

创建棋子上的文字和一个圆环，将文字和圆环附加成一个图形，如图 3（b）所示。

选择挤出修改器挤出成立体字，挤出数量为 3。文字分红、黑两色。如图 3（c）所示。

将文字与棋子对齐，并将文字与棋子组合成组，渲染后的结果如图 3（d）所示。

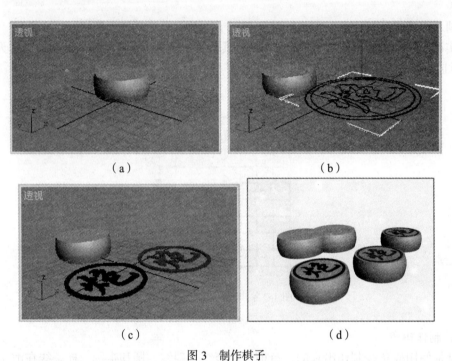

图 3　制作棋子

三、制作下棋的人

制作下棋的人包括制作人和帽子。

帽子由四个圆锥体和一个球体构成。如图 4（a）所示。将四个圆锥与球体对齐并组合成组。为了区分红、黑两方，两个人的帽子使用了不同颜色。

创建两个人，两个人的上身设置了红黑两色。将帽子与头对齐，并将帽子链接到头上，头是父对象。渲染结果如图 4（b）所示。

图 4　创建下棋的人

四、创建下棋动画

将创建的棋子摆成残局，如图 5（a）所示。

图 5　象棋残局——火烧连营

整个动画按以下弈棋过程制作：
①车三进四，象 5 退 7。
②炮一平三，象 7 进 5。
③炮二进四，卒 5 进 1。
④帅四平五，炮 9 平 5。
⑤帅五平四，炮 5 退 3。
⑥炮三进二，将 4 进 1。
⑦炮三退一，炮 5 退 1。
⑧相三退五，卒 4 平 5。
⑨炮二退一，将 4 进 1。
⑩炮三退一，将 4 退 1。
⑪相五进三，炮 5 平 7。
⑫炮三进一，将 4 进 1。
⑬兵九平八，象 5 进 7。
⑭相三退一，象 7 退 9。
⑮炮三平九，炮 7 平 6。
⑯炮九退七，炮 6 进 8。
⑰炮九进一，卒 8 平 7。
⑱炮九平四，将 4 平 5。
⑲炮二退八，卒 7 平 8。
⑳炮二平一，将 5 平 6。
㉑炮四平九，卒 8 平 7。
㉒炮九平四，卒 7 平 8。
㉓炮四平九，炮 6 退 2。
㉔炮九退一，炮 6 进 2。
㉕炮九进一，卒 8 平 7。

㉖炮九平四。

棋子是由人推着移动的，图 6（a）是下完卒 5 进 1 时所看到的画面。每 50 帧下一步棋。51 步棋共制作了 51 个动画文件。51 个动画文件的连接采用了两个不同的 Authorware 程序。图 6（b）所示的程序为顺序结构。运行程序时，下棋从第一步到最后一步，按顺序自动完成。图 6（c）为具有文本输入交互的分支结构程序，用户想走哪一步就走哪一步，只要输入顺序号按回车键就行。

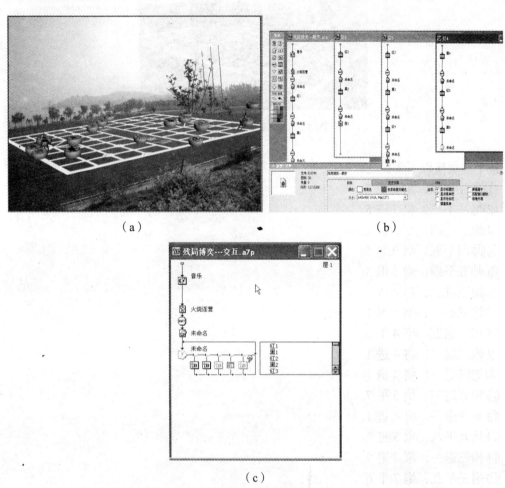

图 6 创建下棋动画

实训二　飞机表演动画

创建一架飞机（在前面已有叙述）。

创建一个超级喷射粒子对象。参数设置为：轴偏离12°，扩散3°，发射停止、显示时限和寿命均为100，粒子大小10，粒子类型为标准粒子中的恒定，粒子繁殖选择消亡后繁殖，**繁殖数目设置为1000**。将粒子系统置于飞机尾部，并把粒子系统与飞机组合成组。如图7（a）所示。

复制三个包含飞机的组。给每个组指定不同色彩的漫反射颜色贴图。将四架飞机按尺寸定位在坐标轴上。从顶视图所看到的结果如图7（b）所示。

打开自动关键帧按钮，通过移动和旋转飞机创建动画。在移动和旋转飞机时，要注意保持动作的对称性。渲染透视图输出动画。

图7（c）是在动画中截取的第70帧，图7（d）是在动画中截取的第110帧。

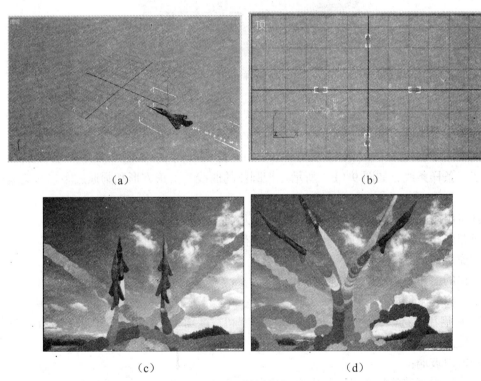

图7　飞机表演动画

实训三 楼房室外效果图制作

制作一栋楼房的正面效果图。如图 8 所示。

一、制作墙体

根据楼房窗户的不同，将墙体分成了五部分。五部分墙体中的墙体 2、墙体 4、墙体 5 具有相同的窗户和窗户布局，因此，只要制作一部分墙体，另外两部分墙体可以通过复制得到。

图 8　楼房墙体的划分

为了减少制作墙体的工作量，每部分墙体只要制作一个窗户宽，其余部分通过复制得到。

制作墙体 1：

在前视图中创建一个长方体。长方体长 210、宽 32、高 2，如图 9（a）所示。

创建三条样条线，如图 9（b）所示。带圆弧的曲线是由正方形和圆通过布尔并集运算得到的。

选择挤出修改器，挤出数量为 10，得三个几何体。如图 9（c）所示。

通过布尔相减运算，得到了未嵌窗户的墙体。如图 9（d）所示。

创建窗户：

在墙体的窗户处画样条线作窗棂，如图 10（a）所示。

将所有窗棂附加成一个图形。选择修改命令面板，在渲染卷展栏中，选择在渲染中启用和在视口中启用复选框，设置曲线为矩形，长度和宽度均为 0.5。如图 10（b）所示。其他窗户窗棂的制作方法相同。

制作窗户玻璃：

为了能够看到玻璃的效果，先在场景中临时指定一幅背景贴图。透过窗户能清楚地看到背景的景物。如图 11（a）所示。

创建一块大小与墙体相同的长方体置于墙体背面，如图 11（b）所示。这时可以看到窗户完全不透明。

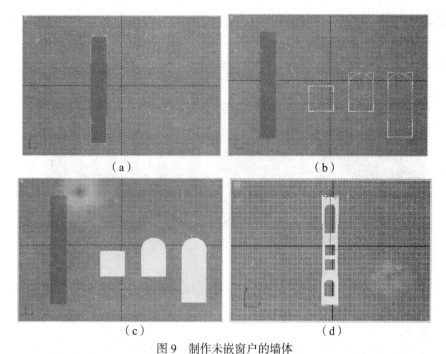

图 9 制作未嵌窗户的墙体

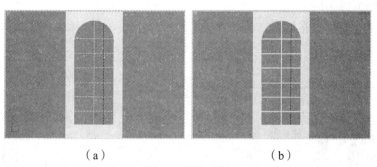

图 10 制作窗棂

给长方体赋标准材质，不透明度设置为 40，漫反射颜色设置为浅绿色。渲染后的结果如图 11（c）所示。这时透过窗户观看后面的景物，和透过玻璃看后面的景物具有相同的效果。

图 11 制作窗户玻璃

将墙体和玻璃组合成组。复制墙体和玻璃，将所有对象组合成组，就得到了整扇墙面。如图12（a）所示。

创建长方体作窗户隔板。如图12（b）所示。

(a)   (b)

图12　创建窗户隔板和屋顶栏杆

创建外窗楣：

创建一个圆形管状体，使用布尔运算切去一半，就得到一个半圆管。将半圆管移到窗户上方，复制7个，就得到了上部8个窗户的窗楣。再复制8个半圆管做一楼窗户的外窗楣，所得结果如图13（a）所示。

将墙体与长方体进行布尔运算后得到一楼墙体，并将一楼墙体设置为红色。如图13（b）所示。

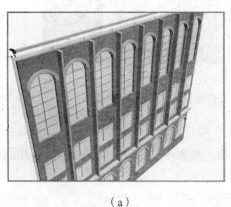

(a)   (b)

图13　将一楼墙体设置为红色

其他墙体的制作与墙体1的制作过程基本相同。

二、制作罗马柱

大楼大门前和一楼墙体旁的罗马柱由柱体、上端图案和下端基座三部分组成。

制作柱体：

创建一个大圆，圆心坐标X、Y、Z均为0，半径为100。创建一个小圆，圆心坐标X、Y、Z对应为100、0、0，半径为10。如图14（a）所示。

将小圆的轴心点移到大圆圆心处，如图 14（b）所示。

旋转复制 15 个小圆，将所有圆附加成一个图形，使用布尔相减运算得图 14（c）所示的图形。

选择挤出修改器，设置挤出数量为 1000，挤出后就得到罗马柱的柱体。如图 14（d）所示。

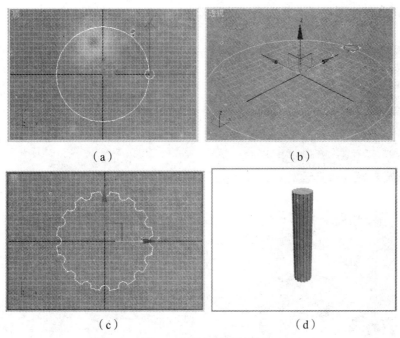

图 14　制作罗马柱柱体

制作罗马柱基座：

在左视图中创建一条 NURBS 曲线，如图 15（a）所示。

打开 NURBS 工具箱，选择车削按钮，单击曲线，就得到了罗马柱基座。如图 15（b）所示。

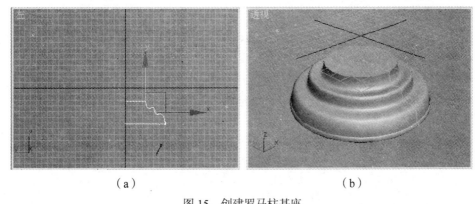

图 15　创建罗马柱基座

制作罗马柱上端图案：

在顶视图中创建一条 NURBS 曲线，如图 16（a）所示。

选择挤出修改器，设置挤出数量为 20，挤出后的结果如图 16（b）所示。

创建两个切角圆柱体，分别与挤出对象进行布尔相减运算和布尔并集运算，所得结果如图 16（c）所示。

镜像复制一个，将两个对象进行布尔并集运算，得到一个对称对象。选择平滑修改器，勾选自动平滑和禁止间接平滑复选框，设置阈值为 180，所得结果如图 16（d）所示。

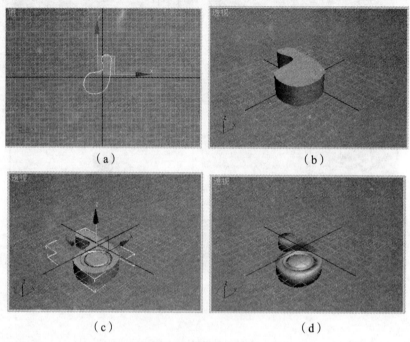

图 16　制作单个图案

将单个图案绕 X 轴旋转 90°，并将轴心点沿 X 轴移动一段距离，如图 17（a）所示。

将单个图案旋转复制 13 个，所得结果如图 17（b）所示。

将图案做成两层。如图 17（c）所示。

将上端图案、柱体和基座对齐并组合成组，就得到了一根罗马柱。

给罗马柱赋建筑材质：模板选择用户定义，漫反射颜色贴图选择大理石，颜色#1 选择细胞贴图，颜色#2 选择斑点贴图。

渲染输出结果如图 18 所示。

三、创建屋顶装饰

创建一个三角形对象，如图 19（a）所示。通过与圆柱体和长方体的布尔相减运算，就得到了图 19（b）所示的结果。

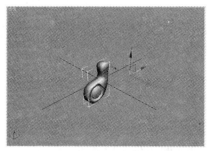
（a）
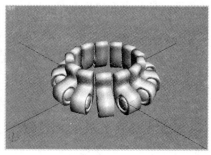
（b）

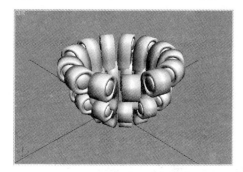
（c）

图 17　制作上端图案

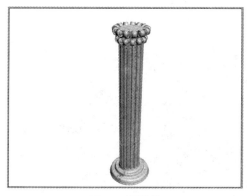

图 18　罗马柱

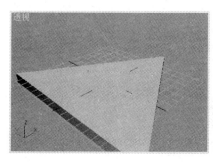
（a）
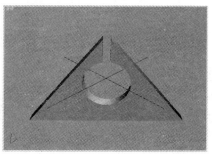
（b）

图 19　创建屋顶装饰

四、创建大门前台阶顶及文字

创建一个圆柱体和三个长方体,用长方体和三个长方体进行布尔运算得台阶顶。如图 20 (a) 所示。

创建一个圆。

创建文本:信息工程学院。选择挤出修改器,设置挤出数量为 5,将文本挤出成立体字。

将文本与圆对齐。选定文本,选择路径变形(WSM)修改器,单击拾取路径按钮,设置参数如图 20 (b) 所示。

单击转到路径按钮,这时文本会按照曲线变形。如图 20 (c) 所示。

调整台阶顶的位置与角度,使之与文本对齐。

复制两块台阶顶作台阶顶的上、下边缘。创建的台阶顶和文本如图 20 (d) 所示。

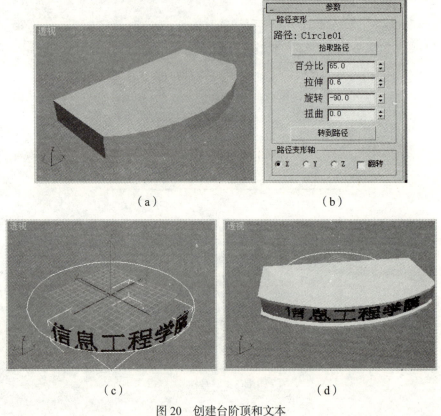

图 20 创建台阶顶和文本

大楼其他组成部分的创建比较简单,这里不再介绍。将创建的各组成部分合并起来,大楼就创建好了。

五、创建灯光

在大楼右上方创建了一个 IES 太阳光,太阳光强度为 8000,选择光线跟踪阴影。

六、使用 Photoshop 进行后期处理

使用一个有云的位图文件作背景。使用 Photoshop 将人、汽车、树、花坛等景物拖入场景中。

实训四　室内效果图制作

制作一个儿童房。如图21所示。

图21

一、墙体的制作

右墙体是两个长方体进行布尔运算所得的结果。如图22（a）所示。

右墙体的中间接缝是通过长方体的布尔相减运算做成的。如图22（b）所示。

右墙中间上方嵌有两块镜子。镜子由很薄的长方体做成。对长方体指定了光线跟踪贴图。操作步骤是：打开材质编辑器，在贴图卷展栏中勾选反射复选框，单击对应长条形按钮，在材质/贴图浏览器中双击光线跟踪贴图，在光线跟踪器参数卷展栏中，设置背景颜色为深绿色，跟踪模式选择反射。

右墙中间下方是一个半圆形高台。采用圆柱体与长方体做布尔运算得到。高台面和高台体各赋了不同材质。

创建的右墙如图22（c）所示。

天花板和吊顶采用切角长方体做成。

二、制作玻璃门

用样条线在前视图中画出玻璃门的框架，白线为固定门框架，黑线和红线为滑动门框架，如图23（a）所示。

将固定门框架附加成一个图形。所有曲线均按图23（b）设置渲染参数。渲染结果如图23（c）所示。

创建长方体做玻璃。给所有做玻璃的长方体赋标准材质，不透明度设置为40。做成的玻璃门如图23（d）所示。

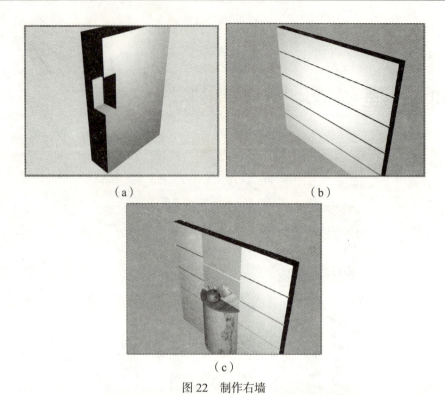

(a)　　　　　　　　　　　(b)

(c)

图22　制作右墙

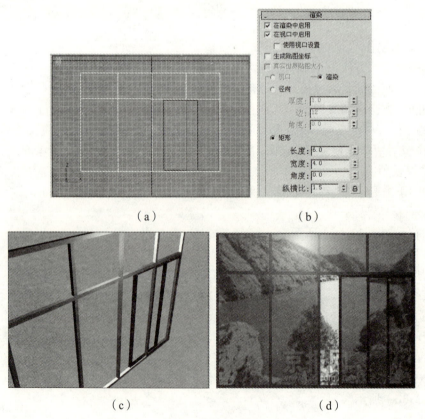

(a)　　　　　　　　　　　(b)

(c)　　　　　　　　　　　(d)

图23　制作玻璃门

三、制作窗帘

在前视图中画一条曲线和一条直线，如图24（a）所示。通过放样创建一幅窗帘。给窗帘指定一幅贴图，如图24（b）所示。

复制两幅窗帘。左、右各一幅，另一幅旋转90°做窗帘横楣。对窗帘横楣进行缩放变形。缩放变形操作窗口如图24（c）所示。全部窗帘渲染后的结果如图24（d）所示。

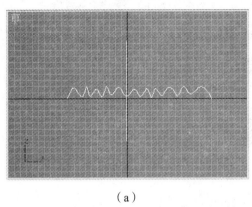

（a）

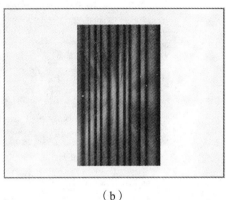

（b）

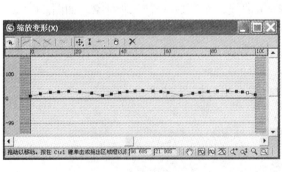

（c）

（d）

图24　制作窗帘

四、制作吊灯

制作灯罩：

在顶视图中创建一个五角星形曲线。如图25（a）所示。

缩放复制一个星形，并将两个星形附加成一个图形。选择挤出修改器，将附加后的图形挤出成立体对象。如图25（b）所示。

将挤出对象转换为可编辑网格。选择上部边缘所有顶点放大，得一喇叭形对象。用同一星形挤出成灯罩顶盖。创建一个球体并拉伸部分顶点做灯泡。如图25（c）所示。

给灯泡赋标准材质，自发光颜色设置为白色。给灯罩赋建筑材质中的玻璃材质，漫反射颜色设置为浅蓝色。透明度设置为100。渲染后的结果如图25（d）所示。

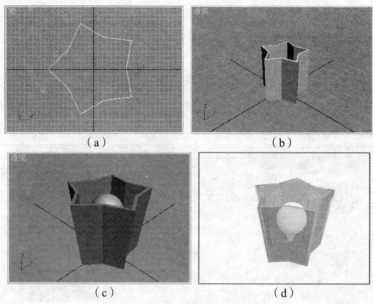

图 25　制作灯罩

制作灯架：

制作灯架主轴:在左视图中画一条 NURBS 曲线，车削成一个三维对象，如图 26（a）所示。

在前视图中画一条 NURBS 曲线，设置渲染厚度为 3，制作成灯的支架。将灯架主轴、支架、灯罩对齐，如图 26（b）所示。

将灯罩和支架组合成组。旋转复制 4 个，整个吊灯如图 26（c）所示。

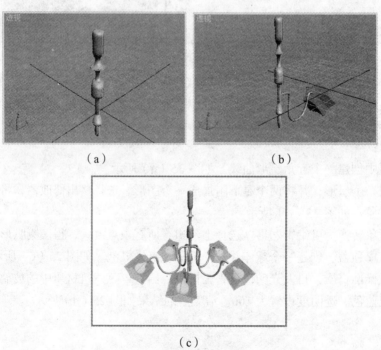

图 26　制作吊灯

五、制作沙发

创建两个切角长方体，一个做沙发基座，另一个做坐垫。

创建沙发扶手：在顶视图创建一条 NURBS 曲线，如图 27（a）所示。选择挤出修改器，挤出数量为 100，输出选择 NURBS 选项，所得结果如图 27（b）所示。

创建沙发靠背：创建一个圆柱体和四个长方体，用圆柱体与长方体进行布尔相减运算，就得到了沙发靠背，如图 27（c）所示。

将各部分组合起来，就得到了一个沙发，如图 27（d）所示。

创建一个平面，长、宽分段数均设置为 14。将平面创建成布料。给每一部分指定一个位图文件做贴图。渲染第 77 帧所得结果如图 27（e）所示。

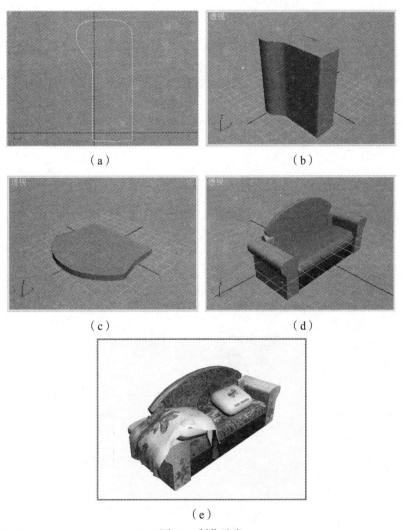

图 27　制作沙发

六、设置灯光

在室内设置了三盏泛光灯和一盏聚光灯，这些灯光都没有设置阴影。在室外设置了一个

IES 太阳光，该灯光启用了阴影。

七、后期处理

室内的人物、花、酒瓶、艺术人像都是使用 Photoshop 拖入的。

实训五 掷骰子

这是个掷骰子游戏。只要按一下任意键，就可以掷一次骰子。骰子出现的点数是随机的。可以比赛谁掷的点数多。

一、制作骰子

创建一个切角长方体和 21 个球体。用切角长方体与球体进行布尔相减运算，就能做出一个骰子。做成的骰子如图 28 所示。

图 28　制作骰子

二、制作掷骰子的人和桌子

掷骰子的人是在 Biped 上加了一顶帽子。桌子由桌面、立柱、基座三部分组成，每部分都是切角长方体。地面是一块长方体，指定了棋盘格贴图。背景是窗帘。渲染后的结果如图 29 所示。

图 29　制作掷骰子的人和桌子

三、制作掷骰子动画

制作六个掷骰子动画，六个动画的最终画面分别是骰子的六种不同点数。每个动画都由 Biped 掷出，落到桌面上后有一定的移动和旋转。图 30（a）是骰子掷出后第 20 帧的画面，

图 30（b）是骰子落到桌面最终停下后的画面。

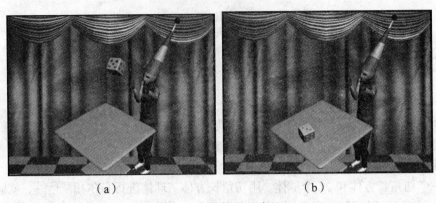

图 30　制作掷骰子动画

四、制作掷骰子游戏

使用 Authorware 编写程序：

主程序中的显示图标，用来显示掷骰子游戏的游戏规则。等待图标不设置等待时间，只有单击鼠标或按回车键时才会擦除显示图标内容并继续执行程序。

判断图标的属性设置是：在重复列表框中选择直到单击鼠标或按任意键选项，在分支列表框中选择随机分支路径选项。

每个分支路径中有一个数字电影图标。六个分支数字电影图标中分放六种不同掷骰子动画。分支中的等待图标也不设置等待时间，只有单击鼠标或按回车等键时，才会擦除上次显示内容并重新掷一次骰子。

掷骰子游戏的主程序、六个分支程序和判断图标的属性面板如图 31 所示。

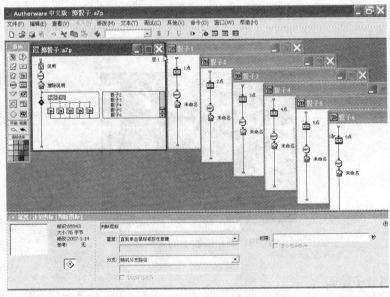

图 31　掷骰子游戏程序

实训六 魔术表演

魔术表演的过程是:表演者用酒壶往酒杯中倒酒,可是一滴酒也没倒出来,证明酒壶是空的。表演者将酒壶摔碎,然后拼接起来,进一步证明酒壶是空的,当再次往酒杯中倒酒时,观众可以看到酒源源不断从酒壶中流出来。最后居然还从酒杯中跳出来了三条活蹦乱跳的小鱼。

一、制作道具

两个表演者是两个 Biped,衣服和帽子各设置了不同颜色。

酒壶是由茶壶拉伸后做成的。

高脚酒杯由 NURBS 曲线车削后得到。

从酒壶中流出来的酒是粒子阵列对象。主要参数是:粒子大小为 8、粒子速度为 15、0 帧开始发射、100 帧结束发射、寿命为 1、粒子类型为标准中的恒定、消亡后繁殖、繁殖数为 3000。给粒子赋了标准材质,不透明度为 70,漫反射颜色为深红色。酒杯中的酒是一个半球,进行适当变形使它刚好和酒杯大小一致,颜色也为深红色。

鱼的制作在前面已有详细叙述。

表演场景渲染后的结果如图 32 所示。

图 32 制作表演场景

二、制作动画

整个魔术表演共制作了五个动画文件:

第一个动画文件:倒酒,但酒壶是空的。图 33 是截取的第 50 帧。

第二个动画文件:摔碎酒壶。图 34 是截取的第 30 帧。第三个动画文件:拼接摔碎的酒壶。将摔碎的酒壶拼接起来的动画与摔碎酒壶的动画相反,只要在时间配置对话框中选择反向播放选项,渲染输出的动画就是摔碎酒壶动画的反过程。

图 33　往杯中倒酒但酒壶是空的

图 34　摔碎酒壶

第四个动画文件：第二次倒酒，这次倒酒能看到酒从酒壶中流出，酒杯中的酒越涨越高。图 35（a）是第 50 帧截取的画面，这时酒杯中的酒还不到半杯。图 35（b）是第 80 帧截取的画面，这时酒杯中的酒已快倒满。

（a）

（b）

图 35　第二次往酒杯中倒酒

第五个动画文件：从酒杯中相继跳出来三条鱼。图 36 是截取的第 70 帧。

三、制作魔术表演文件

使用 Authorware 编程：

主程序中第一个图标是声音图标。计时执行方式为同时。

片头和片尾都有一个显示图标。片头之后的等待图标的等待时间为 5 秒。

五个动画文件使用了五个群组图标,这样可减小主程序长度。

图 36　从酒杯中相继跳出来三条鱼

魔术表演的 Authorware 程序如图 37 所示。图中给出了 Authorware 主程序,各群组图标分程序和一个数字电影图标的属性面板。播放 Authorware 程序,可以看到整个魔术表演的过程。

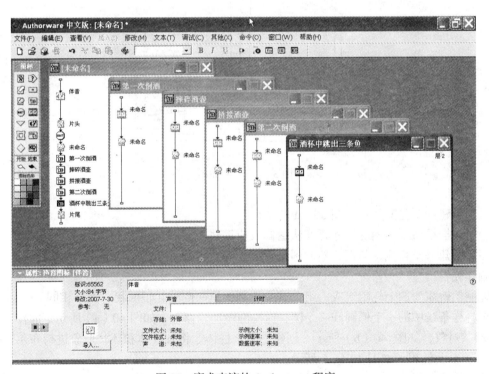

图 37　魔术表演的 Authorware 程序

实训七　创建轧制钢轨的效果图和动画

创建轧制钢轨的效果图包括两部分：钢轨和轧辊。

制作钢轨：

重型钢轨的断面图如图 38 所示。

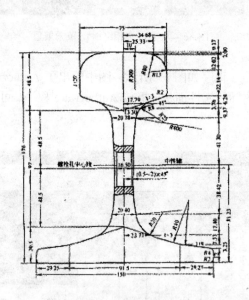

图 38　钢轨断面图

创建一个宽法兰，如图 39（a）所示。

根据钢轨断面图的尺寸将宽法兰修改成钢轨断面图，如图 39（b）所示。

创建一条直线，与钢轨断面图进行放样，就得到了钢轨。如图 39（c）所示。

制作轧辊：

轧制钢轨需要四个轧辊组成一组，其中轧制钢轨两侧的轧辊形状、大小相同。

选择样条线中的一个椭圆和一个圆，对椭圆做适当修改，如图 40（a）所示。放样后得到一个环状对象，如图 40（b）所示。创建一个圆柱体。将圆柱体和环状对象进行布尔运算，就得到了一个轧辊，如图 40（c）所示。

使用切角圆柱体制作出另外两种轧辊。轧制钢轨两侧的轧辊如图 41（a）所示。轧制钢轨底部的轧辊如图 41（b）所示。

实训七 创建轧制钢轨的效果图和动画

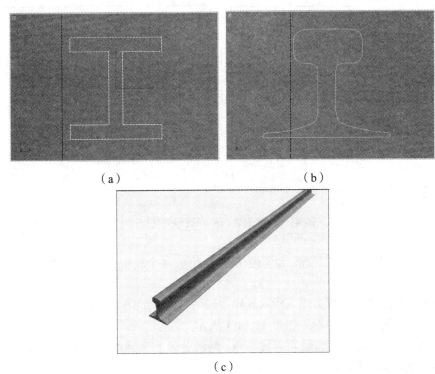

(a) (b)

(c)

图 39 创建钢轨

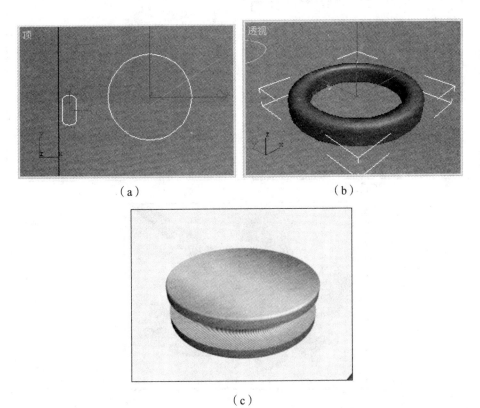

(a) (b)

(c)

图 40 创建轧辊 1

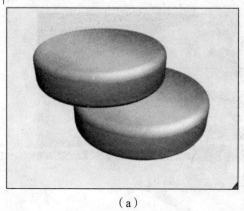
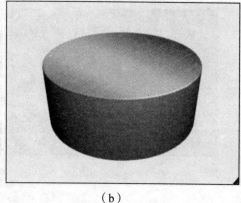

(a)　　　　　　　　　　　　(b)

图 41　轧制钢轨两侧和底部的轧辊

将 4 个轧辊和钢轨组合在一起。为了便于创建动画，4 个轧辊和钢轨的坐标都与世界坐标对齐。

在每个轧辊上创建一个箭头用以指示轧辊旋转的方向。如图 42（a）所示。

用切角圆柱体创建轧辊的轴。如图 42（b）所示。

按照轧辊箭头所指方向旋转轧辊创建动画。钢轨沿 X 轴向移动。渲染输出动画。图 42（c）是播放动画时截取的一幅画面。

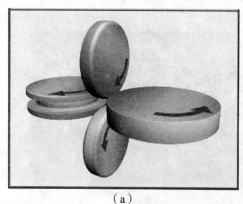
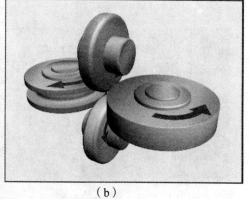

(a)　　　　　　　　　　　　(b)

(c)

图 42　创建轧制动画

一根钢轨要经过三组轧辊轧制。如图 43 所示。

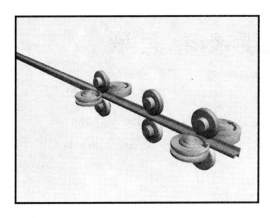

图 43 三组轧辊同时轧制钢轨

主要参考文献

[1]彭国安.3ds max9 教程.武汉:武汉大学出版社,2007
[2]黄心渊.3ds max 命令参考大全.科学出版社、北京科海电子出版社,2006

计算机系列教材书目

计算机文化基础（第二版）	刘永祥等
计算机文化基础上机指导教程（第二版）	胡西林等
计算机文化基础	刘大革等
计算机文化基础实验与习题	刘大革等
计算机导论	龚鸣敏等
Java 语言程序设计	赵海廷等
Java 语言程序设计实训	赵海廷等
C 程序设计（第二版）	郑军红等
C 程序设计上机指导与练习（第二版）	郑军红等
3ds max7 教程	彭国安等
3ds max7 实训教程	彭国安等
3ds max9 教程（第二版）	彭国安等
数据库系统原理与应用（第二版）	赵永霞等
数据库系统原理与应用——习题与实验指导（第二版）	赵永霞等
Visual C++ 程序设计基础教程	李春葆等
线性电子线路	王春波等
网络技术与应用	黄　汉等
信息技术专业英语	江华圣等
Visual FoxPro 程序设计	龙文佳等
AutoCAD 2006 中文版教程	王代萍等
Visual C++面向对象程序设计教程	郑军红等
Visual C++面向对象程序设计实验教程	彭玉华等
计算机组装与维护	杨凤霞等
数据库原理与SQL Server应用	高金兰等
数字电子技术基础	王春波等